动画视频&微课视频&慕课视频

动画视频

对复杂抽象知识进行动态呈现，帮助学生理解。

微课视频

对重难点知识进行细致解读，方便学生自学。

慕课视频

对全书内容进行系统讲解，支持在线学习。

-动画视频-

动画视频二维码列表

系统的组成方式

连续信号的线性分解

离散信号的分解

吉伯斯现象

梅森公式

DTFT的共轭对称性

采样定理

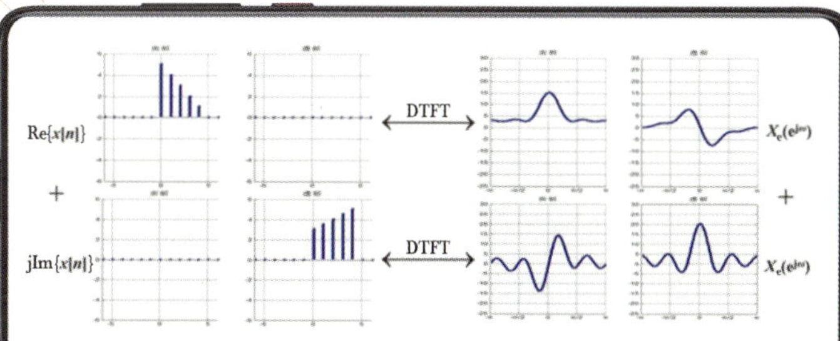

动画视频示例1

动画视频示例2

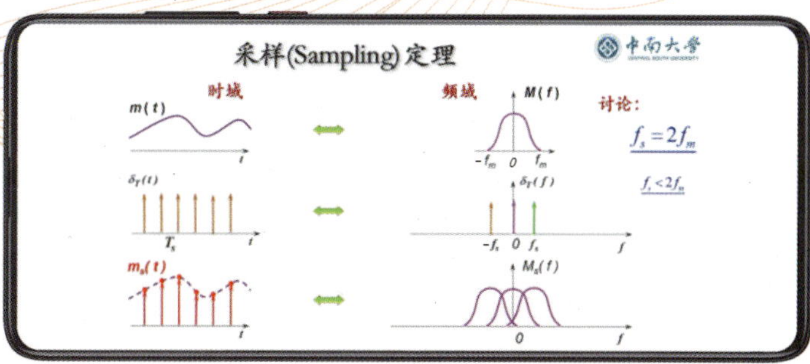

-微课视频-

微课视频二维码列表

信号的运算（时移、反褶、尺度变换）

信号的运算（其他运算）

虚指数信号

典型信号（连续复指数信号）

典型信号（离散复指数信号）

系统的描述

系统的线性与时不变性

卷积的计算方法

卷积和的计算方法

卷积的性质

信号的正交分解

傅里叶变换的产生

傅里叶变换的时域微分性

单位冲激响应和频域响应函数

拉普拉斯变换的定义

ROC性质

系统的全响应

离散时间傅里叶变换与连续时间傅里叶变换的区别

周期序列的DTFT

系统的频率响应函数

z变换与DTFT、拉普拉斯变换的关系

z变换收敛域的分析

离散LTI系统性质的系统函数判断方法

单边z变换及其性质

采样信号重构

欠采样

正弦载波调制

正弦载波解调

频分多路复用

-慕课视频-

用书教师和学生可以访问人邮学院（www.rymooc.com）学习慕课视频

扫描二维码进入本书慕课界面

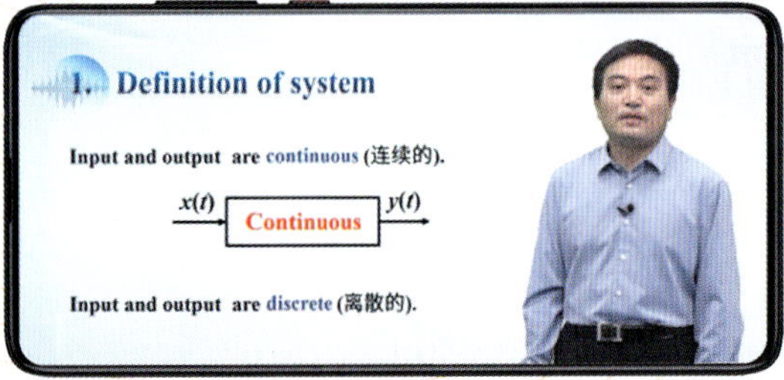

慕课视频示例1

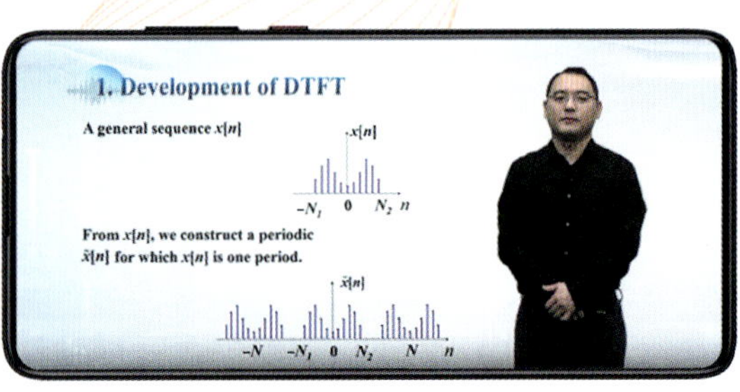

慕课视频示例2

高等学校电子信息类
基础课程名师名校系列教材

信号与系统

慕课版 | 附动画视频

孙克辉 丁一鹏 尹林子 王会海 / 编著

人 民 邮 电 出 版 社
北 京

图书在版编目（CIP）数据

信号与系统 ： 慕课版 ： 附动画视频 / 孙克辉等编著. -- 北京 : 人民邮电出版社, 2025. -- (高等学校电子信息类基础课程名师名校系列教材). -- ISBN 978-7-115-66418-1

Ⅰ. TN911.6

中国国家版本馆CIP数据核字第20258Q7Q57号

内 容 提 要

本书主要讲述确定性信号与线性时不变系统的时域和变换域分析的基本概念和方法，在重视基础理论、基本概念的同时，结合实际工程应用。本书主要内容包括：信号与系统的基本描述、分类和性质；信号与线性时不变系统的时域分析；连续线性时不变系统的频域分析与复频域分析；离散线性时不变系统的频域分析与复频域分析；信号与系统的变换域分析方法在采样系统与通信系统中的应用。同时，本书还配有大量典型例题和习题，供读者参考和练习。

本书可作为高校电子信息工程、通信工程、信息工程、光电信息科学与工程等电子信息类专业本科生“信号与系统”课程的教材，也可作为相关领域科技工作者的参考书。

◆ 编　　著　孙克辉　丁一鹏　尹林子　王会海

责任编辑　王　宣

责任印制　胡　南

◆ 人民邮电出版社出版发行　　北京市丰台区成寿寺路11号

邮编　100164　　电子邮件　315@ptpress.com.cn

网址　https://www.ptpress.com.cn

三河市中晟雅豪印务有限公司印刷

◆ 开本：787×1092　1/16　　彩插：1

印张：15.25　　2025年6月第1版

字数：398千字　　2025年6月河北第1次印刷

定价：59.80元

读者服务热线：(010)81055256　印装质量热线：(010)81055316

反盗版热线：(010)81055315

前言

时代背景

信号与系统的研究是信息科学、电子工程、通信、控制等多个领域的核心内容。随着人工智能、物联网和大数据等新兴技术的蓬勃发展，信号与系统分析的理论与方法愈发显得不可或缺。从电子通信到医学成像，从音频处理到雷达技术，信号与系统分析方法无处不在。随着人类社会由信息时代进入智能时代，深入理解信号与系统的基本概念和熟练掌握信号与系统的分析方法及其应用成为工程师和研究人员的基本素养。

写作初衷

信号与系统作为电子信息类专业的专业基础课程，不仅在专业知识结构中占据重要位置，还为其他课程或学科提供了强有力的支撑。本书紧跟教育数字化趋势，以新形态教材建设为目标，希望通过信息化技术，帮助学生全面掌握从基本概念、基础理论到工程应用的信号与系统分析的核心内容，并能够将其灵活应用于实际工程和科研中。希望书中系统化的讲解和严谨的理论分析，能为学生提供扎实的信号与系统基础知识，使其能够在未来的学习与研究中更加自信与从容；希望书中丰富的案例和实际应用能够引导学生主动探索。

本书内容

本书从基本概念出发，逐步揭开信号与系统时域和变换域分析的神秘面纱。本书在介绍各种信号与系统分析的理论概念的同时，通过丰富的实例分析和工程应用，让学生直观地感受这些理论在实际应用中的魅力。在这趟深入探索信号与系统的旅程中，学生会发现理论概念与工程应用的结合能够加深我们对信号与系统知识的理解和应用。随着对本书的深入阅读，学生将熟悉信号与系统的每一个知识点，最终能够自如地运用这些知识解决实际问题。让我们一起开始这趟奇妙之旅吧!

本书特色

理实结合，促进应用：本书通过理论讲解、实例分析和工程应用相结合的方式，帮助学生全面掌握信号与系统的理论基础和应用技能。

深入浅出，循序渐进：本书从信号的基本概念和运算到系统的描述和性质，再到时域和变换域的分析，逐步深入，使学生轻松理解信号与系统分析的基本原理。

内容丰富，贴近实际：本书不仅涵盖连续信号与系统的分析，还涵盖离散信号与系统的分析，以及相关的工程应用，内容全面而充实。本书通过实例分析，可以帮助学生将理论知识应用到实际问题的解决中，如通信系统分析、滤波器设计等。

资源齐全，服务教学：编者为本书配套了丰富的教辅资源（文本类与视频类），如下所示。选用本书作为教材的院校教师可以通过人邮教育社区（www.ryjiaoyu.com）直接下载获取本书配套的文本类教辅资源。视频类教辅资源可以通过扫描书中二维码进行观看。

文本类：PPT课件、教学大纲、教案、源代码、工程应用案例、习题解析手册、实验指导手册。

视频类：慕课视频、微课视频、动画视频。

特别说明：学生可以登录人邮学院（www.rymooc.com）慕课平台，使用本书封底的刮刮卡号，观看与本书对应的“信号与系统”慕课视频。

学习建议

本书是深入探索信息传输与处理核心内容的重要参考书。为了最大化学习效果，建议学生采取以下学习策略。

系统化学习：按照目录结构，逐章深入学习。从信号与系统的基本描述、分类和性质开始，先时域分析，后变换域分析，先连续信号与系统分析，后离散信号与系统分析，最后学习典型工程应用。

时域与变换域分析并重：重点掌握连续信号与系统的时域和变换域分析方法，进而拓展到离散信号与系统的分析方法。这些技能对于深入理解信号变换及其在系统中的应用至关重要，也能为后续数字信号处理提供坚实的基础。

理论与实践结合：本书结合实例分析，通过解决实际问题来加深学生对原理的理解。学生可积极参与书中提供的实验操作，通过实践加深对信号与系统理论的理解，并验证所学知识在实际中的应用效果，提升将理论知识转化为实际应用的能力。

编者团队与致谢

本书由孙克辉、丁一鹏、尹林子、王会海共同编写完成，编者团队具有信号处理、电子电路、应用物理等多个领域的学科背景，这使得本书具有一定的学科交叉属性。另外，编者特别感谢所有参与本书编写、审核及校对的研究生和老师们，以及那些提供宝贵意见和反馈的专家学者，正是由于他们的支持和贡献，本书才能够全面而深入地呈现信号与系统分析的内容。

希望本书能够成为学生在信号与系统学习道路上的重要伙伴，为学生在学术研究和工程实践中取得更大成就提供有力支持！

编　者

2025年春于中南大学

目　录

第1章 信号与系统概述

第2章 信号与LTI系统的时域分析

第3章 连续LTI系统的频域分析

第 4 章 连续LTI系统的复频域分析

第 5 章 离散LTI系统的频域分析

第6章 离散LTI系统的复频域分析

第7章 采样系统分析

第8章 通信系统分析

二维码索引

微课视频

动画视频

第 1 章 信号与系统概述

本章是全书的基础，详细介绍了信号与系统分析的基本知识，包括信号的描述、分类和运算，以及系统的描述、分类和性质。本章旨在为后续深入学习信号与系统分析提供坚实的基本概念基础。

信号的描述涵盖了从函数表示到波形特征的内容，读者将深入了解连续与离散信号、能量与功率信号、周期与非周期信号以及信号奇偶性的区别与联系。本章详细探讨了信号的各种运算操作，如时移、反褶、尺度变换，以及更复杂的微分、积分等运算。这些运算不仅是信号处理的基础，也是理解系统行为的关键。此外，还介绍了多种基本信号和典型信号，如单位冲激信号、复指数信号等。通过这些例子，读者能够更直观地理解信号的基本性质。

系统的描述包括方程、框图、系统函数及其冲激响应等多种描述方式。这些知识将帮助读者建立系统分析的全面认知基础，从而更好地理解系统在不同领域的分析方法与工程应用。最后，对系统的性质进行了深入探讨，包括线性、时不变性、因果性、稳定性等重要性质，后续系统分析也将围绕这些性质展开。

1.1 信号的描述与分类

1.1.1 信号的函数描述

在数学上，信号在时间或空间上的变化可以用函数来描述。可以用来描述信号的函数种类比较多，例如线性函数、指数函数、三角函数等。采用函数描述信号的方式很常见：例如，语音信号可表示为声压随时间变化的函数；一张黑白照片可表示为亮度随二维空间位置变化的函数；电路的电压信号也通常可表示为电压随时间变化的函数。具体来说，正弦函数可以表示周期性变化的交流电压信号，也可以表示交流电流信号，如$I(t) = A\sin(\omega t + \varphi)$，其中，$A$表示振幅，$\omega$表示角频率，$\varphi$表示初相位。指数函数可以表示温度信号，如$T(t) = T_0 e^{kt}$（其中$T_0$表示初始温度，$k$表示降低或增长的速率）。人体心率信号也可以用函数表示，如$H(t) = A\sin(\omega t) + B\sin(2\omega t) + C\sin(3\omega t)$，其中，$A$、$B$、$C$是振幅系数。

在信号的函数描述中，需要确定以下几个要素。

（1）**自变量：**函数的输入变量，它表示信号的独立变量，通常用t表示时间。自变量的取值范围可以是连续的（如实数）或离散的（如整数）。

（2）**因变量：**函数的输出变量，它表示信号的依赖变量，通常用$x(t)$表示因变量在时间t上的取值。因变量的取值可以是连续的（如实数集）或离散的（如整数集）。

（3）**函数表达式：**用来描述信号变化的数学表达式，它将自变量映射到因变量。

函数表达式可以反映信号的振幅、频率、相位等信息。通过分析函数表达式，可以了解信号的稳定性、收敛性、周期性等性质。总之，信号的函数描述是通过数学函数来表示信号的变化规律的描述方式，通过函数描述可以获得信号的特征信息，为信号处理和分析提供基础。

1.1.2 信号的波形描述

信号的波形描述是指通过图形表示信号随时间的变化。人们通过直接观察信号的波形可以了解信号的振幅、频率、周期等特征。波形是指随时间变化的物理量在坐标系中的图形表示。信号的波形描述需要确定以下几个要素。

（1）**时间轴：**通常时、分、秒为单位，可以是连续的（如实数集）或离散的（如整数集）。时间轴上的点对应着信号在对应时间点上的取值。

（2）**振幅：**表示信号的幅度大小。振幅可以通过波形图上的垂直距离来表示，在某些例子中，单位可以为伏特（V）或分贝（dB）。

（3）**频率：**可以用来描述信号的周期性特征，通常以赫兹（Hz）为单位。频率越高，信号的变化越快；频率越低，信号的变化越慢。

（4）**周期：**频率的倒数，可用来描述信号的重复性特征。周期可以通过波形图上的水平距离来表示，通常单位为秒（s）。

（5）**相位：**用来描述信号相对于时间轴的位置和变化，可以通过波形图上的水平偏移来表示，单位为弧度（rad）或角度（°）。

不同类型的信号具有不同的波形特征。例如，正弦信号的波形为连续的曲线，具有固定的振幅、频率和相位；方波信号的波形是由高电平和低电平交替组成的波形，例如语音是一种机械波，可以用波形来描述语音信号的振幅和频率，通过波形图也可观察语音信号在不同时间的振动情况，如图1-1所示。可以用正弦波表示语音的简单波形，例如$y(t) = A\sin(2\pi ft)$，其中，A表示振幅，f表示频率，t表示时间。在无线通信中，无线电波是电磁波，可用波形表示无线电信号的幅度和频率的变化，即调幅信号与调频信号。在数字通信中，数字信号可以用特定的波形表示不同的数字，比如二进制的高低电平可以用方波或脉冲波形表示，从而传输和解析数字信息。

在信号处理中，可以通过对波形图的分析来获得信号的各种信息。例如，通过测量波形的振幅，可以了解信号的幅度大小；通过测量波形的周期，可以计算信号的频率；通过测量波形的相位差，可以了解信号的相对位置关系。信号的波形描述与函数描述在信号分析中起着同样重要的作用，可以帮助我们理解和处理各种类型的信号。

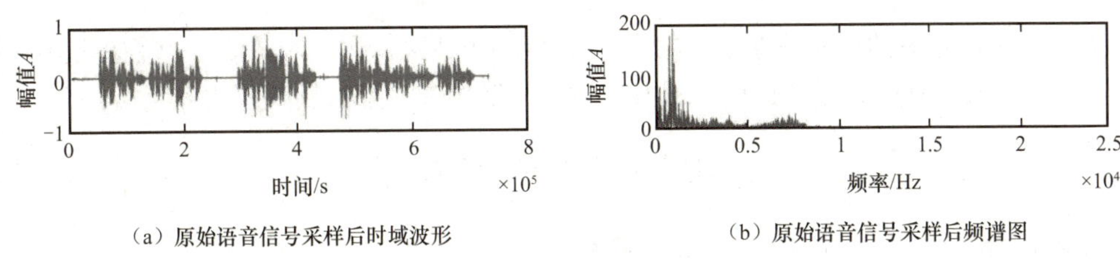

（a）原始语音信号采样后时域波形　　（b）原始语音信号采样后频谱图

图 1-1　语音信号波形图

1.1.3　信号的分类

1. 连续信号与离散信号

连续信号的自变量是连续的，通常用时间变量t表示。一般情况下，连续信号可用连续函数$x(t)$来表示，例如正弦信号、余弦信号等，如图1-2所示。

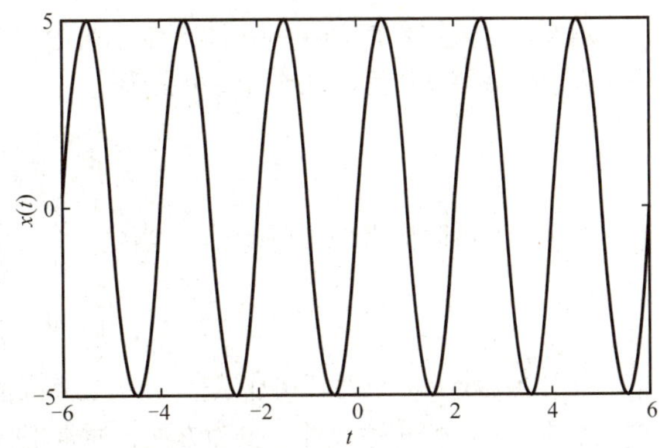

图 1-2　连续信号 $x(t)=5\sin(\pi t)$ 的波形图

离散信号的自变量是离散的，可以是整数集或采样点集，时间变量用整数n表示，离散信号通常用序列或采样值$x[n]$表示，如图1-3所示。

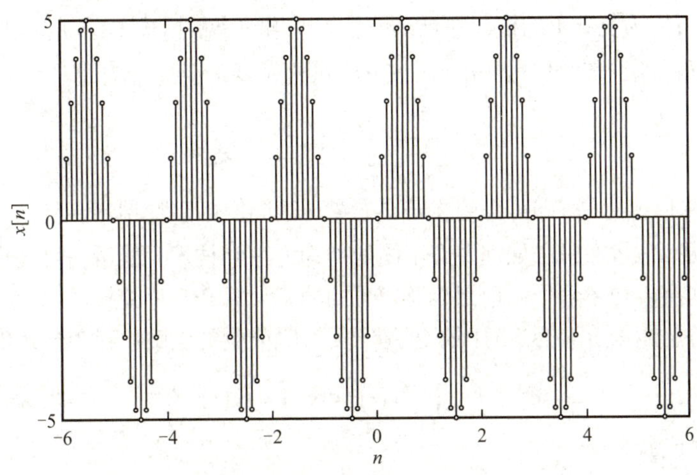

图 1-3　离散信号 $x[n]=5\sin(\pi n)$ 的波形图

连续信号和离散信号在信号处理中有不同的处理方法和技术。连续信号处理通常涉及连续函数的运算和变换，离散信号处理则涉及离散序列的运算和变换。

2. 能量信号与功率信号

能量信号是指在整个时间范围内的总能量为有限值的信号。能量信号通常是非周期的，例如单位脉冲信号、有限长信号等。信号的能量计算公式为

$$E = \int \left| x(t) \right|^2 \mathrm{d}t \tag{1-1}$$

很多应用中所考虑的信号是直接与在某一物理系统中具有功率和能量的一些物理量有关的。例如，若$v(t)$和$i(t)$分别是阻值为R的某一电阻上的电压和电流，那么其瞬时功率为

$$p(t) = v(t)i(t) = \frac{1}{R}v^2(t) \tag{1-2}$$

其在时间间隔$t_1 \leqslant t \leqslant t_2$内消耗的总能量为

$$\int_{t_1}^{t_2} p(t)\mathrm{d}t = \int_{t_1}^{t_2} \frac{1}{R}v^2(t)\mathrm{d}t \tag{1-3}$$

功率信号是指在时间上的平均功率是有限值的信号。功率信号通常是周期的，例如正弦信号、方波信号等。信号的功率计算公式为

$$P = \lim_{T\to\infty} \frac{1}{T}\int \left| x(t) \right|^2 \mathrm{d}t \tag{1-4}$$

那么对上述阻值为R的某一电阻，当电压为$v(t)$、电流为$i(t)$时，其平均功率为

$$\bar{p} = \frac{1}{t_2 - t_1}\int_{t_1}^{t_2} p(t)\mathrm{d}t = \frac{1}{t_2 - t_1}\int_{t_1}^{t_2} \frac{1}{R}v^2(t)\mathrm{d}t \tag{1-5}$$

根据以上定义，可对任何连续信号$x(t)$或离散信号$x[n]$采用类似的功率和能量的表达或计算方式。此外，为了使表达或计算更为方便，通常把信号看作具有复数值的信号，这时连续信号$x(t)$在$t_1 \leqslant t \leqslant t_2$内消耗的总能量为

$$E = \int_{t_1}^{t_2} \left| x(t) \right|^2 \mathrm{d}t \tag{1-6}$$

其中，$|x|$记为x（可能为复数）的模，并且该信号的平均功率根据式（1-6）除以时间长度（t_2-t_1）即可计算得出。同样地，离散信号$x[n]$在$n_1 \leqslant n \leqslant n_2$内消耗的总能量为

$$E = \sum_{n=n_1}^{n_2} \left| x[n] \right|^2 \tag{1-7}$$

将式（1-7）除以$n_2 - n_1 + 1$即可得到在$n_1 \leqslant n \leqslant n_2$区间内的平均功率。

能量信号和功率信号在信号处理中有不同的处理方法和技术。能量信号处理通常涉及信号的能量计算和能量变换，功率信号处理则涉及信号的功率计算和功率变换。

此外，通常将总能量定义为当时间长度趋于无穷时能量的极限，对于连续信号，总能量为

$$E_\infty \triangleq \lim_{T\to\infty} \int_{-T}^{T} \left| x(t) \right|^2 \mathrm{d}t = \int_{-\infty}^{\infty} \left| x(t) \right|^2 \mathrm{d}t \tag{1-8}$$

对于离散信号，总能量为

$$E_\infty \triangleq \lim_{N\to\infty} \sum_{n=-N}^{+N} \left| x[n] \right|^2 = \sum_{n=-\infty}^{+\infty} \left| x[n] \right|^2 \tag{1-9}$$

需要注意的是，当式（1-8）的积分或式（1-9）的求和不收敛时，信号具有无限的能量，而当$E_\infty < \infty$时，信号则具有有限的能量。

对于连续信号在无限时间区间内的平均功率，同样可定义为

$$P_\infty \triangleq \lim_{T\to\infty} \frac{1}{2T}\int_{-T}^{T} \left| x(t) \right|^2 \mathrm{d}t \tag{1-10}$$

离散信号在无限时间区间内的平均功率定义为

$$P_{\infty} \triangleq \lim_{N\to\infty} \frac{1}{2N+1} \sum_{n=-N}^{+N} \left| x[n] \right|^2 \tag{1-11}$$

根据以上定义，可以区分三类重要的信号。

第一类信号是能量信号。这类信号具有有限的总能量$E_{\infty} < \infty$，则平均功率P_{∞}为零，因为在连续时间时间域中，由式（1-10）有

$$P_{\infty} \triangleq \lim_{T\to\infty} \frac{E_{\infty}}{2T} = 0 \tag{1-12}$$

第二类信号是功率信号，信号的平均功率$P_{\infty}<\infty$，则有$E_{\infty} = \infty$。因为如果单位时间内平均能量为非零值（也就是非零功率），那么在无限区间内积分或求和就必然得出无限大的能量值。

第三类信号既不是能量信号，也不是功率信号，即信号的P_{∞}和E_{∞}都不是有限值的信号，如信号$x(t) = t$。

3. 周期信号与非周期信号

周期信号是指信号在某个固定的时间间隔内重复，具有明确的周期。例如正弦信号、方波信号等。连续信号$x(t)$具有周期性，即存在一个正值T，对全部t来说，有

$$x(t) = x(t + aT) \tag{1-13}$$

其中a是任意整数，T是信号的周期。

正弦信号是典型的周期信号，例如 $x(t) = A\sin(2\pi ft)$，其中A 表示振幅，f 表示频率。如果一个信号时移T后其值不变，且时移$2T$，$3T$，$4T$，…后其值也都不变，则最小的正周期T为信号的周期。在离散信号中可类似地定义周期信号，如果一个离散信号$x[n]$ 时移N后其值不变，且对全部n有

$$x[n] = x[n + aN] \tag{1-14}$$

其中a为整数，则$x[n]$是周期信号，周期为N（N为某一个正整数）。若式（1-14）成立，$2N$，$3N$，$4N$，…也都是$x[n]$的周期。其中使式（1-14）成立的最小正值N就是它的基波周期。如图1-4所示，其基波周期$N_0 = 20$。

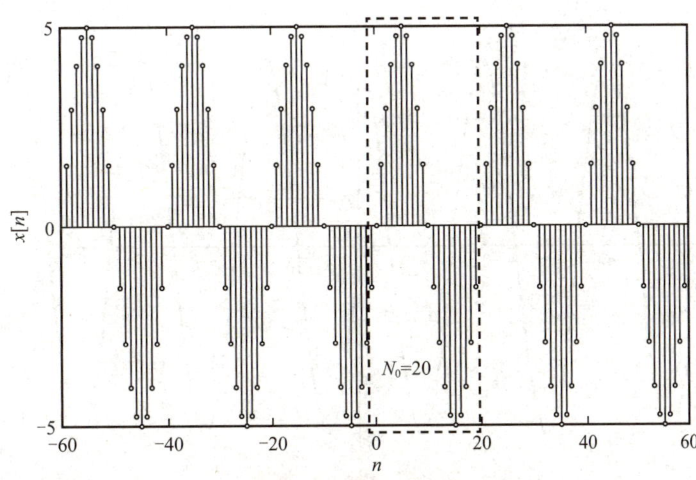

图 1-4　周期为 20 的离散周期信号

非周期信号则没有明确的重复规律，也就是对于信号$x(t)$，不存在一个正数T，使得对于任意t，都满足$x(t) = x(t + nT)$，其中n是任意整数。非周期信号可以是连续的或离散的。

注意，周期信号和非周期信号是相互关联的，当周期信号的周期T或$N\to\infty$时，周期信号成了非周期信号，而非周期信号则可以看成T或$N=\infty$的周期信号。

4. 奇信号与偶信号

偶信号具有偶对称特征，其波形通常关于纵轴x=0对称，例如余弦信号。在连续信号中，偶信号函数满足

$$x(t) = x(-t) \tag{1-15}$$

在离散信号中，偶信号函数满足

$$x[n] = x[-n] \tag{1-16}$$

若满足

$$x(t) = -x(-t) \tag{1-17}$$

或者

$$x[n] = -x[-n] \tag{1-18}$$

就称该信号为奇信号。奇信号具有奇对称特征，其波形关于原点对称。例如正弦信号。

注意，任何信号都能分解为偶信号和奇信号之和。例如考虑某信号$x(t)$，其波形如图1-5所示，将该信号分解为

信号偶部：$$\varepsilon[x(t)] = \frac{1}{2}[x(t) + x(-t)] \tag{1-19}$$

信号奇部：$$O[x(t)] = \frac{1}{2}[x(t) - x(-t)] \tag{1-20}$$

可见，任意信号$x(t)$可分解为偶信号和奇信号。图1-5所示信号的奇部和偶部如图1-6所示。

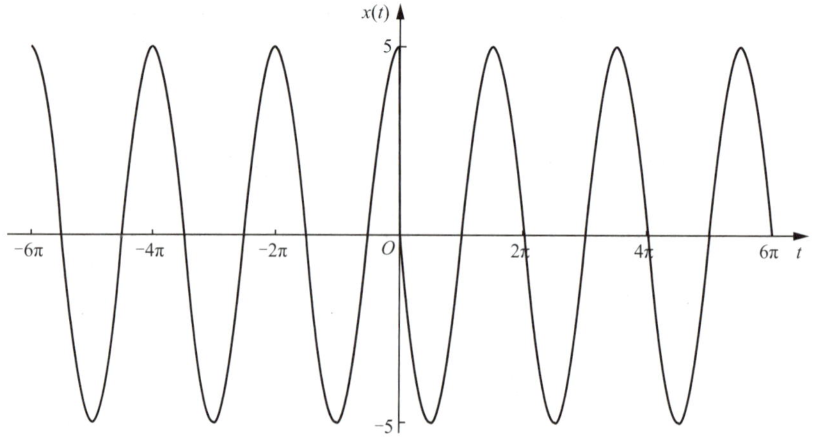

图 1-5 信号 $x(t)$ 的波形

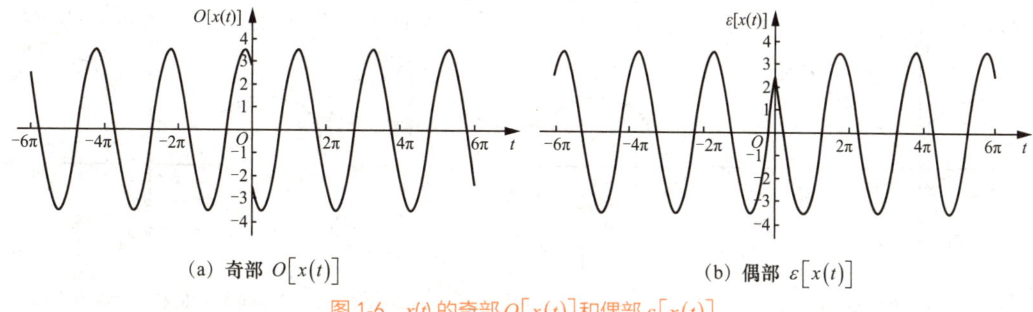

(a) 奇部 $O[x(t)]$　　(b) 偶部 $\varepsilon[x(t)]$

图 1-6　$x(t)$ 的奇部 $O[x(t)]$ 和偶部 $\varepsilon[x(t)]$

1.2 信号的运算

信号的运算是指对信号进行的操作和处理。信号的运算包括时移、反褶、尺度变换以及其他常见的运算，如加法、减法、乘法、微分、积分、和分和差分运算。下面将详细介绍这些信号运算的概念和运算方法。

信号的运算（时移、反褶、尺度变换）

1.2.1 时移

时移是指将信号沿时间轴平移。时移操作可以用来改变信号的起始时间，使信号在时间尺度上发生平移。时移的数学表示为

$$y(t) = x(t-\tau) \tag{1-21}$$

其中，$x(t)$表示原信号，τ表示时移的时间量，$x(t-\tau)$ 表示时移后的信号。时移操作将原信号的每个时间点 t 映射到 $t-\tau$ 的位置上，从而改变了信号的起始时间。离散信号的时移表示也类似，$y[n] = x[n-n_0]$，n_0表示时移的时间量。

以某个离散信号为例，如图1-7所示。可见，$x[n]$和$x[n-n_0]$在形状上完全一致，但在位置上存在n_0个移位($n_0 > 0$)，也就是$x[n-n_0]$比$x[n]$滞后n_0。相应地，以连续信号为例，信号的时移如图1-8所示。这里$x(t-t_0)$代表一个延时($t_0 > 0$)的$x(t)$，或是一个超前($t_0 < 0$)的$x(t)$。这种时移信号可以在声呐、地震信号处理以及雷达等应用中找到。例如手机通话延迟，观看电视直播时，由于信号需要传输到电视台并进行处理，因此画面和声音与实际事件之间存在一定的延迟。

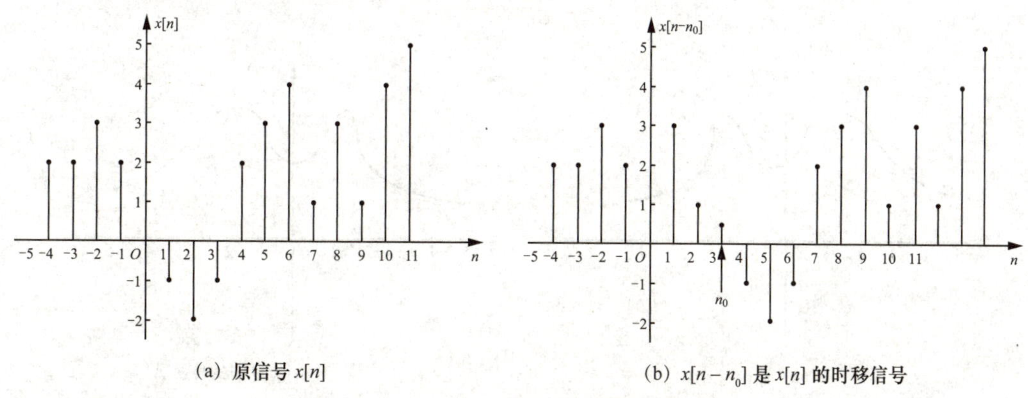

(a) 原信号 $x[n]$　　(b) $x[n-n_0]$ 是 $x[n]$ 的时移信号

图 1-7　时移前后的离散信号

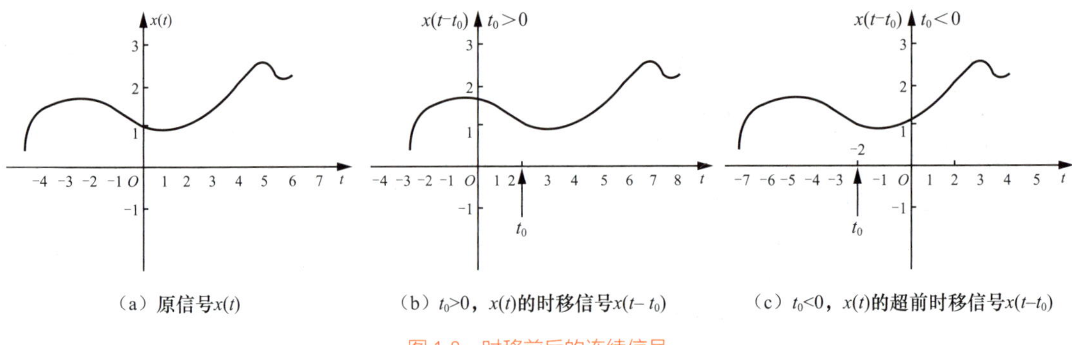

（a）原信号$x(t)$　（b）$t_0>0$，$x(t)$的时移信号$x(t-t_0)$　（c）$t_0<0$，$x(t)$的超前时移信号$x(t-t_0)$

图 1-8　时移前后的连续信号

1.2.2　反褶

反褶是指将信号以x=0为轴进行镜像翻转，在连续时间系统中，反褶操作通常用符号 $-t$ 表示。连续信号的反褶数学表示为

$$y(t)=x(-t) \tag{1-22}$$

其中，$x(t)$表示原信号，$x(-t)$表示反褶后的信号。离散信号的反褶原理与之类似，不一样的是离散信号是信号$x[n]$以$n=0$为轴反褶而得到$x[-n]$，$y[n]=x[-n]$，如图1-9所示。如图1-10所示，$x(-t)$是由连续信号$x(t)$经反褶而得的。

生活中，如果用$x(t)$表示一盘音乐磁带，那么$x(-t)$就相当于对这盘磁带进行倒放。

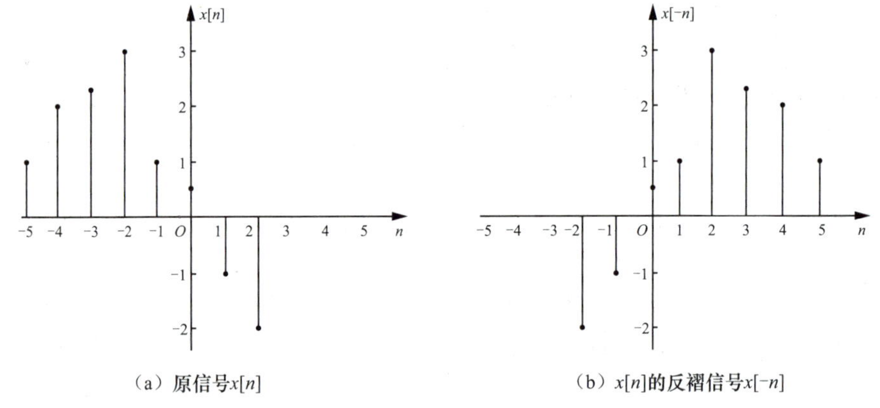

（a）原信号$x[n]$　（b）$x[n]$的反褶信号$x[-n]$

图 1-9　反褶前后的离散信号

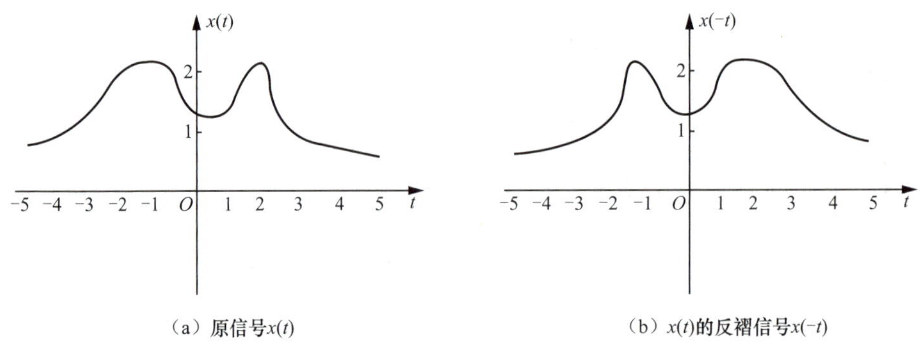

（a）原信号$x(t)$　（b）$x(t)$的反褶信号$x(-t)$

图 1-10　反褶前后的连续信号

1.2.3　尺度变换

尺度变换是指改变信号在时间轴上的时间比例。尺度变换操作的数学表示为

$$y(t)=x(a\cdot t) \tag{1-23}$$

其中，a表示尺度变换的比例因子，$x(t)$表示原信号，$y(t)$表示尺度变换后的信号。图1-11给出了$x(t)$，$x(2t)$和$x(t/2)$三个连续信号，这三个信号利用自变量的线性尺度变换而相互联系。倘若再一次用$x(t)$表示一盘音乐磁带，那么$x(2t)$就是把这盘磁带以两倍的速度播放，而$x(t/2)$则表示原磁带将播放速度降低一半进行慢放。

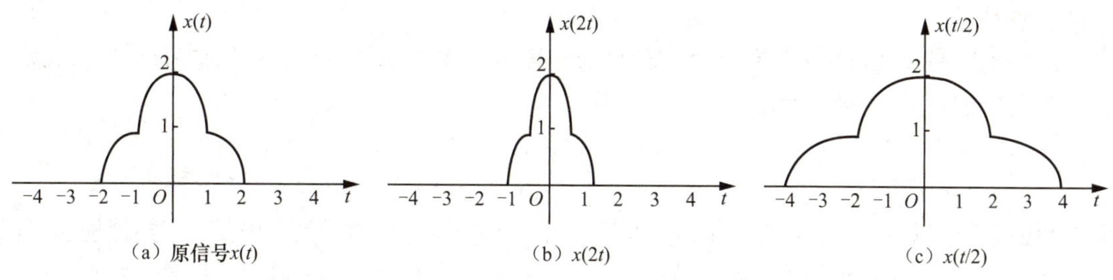

图 1-11　尺度变换前后的连续信号

1.2.4　其他运算

除了时移、反褶和尺度变换，信号还可以进行其他常见的运算，包括加法、减法、乘法、微分、积分、和分和差分等运算。

1. 加法

将两个信号x_1、x_2按照相同的时间点进行相加，得到一个新的信号。两个信号进行加法运算的数学表示为

$$\text{连续信号：}y(t)=x_1(t)+x_2(t) \tag{1-24}$$

$$\text{离散信号：}y[n]=x_1[n]+x_2[n] \tag{1-25}$$

其中，x_1和x_2分别表示两个原信号，y 表示相加得到的信号。当然，信号加法运算可以多个信号进行叠加。它经常在信号处理中被用于信号合成和混音等。加法运算可以将多个音频信号合并成一个更复杂的音频信号。在音频和视频处理中，可以使用信号加法运算将不同音轨或视频效果图层叠加以产生更丰富的音/视频效果。

2. 减法

将一个信号x_1减去另一个信号x_2，得到信号y。两个信号的减法运算的数学表示为

$$\text{连续信号：}y(t)=x_1(t)-x_2(t) \tag{1-26}$$

$$\text{离散信号：}y[n]=x_1[n]-x_2[n] \tag{1-27}$$

其中，x_1和x_2分别表示两个原信号，y 表示相减后得到的信号。信号减法运算可以将两个信号相减，得到两者之间的差异。在信号处理中，减法运算可以用于去除噪声、调整音频平衡等。例如，电话会议系统中的噪声消除算法，其原理就是利用噪声信号和被噪声污染的信号的减法运算，来减少噪声对信号的影响，消除背景噪声，提高语音清晰度。

3. 乘法

将两个信号按照相同的时间点相乘，得到一个新的信号。两个信号的乘法运算的数学表示为

$$连续信号：y(t)=x_1(t)\times x_2(t) \tag{1-28}$$

$$离散信号：y[n]=x_1[n]\times x_2[n] \tag{1-29}$$

其中，x_1和x_2分别表示两个原信号，y 表示相乘后的信号。信号乘法运算可以改变信号的幅度或振幅，也可以用于调制信号等。在通信系统中，乘法运算可以用于调制以改变信号的频率特征，实现信号传输和接收。例如，调制技术中的幅度调制（amplitude modulation，AM）和频率调制（frequency modulation，FM）就是利用信号乘法运算实现的，也就是说，乘法运算可以用于调制和解调无线电信号、音频信号等。

4. 微分

对连续信号$x(t)$进行微分操作，得到信号的导数$y(t)$。微分运算可用来计算信号的变化率或斜率。信号的微分运算的数学表示为

$$y(t)=\frac{\mathrm{d}x(t)}{\mathrm{d}t} \tag{1-30}$$

信号微分运算可以用于计算信号在时间上的变化率。微分运算在信号处理中常用于边缘检测、斜率测量等。例如，对音频信号进行微分运算，可以提取出音频信号的高频成分信息。此外，在图像处理中，可以使用信号微分运算来检测图像中的边缘和纹理等特征。

5. 积分

对连续信号$x(t)$进行积分操作，得到信号的积分，$y(t)$表示积分后的信号。积分运算可以用来计算信号的累积量和面积。信号的积分运算的数学表示为

$$y(t)=\int x(t)\mathrm{d}t \tag{1-31}$$

信号积分运算在信号处理中常用于信号恢复、噪声滤除等。例如，在物理学中，对加速度信号进行积分运算，可以得到速度信号，再次进行积分运算，可得到位移信号。在电能计量中，可以对功率信号进行积分运算来计算电能。

6. 差分

对于离散信号$x[n]$，差分运算可以细分为不同阶次的差分，类似连续信号中微分的概念，用于衡量信号在不同时间点之间的变化率。具体来说，离散信号$x[n]$的一阶差分运算可表示为

$$y[n]=\Delta x[n]=x[n]-x[n-1] \tag{1-32}$$

$y[n]$表示相邻时刻信号值的差异，反映了信号的变化趋势。

二阶差分则可以表示为$\Delta^2x[n]=y[n]-y[n-1]=\Delta(\Delta x[n])=\Delta x[n]-\Delta x[n-1]$，可以进一步反映信号变化的加速度或者变化率的变化情况。以此类推，n阶差分可以表示为$\Delta^n x[n]=\Delta(\Delta^{n-1}x[n])=\Delta^{n-1}x[n]-\Delta^{n-1}x[n-1]$。

差分运算与微分运算类似，用于在离散信号处理中分析信号在不同时间点上的变化情况。在实际应用中，差分运算常用于噪声滤除、趋势分析、模式识别等领域，能够帮助理解和预测信号的发展趋势和特征变化。

7. 和分

和分运算是对多个离散信号进行加法运算的操作，通常用于合成信号或者分析多个信号的总和特性。在离散信号处理中，可以用和分运算来组合不同的信号分量或者对信号进行累加处理。

具体来说，离散信号$x[n]$的和分运算可以表示为

$$y[n]=\sum_{k=0}^{n}x[k] \tag{1-33}$$

其中，$y[n]$是和分运算后得到的信号，它将信号$x[n]$从起始时刻 $k=0$ 累加到当前时刻 n。和分运算可以用于合成复杂信号，例如将多个信号分量组合成一个信号整体，以便进行更深入的分析或处理。在信号处理中，和分运算可以用于平均处理，例如对信号的多次实验测量进行平均以减少噪声效应，或者用于滤波，以平滑信号。和分运算也可以用于计算信号的能量或功率，例如，对信号的幅值平方进行和分操作，可以得到信号在一段时间内的总能量。在系统分析中，和分运算可以用于分析系统的响应特性，例如计算系统对不同输入信号的累积响应。总之，和分运算在信号处理中具有多种重要应用，能够帮助理解和处理复杂的信号特性。

通过信号运算，可以对信号进行各种操作和处理，从而获得信号的不同特征和性质。这些运算在信号与系统分析中具有重要的应用价值，有助于理解和处理各种类型的信号。

1.3 基本信号与典型信号

在信号与系统分析中，了解基本信号和典型信号是非常重要的。基本信号是构成其他信号的基础，包括单位冲激信号、虚指数信号以及复指数信号等。而典型信号则代表了具有特殊性质的信号类型，包括阶跃信号、单边指数衰减信号、冲激串信号、方波信号、正弦信号、余弦信号以及钟形信号等。通过对这些信号的学习，可以更深入地理解信号的性质，并为进一步分析和处理复杂信号奠定基础。

1.3.1 基本信号

基本信号是理解和分析不同信号形式的关键元素。这里将重点介绍常见的基本信号，包括单位冲激信号（单位冲激信号和单位脉冲序列）、虚指数信号（$e^{j\omega t}$和$e^{j\omega n}$），以及复指数信号（e^{st}和z^n）。这些基本信号在信号处理、通信系统和控制系统等应用中发挥着重要作用。

1. 单位冲激信号

单位冲激函数，也称为狄拉克函数，是一种在短时间内具有无限大幅度的信号。它是信号处理中最重要的函数之一，广泛应用于信号的分析和处理。单位冲激函数在连续时间域和离散时间域都有不同的定义和性质。在连续时间域中，单位冲激信号表示为$\delta(t)$，其中t是时间变量，如图1-12所示。

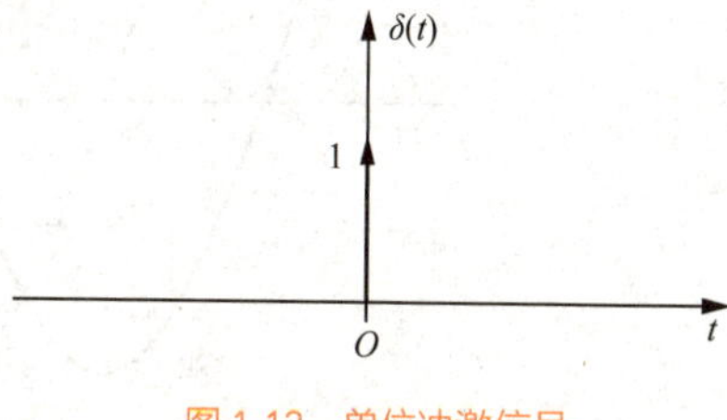

图 1-12　单位冲激信号

其数学表达式为

$$\delta(t)=\begin{cases}+\infty, & t=0\\ 0, & t\neq 0\end{cases} \tag{1-34}$$

单位冲激函数具有以下性质。

（1）**非零区域内值为零：**单位冲激函数在t不等于零时，取值为零，即$\delta(t)=0$，$t\neq 0$。

（2）**面积为1：**单位冲激函数在整个时间域的积分等于1，即$\int_{-\infty}^{+\infty}\delta(t)\mathrm{d}t=1$。

（3）**尺度性质：**当单位冲激函数的时间变量缩放为原来的a倍时，幅度需要按照$\frac{1}{|a|}$的比例进行缩放，即$\delta(at)=\frac{1}{|a|}\delta(t)$，其中，$a$为常数。

（4）**偶对称性质：**$\delta(t)=\delta(-t)$。

在离散时间域中，单位脉冲序列（对应于连续时间域的单位冲激函数）用$\delta[n]$ 表示，其中n为整数，单位脉冲序列的波形如图1-13所示。

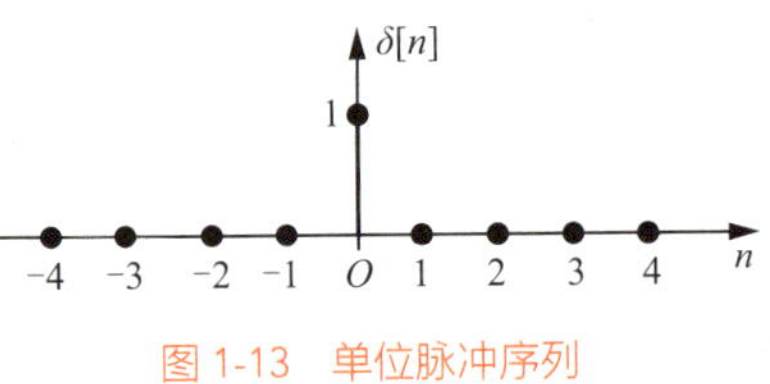

图 1-13　单位脉冲序列

其数学表达式为

$$\delta[n]=\begin{cases}1, & n=0\\0, & n\neq 0\end{cases} \tag{1-35}$$

与连续时间域中的性质（2）类似的是，离散时间域的单位脉冲序列在整个时间域的所有离散点上的幅度之和等于1，即$\sum\delta[n]=1$。

单位冲激函数在信号处理中应用广泛。如表示冲激噪声。通过将冲激噪声与单位冲激函数进行卷积，可以得到噪声信号的频谱分析，从而了解噪声信号的频率成分和幅度分布。另外，它可以用于表示系统的冲激响应。冲激响应是指当系统输入为单位冲激信号时，系统的零状态响应。冲激响应与系统的系统函数之间存在关系，系统的冲激响应通过拉普拉斯变换或者z变换可以得到系统的系统函数。

虚指数信号

2. 虚指数信号

虚指数信号是信号处理和通信领域中的基本信号。虚指数函数可以在三维空间中表示螺旋函数，其在x轴方向的投影是正弦函数，在y轴方向的投影是余弦函数。虚指数函数由两个正交且同频的正弦和余弦两个基本信号组成，如图1-14所示。

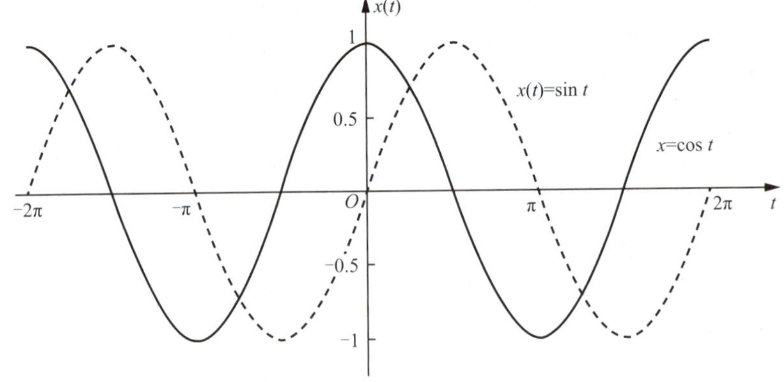

图 1-14　虚指数信号两路正交的基本信号（$\omega=1$，$A=1$）

其数学公式为

$$x(t)=A\mathrm{e}^{\mathrm{j}\omega t}=A\cos\omega t+\mathrm{j}\,A\sin\omega t \tag{1-36}$$

其中，A是信号的振幅，ω是信号的角频率，t是时间变量。

虚指数信号具有以下重要的性质，在信号处理和通信系统设计中得到广泛应用。

（1）**频谱特性**：虚指数信号的频谱为冲激函数，其频率分量为ω。这意味着虚指数信号的频谱主要集中在单一频率上。

（2）**线性性质**：虚指数信号同样在加法和与标量的乘法中满足线性性质。具体而言，如果有两个虚指数信号$x_1(t)=A_1\mathrm{e}^{\mathrm{j}b_1t}$和$x_2(t)=A_2\mathrm{e}^{\mathrm{j}b_2t}$，则它们的线性组合为

$$x(t)=c_1x_1(t)+c_2x_2(t)=c_1A_1\mathrm{e}^{\mathrm{j}b_1t}+c_2A_2\mathrm{e}^{\mathrm{j}b_2t} \tag{1-37}$$

虚指数信号在连续时间域中表示为$\mathrm{e}^{\mathrm{j}\omega_0t}$，在离散时间域中表示为$\mathrm{e}^{\mathrm{j}\omega n}$。其中，e是自然数，j是虚数单位，$\omega_0$是基波角频率，满足$\omega_0T_0=2\pi$。$t$是连续时间变量，$n$是离散时间变量。

在连续时间域中，虚指数信号具有以下性质。

（1）**周期性**：虚指数信号具有周期性，即$x(t)=x(t+T)=\mathrm{e}^{\mathrm{j}\omega_0t}=\mathrm{e}^{\mathrm{j}\omega_0(t+T)}$。

（2）**无衰减**：虚指数信号的幅度始终为1，即$|\mathrm{e}^{\mathrm{j}\omega_0t}|=1$。

在离散时间域中，虚指数信号中也具有类似的性质。

（1）**周期性**：在离散时间域中的虚指数信号同样具有周期性，即$\mathrm{e}^{\mathrm{j}(\omega+2\pi k)n}=\mathrm{e}^{\mathrm{j}\omega n}$，其中，$k$是整数。

（2）**无衰减**：在离散时间域中的虚指数信号的幅度同样为1，即$|\mathrm{e}^{\mathrm{j}\omega n}|=1$。

虚指数信号在实际应用中具有重要的意义，当$\omega=1$时，绘制连续时间域中的虚指数的实部、虚部，如图1-15所示。由于其周期性和无衰减等特性，虚指数信号可以用来表示各种周期性或非周期性信号，如声音信号、光信号等。此外，虚指数信号也是许多信号处理算法和技术的基础，如傅里叶变换、滤波器设计等。

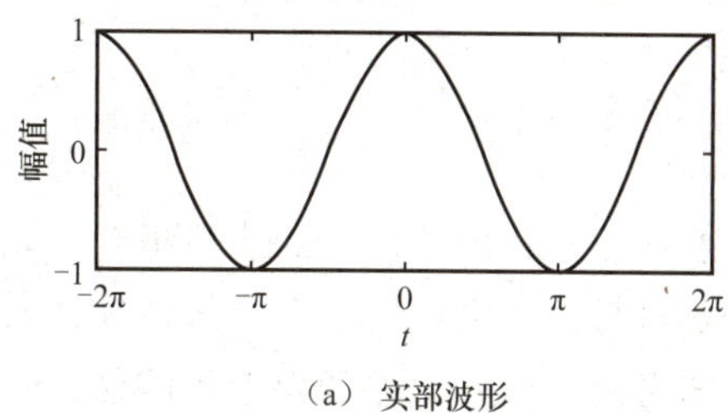

（a）实部波形

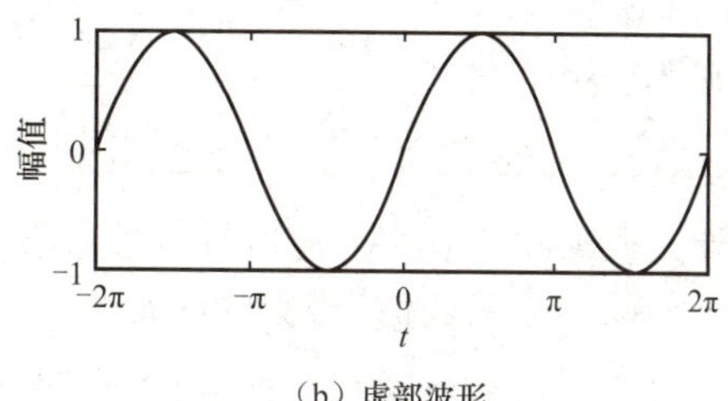

（b）虚部波形

图1-15 虚指数信号波形

3. 复指数信号

复指数信号是一种在连续或离散时间域中其幅度和相位都随时间变化的信号。连续复指数信号的定义为

$$x(t)=A\mathrm{e}^{(a+\mathrm{j}b)t} \tag{1-38}$$

其中，A是信号的幅度。a和b分别为复指数的实部和虚部，分别决定了复指数信号的相位和频率，t是时间变量。

典型信号（连续复指数信号）

离散复指数信号定义为

$$x[n]=C\alpha^n \tag{1-39}$$

其中，C和α一般为复数。若令$\alpha=\mathrm{e}^{\beta}$，则信号表示为$x[n]=C\mathrm{e}^{\beta n}$。对连续信号进行采样，可以得到相应的离散信号，连续复指数信号中的时间变量t被离散化为nT，其中T是采样间隔。选择复指数实部为0.5，虚部为0.2，离散采样间隔T=0.1，绘制信号的实部与虚部如图1-16所示，可以清晰观察到连续复指数信号和离散复指数信号两者的关系。

典型信号（离散复指数信号）

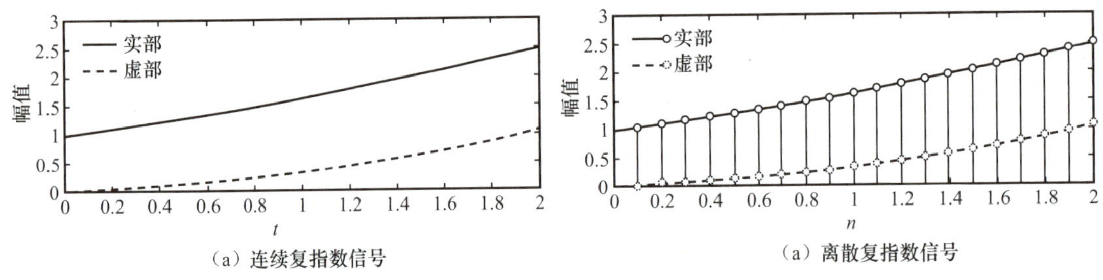

（a）连续复指数信号　（a）离散复指数信号

图 1-16　复指数信号波形

参数a和b决定了信号的类型，如果实部和虚部都不为零，则为复指数信号。如果实部为零，则为虚指数信号，形式为e^{jbt}或e^{jbnT}。如果虚部为零，则为单边指数信号，形式为e^{at}或e^{anT}。对参数a、b不同时所表示的信号类型如表1-1所示。

表 1-1　连续复指数信号和离散复指数信号的等价信号

信号类型	实部	虚部	函数	等价信号
连续复指数信号	$a\neq0$	$b\neq0$	$x(t)=e^{(a+jb)t}$	—
	a=0	$b\neq0$	$x(t)=e^{jbt}$	连续虚指数信号
	$a\neq0$	b=0	$x(t)=e^{at}$	单边指数信号/三角函数线性组合
离散复指数信号 采样间隔T=0.05s	$a\neq0$	$b\neq0$	$x(t)=e^{(a+jb)nT}$	—
	a=0	$b\neq0$	$x[n]=e^{jbnT}$	离散虚指数信号
	$a\neq0$	b=0	$x[n]=e^{anT}$	单边指数信号/三角函数线性组合

此外，根据欧拉公式，复指数信号可表示成正弦信号和余弦信号的线性组合：$e^{j\theta t}=\cos(\theta t)+j\sin(\theta t)$。复指数信号$e^{j5t}$波形如图1-17所示，可见，复指数信号与余弦信号、正弦信号之间存在着密切的数学关系，即复指数信号的实部为余弦信号，虚部为正弦信号。同样地，余弦信号也可以用复指数信号表示：$\cos(\theta)=\dfrac{e^{j\theta}+e^{-j\theta}}{2}$；正弦信号也可以用复指数信号表示：$\sin(\theta)=\dfrac{e^{j\theta}-e^{-j\theta}}{2j}$。

复指数信号具有一些重要的性质，在信号处理和通信系统设计中具有广泛应用。

（1）**频谱特性：**复指数信号的频谱包含两个冲激信号。这意味着复指数信号在频域可以分解成两个单频率分量信号的叠加。这对频谱分析和滤波器设计非常有用。

（2）**线性性质：**复指数信号在加法和与标量的乘法中满足线性性质。具体而言，如果有两个复指数信号$x_1(t)=A_1e^{(a_1+jb_1)t}$和$x_2(t)=A_2e^{(a_2+jb_2)t}$，则其线性组合为

$$x(t)=c_1x_1(t)+c_2x_2(t)=c_1A_1e^{(a_1+jb_1)t}+c_2A_2e^{(a_2+jb_2)t} \tag{1-40}$$

综上所述，复指数信号是一种幅度和相位随时间变化的信号。无论是在连续时间域还是离散时间域，复指数信号都表现出类似的特性。通过观察复指数信号的幅度和相位变化，可以了解信号的动态特性和变化趋势。复指数信号在不同领域有着广泛的应用。例如，在通信系统中，复指数信号可以用于调制和解调信号。在图像处理中，复指数信号可以用于表示图像的频域特征。在

音频处理中，复指数信号可以用于音乐信号的分析和合成。

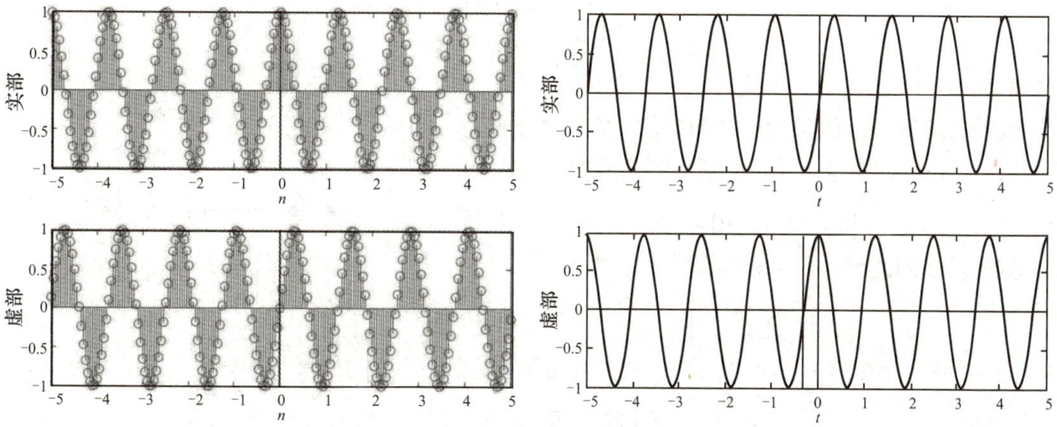

（a）离散复指数信号

（b）连续复指数信号

图 1-17　复指数信号与三角函数的关系

1.3.2　典型信号

在信号与系统分析中，经常会遇到一些典型信号，这些信号的特点和性质对于分析和处理信号与系统至关重要。本小节将重点介绍几种典型信号，包括阶跃信号、单边指数衰减信号、冲激串信号、方波信号、正弦信号、余弦信号和钟形信号。掌握这些信号的特点和性质，有助于更好地描述和分析各种实际信号，并设计合适的系统以满足特定的需求。因此，典型信号是信号与系统分析中的基础和重要内容。

1. 阶跃信号

阶跃信号在连续时间域中用$u(t)$表示，在离散时间域中用$u[n]$表示。在给定时间点之前，阶跃信号的值为零，在该时间点之后，阶跃信号的值为常数。并且单位阶跃信号与单位冲激信号有密切的关系，可通过单位冲激信号的积分或求和来表示单位阶跃信号。

单位阶跃信号$u(t)$的定义为

$$u(t)=\begin{cases}1,\ t\geqslant 0\\ 0,\ t<0\end{cases} \tag{1-41}$$

其中，t表示时间。单位阶跃信号波形如图1-18所示。

单位阶跃信号具有多种性质，包括：

（1）**因果性**：单位阶跃信号$u(t)$在 $t<0$ 的时候为零，并且在 $t=0$ 处突变为1，是因果信号。

（2）**单位阶跃信号与单位冲激信号的关系**：单位阶跃信号$u(t)$是单位冲激信号 $\delta(\tau)$ 的积分，即

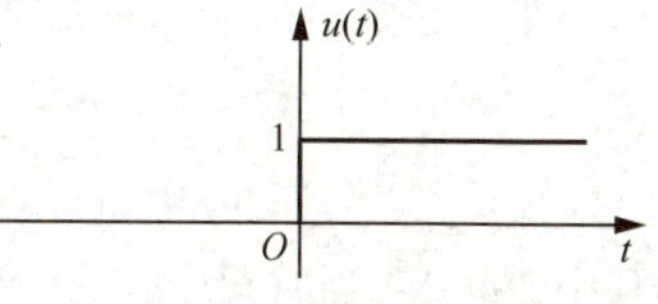

图 1-18　单位阶跃信号

$$u(t)=\int_{-\infty}^{t}\delta(\tau)\mathrm{d}\tau \tag{1-42}$$

同样地，单位冲激信号是单位阶跃信号的微分，即

$$\delta(t)=\frac{\mathrm{d}\left[u(t)\right]}{\mathrm{d}t} \tag{1-43}$$

离散时间域中，单位阶跃序列信号$u[n]$的定义为

$$u[n]=\begin{cases}1, & n\geqslant 0\\ 0, & n<0\end{cases} \tag{1-44}$$

其波形如图1-19所示。

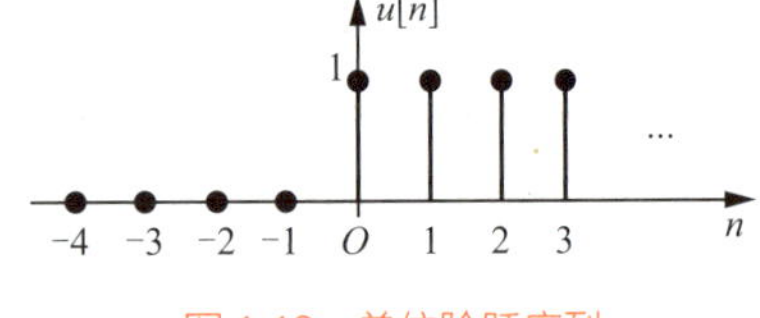

图 1-19 单位阶跃序列

离散时间域中单位脉冲信号和单位阶跃序列之间存在着密切关系。单位脉冲信号是单位阶跃序列信号的一阶差分，即

$$\delta[n]=u[n]-u[n-1] \tag{1-45}$$

而单位阶跃序列是单位脉冲信号的求和，即

$$u[n]=\sum\nolimits_{m=-\infty}^{n}\delta[m] \tag{1-46}$$

图1-20显示了式（1-46）的关系。式（1-46）的另外一种表示为

$$u[n]=\sum\nolimits_{k=0}^{\infty}\delta[n-k] \tag{1-47}$$

这时，$\delta[n-k]$在$k=n$时为非零值，所以式（1-46）对$n<0$为0，而对$n\geqslant 0$为1。同样地，也可以把它看作一些延时脉冲的叠加，也就是说将其看作在$n=0$发生的$\delta[n]$，在$n=1$发生的$\delta[n-1]$，以及在$n=2$发生的$\delta[n-2]$…的和。

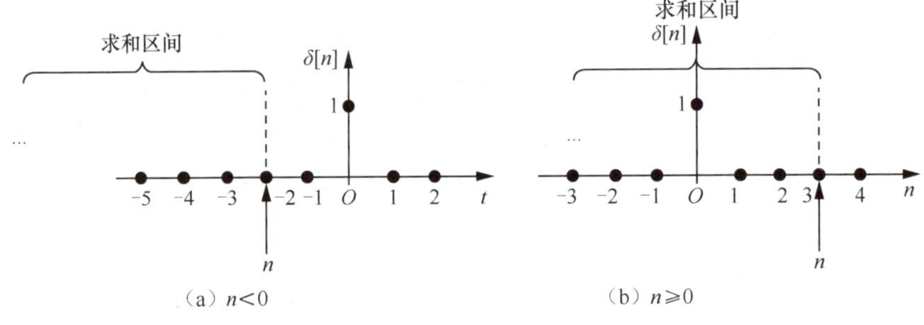

图 1-20 式（1-46）的求和示意图

2. 单边指数衰减信号

指数衰减信号是一种以指数函数形式逐渐减小的信号，可表示为

$$x(t)=A\cdot \mathrm{e}^{-\alpha t} \tag{1-48}$$

其中，A为振幅或初始值，α为正衰减常数因子，t为时间。

单边指数衰减信号是指随时间单调递减的指数信号，其数学表示为

$$x(t)=\begin{cases}A\cdot \mathrm{e}^{-\alpha t}, & t\geqslant 0\\ 0, & t<0\end{cases} \tag{1-49}$$

其中，$\alpha>0$。当时间$t<0$时，信号值为0，表示衰减前的初始状态；当时间$t\geqslant 0$时信号值按照指数函数形式衰减。如图1-21所示为令衰减常数因子α为$-1/3$绘制的衰减函数，并利用衰减函数绘制的单边衰减正弦函数。

单边指数衰减信号的特性使得它在信号处理中具有广泛的应用。下面将从滤波、变换和调制三个方面进行阐述。

（1）**滤波：**滤波是一种常用的信号处理操作，通过滤波可从原信号中去除某些频率范围内的噪声或干扰，得到更加纯净的信号。单边指数衰减信号可用于低通滤波，即去除高于某一临界频

率的信号分量。由于单边指数衰减信号随时间增加逐渐减小，因此其频谱也会逐渐减小，相比于矩形窗函数等其他窗函数，单边指数衰减信号的频谱衰减更加平缓，这样可以更好地保留低频分量，从而更好地实现低通滤波。

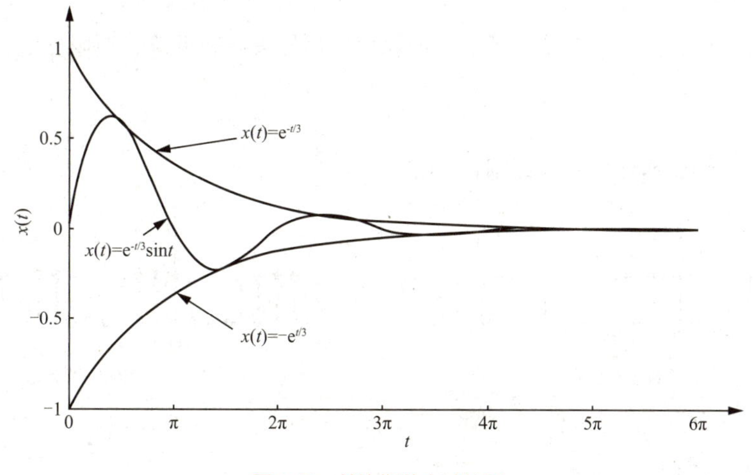

图 1-21　单边指数衰减信号

（2）**变换：**常见的信号变换包括傅里叶变换、小波变换等。以傅里叶变换为例，单边指数衰减信号的频谱是连续、平滑且具有指数衰减特性的，这使得它在频域中的表示更加简洁且易于分析。此外，在小波变换中，单边指数衰减信号也可以作为基函数使用，用于分析和表示其他复杂信号。

（3）**调制。**单边指数衰减信号可以用作调制信号的幅度衰减系数。例如，在通信系统中，可使用单边指数衰减信号对基带信号进行调幅，从而实现信号的传输和恢复。在雷达系统中，信号的衰减系数常常和目标与雷达之间的距离相关，可使用单边指数衰减信号对发射信号进行调制，以测量目标与雷达之间的距离。

总之，通过使用单边指数衰减信号，可以实现有效的滤波、简化信号变换的分析和表示，以及实现信号的调制等功能。因此，在信号处理中，单边指数衰减信号被广泛应用于不同领域和应用场景中。

3. 冲激串信号

冲激串信号是由若干个单位冲激信号组成的函数或者序列，如图1-22所示。冲激串信号在信号处理领域中具有重要应用。

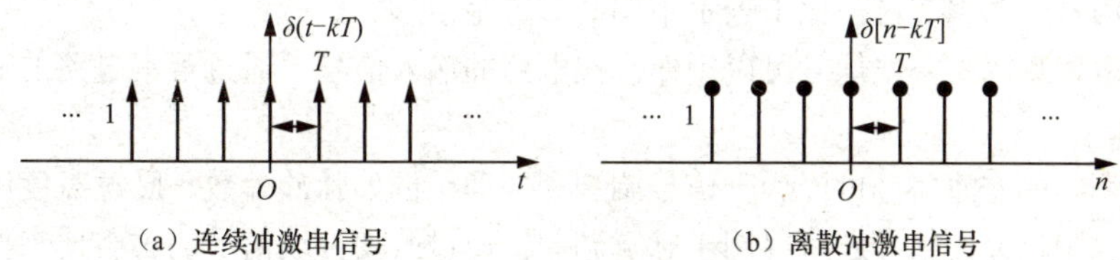

图 1-22　冲激串信号

在连续时间域中，冲激串信号是由一系列单位冲激函数组成的信号，通常用符号$\delta(t-kT)$表示；在离散时间域中，冲激串信号是由一系列单位脉冲信号组成的信号，通常用$\delta[n-kT]$表示，其中k是整数常数。

在实际应用中，冲激串信号经常用于信号采样和重建。采样是将连续信号转换为离散信号的过程，而冲激串信号可以作为采样的基函数，以实现对连续信号的离散化。重建是将离散信号转换为连续信号的过程，而冲激串信号可以作为重建的基函数，通过插值等方法实现对离散信号的恢复。

冲激串信号在信号处理中有着广泛的应用，包括信号采样和重建、频域分析、数字滤波器设计和系统辨识等方面。

4. 方波信号

方波信号是一种周期性信号，如图1-23所示。

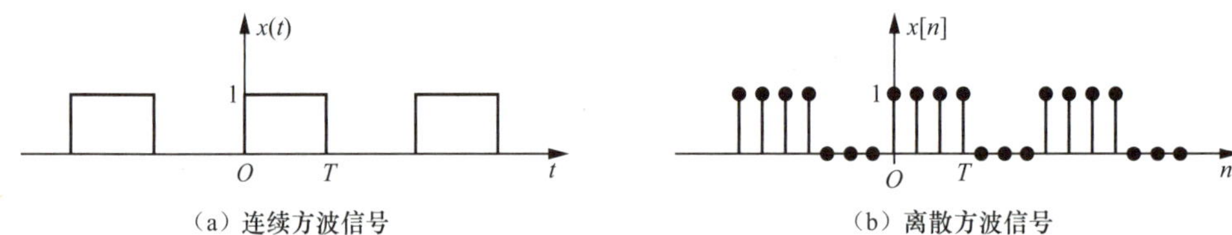

（a）连续方波信号　（b）离散方波信号

图 1-23 方波信号波形

方波信号具有以下性质。

（1）方波信号的频谱是离散的，由基波和谐波组成。基波频率为$1/T$，谐波频率为基波频率的整数倍。

（2）方波信号的幅度变化迅速，上升沿和下降沿瞬间从低电平跃变到高电平或相反。

（3）方波信号的占空比表示高电平在总周期中所占的比例，一般用百分比表示。

（4）**周期性：**方波信号的周期为T，方波信号满足$x(t+T)=x(t)$或$x[n+N]=x[n]$。

（5）**奇偶性：**方波信号可以是奇函数或偶函数，具体取决于信号的对称性。

（6）**分段连续性：**方波信号在每个周期内是分段连续的，但在周期间断点处是不连续的。

根据傅里叶变换的理论，连续周期性方波信号的频谱是离散的，包含基波和谐波。基波是方波信号最低频率的成分，频率为1/T。谐波是基波频率的整数倍，即2/T，3/T，…。谐波的幅度逐渐衰减，随着谐波阶数的增加，谐波成分对方波的贡献越来越小。

连续方波信号的频谱可表示为

$$X(f)=A_0+A_1\sin(2\pi fT)+A_2\sin\left[2\pi(2f)T\right]+\cdots \tag{1-50}$$

其中，$X(f)$代表频率为f的频谱成分，A_0是直流分量，A_1，A_2，…是谐波分量的振幅。

方波信号的应用场景有以下几种。

（1）**数据传输：**方波信号常用于数字通信领域，作为数据传输的载体。在串行通信中，可以通过改变方波信号的频率或占空比来表示不同的二进制信息。

（2）**模拟电路测试：**方波信号可以用作模拟电路的输入信号，通过观察电路的输出响应来测试电路的性能。

（3）**信号调制：**方波信号可以用于信号调制和处理，例如脉冲计数、脉冲宽度测量等。

（4）**脉宽调制：**方波信号还可以用于脉宽调制，通过改变方波信号的占空比来控制输出信号的幅度。

5. 正弦信号

正弦信号是一种连续的周期性信号，其波形用正弦函数描述。正弦信号在信号处理中常用于表示振荡等连续时间域的周期性事件。正弦函数是常用的非线性函数，其定义为

$$x(t) = A\sin(\omega t + \varphi) \tag{1-51}$$

其中，A表示振幅，ω表示角频率，t表示时间变量，φ表示相位。

正弦信号的频率决定了它振动的速度，即单位时间内完成的周期数。频率越高，振动的速度越快。

正弦信号的振幅决定了它的最大偏离值。振幅越大，波形的振荡越强烈。

正弦信号的相位可以通过波形相对于参考波形的延迟时间来描述，也可以用角度来表示。相位的单位通常是弧度（rad）或角度（°）。图1-24所示为$\omega = 1$，$A = 5$的正弦信号（虚线）以及对这个正弦信号的相位改变π/3的正弦信号。

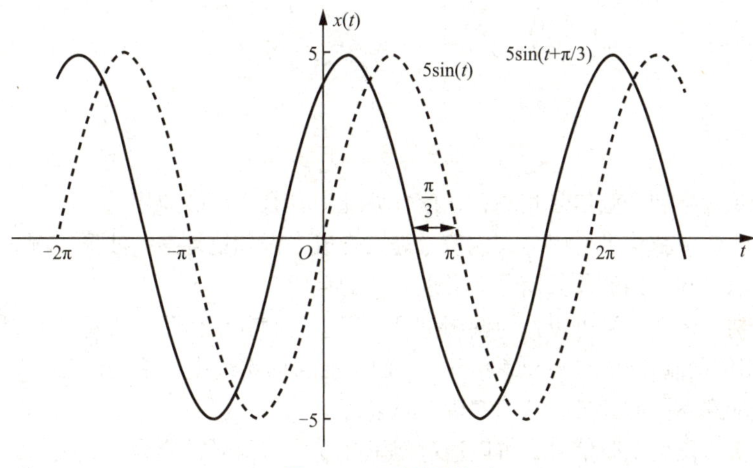

图 1-24　正弦信号波形

正弦信号在信号处理中具有很重要的作用。首先，它可以用来合成周期信号。通过正弦信号的调节频率、振幅和相位参数，可以合成出各种不同形状的周期信号。其次，在频域分析中，正弦信号是重要的基本信号，其他复杂的信号可以分解成多个正弦信号的叠加。

总之，正弦信号在信号处理中常用于表示振荡等连续时间域的周期性事件，例如，它可以用来描述声音、光波、电压、机械振动等信号。

6. 余弦信号

余弦信号是一种连续的周期性信号，其数学表达式为

$$x(t) = A\cos(\omega t + \varphi) \tag{1-52}$$

其中，A表示振幅，ω表示角频率，t表示时间，φ表示初相位。

余弦信号具有正弦信号相同的特征和应用场景。当正弦信号和余弦信号的A、ω、φ值相同时，正弦信号和余弦信号的相位相差π/2。即$\sin(\omega t + \varphi) = \cos(\omega t + \varphi - \pi/2)$，如图1-25所示，实线表示正弦信号，虚线表示余弦信号。

简单来说，余弦信号具有以下特点。

（1）**周期性：**余弦信号是连续的，以一定的周期重复出现，其周期由角频率ω决定。

（2）**对称性：**当初相位为0时，波形关于x=0对称，左右两半相同，即余弦信号关于纵轴对称。

（3）**相位偏移：**改变初相位φ的值，可以使波形向左或向右平移。当φ为负值时，波形向左平移；当φ为正值时，波形向右平移。

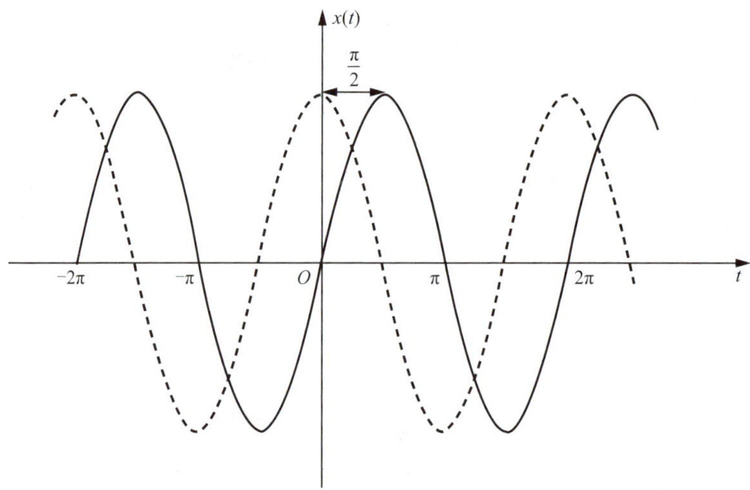

图 1-25 正弦信号、余弦信号波形

本质上，正弦信号和余弦信号相同，在信号处理中具有广泛的应用。

（1）**信号合成：**余弦信号可以与其他信号进行合成，得到更复杂的波形。例如，通过合成多个余弦信号，可以得到复杂的音频信号，实现声音的合成。

（2）**信号调制：**余弦信号可以作为调制信号，用于调制其他信号。常见的调制方式包括频率调制（FM）和相位调制（phase modulation，PM）。在通信系统中，使用余弦信号进行调制可以将信号的频谱分配到不同的频带，从而实现多路复用。

（3）**信号分析：**借助余弦信号，可以通过傅里叶变换将信号转换为频域表示，从而分析信号的频谱特性。

（4）**滤波器设计：**余弦信号可以作为输入信号，用于测试和设计滤波器。通过观察输出信号的波形，可以评估滤波器的性能和效果。

总之，余弦信号是一种连续的周期性信号，其波形由余弦函数描述。它在信号处理中有着广泛的应用。

7. 钟形信号

钟形函数Sa(t) 是一种窗函数，它关于 $t=0$ 对称，呈钟形分布，如图1-26所示。

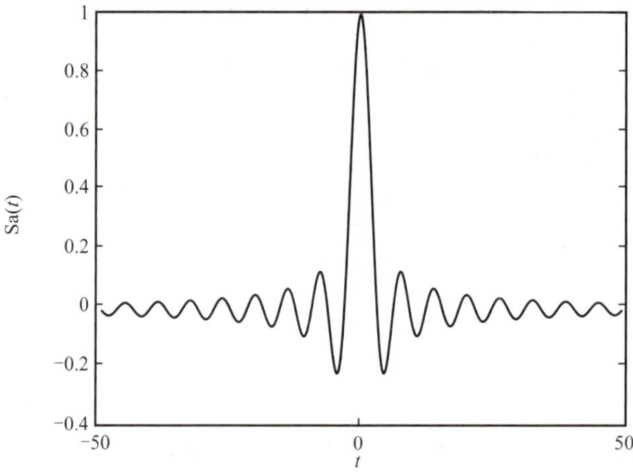

图 1-26 钟形函数 Sa(t) 波形

钟形信号常用于信号处理中频谱分析和滤波的应用，其数学定义为

$$\mathrm{Sa}(t)=\begin{cases}\dfrac{\sin(\pi t/T)}{\pi t/T}, & t\neq 0\\ 1, & t=0\end{cases} \tag{1-53}$$

其中，T是钟形函数的时间带宽参数。

Sa(t)函数的主要特点如下。

（1）**频谱特性：** Sa(t)函数在频域中有较为平滑的主瓣和快速衰减的旁瓣。

（2）**窗口特性：** 在时域中，Sa(t)函数类似于矩形窗口，但在频域上优于矩形窗口。它在时域中的主瓣较宽，这在某些应用中可以平衡时域和频域的性能要求。Sa(t)函数在一些应用中被设计为正交的窗函数，在信号分析和滤波器设计中能够有效地处理多信号源和频谱分离的问题。

（3）**数学性质：** Sa(t)函数具有良好的数学性质，如平滑性和对称性，这些性质在处理复杂信号时尤为重要。

因此，Sa(t)函数也被广泛地应用于以下几方面。

（1）**傅里叶变换：** 在信号频谱分析中，Sa(t)函数可以作为窗函数应用于傅里叶变换，帮助提高频谱分析的精度和准确性。

（2）**滤波器设计：** 用于设计频率选择性滤波器，Sa(t)函数能够帮助准确定义需要保留或去除的频率带宽。

（3）**频率测量：** 在需要精确测量信号频率和频谱内容的场合，如无线通信、声学分析等领域，Sa(t)函数能够有效地减少估计误差和增强频谱分析的可靠性。

综上所述, Sa(t)钟形函数是窗函数家族中的一员，其他常见的窗函数还包括矩形窗、汉宁窗、汉明窗等。在选择窗函数时，通常根据具体应用需求来决定。

8. 奇异信号

奇异信号在信号处理中具有特殊的性质和应用场景，常用于表示冲激式噪声、极短时间内的事件等。信号中的奇异点及不规则的突变部分经常携带有比较重要的信息，它是信号重要的特征之一。例如在图像中，灰度的突变形成物体的轮廓，如图1-27所示。

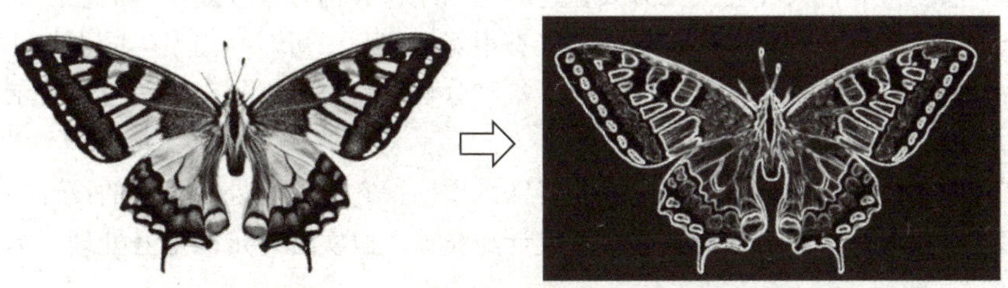

图 1-27 图像中奇异点所携带的物体轮廓信息

典型的奇异信号包括：单位冲激信号、冲激偶信号、单位阶跃信号和单位斜变信号等。

其中，单位斜变信号又称为单位斜坡信号或者单位斜升信号，通常用$R(t)$表示，其波形如图1-28所示，并且单位斜变信号斜率为1，即

$$R(t)=\begin{cases}t, & t\geqslant 0\\ 0, & t<0\end{cases} \tag{1-54}$$

奇异信号的特点及性质如下。

（1）**幅度无定义或无穷大：**奇异信号在某些点上的幅度无法定义，或者幅度为无穷大。这是奇异信号的基本特点，也是其与普通信号的最大区别。

（2）**不连续信号：**由于奇异信号的幅度在某些点上无定义或无穷大，因此奇异信号在这些点上是不连续的，这使得奇异信号无法通过常规的连续信号处理方法进行处理。

（3）**不可积：**由于奇异信号的幅度在某些点上无定义或无穷大，因此奇异信号在某些时域上是不可积的。这意味着信号的能量是无穷大，无法通过常规能量分析方法进行分析。

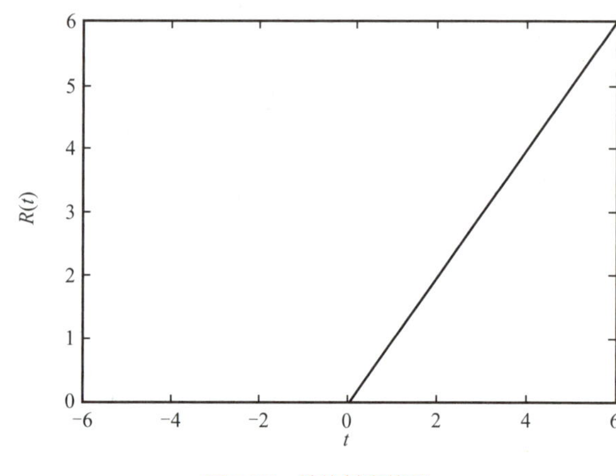

图 1-28　单位斜变信号

（4）**频率谱无界：**由于奇异信号的幅度在某些点上无定义或无穷大，因此奇异信号的频谱是无界的。这意味着奇异信号在频域上包含无穷多个频率分量。

奇异信号的处理方法包括但不限于以下几种。

（1）**限幅处理：**奇异信号的幅度在某些点上无定义或无穷大，在实际处理中，可以对信号进行限幅处理，将幅度超过一定阈值的部分截断。

（2）**插值处理：**由于奇异信号是非连续信号，使用插值方法可以将其转化为连续信号进行处理。插值方法可以通过在奇异点上的幅度维度进行插值，从而实现信号的平滑或重构。

（3）**脉冲响应分析：**奇异信号通常具有快速上升或下降的特性，可以通过计算奇异信号的脉冲响应来分析信号的瞬态行为。

（4）**频谱分析：**虽然奇异信号的频谱是无界的，但可以通过对频域中的奇异点进行处理或者采用非线性变换的方式对频谱进行分析，从而得到有用的频域信息。

奇异信号的应用场景包括但不限于以下几种。

（1）**冲激式噪声分析：**奇异信号能够很好地表示冲激式噪声。在某些应用场景中，噪声信号的幅度可能突然变得非常大，甚至无穷大，这时可以用奇异信号来描述这种突发的噪声。

（2）**极短时间内的事件表示：**奇异信号能够很好地表示极短时间内发生的事件。在某些实验或测量中，可能需要对非常短暂的事件进行采集和分析，这时可以用奇异信号来表示这些极短时间内发生的事件。

（3）**信号处理算法的设计：**奇异信号的特殊性质使得它在信号处理算法的设计中具有独特的应用。例如，可以利用奇异信号的频谱特性设计滤波器，以实现特定的信号处理目标。

1.4　系统的描述与分类

1.4.1　系统的描述

系统是指对输入信号进行处理并产生输出信号的设备、算法或物理系统。下面将详细介绍系统的描述方式。

1. 方程

在信号与系统分析中，常用方程来描述系统。系统方程是用来描述系统输入输出关系的数学表达式。信号与系统课程主要针对线性时不变系统展开分析。

对于连续时间系统，一般使用微分方程来描述系统。一阶微分方程可以描述系统的简单动态特性，而更高阶的微分方程可以描述系统的更复杂的动态特性。例如，考虑一个简单的一阶RC电路系统，输入为电压源V，输出为电容器的电压V_c。该系统的微分方程可表示为

$$\mathrm{d}V_c/\mathrm{d}t = V - V_c/RC \tag{1-55}$$

该方程描述了电容器电压随时间的变化率与输入电压及电容器电压之间的关系。

对于离散时间系统，一般使用差分方程来描述系统。差分方程表示一种递推关系，用于描述系统的时域行为。例如，考虑一个简单的离散时间系统，输入为数字序列，输出为数字序列的累加，则该系统的差分方程可表示为

$$y[n] = x[n] + y[n-1] \tag{1-56}$$

该差分方程表示输出序列的当前值等于输入序列当前值与上一时刻输出序列的值之和。

某连续时间系统的例子如图1-29所示。

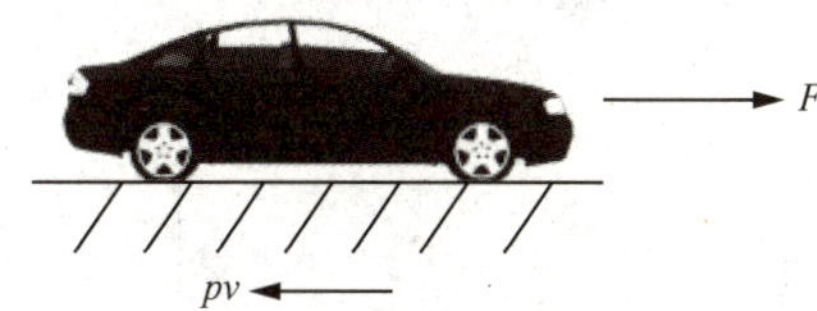

图 1-29　小轿车的受力分析图

图1-29中，外作用力F与小轿车速度v随时间变化的关系可用方程（1-57）来表示，F表示来自发动机的外加力，pv表示正比于汽车速度v的摩擦力。若将$F(t)$作为输入，速度$v(t)$作为输出，若m为汽车的质量，考虑加速度与净力除以质量后相等，有

$$\frac{\mathrm{d}v(t)}{\mathrm{d}t} = \frac{1}{m}[F(t) - pv(t)] \tag{1-57}$$

也即

$$\frac{\mathrm{d}v(t)}{\mathrm{d}t} = \frac{1}{m}F(t) - \frac{p}{m}v(t) \tag{1-58}$$

可见，方程从数学上简要地描述了该系统的特性。

另外考虑一个离散时间系统的例子，即某一银行户头按月结余的一个简单模型。$y[n]$记作第n个月末的结余，则$y[n]$随时间变化的方程为

$$y[n] = 1.01y[n-1] + x[n] \tag{1-59}$$

也即

$$y[n] - 1.01y[n-1] = x[n] \tag{1-60}$$

其中，$x[n]$代表第n个月的净存款，而$1.01y[n-1]$则代表当月所产生的利息。

通过解析系统方程，可以推导出系统响应。对于连续时间系统，可以使用常微分方程的解析方法来分析系统的时域行为。对于离散时间系统，可以使用递归方法来迭代计算系统的离散时间响应。

在实际应用中，方程通常是基于系统的物理特性、电路元件或系统的数学描述而得出的。通过分析系统方程，可以获得关于系统稳定性、时域响应、频域特性以及其他重要性能指标的信

息。总之，系统方程对于分析和设计信号处理系统至关重要。通过解析系统方程，可以推导出系统的响应，从而更好地理解系统的动态行为和性能。

2. 框图

框图是一种图形表示方法，用于描述和分析系统的输入、输出和内部关系。框图能够直观地揭示系统的结构和信号流动路径，便于理解和设计复杂系统。框图中的每个框代表系统中的一个元件或模块，而箭头表示信号的传递方向。将多个框和箭头连接起来，可以形成一个完整的框图来描述系统的输入、输出和内部关系。

框图在信号与系统的研究和工程应用中广泛应用，其能够以图形化的方式展示系统的结构和信号流动路径，便于更加直观地理解和分析复杂的系统。框图可以用于描述信号处理算法、滤波器、放大器、延迟线等，不同的框图承担着不同的功能和作用。

框图能够直观地展示系统的信号流动路径。可以通过观察框图来了解系统中信号的处理过程和流程控制。在分析框图时，可以根据框图的结构和信号传递路径来推导系统的动态响应和性能特征。

如图1-30所示为将电阻器和电容器进行反馈连接形成的框图。关于反馈系统将在1.4.3小节系统的构建方式中详细介绍。

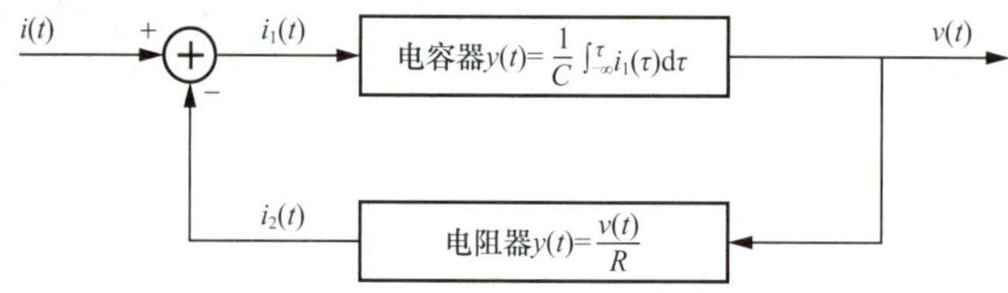

图 1-30　电阻电容反馈系统的框图

在实际应用中，框图常用于系统的设计和分析。可以根据系统的需求和性能要求，选择适当的框图结构和元件，完成系统的设计和实现。框图也是系统建模和仿真的重要工具，有助于预测和验证系统的行为和性能。

3. 电路图

电路图是一种常用的图形表示方法，用于描述和分析电子系统的结构、元件和信号流动路径。电路图通过符号和连线表示电子元件、信号源和连接方式，有助于直观地理解和设计电子系统。通过电路图，可以了解各个元件之间的连接关系、信号的流动路径以及系统的功能。

在电路图中，每个电子元件都有特定的符号表示。这些符号代表了元件的类型和功能。通过将多个元件用连线连接起来，可以形成一个完整的电路图来描述电子系统。

通过观察电路图可以了解信号从输入到输出的传输过程，以及各个元件对信号的处理和改变。在分析电路图时，可以根据电路的结构和元件的性质来推导系统的响应和性能特征。

将电阻器和电容器进行反馈互连所形成的简单电路系统的电路图如图1-31所示。在实际应用中，电路图常用于电子系统的设计和分析。可以根据系统的需求和性能要求，选择对应的元件符号和连接方式，完成电路的设计和实现。

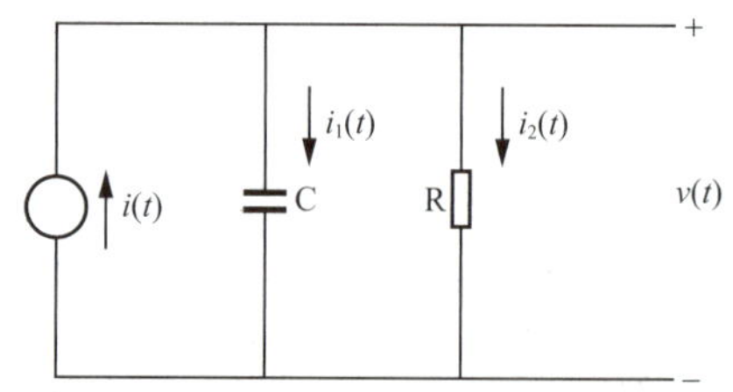

图 1-31　电阻电容反馈系统的电路图

4. 系统函数

系统函数是一种用来描述线性时不变（linear time-invariant，LTI）系统的方法。它提供了一种通过输入信号和系统响应之间的关系来描述系统行为的方式。

系统函数描述了系统如何处理输入信号并产生输出信号。它可以用来分析系统的稳定性、频率响应、幅频特性、相频特性等性质。具体而言，系统函数描述了系统对正弦信号和复指数信号的响应。LTI系统的系统函数$H(\cdot)$是复变量s或z的有理分式，它是关于s或z的有理多项式$B(\cdot)$与$A(\cdot)$之比。对于连续时间系统，系统函数的表达式为

$$H(s)=\frac{B(s)}{A(s)}=\frac{b_m s^m+b_{m-1}s^{m-1}+\cdots+b_1 s+b_0}{s^n+a_{n-1}s^{n-1}+\cdots+b_1 s+a_0}=\frac{b_m\prod_{j=1}^{m}(s-\zeta_j)}{\prod_{i=1}^{n}(s-p_i)} \tag{1-61}$$

其中，$B(s)$是分子多项式，$A(s)$是分母多项式，b_0，b_1，…，b_m和a_0，a_1，…，a_n分别是$B(s)$、$A(s)$的系数，m、n分别是分子多项式和分母多项式的幂次。

连续时间系统的系统函数是输出信号的拉普拉斯变换与输入信号的拉普拉斯变换之比。具体来说，系统函数$H(s)$可以通过对系统微分方程进行拉普拉斯变换得到。

而对于离散时间系统，其表达式为

$$H(z)=\frac{B(z)}{A(z)}=\frac{b_m z^m+b_{m-1}z^{m-1}+\cdots+b_1 z+b_0}{z^n+a_{n-1}z^{n-1}+\cdots+b_1 z+a_0}=\frac{b_m\prod_{j=1}^{m}(z-\zeta_j)}{\prod_{i=1}^{n}(z-p_i)} \tag{1-62}$$

其中，$B(z)$是分子多项式，$A(z)$是分母多项式，b_0，b_1，…，b_m和a_0，a_1，…，a_n分别是$B(z)$、$A(z)$的系数，m、n分别是分子和分母多项式的幂次。

离散时间系统的系统函数是输出信号的z变换与输入信号的z变换之比。具体来说，系统函数$H(z)$可以通过对系统差分方程进行z变换得到。系统函数由系统的结构所决定。通过分析系统函数，可以了解系统的特性，如因果性、稳定性等。

总之，系统函数是信号与系统中描述系统行为的重要参数，可以用来分析和预测系统的响应。分析系统函数有助于深入理解信号与系统的基本原理，并在实际应用中更好地设计和优化系统。

5. 冲激响应

冲激响应描述了当输入信号是单位冲激函数时，系统产生的零状态响应。冲激响应通常用$h(t)$表示，其中t表示时间。冲激响应描述了系统对单位冲激信号的时域响应，包括系统的振荡、幅度衰减和相位延迟等。冲激响应的概念可以应用于各种系统，例如电路系统、数字滤波器、通信系统等。下面举几个例子来详细说明。

电路系统：考虑一个简单的RC电路，其中输入信号为电压源$V(t)$，输出信号为电容两端的电压。可以用微分方程来描述该系统的行为，然后通过求解该微分方程得到冲激响应。冲激响应描述了系统对瞬时输入信号（冲激）的响应情况，有助于分析系统对其他输入信号的响应。

数字滤波器：在数字信号处理中，数字滤波器通常是通过差分方程来描述的。输入信号经过数字滤波器后得到输出信号。如果将输入信号设置为单位脉冲序列，那么输出信号就是数字滤波

器的单位脉冲序列响应。单位脉冲序列响应表示了滤波器对单位冲激输入的响应，可以用于分析数字滤波器的频域特性和时域特性。

通信系统：在通信系统中，冲激响应在信道建模中发挥重要作用。对于一个信道，可以通过输入单位冲激函数来测量信道的冲激响应。冲激响应可以提供关于信道特性的信息，例如信道的时延、传输衰减等。

通过分析系统的冲激响应，可以掌握系统的重要特性。系统的冲激响应在信号与系统分析中起着重要的作用。

6. 频率响应函数

频率响应函数是描述系统行为的重要方式之一。它提供了分析系统对输入信号在频域上的响应方式。频率响应函数通常用$H(\omega)$表示，其中，ω表示角频率。

频率响应函数是系统冲激响应的傅里叶变换，其定义为系统输出信号的傅里叶变换与输入信号的傅里叶变换之比，是信号与系统中分析系统行为的重要工具。频率响应函数描述了系统在不同频率下的增益和相位特性。其中，增益特性为输出信号的幅度与输入信号的幅度之间的比值；相位特性为输出信号的相位与输入信号的相位之间的差值。

7. 零极点图

零极点图是描述系统行为和特性的重要方法。它是通过将系统函数表示为零点和极点的方式来构建的。在系统函数中，零点是使得系统函数为零的输入信号频率，而极点是使得系统函数无穷大的输入信号频率。具体而言，零点是系统函数中分子多项式的根，而极点是系统函数中分母多项式的根。

考虑一个LTI系统的系统函数$H(\cdot)$，它是关于s或z的有理多项式$B(\cdot)$与$A(\cdot)$之比，对于连续时间系统，其表达式为

$$H(s)=\frac{B(s)}{A(s)}=\frac{b_m\prod_{j=1}^{m}(s-\zeta_j)}{\prod_{i=1}^{n}(s-p_i)} \tag{1-63}$$

对于离散时间系统，其表达式为

$$H(z)=\frac{B(z)}{A(z)}=\frac{b_m\prod_{j=1}^{m}(z-\zeta_j)}{\prod_{i=1}^{n}(z-p_i)} \tag{1-64}$$

其中，$A(\cdot)=0$的所有根$p_1, p_2, \cdots, p_n$为系统函数$H(\cdot)$的极点，而$B(\cdot)=0$的所有根$\xi_1, \xi_2, \cdots, \xi_m$为系统函数$H(\cdot)$的零点。通过绘制系统的零极点图，可以了解系统的频率响应和稳定性。

零极点图对于系统分析和设计非常有用，它可以帮助我们理解系统的频率选择性、滤波特性和相位特性等。通过调整系统的零点和极点的位置，可以改变系统的频率响应和稳定性，从而实现特定的信号处理目标。

综上，本节讨论了系统的多种描述方式，包括方程、框图、电路图、系统函数、冲激响应、频率响应函数以及零极点图等。这些系统描述是等价的，可以相互转化，在后续章节学习中将详细讨论。

1.4.2　系统的分类

系统描述了输入信号与输出信号之间的关系。根据不同的特性和性质，系统可分为多种类型，包括连续时间系统与离散时间系统、确定系统与随机系统、动态系统与即时系统、单输入输出系统与多输入输出系统、线性系统与非线性系统、时不变系统与时变系统、因果系统与非因果系统，以及稳定系统与非稳定系统等。

1. 连续时间系统与离散时间系统

连续时间系统是指其输入、输出信号都是连续信号的系统。如图1-32（a）所示，$x(t)$是输入信号，而$y(t)$是输出信号；同样，离散时间系统是指输入、输出信号都是离散信号的系统。如图1-32（b）所示，图中$x[n]$是输入信号，而$y[n]$是输出信号。本书将分别讨论这两种系统。

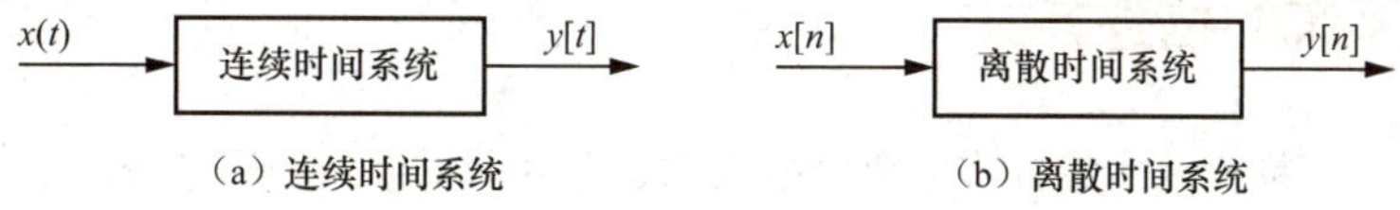

图 1-32　连续时间系统与离散时间系统

2. 确定系统与随机系统

确定系统是指在给定输入条件下，其输出具有确定性的系统，即对于相同的输入信号，系统的响应也是相同的。在确定系统中，输出完全由输入决定，不受随机因素的影响。随机系统是指前后时刻之间、现在与未来行为之间只存在统计意义上的因果关系的系统，根据某一时刻的状态和输入才能够确定下一时刻的状态或输出的概率分布，因此又称为概率系统。现代混沌理论研究表明，一个确定非线性系统在没有外部随机作用下，系统自身竟然能够产生随机信号，体现了随机性存在于确定性之中，确定系统自己产生出了随机运动。自然界是确定性与随机性的统一。

随机系统存在于许多实际应用，例如音频处理和通信系统。在随机系统中，输出不仅与输入相关，还受到噪声、干扰和不确定性因素等的影响。这类系统在信号处理、通信和控制领域中都有广泛应用，用于处理和分析具有随机性质的信号和数据。

3. 单输入输出系统与多输入输出系统

单输入输出系统是指仅有一个输入信号和一个输出信号的系统。多输入输出系统是指具有多个输入信号和/或多个输出信号的系统。多输入多输出系统可以同时处理多个输入信号，并相应地生成多个输出信号。单输入输出系统和多输入输出系统示意如图1-33所示，其中$x_i(\cdot)$代表第i个输入的信号，$y_i(\cdot)$代表第i个输出的信号，其中，$x(\cdot)$或$y(\cdot)$既可以是连续信号也可以是离散信号。

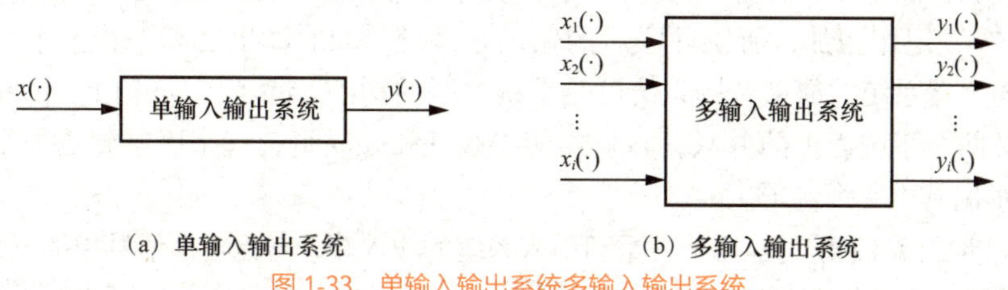

图 1-33　单输入输出系统多输入输出系统

4. 线性系统与非线性系统

线性系统是指输入输出满足线性叠加原理的系统，即输入信号的线性组合将产生输出信号的相应线性组合。具体而言，如果一个系统为线性系统，则当若干输入信号叠加输入系统时，输出信号也会由原若干输入信号对应的输出信号叠加而成。如果输入信号乘以一个常数，输出信号也会相应地乘以相同的常数。若$y_1(t)$是连续时间系统对$x_1(t)$的响应，$y_2(t)$是连续时间系统对$x_2(t)$的响应，对线性系统有$y_1(t)+y_2(t)$是$x_1(t)+x_2(t)$的响应，$ay_1(t)$是$ax_1(t)$的响应，其中，a为任意常数。

非线性系统是指其输入输出不满足线性叠加原理的系统。非线性系统对输入信号会产生非线性的响应，其行为更加复杂，包括非线性失真、时变性和非线性反馈等。

由以上分析可知。连续时间系统与离散时间系统涉及信号的时域特性，确定系统与随机系统关注系统输入输出的确定性关系，单输入输出系统与多输入输出系统描述系统的输入输出关系的复杂性，线性系统与非线性系统描述系统的响应特性。不同类型的系统相互关联，形成了对系统行为更全面的描述。在信号与系统分析中，需要理解和研究不同类型系统的特性和行为，以便能够设计、分析和优化各种实际应用中的信号处理和控制系统。

1.4.3 系统的构建方式

动

系统的组成方式

系统的构建方式主要包括级联、并联和反馈。利用系统的不同构建方式可将多个子系统组合成更复杂的系统，以实现特定的功能或性能要求。下面详细介绍以下几种系统的构建方式。

级联： 级联是指将多个子系统按照一定的顺序连接起来，其中每个子系统的输出作为下一个子系统的输入，级联又称串联。级联系统的特点是输入信号必须经过每个子系统依次处理才能得到最终的输出信号。

级联的优点是可以灵活地将多个子系统组合起来，以实现多个不同的功能。例如，在音频处理中，将音频信号依次通过一系列处理单元，每个处理单元的输出成为下一个处理单元的输入，最后输出处理过的音频信号。

并联： 并联是指将多个子系统并行连接起来，其中每个子系统接收相同的输入信号，然后将各自的输出信号组合成最终的输出信号。并联系统的特点是每个子系统都是相互独立的，可以同时处理输入信号。

并联系统的优点是每个子系统能够独立地进行处理，从而提高了系统的灵活性和系统性能。例如，在图像处理中，可以同时对图像进行不同的增强处理，然后将不同增强处理的结果合并成最终的增强图像，这样可得到更好的图像质量和更丰富的视觉效果。

两个系统级联/串联、并联和混联的示意如图1-34所示。其中，图1-34（a）所示为两个系统级联/串联，如系统1可以为无线电接收机，系统2可以是放大器。当然也可依此来定义三个或更多个系统的级联。图1-34（b）显示了两个系统的并联情况，系统1和系统2具有相同的输入。在图中的符号“+”记作相加，所以并联后的输出是系统1和2的输出之和。若干个拾音器共用一个放大器和扬声器系统的简单音频系统就是系统并联的例子。除了图1-34（b）所示的简单并联外，也可定义两个系统以上的并联，并且还能将级联和并联组合起来以得到更加复杂的互联。图1-34（c）示出其中一个例子。

反馈： 反馈是指将系统的输出信号重新引入系统的输入端，与原输入信号相加或相减，从而形成一个闭环回路。反馈系统的特点是输出信号会影响系统的输入信号，并对系统的行为产生影响。反馈方式分为正反馈和负反馈。正反馈是指将输出信号与输入信号相加，增强系统的响应。负反馈是指将输出信号与输入信号相减，抑制系统的响应。反馈系统的优点是可以改善系统的稳定性和响应速度。通过适当设计反馈路径，可以实现对系统输出的准确控制。例如，在自动控制系统中，反馈可以根据系统的输出信号与目标值之间的差异来调节输入信号，以使系统保持稳定并快速响应。

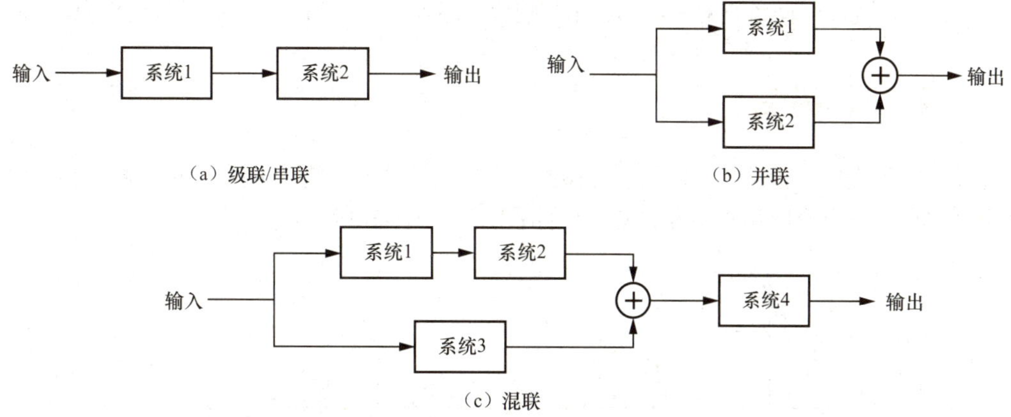

图 1-34 系统的不同构建方式

反馈连接是系统互联的另一种重要类型，如图1-35所示。这里系统1的输出是系统2的输入，而系统2的输出又反馈回来与外加的输入信号一起组成系统1的真正输入。反馈系统的应用极为广泛。例如汽车上的缓慢巡航控制系统应用反馈系统检测汽车的速度并调节燃料，以保持车速在一个设定好的水平上。相类似地，一架数字控制的飞机也应用了反馈系统，其速度、航向或高度实际值与理想值之差经过自动驾驶仪反馈，以校正这些偏差。

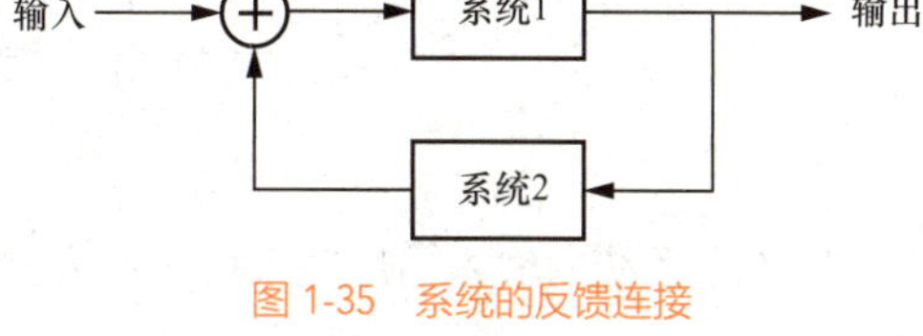

图 1-35 系统的反馈连接

总之，级联、并联和反馈是三种常见的系统构建方式，这些系统构建方式在实际应用中具有重要作用。级联可以将多个子系统按照需要进行组合，以实现复杂的功能；并联可以同时进行多个相对独立的处理，提高系统的灵活性和性能；反馈可以实现对系统输出的准确控制，改善系统的稳定性和响应速度。

1.5 系统的性质

系统的性质是评估和描述系统行为的重要指标，包括线性、时不变性、因果性、稳定性、可逆性和记忆性等方面。

系统的线性与时不变性

1.5.1 线性

线性是指系统的输入输出满足线性叠加原理，即同时满足可加性和齐次性。系统的线性性质使得我们能够将复杂的系统分解为更简单的组件进行研究和分析。线性系统其中一个很重要的性质就是可加性，即如果某一个输入信号由几个信号的加权和组成，那么输出信号也就是系统对这组信号中每一个信号的响应的加权和。假设$y_1(t)$是连续时间系统对$x_1(t)$的响应，$y_2(t)$是同一连续时间系统对$x_2(t)$的响应，则线性系统满足$y_1(t)+y_2(t)$是对应连续时间系统对$x_1(t)+x_2(t)$的响应，$ay_1(t)$是$ax_1(t)$的响应，其中，a为任意常数。使其满足$y_1(t)+y_2(t)$是$x_1(t)+x_2(t)$的响应的性质称为可加性，而使其满足$ay_1(t)$是$ax_1(t)$的响应的性质则称为齐次性或比例性。综合以上两条性质可知：

$ay_1(t)+by_2(t)$是该连续时间系统对$ax_1(t)+bx_2(t)$的响应。线性离散时间系统也有类似的性质。

1.5.2 时不变性

系统的时不变性是指系统在时间上的移位不会改变其特性。简单来说，如果输入信号发生时间平移，输出信号也会以相同的方式发生时间平移，如图1-36所示。

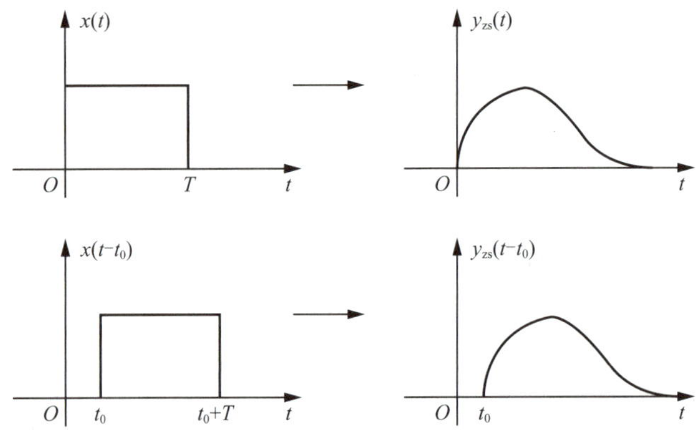

图 1-36 连续时不变系统示意图

时不变系统的输入输出关系可表示为

$$若x(t)\to y_{zs}(t)，则x(t-t_0)\to y_{zs}(t-t_0) \tag{1-65}$$

其中，$y_{zs}(t)$表示系统的零状态响应。式（1-65）表示如果系统的输入推迟时间t_0，对应系统的零状态响应输出也会推迟t_0。

本书将重点讨论线性时不变系统，即LTI系统。时变系统常见于时变滤波器和非线性系统等领域。

1.5.3 因果性

因果性是指系统的输出只依赖于当前和过去的输入值，而不依赖于未来的输入值。在离散时间系统中，如果系统的差分方程中只包含当前和过去的输入样本，并且不包含未来的样本，那么该系统具有因果性。在连续时间系统中，如果系统的微分方程只包括当前和过去的输入样本，并且不包含未来的样本，那么该系统具有因果性。例如，连续因果系统，如果$t<t_0$，$x(t)=0$，则满足

$$t<t_0，\ y_{zs}(t)=0 \tag{1-66}$$

其中，$y_{zs}(t)$表示系统的零状态响应。

经典一阶RC电路是因果的，因为电容器两端的电压仅对现在和过去的源电压值作出反应。同样，一部汽车的运动是因果的，因为汽车运动无法预知驾驶员将来的行动。由式（1-67）和式（1-68）描述的系统都是因果的，但是由式（1-69）和式（1-70）定义的系统都是非因果的。所有的无记忆系统都是因果的，因为输出仅仅对当前的输入值产生响应。实际的物理可实现系统均为因果系统。

$$y[n]=\sum_{k=-\infty}^{n}x[k] \tag{1-67}$$

$$y[n]=x[n-1] \tag{1-68}$$

$$y[n]=x[n]-x[n+1] \tag{1-69}$$

$$y(t)=x(t+1) \tag{1-70}$$

1.5.4　稳定性

稳定性是指当输入信号有界时，输出信号也是有界的，不会出现无限增长或发散等现象。稳定性是系统设计中必须考虑的首要特性，它确保系统对干扰和噪声具有较好的抵抗能力。

稳定性可以分为两类： 有界输入有界输出（bounded-input bounded output，BIBO）稳定和渐进稳定。BIBO稳定是指当输入信号有界时，系统的输出信号也是有界的。渐进稳定是指系统的输出信号在时间趋于无穷大时趋于有界或收敛。也就是说，当时间t趋于无穷大时，系统的输出信号会趋于一个有限的值。

1.5.5　可逆性

可逆性是指系统的输入和输出之间存在一对一的映射关系。可逆系统在信息的恢复和信号处理中具有重要作用。可逆性在信号与系统分析中也被称为反馈等效性。它说明系统的输入信号包含了足够的信息，由此通过逆系统可以完全恢复原输入信号，如图1-37（a）所示。

如果连续时间系统为

$$y(t)=2x(t) \tag{1-71}$$

则显然该系统是可逆的，如图1-37（b）所示，其逆系统为

$$w(t)=0.5y(t) \tag{1-72}$$

可逆系统的另一个例子是常见的累加器，如图1-37（c）所示该系统任意两个相邻的输出值之差就是输入值，即$y[n]-y[n-1]=x[n]$，因此，其逆系统为

$$w[n]=y[n-1]-y[n] \tag{1-73}$$

需要注意的是，并不是所有的系统都是可逆的。例如，低通滤波器会将高频信号去除，丢失了输入信号的一部分信息，因此无法通过滤波器的逆系统完全恢复。并且满足

$$y[n]=0 \tag{1-74}$$

即该系统对于任何输入序列的响应都是零序列。如果系统为

$$y(t)=x^2(t) \tag{1-75}$$

则无法根据输出信号确定输入信号。

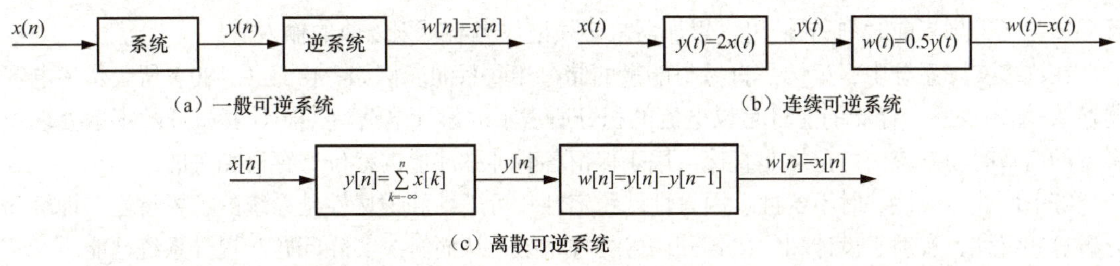

图1-37　可逆系统示意图

1.5.6 记忆性

记忆系统是指输出取决于当前的输入信号以及之前的输入或状态的系统。否则为即时系统或无记忆系统，无记忆系统是指系统对输入信号的响应不受之前输入或状态的影响，其输出仅取决于当前的输入信号。无记忆系统也称为动态系统。含有记忆元件（电容、电感等）的系统都是记忆系统。

如果系统的输入输出关系满足

$$y[n] = \{2x[n] - x^2[n]\}^2 \tag{1-76}$$

则该系统为无记忆系统。因为在任何特定时刻n_0的输出$y[n_0]$仅仅决定于该时刻n_0的输入$x[n_0]$，而与其他时刻的输入无关。电阻器是无记忆的，若将电流作为输入$x(t)$，把电压作为输出$y(t)$，则一个电阻器的输入-输出关系为

$$y(t) = R\,x(t) \tag{1-77}$$

其中，R是电阻器的电阻值。一种特别简单的无记忆系统是恒等系统，即系统的输出等于输入，满足$y(t)=x(t)$，离散时间域的恒等系统满足$y[n]=x[n]$。

离散时间记忆系统的一个例子是累加器或者相加器，满足

$$y[n] = \sum_{k=-\infty}^{n} x[k] \tag{1-78}$$

另一个例子就是延时单元，满足

$$y[n]=x[n-1] \tag{1-79}$$

电容器是连续时间记忆系统的一个例子，因为如果输入是电流，则其输出电压满足

$$y[t] = \frac{1}{C}\int_{-\infty}^{\tau} x(\tau)\mathrm{d}\tau \tag{1-80}$$

其中，C表示电容值。上面的累加器和电容器会“记住”或存储过去输入的全部信息。特别是，该累加器可计算出当前时刻及之前全部输入的连续求和，因此，该累加器在每一个时刻都会将当前的输入加到累计求和的前一个值上去。换句话说，一个累加器的输入和输出之间的关系表达式为

$$y[n] = \sum_{k=-\infty}^{n-1} x[k] + x[n] \tag{1-81}$$

或等效为

$$y[n]=y[n-1]+x[n] \tag{1-82}$$

可见，为了得到当前时刻n的输出，累加器就必须记住当前时刻以前的输入值。

在许多实际系统中，记忆是直接与能量的储存相联系的。例如，由式（1-80）所表示的电容器输入-输出关系，存储的能量是以电流的积分所表示的累计电荷量。用计算机或数字微处理器实现的离散时间系统中，记忆是直接与用于保留各时钟脉冲值的移位寄存器相关的。

综上所述，线性、时不变性、因果性、稳定性、可逆性和记忆性是系统的重要特性。理解和分析这些特性，有助于设计和优化各种信号处理系统，从而解决实际问题和提升系统性能。

习题

一、选择题

1-1 $x(5-2t)$ 是如下运算的结果（　　）。

A. $x(-2t)$ 右移5个单位　　B. $x(-2t)$ 左移5个单位

C. $x(-2t)$ 右移5/2个单位　　D. $x(-2t)$ 左移5/2个单位

1-2 系统的描述方式有（　　）。

A. 方程　　B. 电路图　　C. 系统函数

D. 零极点图　　E. 框图

二、填空题

1-3 信号 $x(t)=3\cos(4t-3)$ 的周期为（　　）。

1-4 信号 $x(t)=2\cos(10t)-\cos(30t)$ 的周期为（　　）。

1-5 计算下列等式的结果。

（1）$\delta(t+1)\cos\omega_0 t$　　（2）$(1-\cos t)\delta\left(t-\dfrac{\pi}{2}\right)$

（3）$\delta(t)\mathrm{e}^{-at}$　　（4）$\int_{-\infty}^{\infty}\delta(t)\mathrm{e}^{-at}\mathrm{d}t$

（5）$\int_{-\infty}^{\infty}\delta\left(t-\dfrac{\pi}{2}\right)(1-\cos t)\mathrm{d}t$　　（6）$\int_{-\infty}^{\infty}\delta(t)\cos\omega_0 t\mathrm{d}t$

（7）$\int_{-\infty}^{t}\delta(\tau)\cos\omega_0\tau\mathrm{d}\tau$　　（8）$\int_{-\infty}^{\infty}\delta(t+1)\cos\omega_0 t\mathrm{d}t$

（9）$\int_{-\infty}^{t}\delta(\tau+1)\cos\omega_0\tau\mathrm{d}\tau$

三、判断题

1-6 $x(t)=\sin(3t)+\cos(\pi t)$ 是周期信号。（　　）

1-7 偶函数加上直流后仍为偶函数。（　　）

1-8 任何信号都可以分解为偶分量与奇分量之和。（　　）

1-9 两个周期信号之和一定是周期信号。（　　）

四、简答题

1-10 绘出函数 $x(t)=t\,u(t-1)$ 的波形。

1-11 绘出函数 $x(t)=t[u(t-2)-u(t-3)]$ 的波形。

1-12 画出信号 $x(t)=0.25(t+2)[u(t+2)-u(t-2)]$ 的波形以及偶分量 $x_e(t)$ 与奇分量 $x_o(t)$ 波形。

1-13 $x(t)$ 波形如习题1-13图所示，试写出其表达式（要求用阶跃信号表示）。

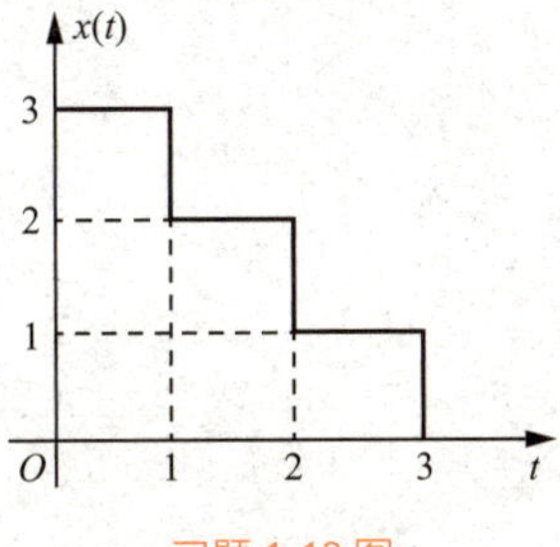

习题 1-13 图

1-14 求信号$x(t)=5\sin(10t+5)+\cos(4t-7)$的基波周期。

1-15 求信号$x[n]=1000+2e^{j4\pi n/7}-3e^{j2\pi n/5}$的基波周期。

1-16 判断下列信号的周期性，若是周期的，给出其基波周期。

（1）$x_1(t)=e^{(-2+j)t}$　　（2）$x_2[n]=100e^{j7\pi n}$

（3）$x_3[n]=100e^{j3/5(n-1/3)}$

1-17 对以下每个信号求保证其偶部为0的自变量值。

（1）$x_1[n]=u[n]-u[n-8]$　　（2）$x_2(t)=\sin(1/3t)$

（3）$x_3(t)=e^{-100t}u(t+1)$

1-18 判断下列输入-输出关系的系统是否具有线性和/或时不变性。

（1）$y(t)=t^3x(t-3)$　　（2）$y[n]=x^2[n-5]$

（3）$y[n]=x[n+2]-x[n-2]$

1-19 将下列信号的实部表示成$Ae^{-at}\cos(\omega t+\Phi)$的形式，这里的$A$、$a$、$\omega$、$\Phi$都是实数，且A≥0，0≤$\Phi$<π。

（1）$x_1(t)=-5$　　（2）$x_2(t)=e^{-t}\sin(5t+\pi)$

（3）$x_3(t)=je^{-(-2+j100)t}$

1-20 考虑连续信号$x(t)=\delta(t+4)-\delta(t-4)$，试着对$y(t)=\int_{-\infty}^{t}x(\tau)d\tau$，计算其$E_\infty$的值。

1-21 考虑一个周期信号 $x(t)=\begin{cases}1, 0\leqslant t\leqslant 1\\ -2, 1\leqslant t\leqslant 2\end{cases}$ 的周期$T=2$，该信号的导数是冲激串信号$g(t)=\sum_{k=-\infty}^{\infty}\delta(t-2k)$，其周期仍为2。试求等式$\frac{dx(t)}{dt}=A_1g(t-t_1)+A_2g(t-t_2)$中$A_1$，$t_1$，$A_2$，$t_2$的值。

1-22 考虑一系统S，该系统的输入为$x[n]$，输出为$y[n]$，该系统是由子系统S_1和S_2级联得到的，S_1和S_2的输入-输出关系为

S_1：$y_1[n]=2x_1[n]+4x_1[n-1]$

S_2：$y_2[n]=x_2[n-2]+1/2x_2[n-3]$

（1）求系统S的输入-输出关系。

（2）将S_1和S_2的级联顺序颠倒的话，系统S的输入-输出关系会改变吗？

1-23 考虑一离散时间系统，其输入输出分别为$x[n]$和$y[n]$，系统的输入-输出关系为$y[n]=x[n]x[n-2]$。

（1）系统是无记忆的吗？

（2）系统是可逆的吗？

（3）若输入为$A\delta[n]$，其中A为任意实数或复数，求系统输出。

第 2 章

信号与LTI系统的时域分析

时域分析的基本思路在于将输入信号$x(t)$进行线性分解，将其表达为某些基本信号（如$\delta(t)$，$e^{j\omega t}$等）的移位加权和，然后，在输出端对这些基本信号的输出进行相同的线性操作（包括时移和加权），从而获得完整的输出。

为此，本章分别从连续时间域和离散时间域的角度，探讨输入信号的分解方法以及输入与输出之间的卷积关系，并得到LTI系统的时域模型。在此基础上，分别基于单位冲激响应$h(t)$以及单位脉冲响应$h[n]$，探讨LTI系统的相关性质，并详细介绍卷积计算方法以及基于卷积的LTI系统时域分析方法。最后，讨论LTI系统在时域的框图表征与绘制问题。

2.1 连续信号与 LTI 系统的时域分析方法

本节讨论如何将连续信号$x(t)$分解为单位冲激信号$\delta(t)$的移位加权和，并进而揭示输入与输出之间的卷积关系。使用复指数信号$e^{j\omega t}$、$e^{jk\omega t}$对非周期以及周期信号$x(t)$进行分解的相关内容则会在第3章进行讨论。

2.1.1 连续信号线性分解

本节讨论如何利用冲激信号分解一个连续信号$x(t)$。其思路来自典型的采样保持电路，如图2-1所示。

连续信号的线性分解

其中，连续信号$x(t)$为被采样信号，阶梯状信号$x_s(t)$则是采样保持的结果，表达如下：

$$x_s(t)=\sum_{k=-\infty}^{\infty}x(k\Delta)\delta_{\Delta}(t-k\Delta)\Delta \tag{2-1}$$

其中，Δ为采样周期，$x(k\Delta)$为第k次的采样值，$\delta_{\Delta}(t)=\frac{1}{\Delta}\left[u(t)-u(t-\Delta)\right]$为采样脉冲，如图2-2所示。

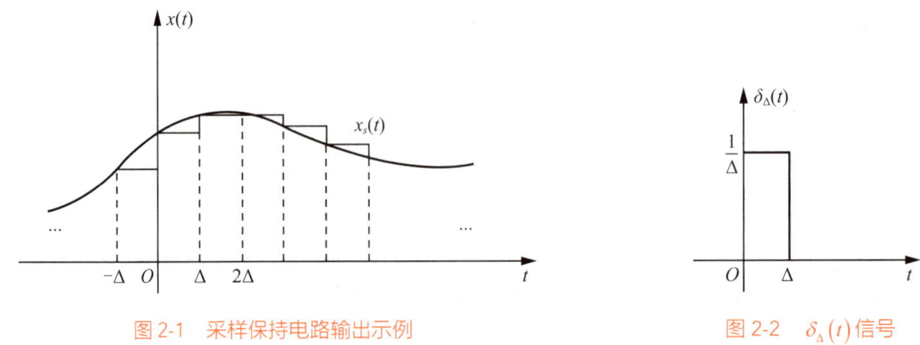

图 2-1 采样保持电路输出示例　　图 2-2 $\delta_{\Delta}(t)$信号

虽然$x(t)$和$x_s(t)$并不相同，但是，Δ越小，两者之间的差异也越小，当Δ趋向于无穷小时，两者存在等价关系，即

$$x(t)=\lim_{\Delta\to 0}x_s(t) \tag{2-2}$$

当$\Delta\to 0$时，采样脉冲$\delta_{\Delta}(t)$退化为冲激信号。同理，离散的采样值$x(k\Delta)$变成了连续的值$x(\tau)$，由于已经成为连续值的累加，因此，累加符号需要替换为积分符号，无穷小的Δ可以表达为$\mathrm{d}\tau$。基于上述分析，式（2-1）会转换为

$$x(t)=\int_{-\infty}^{\infty}x(\tau)\delta(t-\tau)\mathrm{d}\tau \tag{2-3}$$

式（2-3）称为连续冲激信号的筛选性质。换言之，可以使用冲激信号将原信号$x(t)$的每一个点都筛选出来，或者说是采样出来。当然，这是一种很理想的情况，冲激信号在现实中是不存在的，只是理想化的结果。

式（2-3）也可以理解为将任意信号$x(t)$分解为冲激信号的“移位加权和”，即积分。其中，权值$x(\tau)$来自原信号。注意$x(\tau)$和$x(t)$之间的区别，前者是数值（τ时刻的采样值），后者是信号，二者物理含义并不一样。

2.1.2 单位冲激响应与连续 LTI 系统性质

2.1.1小节将任意输入信号$x(t)$分解为冲激信号的移位加权和，因此，只要能够知道冲激信号通过LTI系统的输出，则可以基于线性性质以及时不变性质，获得完整的LTI系统输出。

为此，定义了单位冲激响应的概念，并进而推导出LTI系统的输入输出关系。

定义2.1 对于一个初始松弛的系统S，当其输入信号为单位冲激信号$\delta(t)$时，对应的输出信号为单位冲激响应，或简称为冲激响应，记为$h(t)$。

冲激响应是一个系统对于最基本信号$\delta(t)$的零状态响应。注意，这里并没有考虑初始状态的影响，即假定初始松弛。冲激响应与冲激信号的关系如图2-3所示。

$\delta(t)$ → S → $h(t)$

图 2-3 冲激响应模型

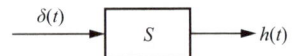

根据定义2.1，可以发现，如果将输入信号$x(t)$换成$\delta(t)$，那么对应的输出$y(t)$即为冲激响应$h(t)$。

例如，考虑一个系统 $y(t)=x(t)-x'(t)$，则其对应的冲激响应 $h(t)=\delta(t)-\delta'(t)$，简言之，把$y$改写成$h$，$x$改写成 δ，对应关系仍然成立。

由于任意输入信号$x(t)$都可以分解为 $\delta(t)$ 的移位加权和，因此，一个LTI系统的输出自然也是冲激响应的移位加权和。具体分析过程如下。

对于一个LTI系统，当输入为 $\delta(t)$ 时，输出为$h(t)$，记为 $\delta(t)\to h(t)$

根据时不变性质，有 $\delta(t-\tau)\to h(t-\tau)$

根据齐次性，有 $x(\tau)\delta(t-\tau)\to x(\tau)h(t-\tau)$

最后，基于可加性，有 $\int_{-\infty}^{\infty}x(\tau)\delta(t-\tau)\mathrm{d}\tau\to\int_{-\infty}^{\infty}x(\tau)h(t-\tau)\mathrm{d}\tau$

关于最后一步，需要强调的是，积分本质上也是求和，只不过适用的场景分别为连续时间域和离散时间域而已。由此，LTI系统输入与输出之间的关系为

$$y(t)=\int_{-\infty}^{\infty}x(\tau)h(t-\tau)\mathrm{d}\tau \tag{2-4}$$

式（2-4）为卷积积分或者叠加积分公式。式（2-4）表明，LTI系统输入与输出之间为卷积关系。需要注意的是，该关系默认系统初始松弛，即初始状态默认为0。

式（2-4）也可以表示为

$$y(t)=x(t)*h(t) \tag{2-5}$$

其中，“*”为卷积符号，式（2-5）清晰地展示了LTI系统的三要素，输入信号$x(t)$，输出信号$y(t)$，系统冲激响应$h(t)$。换言之，$h(t)$可以用来表征一个LTI系统。其模型如图2-4所示。

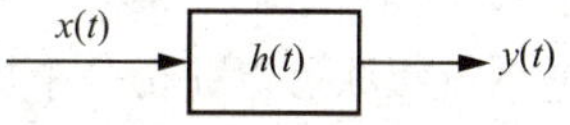

图 2-4　连续 LTI 系统的卷积模型

LTI系统还有一个较为特殊的输出，称为阶跃响应，其定义如下。

定义2.2　对于一个初始松弛的LTI系统S，当其输入信号为单位阶跃信号 $u(t)$ 时，对应的输出信号为阶跃响应，记为$s(t)$。

阶跃响应代表了一个LTI系统对于单位阶跃信号$u(t)$的输出，基于式（2-5）以及定义2.2，可得

$$s(t)=u(t)*h(t) \tag{2-6}$$

阶跃响应与脉冲响应之间存在如下关联

（1）因为 $\delta(t)=u'(t)$，所以

$$h(t)=s'(t) \tag{2-7}$$

（2）由于 $u(t)=\int_{-\infty}^{t}\delta(\tau)\mathrm{d}\tau$，有

$$s(t)=\int_{-\infty}^{t}h(\tau)\mathrm{d}\tau \tag{2-8}$$

对于LTI系统而言，如果原输入信号经微分处理输入系统，则输出信号为原输出信号经微分处理得到的结果；反过来，如果原输入信号经积分处理输入系统，则输出信号为原输出信号经积分处理得到的结果。同时，对比公式（2-6）与公式（2-8），可以得出如下结论，任意信号的积分可以表达为该信号与阶跃信号的卷积。

由于阶跃响应与冲激响应具有良好的线性关系，所以，也可以使用阶跃响应来表示LTI系统。

冲激响应可以用于分析LTI系统的特征，这也是$h(t)$可以表示一个LTI系统的另一个佐证。具体如下。

1. 连续LTI系统的记忆性

在第1章中已经提到，无记忆系统的输出只取决于当前的输入信号。可见，无记忆LTI系统不涉及时移变化，只涉及幅度的改变，因此，可以将无记忆LTI系统理解为乘法器。

无记忆LTI系统判断的充要条件为

$$h(t)=k\delta(t) \tag{2-9}$$

其中，k为常数，如果$k>1$，输出大于输入，该系统相当于一个放大器；反之，输出小于输入，则该无记忆LTI系统相当于一个衰减器。无记忆LTI系统可以表达为如下形式

$$y(t)=kx(t) \tag{2-10}$$

无记忆LTI系统的典型例子是电阻，当输入为$I(t)$，输出电压为$V(t)$时，其输入输出关系为$V(t)=R\times I(t)=I(t)*\left[R\delta(t)\right]$，该系统的冲激响应为$R\delta(t)$。

当$k=1$时，$h(t)=\delta(t)$，此时，系统的输出与输入相等，该无记忆LTI系统可称为恒等系统。最典型的恒等系统包括单位电阻、理想导线等。对于恒等系统，有$y(t)=x(t)=x(t)*\delta(t)$。这个例子说明，理想导线也可以看作LTI系统。

2. 连续LTI系统的可逆性

在第1章中已经提到，如果一个系统$h(t)$是可逆的，则必然存在一个逆系统$h_1(t)$，如图2-5所示，将两者级联，则可以使得系统$h_1(t)$的输出与系统$h(t)$的输入相等。换言之，一个系统和它的逆系统级联可以获得一个恒等系统。

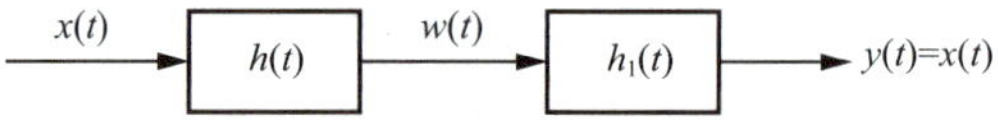

$x(t)$ → [$h(t)$] → $w(t)$ → [$h_1(t)$] → $y(t)=x(t)$

图 2-5 系统的可逆性

其中，$w(t)=x(t)*h(t)$，$y(t)=w(t)*h_1(t)=x(t)*h(t)*h_1(t)$。

上述两个系统级联构成的系统的冲激响应为$h(t)*h_1(t)$，作为一个恒等系统，自然有

$$h(t)*h_1(t)=\delta(t) \tag{2-11}$$

下面通过几个例子来说明可逆性与逆系统的概念。

例2-1 考虑一个乘法器为$h(t)=k\delta(t)$，其输出为

$$y(t)=x(t)*h(t)=\int_{-\infty}^{\infty}x(\tau)k\delta(t-\tau)\mathrm{d}(\tau)=kx(t)\int_{-\infty}^{\infty}\delta(\tau)\mathrm{d}\tau=kx(t)$$

它的逆系统为除法器为$h_1(t)=\frac{1}{k}\delta(t)$，二者级联之后的输出为

$$kx(t)*\frac{1}{k}\delta(t)=x(t)*\delta(t)=x(t)$$

例2-2 考虑一个积分器$h(t)=u(t)$，其输出为

$$y(t)=x(t)*u(t)=\int_{-\infty}^{\infty}x(\tau)u(t-\tau)\mathrm{d}(\tau)=\int_{-\infty}^{t}x(\tau)\mathrm{d}\tau$$

它的逆系统为微分器$y(t)=w'(t)$，即$h_1(t)=\delta'(t)$，根据公式（2-11），可知$u(t)*\delta'(t)=\delta(t)$，此公式的具体证明在2.2节。

3. 连续LTI系统的因果性

因果系统的输出不能早于输入，只能是现在或者过去输入的响应。一个LTI系统因果系统判定的充要条件为

$$h(t)=0,t<0 \tag{2-12}$$

此时，冲激响应为因果函数。LTI系统的因果性等价于冲激响应的因果性。需要说明的是，无记忆系统都是因果系统。

因果性的另一重含义则是"物理可实现性"。由于现实存在的系统都是物理可实现的，因此，它们都是因果系统，如积分器$h(t)=u(t)$，延时器$h(t)=\delta(t-\tau)$等。反之，系统$\delta(t+1)$则是非因果系统，它的输出早于输入一个时间单位，即$y(t)=x(t+1)$。

4. 连续LTI系统的稳定性

本书讨论的稳定性本质上为BIBO稳定，即输入有界则输出有界。对于LTI系统而言，其稳定性判定的条件为

$$\int_{-\infty}^{\infty}|h(\tau)|\mathrm{d}\tau<\infty \tag{2-13}$$

即冲激响应绝对可积。从物理的角度来看，因果性指该系统物理可实现，而稳定性则决定了该系统能否稳定地长时间运行，因此，在设计系统时，应该设计一个因果稳定的系统。

例如，积分器$h(t)=u(t)$是一个因果的系统，但是它是不稳定的。因为$\int_{-\infty}^{\infty}|u(\tau)|\mathrm{d}\tau=\int_{0}^{\infty}\mathrm{d}\tau=\infty$，不满足绝对可积条件。

2.1.3 卷积性质与系统互联

本节将分析卷积的性质，并结合冲激响应分析LTI系统的相关特征。

1. 交换律

在连续时间域中，有

$$x(t)*h(t)=h(t)*x(t)=\int_{-\infty}^{\infty}h(\tau)x(t-\tau)\mathrm{d}\tau \tag{2-14}$$

对于连续LTI系统而言，公式（2-14）的最左侧表达了图2-4所示的模型，输入为$x(t)$，系统为$h(t)$；而$h(t)*x(t)$则表达了图2-6所示的模型。

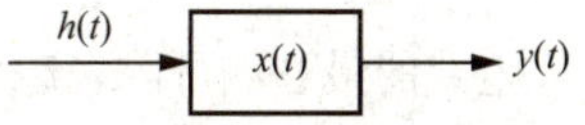

图 2-6　卷积的交换律性质与系统描述

交换律的性质表明：对于LTI系统而言，输入信号与冲激响应是可以进行互换的。在将输入信号与冲激响应互换之后，并不会影响输出（初始松弛）。因此，想要获得某个响应$y(t)$，可以采取两种不同的策略。第一种策略仅需要简单地输入$x(t)$，但是系统（冲激响应）很复杂，成本很高；而另一种策略则可以设计简单的系统（冲激响应），但是需要一个复杂的输入信号$x(t)$。由公式（2-14）可知，这两种策略是等价的，可以根据实际需要进行灵活选择。

2. 分配律

在连续时间域中，有

$$x(t)*[h_1(t)+h_2(t)]=x(t)*h_1(t)+x(t)*h_2(t) \tag{2-15}$$

分配律展示了LTI系统的并联性质，式（2-15）可以表达为图2-7中的两个模型。

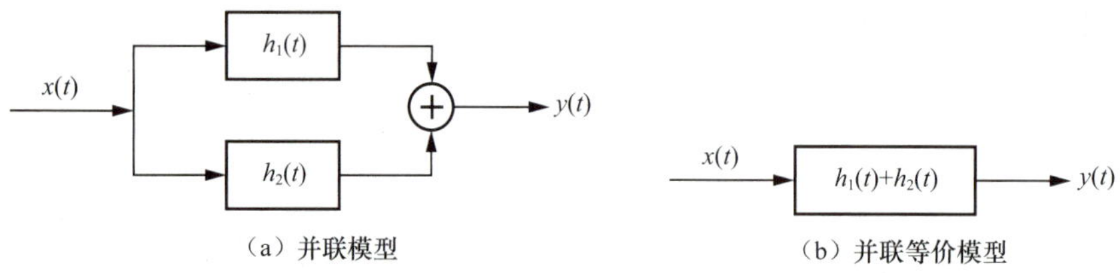

图 2-7 卷积的分配律与系统并联

图2-7（a）包含了两个LTI系统，$x(t)*h_1(t)$为上面子系统的输出，而$x(t)*h_2(t)$为下面子系统的输出，这两个子系统呈并联关系；图2-7（b）则只有一个系统，其冲激响应为$h(t)=h_1(t)+h_2(t)$，由式（2-15）可知：若两个LTI系统并联构成一个新系统，则新系统的冲激响应为它们的冲激响应相加的结果。

3. 结合律

在连续时间域中，有

$$x(t)*[h_1(t)*h_2(t)]=[x(t)*h_1(t)]*h_2(t) \tag{2-16}$$

结合律展示了LTI系统的级联性质（或称之为串联性质），可以理解为图2-8中的两个模型。

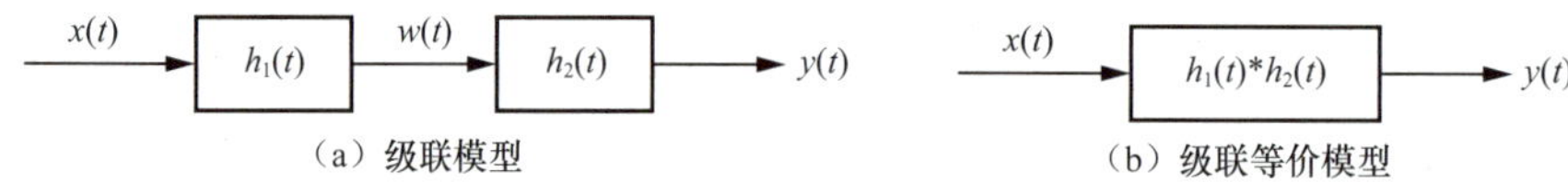

图 2-8 卷积的结合律与系统级联

在图2-8（a）中，输入信号先通过第一个子系统，输出为$w(t)=x(t)*h_1(t)$，接下来通过第二个子系统，输出为$y(t)=w(t)*h_2(t)$，这两个子系统为级联关系；图2-8（b）只有一个系统，其冲激响应为$h(t)=h_1(t)*h_2(t)$，其输出为$x(t)*[h_1(t)*h_2(t)]$；由式（2-16）可知：若两个LTI系统级联构成一个新系统，则新系统的冲激响应为它们的冲激响应相卷积的结果。

总之，LTI系统冲激响应的口诀为：并联相加、级联相卷。

此外，如果将结合律与交换律相结合，还可以得到一个结论。其推导过程为

$$[x(t)*h_1(t)]*h_2(t)=x(t)*[h_1(t)*h_2(t)]=x(t)*[h_2(t)*h_1(t)] \tag{2-17}$$

上式的最右侧可以表达为图2-9的模型。

图 2-9 交换律与结合律的结合

根据式（2-17），图2-9中的模型和图2-8中的两个模型等价，这个结论表明：多个LTI系统的级联模型中，级联的次序可以交换。该结论仅对LTI系统有效，并且，不考虑对系统稳定性的影响。

2.2 连续信号与 LTI 系统的时域计算方法

本节首先介绍卷积计算方法以及基于卷积的连续LTI系统分析方法，最后讨论奇异信号的卷积性质。

2.2.1 卷积计算方法

卷积的计算方法

考虑任意两个信号的卷积：$y(t)=x(t)*h(t)=\int_{-\infty}^{\infty}x(\tau)h(t-\tau)\mathrm{d}\tau$。卷积计算过程大致分为以下四步。

第一步，换元。将$x(t)$、$h(t)$换元为$x(\tau)$、$h(\tau)$。

第二步，反转。将$h(\tau)$反转为$h(-\tau)$。

第三步，移位。对$h(-\tau)$进行时移，变为$h(t-\tau)$。

第四步，相乘积分。计算$\int_{-\infty}^{\infty}x(\tau)h(t-\tau)\mathrm{d}\tau$。

上述步骤看起来很简单，但是有一个重要的参数需要确定，即时移量t。关于卷积的计算过程，需要注意以下几点。

（1）时移量t的取值问题。理论上，t的取值范围为$(-\infty,\infty)$，且t是一个连续的量，所有可能的t值都需要计算，不能遗漏。因此，原则上，第三步和第四步需要重复计算无穷多次。在实际的计算过程中，可以通过分类讨论的方法，将t的取值分为有限的几类。其思路为：由于移位的目的是第四步的积分计算，而该计算中的$x(\tau)h(t-\tau)$是不会改变的，只有积分的上下限会改变，因此，在第三步移位时，只要关注第四步积分上下限的改变情况即可。

（2）积分上下限的确定方法。理论上，第四步积分的上下限为$(-\infty,\infty)$，但在实际计算中可以采取一些方法予以简化分析。例如，实际的积分上下限与移位量t是有关的，在不同的移位情况下，函数$x(\tau)$和$h(t-\tau)$会呈现不同的相交状态：在函数$x(\tau)$和$h(t-\tau)$不相交的区域，其乘积为零，那该区域自然不需要参与积分计算，输出为0；在相交的区域，上下限会随着移位情况发生改变，从而导致积分区间发生变化，并使得计算结果不相同。

（3）移位方向问题。如果$t>0$，则$h(t-\tau)$相对于$h(-\tau)$为向右移动，反之，则向左移动。

（4）反转和移位信号的选择问题。由于卷积过程具有交换律性质，因此，在第二步反转的时候是可以任意选择的，为了简化计算，通常反转较简单的信号。

下面通过一些例子说明卷积的计算过程。

例2-3 考虑信号$x(t)=u(t)-u(t-1)$，$h(t)=u(t)-u(t-2)$，则它们的卷积计算过程如图2-10所示。

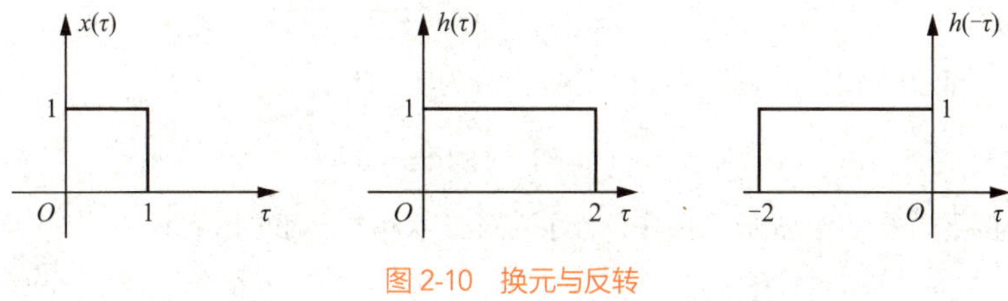

图 2-10　换元与反转

首先，换元和反转，假设反转$h(\tau)$，得到$h(-\tau)$

接下来，考虑移位问题，移位的关键在于$x(\tau)$和$h(t-\tau)$的相交情况，如果不相交则积分结果为0，而在相交的情况下，需要考虑上下限是否有变化。

先考虑向左移动的情况，如图2-11所示，两者并不相交，此时，相乘积分为0，即$y(t)=0$，$t<0$。

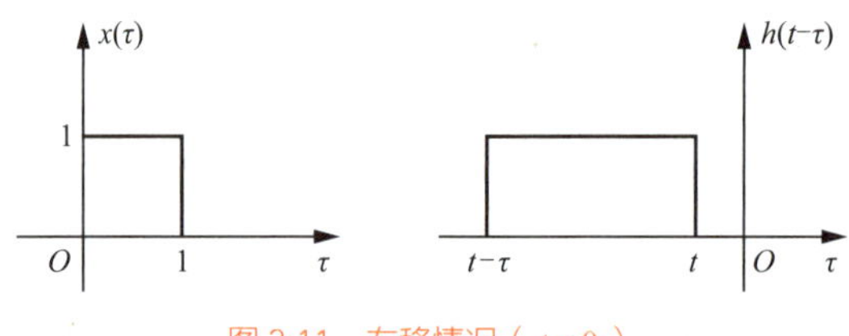

图 2-11　左移情况（$t<0$）

如果$t=0$，两者也不相交，$y(t)=0$。

再考虑向右移动的情况，有好几种可能性，如图2-12所示。

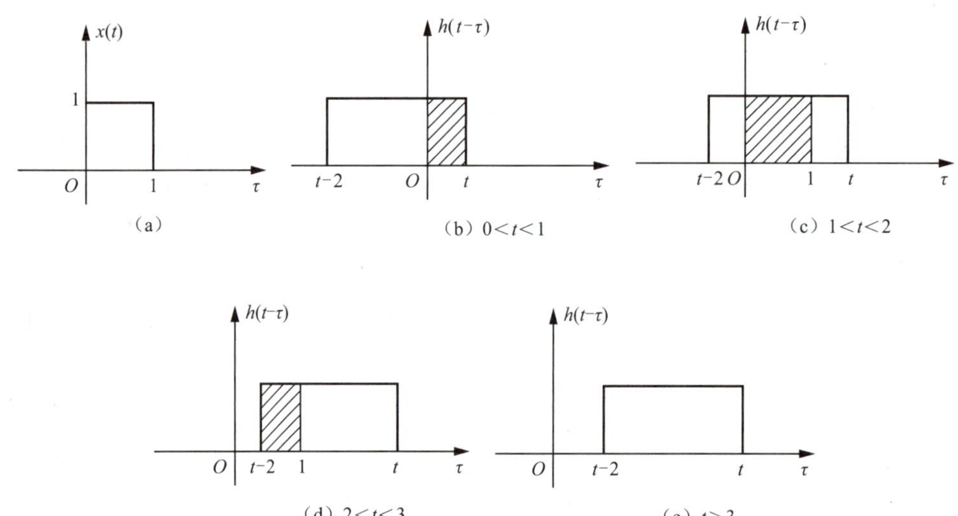

图 2-12　右移情况（$t>0$）

当$0<t\leqslant 1$时，如图2-12（b）所示，相交的区域为$[0,\ t]$，在此区域中，$x(\tau)=1, h(t-\tau)=1$，有

$$y(t)=\int_0^t 1\times 1\mathrm{d}\tau=t$$

当$1<t\leqslant 2$时，如图2-12（c）所示，相交的区域为$[0,1]$，有

$$y(t)=\int_0^1 1\times 1\mathrm{d}\tau=1$$

当$2<t\leqslant 3$时，如图2-12（d）所示，相交的区域为$[t-2,1]$，有

$$y(t)=\int_{t-2}^1 1\times 1\mathrm{d}\tau=3-t$$

当$t>3$时，如图2-12（e）所示，由于$t-2>1$，两者不相交，此时$y(t)=0$。

最后获得输出如下

$$y(t)=\begin{cases}0,\ t\leqslant 0\\ t,\ 0<t\leqslant 1\\ 1,\ 1<t\leqslant 2\\ 3-t,\ 2<t\leqslant 3\\ 0,\ 3<t\end{cases}$$

对应的波形如图2-13所示为等腰梯形。

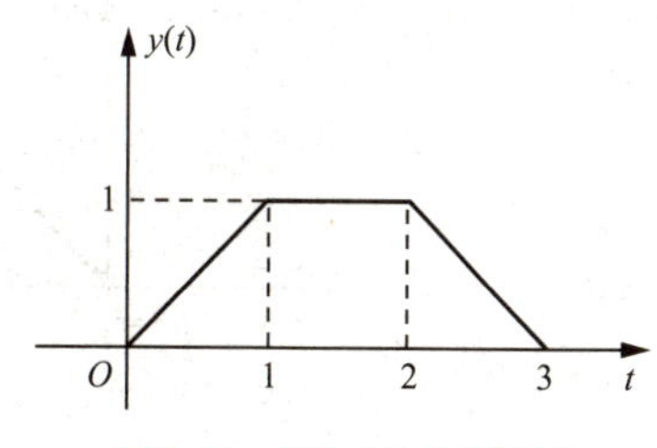

图 2-13　例 2-3 的计算结果

关于例2-3，有一些有意思的结论。

① 两个不同宽度的方波卷积的结果为等腰梯形，且腰边的宽度为窄方波的宽度，顶边对应于窄方波完全位于宽方波内的情况。

② 两个宽度相等的方波卷积的结果呈现为等腰三角形，且腰边的宽度为窄方波的宽度，顶点位于两方波完全重合时的情况。

③ $y(t)$边界的横坐标为对应$x(t)$和$h(t)$对应边界的横坐标之和。

例2-4 求卷积$y(t)=[u(t)-u(t-2)]*[u(t+1)-u(t-1)]$。

基于例2-3的结论，可以发现这两个方波的宽度相等，因此，其卷积结果为等腰三角形，其左边的下标为0+(−1)=−1，右边的下标为2+1=3，其顶点的横坐标即(3−1)/2=1，顶点对应于两个方波完全重合时的右顶点位置，此时，有$y(1)=\int_0^2 1\times 1\mathrm{d}\tau=2$。卷积结果对应的波形如图2-14所示。

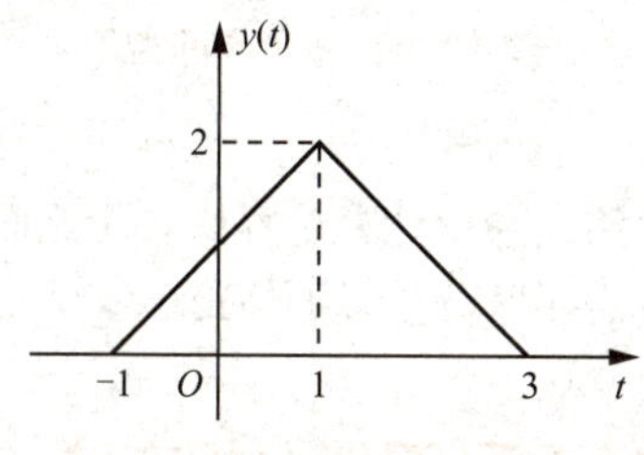

图 2-14　例 2-4 的卷积结果

同理可推得，$[2u(t+1)-2u(t)]*[0.5u(t-1)-0.5u(t-3)]$的结果也如图2-13所示。

例2-5 求信号$x(t)$和的卷积，其中，$x(t)=u(t)$，$h(t)=t[u(t)-u(t-T)]$。

尽管信号$x(t)$无限长，但由于其变化较少，更为简洁，因此，可以反转$x(\tau)$以简化计算。此时，两者相交的情况有三种，如图2-15所示。

当$t<0$时，相交区域如图2-15（b）所示，$y(t)=0$；

当$0<t<T$时，相交区域如图2-15（c）所示，$y(t)=\int_0^t 1\times\tau\mathrm{d}\tau=\frac{1}{2}t^2$；

当$T<t$时，相交区域如图2-15（d）所示，$y(t)=\int_0^T 1\times\tau\mathrm{d}\tau=\frac{1}{2}T^2$。

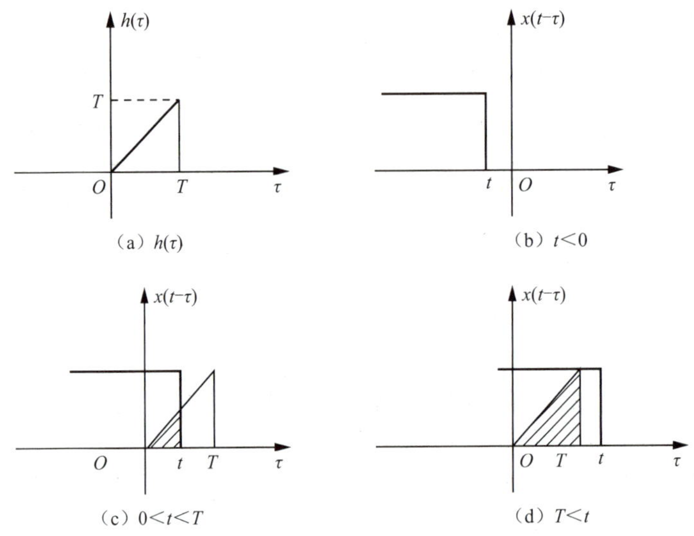

图 2-15　例 2-5 的相交情况

卷积结果如图2-16所示。可以看出，$y(t)$的横坐标取值范围为$(0,\infty)$。

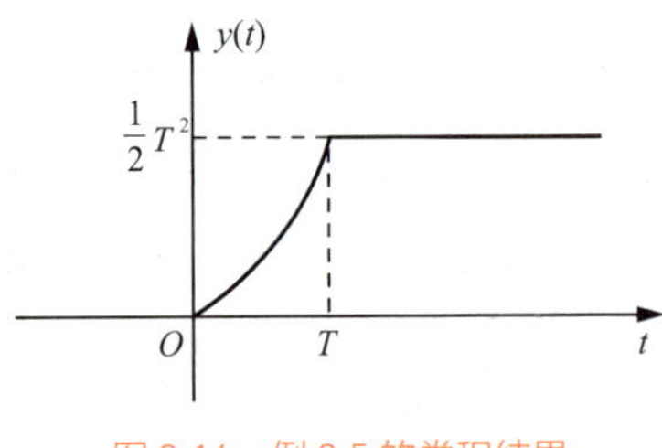

图 2-16　例 2-5 的卷积结果

上述几个例子表明，信号越简洁，卷积计算越容易。相比而言，有限长信号的卷积更加复杂一些，因为有限长信号的卷积计算需要区分更多的情形。

2.2.2　基于卷积的连续 LTI 系统分析方法

卷积方法可以快速计算初始松弛状态下的系统输出，其主要基于图2-4所示的卷积模型。即

$$y(t)=x(t)*h(t) \tag{2-18}$$

如果LTI系统是基于常微分方程表达的，则需要先计算冲激响应，然后再计算卷积。一个常见的信号通过典型系统的例子如下。

例2-6 考虑一个初始松弛的因果LTI系统$y'(t)+2y(t)=x(t)$，假设输入信号$x(t)=e^{3t}u(t)$，求输出信号$y(t)$。

本实例也是高等数学中的一个经典例子，并有相应的计算方法求解，且输出信号$y(t)$会表达为一个特解$y_p(t)$和一个齐次解$y_h(t)$的和。但事实上，在初始松弛状态下，也可以基于卷积进行计算，其物理含义更加明确。计算过程如下。

首先，需要计算对应的冲激响应$h(t)$。按照1.4.1小节中冲激响应的定义，有

$$h'(t)+2h(t)=\delta(t)$$

由于对应的输入为单位冲激信号，有$t<0$，$\delta(t)=0$，且该系统是初始松弛的，则$t<0$，$h(t)=0$。因此，对于上述常微分方程，可以假设$h(t)=A\mathrm{e}^{kt}u(t)$，代入上式，可知

$$\left[A\mathrm{e}^{kt}u(t)\right]'+2A\mathrm{e}^{kt}u(t)=\delta(t)$$

$$A\left[k\mathrm{e}^{kt}u(t)+\mathrm{e}^{kt}\delta(t)\right]+2A\mathrm{e}^{kt}u(t)=\delta(t)$$

$$(Ak+2A)\mathrm{e}^{kt}u(t)+A\delta(t)=\delta(t)$$

显然，有A=1；Ak+2A=0，即k=−2。

所以，该系统的冲激响应为$h(t)=\mathrm{e}^{-2t}u(t)$。

接下来，进行卷积计算$y(t)=x(t)*h(t)$。

换元与反转：本题中输入信号$x(t)$与系统冲激响应$h(t)$的复杂程度相差不多，随便反转哪个都可以，假设反转$h(\tau)$得到$h(-\tau)$；

考虑移位与相交的情况：对于不同的t，$x(\tau)=\mathrm{e}^{3\tau}u(\tau)$和$h(t-\tau)=\mathrm{e}^{-2(t-\tau)}u(t-\tau)$的相交情况只有两种，如图2-17所示。

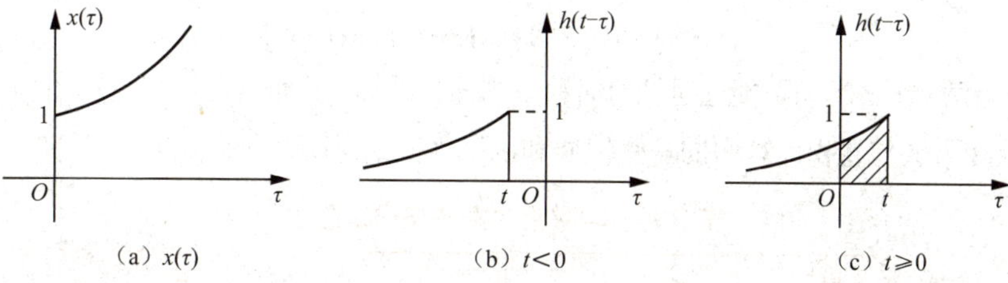

图 2-17 例 2-6 卷积过程

当t<0时，无重叠区域$y(t)$=0；

当$t\geqslant 0$时，$y(t)=\int_0^t \mathrm{e}^{3\tau}\mathrm{e}^{-2(t-\tau)}\mathrm{d}\tau=\mathrm{e}^{-2t}\int_0^t \mathrm{e}^{5\tau}\mathrm{d}\tau=\frac{1}{5}\left[\mathrm{e}^{3t}-\mathrm{e}^{-2t}\right]$；

合并上述两种情况，得到系统的输出为$y(t)=\frac{1}{5}\left[\mathrm{e}^{3t}-\mathrm{e}^{-2t}\right]u(t)$。

上述输出中，$\frac{1}{5}\mathrm{e}^{3t}u(t)$与输入类似，称为强迫响应，即由于输入信号强迫系统形成的输出，也即特解$y_\mathrm{p}(t)$；$-\frac{1}{5}\mathrm{e}^{-2t}u(t)$与冲激响应类似，说明其与系统关联密切而与输入无关，因此，称为自然响应，即齐次解$y_\mathrm{h}(t)$。

2.2.3 奇异信号的卷积计算

奇异信号在进行卷积计算时有很多重要的结论以及性质，这些结论和性质有利于快速计算卷积。

1. 与时移有关的卷积计算

$$x(t-t_0)=x(t)*\delta(t-t_0) \tag{2-19}$$

推导过程如下：$x(t)*\delta(t-t_0)=\int_{-\infty}^{\infty}\delta(\tau-t_0)x(t-\tau)\mathrm{d}\tau$

$$=x(t-t_0)\int_{-\infty}^{\infty}\delta(\tau-t_0)\mathrm{d}\tau=x(t-t_0)$$

式（2-19）表明，信号的时移可以解释为信号与移位冲激信号 $\delta(t-t_0)$ 的卷积。如果t_0>0，则系统 $h(t)=\delta(t-t_0)$ 可以称为延时器，即输出为输入的延时，如图2-18所示。

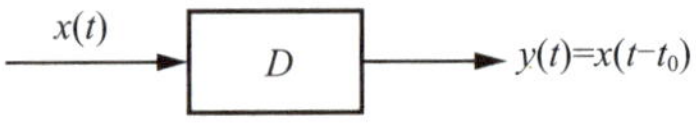

$x(t)$ → D → $y(t)=x(t-t_0)$

图 2-18 延时器

如果延时时间为0，系统则退化为恒等系统，有

$$x(t)*\delta(t)=x(t) \tag{2-20}$$

更进一步，有

$$x(t-t_0)*h(t)=x(t)*\delta(t-t_0)*h(t)=x(t)*h(t-t_0) \tag{2-21}$$

式（2-21）意味着，在卷积时，时移可以进行切换。更一般地，可以很容易推导并得到如下结论：如果 $t_0+t_1=t_2+t_3$，则

$$x(t-t_0)*h(t-t_1)=x(t-t_2)*h(t-t_3) \tag{2-22}$$

因此，在计算卷积时，有可能通过调节时移量来简化计算。例如$x(t-t_0)*h(t+t_0)=x(t)*h(t)$。关于冲激函数在乘法与卷积计算中的一些性质和区别如表2-1所示。

表 2-1 冲激函数乘法与卷积性质

卷积	乘法
$x(t)*\delta(t)=x(t)$	$x(t)\times\delta(t)=x(0)\delta(t)$
$x(t)*\delta(t-t_0)=x(t-t_0)$	$x(t)\times\delta(t-t_0)=x(t_0)\delta(t-t_0)$
$\delta(t-t_0)*\delta(t-t_1)=\delta(t-t_0-t_1)$	$\delta(t-t_0)\times\delta(t-t_1)=0,t_0\neq t_1$

例2-7 已知$y(t)=x(t)*h(t)$，则$x(t-1)*h(t-1)$是否为$y(t-1)$？

根据表2-1，有$y(t-1)=y(t)*\delta(t-1)$，结合已知条件以及卷积的结合律与交换律性质，有$y(t-1)=x(t-1)*h(t)$ 或者 $y(t-1)=x(t)*h(t-1)$。所以，题目中的等式不成立。实际上，有$x(t-1)*h(t-1)=x(t)*h(t)*\delta(t-2)=y(t-2)$。

2. 与微积分有关的卷积计算

与积分器相关的卷积计算为

$$x(t)*u(t)=\int_{-\infty}^{t}x(\tau)\mathrm{d}\tau \tag{2-23}$$

与微分器相关的卷积计算为

$$x(t)*\delta'(t)=x'(t) \tag{2-24}$$

推导过程如下：

$$\begin{aligned}x(t)*\delta'(t)&=\int_{-\infty}^{\infty}x(\tau)\delta'(t-\tau)\mathrm{d}\tau=-\int_{-\infty}^{\infty}x(\tau)\mathrm{d}\delta(t-\tau)\\&=-x(\tau)\delta(t-\tau)\Big|_{-\infty}^{\infty}+\int_{-\infty}^{\infty}\delta(t-\tau)\mathrm{d}x(\tau)\\&=\int_{-\infty}^{\infty}\delta(t-\tau)x'(\tau)\mathrm{d}\tau=x'(t)\end{aligned}$$

基于上述性质，可以推导出相关结论如下。

$$x'(t)*h(t)=x(t)*\delta'(t)*h(t)=x(t)*h'(t) \tag{2-25}$$

$$x'(t)*h(t)=x(t)*h(t)*\delta'(t)=\left[x(t)*h(t)\right]' \tag{2-26}$$

式（2-26）意味着，在卷积时，微分与积分可以相互转换，如下所示

$$\int_{-\infty}^{\infty}x(\tau)\mathrm{d}\tau*h(t)=x(t)*u(t)*h(t)=x(t)*\int_{-\infty}^{\infty}h(\tau)\mathrm{d}\tau \tag{2-27}$$

更进一步，可以推导出以下结论

$$u(t)*\delta'(t)=u'(t)*\delta(t)=\delta(t) \tag{2-28}$$

从系统的角度可以理解为：一个积分器和一个微分器级联，由于它们互为逆系统，因此，级联后得到的系统相当于理想导线。

$$\begin{aligned}x(t)*h(t)&=x(t)*u(t)*\delta'(t)*h(t)\\&=\int_{-\infty}^{\infty}x(\tau)\mathrm{d}\tau*h'(t)=\int_{-\infty}^{\infty}h(\tau)\mathrm{d}\tau*x'(t)\end{aligned} \tag{2-29}$$

式（2-29）意味着微分和积分也可以相互转换，因此，对于一些复杂信号的卷积，可以灵活使用微积分来简化计算。此外，结合微积分性质与时移性质，可以获得部分奇异信号的结论，见表2-2。

表 2-2　卷积与乘法的区别

卷积	乘法
$\int_{-\infty}^{\infty}x(t)*\delta(t)\mathrm{d}t=x(t)*u(t)$	$\int_{-\infty}^{\infty}x(t)\times\delta(t)\mathrm{d}t=x(0)$
$\int_{-\infty}^{\infty}x(t)*\delta(t-t_0)\mathrm{d}t=x(t)*u(t-t_0)$	$\int_{-\infty}^{\infty}x(t)\times\delta(t-t_0)\mathrm{d}t=x(t_0)$
$\left[x(t)*u(t)\right]'=x(t)$	$\left[x(t)\times u(t)\right]'=x'(t)u(t)+x(0)\delta(t)$
$\left[x(t)*\delta(t)\right]'=x'(t)$	$\left[x(t)\times\delta(t)\right]'=x(0)\delta'(t)$

3. 单位冲激偶

前面讨论了一重微分与积分的情况，而对于多重微积分的相关性质讨论，则可以使用单位冲激偶的概念以简化分析与表述，并获得统一的微积分中卷积的计算方式。

单位冲激偶（unit doublet）是单位冲激函数的导数，记为 $u_1(t)$。所以有

$$u_1(t)=\delta'(t) \tag{2-30}$$

单位冲激偶也是一种奇异信号，可以与冲激函数对比进行分析，如图2-19所示。

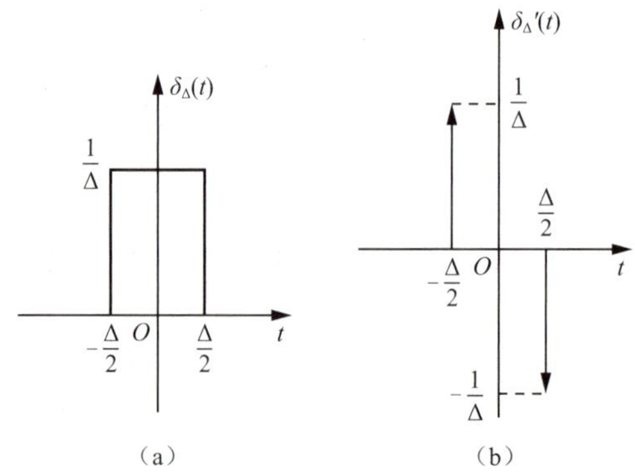

图 2-19　冲激偶示意图

当$\Delta \to 0$时，冲激信号的宽度无穷小，高度无限高，但是面积恒定为1，因此，$\delta_\Delta(t) \to \delta(t)$；图2-19（b）则是图2-19（a）的导数，它可以理解为两个冲激信号，同理，当$\Delta \to 0$时，这两个冲激的横坐标会趋于重合，但并不会抵消。通过图2-19，可以得出以下关于单位冲激偶的推论。

（1）单位冲激偶为奇信号，满足

$$\int_{-\infty}^{\infty} u_1(t)\mathrm{d}t = 0 \tag{2-31}$$

（2）单位冲激偶具有筛选特性，即满足

$$x(t)\delta'(t-t_0) = x(t_0)\delta'(t-t_0) - x'(t_0)\delta(t-t_0) \tag{2-32}$$

又可以表达为

$$x(t)u_1(t-t_0) = x(t_0)u_1(t-t_0) - x'(t_0)\delta(t-t_0)$$

推导如下：

$$\begin{aligned}\left[x(t)\delta(t-t_0)\right]' &= x'(t)\delta(t-t_0) + x(t)\delta'(t-t_0) \\ &= x'(t_0)\delta(t-t_0) + x(t)\delta'(t-t_0)\end{aligned}$$

同时，

$$\left[x(t)\delta(t-t_0)\right]' = \left[x(t_0)\delta(t-t_0)\right]' = x(t_0)\delta'(t-t_0)$$

所以有上述结论。

（3）单位冲激偶的卷积性质满足

$$x(t)*\delta'(t-t_0) = x'(t)*\delta(t-t_0) = x'(t-t_0) \tag{2-33}$$

事实上，之所以使用$u_1(t)$来代表冲激函数的导数$\delta'(t)$，主要还是为了应对高阶微积分的情况，例如

$$u_2(t) = u_1(t)*u_1(t) = \delta''(t) \tag{2-34}$$

对于更一般的情况，有

$$u_{k+r}(t) = u_k(t)*u_r(t) \tag{2-35}$$

换而言之，当k>0时，$u_k(t)$代表了冲激函数的k重微分，也可以理解为k个微分器的级联；反之，当下标为负数时，则代表了冲激函数的多重积分。例如

$$u_{-1}(t) = \int_{-\infty}^{t} \delta(\tau)\mathrm{d}\tau \tag{2-36}$$

$$u_{-2}(t)=\iint\delta(\tau)\mathrm{d}\tau \tag{2-37}$$

以此类推，$u_{-k}(t)$代表了冲激函数的k重积分，也可以理解为k个积分器的级联，显然，$u_{-1}(t)$为阶跃函数$u(t)$。

$$u_{-1}(t)=u(t) \tag{2-38}$$

而$u_{-2}(t)$也是一个常用的信号。

$$u_{-2}(t)=u_{-1}(t)*u_{-1}(t)=u(t)*u(t)=tu(t) \tag{2-39}$$

由于微分和积分互为逆运算，可以发现，公式（2-35）只要满足k和r为整数即可成立。一些常见的应用包括：

$$u_1(t)*u_{-1}(t)=u_0(t)=\delta(t) \tag{2-40}$$

利用上述性质，可以简化卷积的计算。

例2-8 计算例2-3中两个信号的卷积，其中，$x(t)=u(t)-u(t-1)$，$h(t)=u(t)-u(t-2)$。

本题可以直接使用公式（2-39）进行计算，过程如下：

$$\begin{aligned}y(t)&=[u(t)-u(t-1)]*[u(t)-u(t-2)]\\&=u(t)*u(t)-u(t)*u(t-1)-u(t)*u(t-2)+u(t-1)*u(t-2)\\&=tu(t)-(t-1)u(t-1)-(t-2)u(t-2)+(t-3)u(t-3)\end{aligned}$$

对于计算结果的图形，可以通过以下方法快速画出来。首先，由$u(t)$、$u(t-1)$、$u(t-2)$和$u(t-3)$确定间断点为0、1、2、3等，然后分区间分析。

① 当$0<t<1$时，基于$tu(t)$，有$y(t)=t$；

② 当$1<t<2$时，基于$tu(t)-(t-1)u(t-1)$，有$y(t)=t-(t-1)=1$；

③ 当$2<t<3$时，基于$tu(t)-(t-1)u(t-1)-(t-2)u(t-2)$，有$y(t)=t-(t-1)-(t-2)=3-t$；

④ 当$3<t$时，有$y(t)=t-(t-1)-(t-2)+(t-3)=0$。

该信号的波形如图2-20所示。

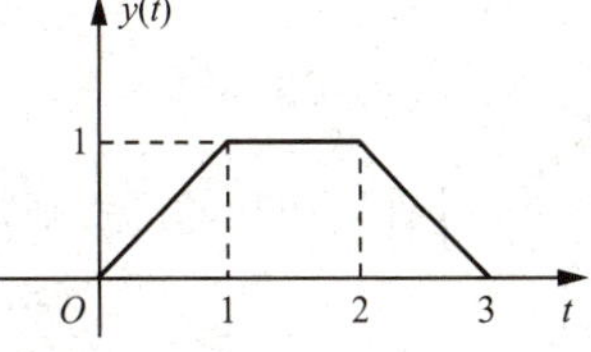

图 2-20　例 2-8 的计算结果

2.3 离散信号与 LTI 系统的时域分析方法

2.3.1 基于单位脉冲序列的离散信号线性分解

本节讨论如何利用单位脉冲信号$\delta[n]$分解任意的离散信号$x[n]$。其思路为：把离散信号当作一串脉冲。换言之，由于单位脉冲信号$\delta[n]$不是一个奇异函数，所以，相比于2.1节的连续信号分解，离散信号的分解过程更为直观。

离散信号的分解

首先，可以回顾一下第1章关于单位脉冲序列$\delta[n]$的定义

$$\delta[n]=\begin{cases}1, n=0\\0, n\neq 0\end{cases} \tag{2-41}$$

其波形如图2-21所示。

从图2-21可知：①给予合适的时移即可实现在横坐标上的任意移动；②给予合适的增益即可实现高度的任意变化。因此，考虑如图2-22的离散信号$x[n]$，分解过程如下。

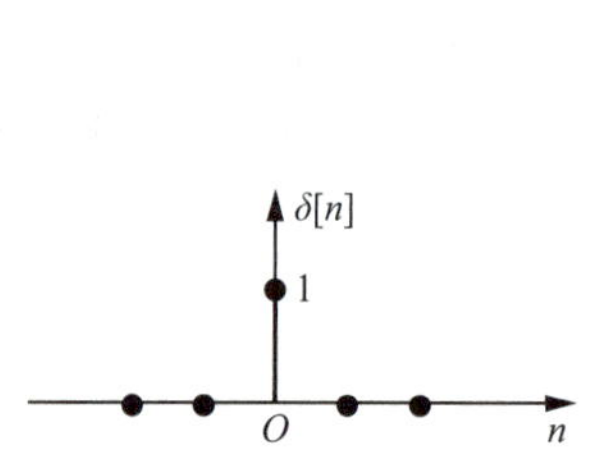

图 2-21　单位脉冲序列 $\delta[n]$

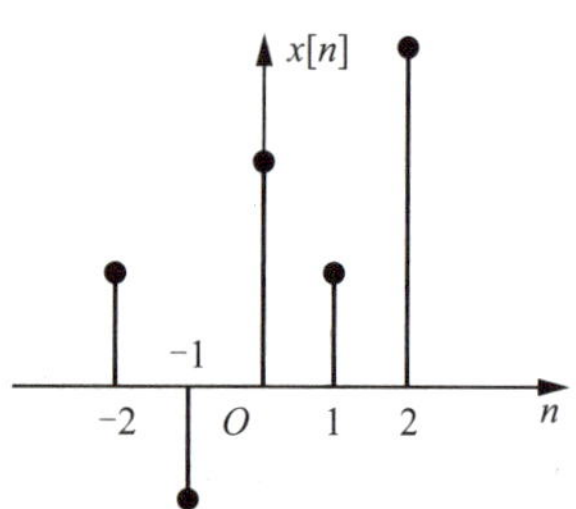

图 2-22　离散信号 $x[n]$

在图2-22中，信号$x[n]$具有5个非零值，分别为$x[-2]$，$x[-1]$，$x[0]$，$x[1]$以及$x[2]$。如果从信号的角度理解，也可以认为它由5个具有不同时移以及增益的单位脉冲序列的累加和。比如，最右边的脉冲序列可以表达为$x[2]\delta[n-2]$，该信号非零值的横坐标为2，增益（高度）为$x[2]$，其他情况则为0。请注意$x[2]\delta[n-2]$是信号，不是数值，该信号如图2-23所示。

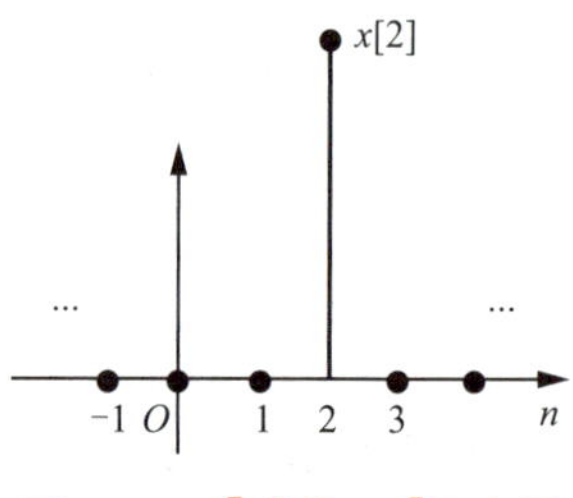

图 2-23　$x[2]\delta[n-2]$示意图

基于上面的分析，图2-22所示的$x[n]$可表示为

$$\begin{aligned}x[n]=&x[-2]\delta[n+2]+x[-1]\delta[n+1]\\&+x[0]\delta[n]+x[1]\delta[n-1]+x[2]\delta[n-2]\end{aligned} \tag{2-42}$$

$x[n]$累加和的形式则为

$$x[n]=\sum_{k=-2}^{2}x[k]\delta[n-k] \tag{2-43}$$

事实上，式（2-43）所示信号的自变量变化范围为$(-\infty,\infty)$，只是其他区间取值为0而已，因此，该信号又可以表达为：

$$x[n]=\sum_{k=-\infty}^{\infty}x[k]\delta[n-k] \tag{2-44}$$

式（2-44）把任意信号$x[n]$表达为单位脉冲信号$\delta[n]$的线性组合，其中k代表时移量，$x[k]$则是对应的增益（或者称之为加权因子），它来自原信号$x[n]$。注意，$x[n]$是一个信号，$x[k]$则是该信号在k时刻的采样值。因此，式（2-44）也称为单位脉冲序列的筛选性质（sifting property）。式（2-44）也是卷积和的计算方法，可以表达为$x[n]=x[n]*\delta[n]$。

2.3.2　单位脉冲响应与离散 LTI 系统性质

在2.3.1节，任意离散信号$x[n]$可以被分解为单位脉冲函数的加权和，因此，只要能够知道单位脉冲信号通过系统的输出，则可以基于线性性质以及时不变性质，获得完整的LTI系统输出。

为此，本小节首先介绍了单位脉冲响应的定义，并进而推导出LTI系统在初始松弛状态下的输入输出关联。

定义2.3　对于一个LTI系统S，当其输入信号为$\delta[n]$时，称对应的输出信号为单位脉冲响应，记为$h[n]$。

单位脉冲响应代表了一个系统对于最基本的信号$\delta[n]$的响应，即输出。注意，这里并没有考虑初始状态对系统的影响，即假定初始松弛。单位脉冲响应与单位脉冲信号的关系如图2-24所示。

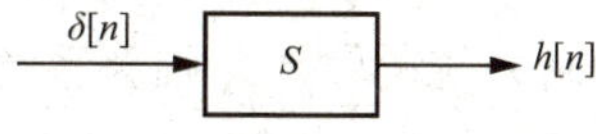

图 2-24　单位脉冲响应模型

如图2-24所示，单位脉冲响应$h[n]$与单位冲激响应$h(t)$较为类似，物理意义差不多，只是适用的场景不一样，单位脉冲响应只适用于离散时间系统，而单位冲激响应只适用于连续时间系统。

根据式（2-44），只要将输入信号$x[n]$换成单位脉冲信号$\delta[n]$，那么对应的输出$y[n]$就变成单位脉冲响应$h[n]$。

例如，如果差分系统为$y[n]=x[n]-x[n-1]$，则其对应的单位脉冲响应为$h[n]=\delta[n]-\delta[n-1]$；换言之，只要把$y$改写成$h$，$x$改写成$\delta$即可。

此外，由于所有的输入信号$x[n]$都可以分解为最基本的单位脉冲信号的移位加权和，因此，离散LTI系统的对应输出自然也是单位脉冲响应的移位加权和。具体分析过程如下：

对于一个LTI系统，当输入为$\delta[n]$时，输出为$h[n]$，记为$\delta[n]\to h[n]$。

根据时不变性质，有$\delta[n-k]\to h[n-k]$；

根据齐次性，有$x[k]\delta[n-k]\to x[k]h[n-k]$；

最后，基于可加性，有$\sum_{k=-\infty}^{\infty}x[k]\delta[n-k]\to\sum_{k=-\infty}^{\infty}x[k]h[n-k]$；

至此，得到了离散LTI系统的输入与输出之间的关联。

$$y[n]=\sum_{k=-\infty}^{\infty}x[k]h[n-k] \tag{2-45}$$

式（2-45）称为卷积和，它意味着离散LTI系统的输入与输出之间也具有卷积关系，请注意，该系统也是默认初始松弛的，即初始状态默认为0。

式（2-45）也可以简化表达为

$$y[n]=x[n]*h[n] \tag{2-46}$$

式（2-46）清晰地展示了LTI系统的三要素，输入$x[n]$，输出$y[n]$，以及系统$h[n]$。与连续时间域的$h(t)$一样，$h[n]$也可以表示一个LTI系统。其模型如图2-25所示。

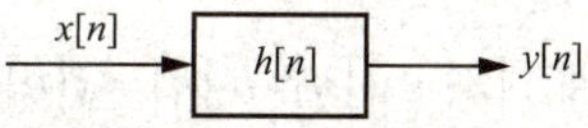

x[n] → h[n] → y[n]

图 2-25　离散 LTI 系统的卷积模型

离散LTI系统也有另一个较为常见的输出，即阶跃响应，其定义如下。

定义2.4 对于初始松弛的离散LTI系统S，当其输入信号为阶跃信号$u[n]$时，对应的输出信号被称为阶跃响应，记为$s[n]$。

阶跃响应表示一个LTI系统对于阶跃信号$u[n]$的输出，基于公式（2-46）以及定义2.4，有

$$s[n]=u[n]*h[n] \tag{2-47}$$

阶跃响应与单位脉冲响应之间存在以下几种关系

① 因为$\delta[n]=u[n]-u[n-1]$，因此，有

$$h[n]=s[n]-s[n-1] \tag{2-48}$$

即若原输入进行一次差分作为新系统的输入，则新系统的输出为原输出进行一次差分的结果；

② 考虑一次差分的逆运算，因为$u[n]=\sum_{k=-\infty}^{n}\delta[k]$，因此，有

$$s[n]=\sum_{k=-\infty}^{n}h[k] \tag{2-49}$$

由于阶跃响应与单位脉冲响应具有良好的线性关系，因此，也可以使用阶跃响应表征一个LTI系统。阶跃响应概念在数字信号处理等课程中被广泛使用，以分析离散LTI系统的性能。

单位脉冲响应也常用于分析离散LTI系统的以下几种特征，这也是$h[n]$可以表征LTI的一个重要证据。

（1）离散LTI系统的记忆性

在第1章中已经提到，无记忆系统的输出只取决于当前的输入。因此，无记忆LTI系统不涉及时移，只涉及幅度的改变，可以理解为一个乘法器。

无记忆离散LTI系统判断的充要条件为

$$h[n]=k\delta[n] \tag{2-50}$$

其中，k为常数。如果$k>1$，则输出会变大，该系统相当于一个放大器；反之，则输出小于输入，则该LTI系统相当于一个衰减器。无记忆LTI系统可以统一表达成如下的形式：

$$y[n]=kx[n] \tag{2-51}$$

无记忆LTI系统的典型例子是电阻、乘法器等。当$k=1$时，$h[n]=\delta[n]$，此时，输出与输入相等，该无记忆LTI系统也称为恒等系统。最典型的恒等系统包括：单位电阻以及理想导线等元器件。

（2）离散LTI系统的可逆性

如果一个系统$h[n]$是可逆的，则必然存在一个逆系统$h_1[n]$，它们的输入与输出正好相反。换言之，如图2-26所示，一个系统和它的逆系统串联则可以获得一个恒等系统，即

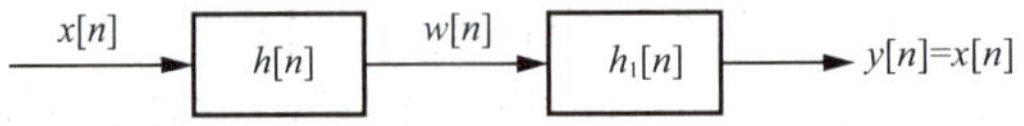

图 2-26 系统的可逆性

此时，有$w[n]=x[n]*h[n]$，而$y[n]=w[n]*h_1[n]=x[n]*h[n]*h_1[n]$，考虑恒等系统的原因，有

$$h[n]*h_1[n]=\delta[n] \tag{2-52}$$

下面通过几个例子来说明可逆性与逆系统的概念。

例2-9 考虑一个乘法器 $h[n]=A\delta[n]$，其输出为

$$y[n]=x[n]*h[n]=\sum_{k=-\infty}^{\infty}x[k]h[n-k]=A\sum_{k=-\infty}^{\infty}x[k]\delta[n-k]=Ax[n]$$

它的逆系统为除法器 $h_1[n]=\frac{1}{A}\delta[n]$，级联之后逆系统的输出为

$$Ax[n]*\frac{1}{A}\delta[n]=x[n]*\delta[n]=x[n]$$

输出与输入相等，该级联系统为恒等系统。

例2-10 考虑一个累加器 $h[n]=u[n]$，其输出为

$$y[n]=x[n]*u[n]=\sum_{k=-\infty}^{\infty}x[k]u[n-k]=\sum_{k=-\infty}^{n}x[k]$$

它的逆系统为一次差分器 $h_1[n]=\delta[n]-\delta[n-1]$，即 $y_1[n]=w[n]-w[n-1]$。此时

$$h[n]*h_1[n]=u[n]*(\delta[n]-\delta[n-1])=u[n]-u[n-1]=\delta[n]$$

即累加器与一次差分器的级联构成的系统为恒等系统。

（3）离散LTI系统的因果性

因果系统的输出不能早于输入，它只能是关于当前或者过去输入的一个响应。对LTI系统进行因果性判定的充要条件为

$$h[n]=0,n<0 \tag{2-53}$$

如果单位脉冲响应满足式（2-53），则该系统为因果系统。换言之，LTI系统的因果性等价于单位脉冲响应的因果性。显然，无记忆系统都是因果系统。

因果性系统的另一重含义则是“物理可实现性”，现实存在的系统都是因果的，因为它们都是物理可实现的。如延时器 $h[n]=\delta[n-n_0](n_0>0)$ 是因果系统。反之，系统 $h[n]=\delta[n+n_0](n_0>0)$ 则是非因果的，因为它的输出早于输入。

（4）离散LTI系统的稳定性

考虑输入有界则输出有界的BIBO稳定性，其对应的判定条件为

$$\sum_{k=-\infty}^{\infty}|h[k]|<\infty \tag{2-54}$$

即如果单位脉冲响应绝对可和，则该系统为稳定系统。从物理的角度来看，因果性指该系统能够实现，或者理解为可以制作出来，而稳定性则决定了该系统能否稳定地长时间运行。因此，在设计系统时，需要设计一个因果稳定系统。

例如，累加器 $h[n]=u[n]$ 是一个典型的因果系统，但是，它是不稳定的。因为 $\sum_{k=-\infty}^{\infty}|u[k]|=\sum_{k=0}^{\infty}u[k]=\infty$，不满足绝对可和条件。

2.3.3 卷积性质与系统互联

本节将分析卷积的性质，并结合单位脉冲响应，分析LTI系统的互联情况。

1. 交换律

在离散时间域中，有

$$x[n]*h[n]=h[n]*x[n]=\sum_{k=-\infty}^{\infty}h[k]x[n-k] \tag{2-55}$$

对于离散LTI系统而言，公式（2-55）的最左侧表达了图2-26所示的模型，即输入为$x[n]$，系统为$h[n]$；而$h[n]*x[n]$则表达了图2-27所示的模型。

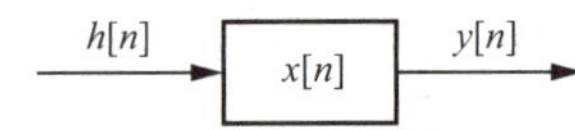

图 2-27　卷积的交换律性质与系统描述

对比图2-26和图2-27，并结合交换律性质，可知：对于LTI系统而言，输入与单位脉冲响应可以互换。换言之，在将输入与单位脉冲响应互换之后，并不会影响输出。假设两种情况，一种情况下，输入$x[n]$很简单，但是单位脉冲响应很复杂，成本很高；而另一种情况下，单位脉冲响应非常简单，但是输入信号则较为复杂。由于它们是等价的，可以根据实际需要进行灵活地选择。

2. 分配律

在离散时间域中，有

$$x[n]*\{h_1[n]+h_2[n]\}=x[n]*h_1[n]+x[n]*h_2[n] \tag{2-56}$$

分配律展示了LTI系统的并联性质，可以表达如图2-28所示的两个模型。

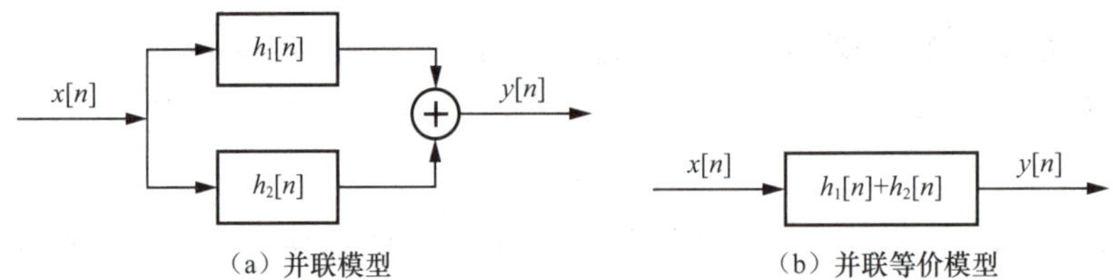

图 2-28　卷积的分配律性质与系统并联

图2-28（a）包含了两个子系统，两个子系统具有并联关系，$x[n]*h_1[n]$为子系统$h_1[n]$的输出，而$x[n]*h_2[n]$为子系统$h_2[n]$的输出。式（2-56）的左侧则如图2-28（b）所示，仅有一个系统，其单位脉冲响应为$h[n]=h_1[n]+h_2[n]$，由式（2-56）给出的等价关系可知：两个LTI系统并联得到新的系统，新系统的单位脉冲响应为两LTI系统的单位脉冲响应相加。

3. 结合律

在离散时间域中，有

$$x[n]*\{h_1[n]*h_2[n]\}=\{x[n]*h_1[n]\}*h_2[n] \tag{2-57}$$

结合律展示了LTI系统的级联性质（或称之为串联性质），可以表示为如图2-29中的两个模型。

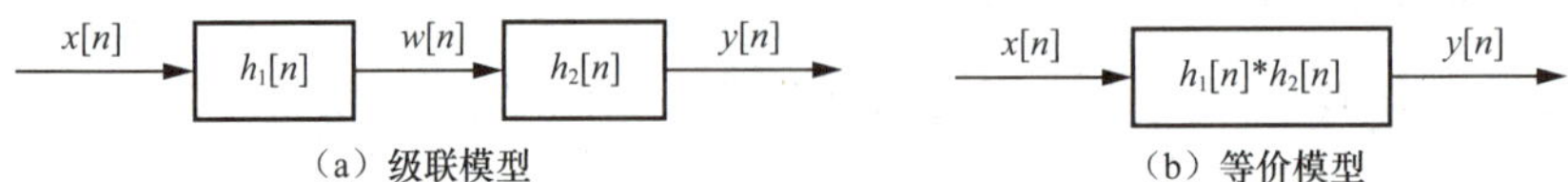

图 2-29　卷积的结合律性质与系统串联

式（2-57）右侧如图2-29（a）所示，输入信号先通过第一个系统，输出为$w[n]=x[n]*h_1[n]$，接下来通过第二个系统，输出为$y[n]=w[n]*h_2[n]$。从图中可以发现，这两个系统是级联关系；结合律的左边则如图2-29（b）所示，只有一个系统，其单位脉冲响应$h[n]=h_1[n]*h_2[n]$，由式（2-57）的等价关系可知：两个LTI系统级联得到新系统，则新系统的单位脉冲响应为两LTI系统的单位脉冲响应相卷积。

总之，关于LTI系统单位脉冲响应的口诀为：并联相加、级联相卷。

如果将结合律与交换律相结合，还可以得到一个结论，其推导过程如下。

$$\{x[n]*h_1[n]\}*h_2[n]=x[n]*\{h_1[n]*h_2[n]\}=x[n]*\{h_2[n]*h_1[n]\} \tag{2-58}$$

式（2-58）最右侧可以表达为图2-30所示的模型。

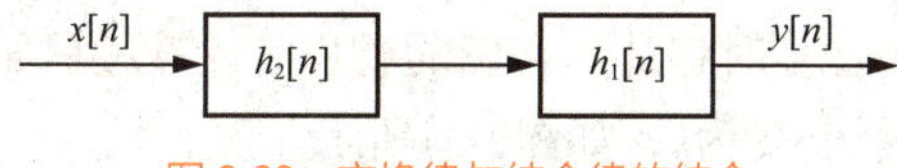

图2-30　交换律与结合律的结合

由式（2-58）可知，图2-29和图2-30的模型是等价的。这个结论表明：在具有多个LTI系统的级联模型中，级联的次序可以任意调整。注意，该结论仅对LTI系统有效，且没有考虑稳定性因素。

2.4 离散信号与LTI系统的时域计算方法

由于LTI系统的输入与输出具有卷积关系，所以，本节首先介绍卷积的计算方法以及如何利用卷积计算LTI系统的输出，最后，讨论一些较为特别的卷积计算。

2.4.1 离散卷积计算方法

考虑任意两个信号的卷积：$y[n]=x[n]*h[n]=\sum_{k=-\infty}^{\infty}x[k]h[n-k]$，离散卷积计算过程大致分为以下四步。

离散卷积的计算方法

第一步，换元。将$x[n]$、$h[n]$换元为$x[k]$、$h[k]$。

第二步，反转。将$h[k]$反转为$h[-k]$。

第三步，移位。将$h[-k]$进行时移，移动量为n，变为$h[n-k]$。

第四步，相乘并求和。计算$\sum_{k=-\infty}^{\infty}x[k]h[n-k]$。

上述步骤看起来很简单，但是有以下几个重要的注意事项。

（1）关于时移量n的取值问题。理论上，n的取值范围为$(-\infty,\infty)$，所有可能的n值都需要考虑，不能遗漏。因此，原则上，第三步和第四步需要重复无穷多次。但在实际的计算过程中，可以通过分类讨论的方法，将n的取值分为有限的几类。其思路为：由于移位的目的是第四步的相乘以及求和计算，而该计算中$x[k]h[n-k]$是不会改变的，只有求和的上下限会改变，因此，在第三步移位时，只需要关注第四步上下限改变情况。

（2）求和上下限的确定方法。首先，在$x[k]$和$h[n-k]$不相交的区域，其乘积为0，那该区域自然不需要参与求和。接下来，在n变化的情况下，相交区域的边界会改变，导致求和区间变化，从而不同区间得到的计算结果可能不同。

（3）移位方向问题。相比于$h[-k]$，$h[n-k]$的移位方向很简单，$n>0$时往右移，反之则往左移。

（4）反转和移位信号的选择问题。由于卷积具有交换律，因此，在第二步反转的时候是可以任意选择的，为了简化计算，通常反转较简单的信号。

（5）对于一些有限长信号的卷积，由于相交的情况有限，也可以采取逐步时移方法，即移位一次就计算一次，这样也可以有效简化计算。

例2-11 考虑信号$x[n]=\delta[n]-\delta[n-1]+\delta[n-2]$，$h[n]=\delta[n]+2\delta[n-1]$，这两个信号都是有限长信号，因此，可以考虑使用逐步时移计算它们的卷积。计算过程如下。

第一步，换元，将自变量从n变为k，如图2-31所示。

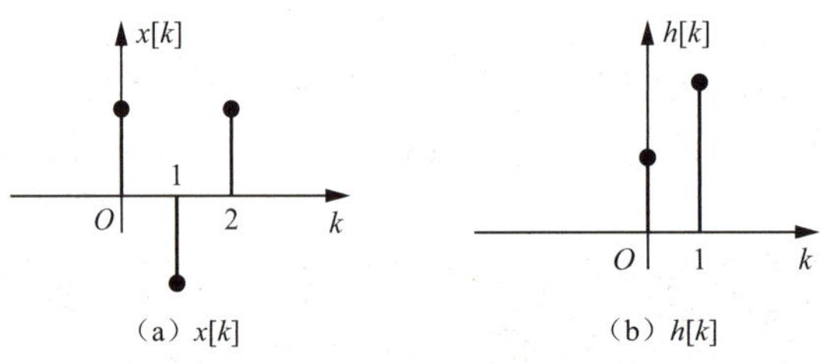

图 2-31　换元示意图

第二步，反转。由于$h[k]$更加简单一些，因此，如图2-32所示，反转$h[k]$，得到$h[-k]$。

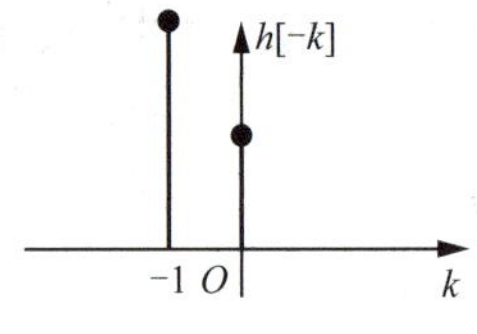

图 2-32　反转

第三步，考虑移位问题，由于两个函数都比较短，因此，可以把它们相交的情况全部列出来，如图2-33所示。

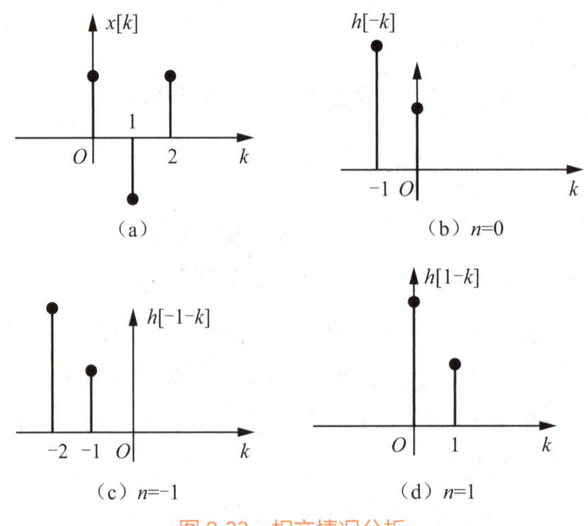

图 2-33　相交情况分析

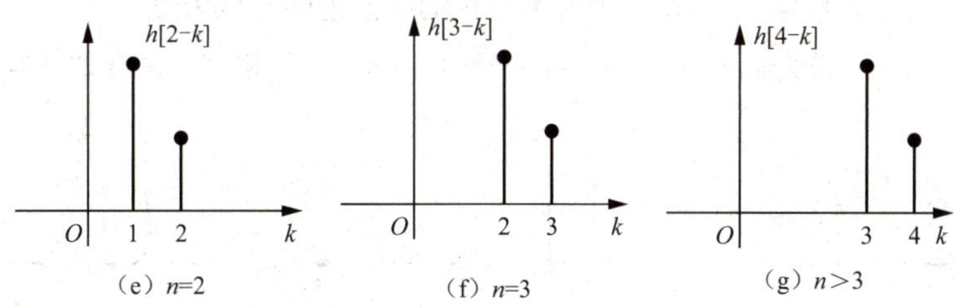

（e）n=2　　（f）n=3　　（g）n>3

图 2-33　相交情况分析（续）

当$n=0$时，如图2-33（b）所示，相交于一个点，有

$$y[0]=1\times1=1$$

当$n=-1$时，如图2-33（c）所示，$x[k]$与$h[-1-k]$不相交，即$y[-1]=0$；同时，可以发现，如果$h[-k]$继续向左移，则更加不可能相交，因此，当$n<0$，有$y[n]=0$。

当$n=1$时，如图2-33（d）所示，$x[k]$与$h[1-k]$相交于两个点，有

$$y[1]=2\times1+1\times(-1)=1$$

当$n=2$时，如图2-33（e）所示，$x[k]$与$h[2-k]$相交于两个点，有

$$y[2]=2\times(-1)+1\times1=-1$$

当$n=3$时，如图2-33（f）所示，$x[k]$与$h[3-k]$只相交于一个点，有

$$y[3]=2\times1=2$$

当$n>3$时，两者不相交，有$y[n]=0,n>3$

综上，得到输出为

$$y[n]=\delta[n]+\delta[n-1]-\delta[n-2]+2\delta[n-3]$$

对应的波形如图2-34所示。

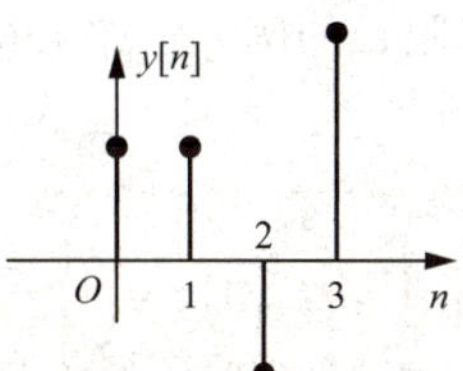

图 2-34　例 2-11 计算结果

通过这些移位操作，可以发现一个结论：$y[n]$的横坐标取值范围为对应$x[n]$和$h[n]$的横坐标取值范围之和。例如，例2-11中，$x[n]$的取值范围为[0,2]，$h[n]$的取值范围为[0,1]，最后卷积结果的横坐标取值范围为[0,3]。需要说明的是，存在一些特殊的情况，可能会导致边界的取值为0，进而使得$y[n]$横坐标的取值范围缩小。

接下来，再来看看一些具有类似方波形状的信号的卷积实例。

例2-12 考虑信号$x[n]=u[n]-u[n-3]$，$h[n]=u[n]-u[n-2]$，计算其卷积$y[n]$。

可以基于上面的结论进行估算，$x[n]$的横坐标取值范围为[0,2]，$h[n]$的横坐标取值范围为

[0,1]，两个信号的取值全部为1，所以，$y[n]$横坐标的取值范围应该为[0,3]。

具体计算过程如下。首先换元，反转，并分析时移情况，其相交的情况如图2-35所示。

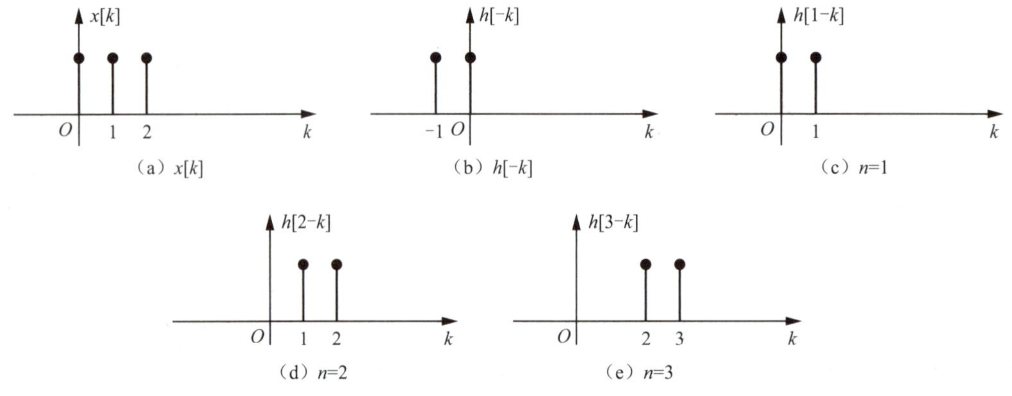

图 2-35　例 2-12 相交情况分析

对应的输出情况计算如下：

$$y[0]=1\times1=1$$
$$y[1]=1\times1+1\times1=2$$
$$y[2]=1\times1+1\times1=2$$
$$y[3]=1\times1=1$$

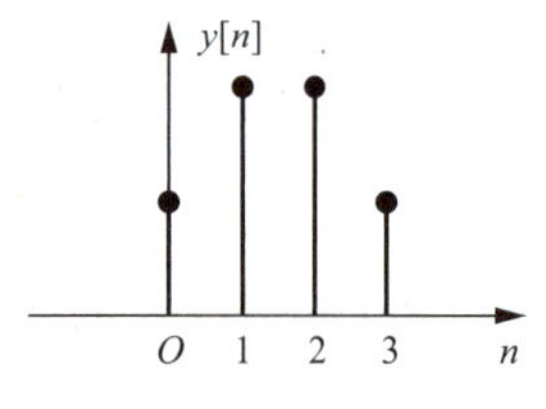

图 2-36　例 2-12 卷积结果

其余取值均为0，具体形状如图2-36所示。

图2-36与图2-13类似，呈现类似于等腰梯形的形状，换言之，例2-3中关于连续方波信号卷积的结论在离散情况下也是适用的，即不同宽度的方波信号的卷积呈现为等腰梯形，相同宽度的方波信号的卷积呈现为等腰三角形。

例2-11和例2-12仅讨论了信号为有限长的例子，如果卷积的信号中有无限长的情况，则需要对位移量n开展分类讨论。

例2-13 求信号$x[n]$与$h[n]$的卷积，$x[n]=\alpha^n u[n]$，$h[n]=u[n]$，其中，$0<\alpha<1$。

本题中两个信号都无限长，因此，需要对位移量n开展分类讨论。首先，对信号进行换元得到$h[k]$，假设反转$h[k]$得到$h[-k]$，此时，$h[n-k]$和$x[k]$的相交情况如图2-37所示。

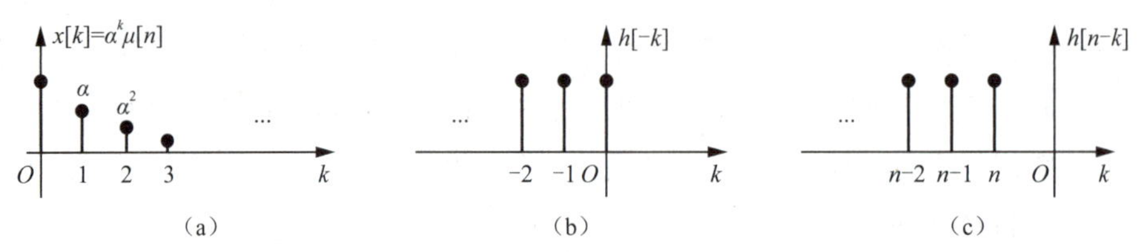

图 2-37　例 2-13 的相交情况

图2-37（b）其实是图2-37（c）的一个特例，把它画出来更多是作为锚定，即在图2-37（b）的基础上再分别考虑左移和右移的情况。本题中，如果$h[-k]$左移两者不会相交，即当$n<0$，有$y[n]=0$；

如果$h[-k]$右移，相交的区间为[0,n]，包含了图2-37（b）所示情况下的$y[0]$，换言之，当$n \geqslant 0$，有

$$y[n]=\sum_{k=0}^{n}\alpha^{k}u[k]\times u[n-k]=\sum_{k=0}^{n}\alpha^{k}=\frac{1-\alpha^{n+1}}{1-\alpha}$$

结合上述两种情况，最终的卷积结果为

$$y[n]=\frac{1-\alpha^{n+1}}{1-\alpha}u[n]$$

再考虑有限长信号和无限长信号卷积的例子。

例2-14 求以下两个信号的卷积，$x[n]=u[n]-u[n-4], h[n]=\alpha^{n}u[n]$，其中$0<\alpha<1$。

首先换元，然后反转。假设反转为$h[-k]$，此时，$x[k]$和$h[n-k]$如图2-38所示。

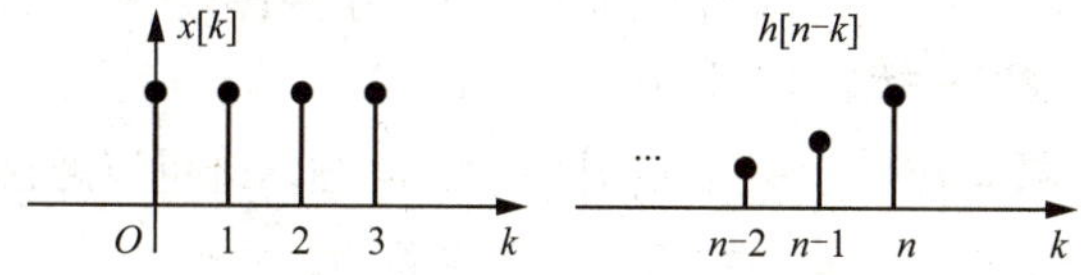

图 2-38 例 2-14 的相交情况

根据n的变化，可以分为以下3种情况讨论。

（1）当$n<0$时，两者不相交；

（2）当$0 \leqslant n \leqslant 3$时，求和的上下限分别为0和n，有

$$y[n]=\sum_{k=0}^{n}x[k]h[n-k]=\sum_{k=0}^{n}\alpha^{n-k}=\frac{\alpha^{n}-\alpha^{-1}}{1-\alpha^{-1}}$$

对应的值分别为1，$1+\alpha$，$1+\alpha+\alpha^{2}$以及$1+\alpha+\alpha^{2}+\alpha^{3}$。

（3）当$n>3$时，求和的上下限分别为0和3，有

$$y[n]=\sum_{k=0}^{3}x[k]h[n-k]=\sum_{k=0}^{3}\alpha^{n-k}=\alpha^{n}\frac{1-\alpha^{-4}}{1-\alpha^{-1}}=\alpha^{n}+\alpha^{n-1}+\alpha^{n-2}+\alpha^{n-3}$$

对应的值分别为$\alpha(1+\alpha+\alpha^{2}+\alpha^{3})$，$\alpha^{2}(1+\alpha+\alpha^{2}+\alpha^{3})$，…以此类推。

综上，$y[n]$可归纳如下：

$$y[n]=\begin{cases}0, & n<0\\ \dfrac{\alpha^{n}-\alpha^{-1}}{1-\alpha^{-1}}, & 0\leqslant n\leqslant 3\\ \alpha^{n}+\alpha^{n-1}+\alpha^{n-2}+\alpha^{n-3}, & n>3\end{cases}$$

例2-14中，$\alpha=0.5$时，卷积结果如图2-39所示。

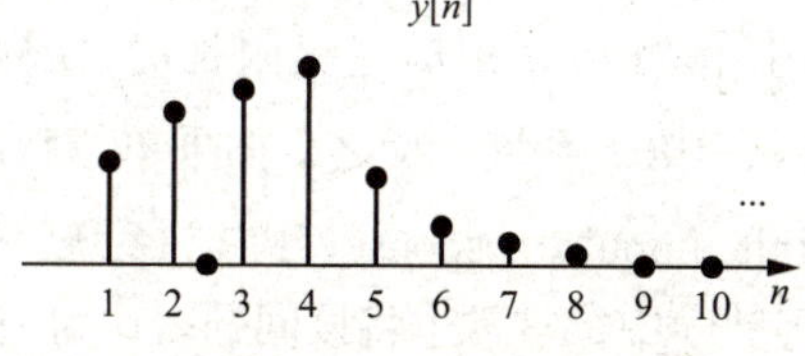

图 2-39 例 2-14 的卷积结果（α=0.5）

通过上述几个例子可知，信号越简洁，卷积计算越容易。相比而言，有限长信号的卷积更加复杂一些，因为，它们需要区分的情形更多。

2.4.2 基于卷积的离散 LTI 系统分析方法

卷积方法可以快速计算初始松弛状态下的离散LTI系统输出，即

$$y[n]=x[n]*h[n] \tag{2-59}$$

注意，上式对于非LTI系统是无效的。常见信号通过LTI系统的例子如下。

例2-15 假设每个月存一笔钱，如果第n个月存钱为$x[n]$，存款利率为α，设第n个月的结余为$y[n]$，则该系统可表述为

$$y[n]=(1+\alpha)y[n-1]+x[n]$$

假设这是一个初始松弛的系统，有$y[-1]=0$。

首先，计算单位脉冲响应$h[n]$。关于$h[n]$的计算问题，既可以通过后续章节会学习的离散时间傅里叶变换或者z变换求解，也可以采取如下的递推方法求解。

基于$h[n]$的定义，可知：$h[n]=(1+\alpha)h[n-1]+\delta[n]$；

由于该系统是因果的，且有$h[-1]=0$，可以递推得到

$$h[0]=1$$

$$h[1]=(1+\alpha)$$

$$h[2]=(1+\alpha)^2$$

$$\cdots$$

以此类推，可得

$$h[n]=(1+\alpha)^n u[n]$$

其次，计算卷积，假设每个月存的钱是一样的，即$x[n]=Au[n]$；那么，第n个月的结余则是

$$y[n]=Au[n]*(1+\alpha)^n u[n]$$

基于例2-13的结论，可知

$$y[n]=A\frac{1-(1+\alpha)^{n+1}}{1-(1+\alpha)}u[n]$$

例2-15中，单位脉冲响应$h[n]=(1+\alpha)^n u[n]$是无限长的，因此，该类系统通常称为无限脉冲响应（infinite impulse response，IIR）系统；反之，如果单位脉冲响应$h[n]$是有限长的，则该类系统被称为有限脉冲响应（finite impulse response，FIR）系统。

除了卷积计算方法，在高等数学中，常常也将该问题表达为一个特解和一个齐次解，并进而进行相应的计算。但事实上，在初始松弛状态下，基于卷积进行计算的物理含义更加明确。当

然，该类问题也可以使用后续章节将学习的离散时间傅里叶变换或者z变换求解。

2.4.3 单位脉冲信号与单位阶跃信号的卷积计算

在进行卷积计算时，单位脉冲信号以及阶跃信号有很多重要的结论和性质，这些性质有利于快速计算卷积。

（1）与时移有关的卷积计算

$$x[n-n_0]=x[n]*\delta[n-n_0] \tag{2-60}$$

推导过程如下。

$$\begin{aligned}x[n]*\delta[n-n_0]&=\sum_{k=-\infty}^{\infty}x[n-k]\delta[k-n_0]\\&=\sum_{k=-\infty}^{\infty}x[n-n_0]\delta[k-n_0]=x[n-n_0]\sum_{k=-\infty}^{\infty}\delta[k-n_0]=x[n-n_0]\end{aligned}$$

离散信号的时移可以解释为信号与移位后的单位脉冲信号 $\delta[n-n_0]$ 的卷积，如果 $n_0>0$，则系统 $h[n]=\delta[n-n_0]$ 可以称为延时器，即输出为输入的延时。

如果延时时间 $n_0=0$，则系统退化为恒等系统，有

$$x[n]*\delta[n]=x[n] \tag{2-61}$$

更进一步，有

$$x[n-n_0]*h[n]=x[n]*\delta[n-n_0]*h[n]=x[n]*h[n-n_0] \tag{2-62}$$

式（2-62）意味着，在卷积时，时移可以进行切换。更一般地，可以很容易推导如下结论：如果 $n_0+n_1=n_2+n_3$，则有

$$x[n-n_0]*h[n-n_1]=x[n-n_2]*h[n-n_3] \tag{2-63}$$

式（2-63）表明，在计算卷积时，可以通过调节时移量来简化计算。例如 $x[n-n_0]*h[n+n_0]=x[n]*h[n]$。关于单位脉冲信号在卷积与乘法的性质和区别见表2-3和表2-4。

表2-3 单位脉冲信号的卷积与乘法性质

卷积	乘法
$x[n]*\delta[n]=x[n]$	$x[n]\times\delta[n]=x[0]\delta[n]$
$x[n]*\delta[n-n_0]=x[n-n_0]$	$x[n]\times\delta[n-n_0]=x[n_0]\delta[n-n_0]$
$\delta[n-n_0]*\delta[n-n_1]=\delta[n-n_0-n_1])$	$\delta[n-n_0]\times\delta[n-n_1]=0,n_0\neq n_1$

（2）与累加、差分有关的卷积计算

累加器相关：

$$x[n]*u[n]=\sum_{k=-\infty}^{n}x[k] \tag{2-64}$$

一次差分相关：

$$x[n]*\{\delta[n]-\delta[n-1]\}=x[n]-x[n-1] \tag{2-65}$$

因为 $\delta[n]=u[n]-u[n-1]$，有

$$x[n]*u[n]-x[n]*u[n-1]=x[n] \tag{2-66}$$

表 2-4　单位脉冲信号卷积与乘法中的对比

卷积	乘法
$\sum_{k=-\infty}^{n}\{x[k]*\delta[k]\}=x[n]*u[n]$	$\sum_{k=-\infty}^{n}\{x[k]\delta[k]\}=x[0]u[n]$
$\sum_{k=-\infty}^{n}\{x[k]*\delta[k-n_0]\}=x[n]*u[n-n_0]$	$\sum_{k=-\infty}^{n}\{x[k]\delta[k-n_0]\}=x[n_0]u[n-n_0]$

此外，还有一些重要的结论有助于快速进行卷积计算。

$$u[n]*u[n]=(n+1)u[n] \tag{2-67}$$

推导过程如下。

$$u[n]*u[n]=\sum_{k=-\infty}^{\infty}u[k]u[n-1]=\sum_{k=0}^{n}1=(n+1)u[n]$$

结合时移性质，有

$$u[n]*u[n-n_0]=(n-n_0+1)u[n-n_0] \tag{2-68}$$

推导过程如下。

$$\begin{aligned}u[n]*u[n-n_0]&=u[n]*u[n]*\delta[n-n_0]\\&=(n+1)u[n]*\delta[n-n_0]\\&=(n-n_0+1)u[n-n_0]\end{aligned}$$

更进一步，有

$$u[n-n_0]*u[n-n_1]=(n-n_0-n_1+1)u[n-n_0-n_1] \tag{2-69}$$

例2-16 利用式（2-67）重新计算例2-12中两个信号 $x[n]=u[n]-u[n-3]$，$h[n]=u[n]-u[n-2]$ 的卷积。

$$\begin{aligned}y[n]&=\{u[n]-u[n-3]\}*\{u[n]-u[n-2]\}\\&=u[n]*u[n]-u[n]*u[n-2]-u[n]*u[n-3]+u[n-2]*u[n-3]\\&=(n+1)u[n]-(n-1)u[n-2]-(n-2)u[n-3]+(n-4)u[n-5]\end{aligned}$$

上述计算相比于例2-12的计算过程更为简洁，并且也很容易画出其波形。

首先，找到基于 $u[n]$，$u[n-2]$，$u[n-3]$ 以及 $u[n-5]$ 等阶跃信号表达的间断点0、2、3、5。然后，开展分段计算。

（1）当 $2>n\geqslant 0$ 时，基于 $(n+1)u[n]$，可知 $y[n]=n+1$，即 $y[0]=1$，$y[1]=2$；

（2）当 $3>n\geqslant 2$ 时，基于 $(n+1)u[n]-(n-1)u[n-2]$，可知 $y[n]=n+1-(n-1)=2$，因此，有 $y[2]=2$；

（3）当 $5>n\geqslant 3$ 时，基于 $(n+1)u[n]-(n-1)u[n-2]-(n-2)u[n-3]$，可知：$y[n]=n+1-(n-1)-(n-2)=4-n$。因此，有 $y[3]=1$，$y[4]=0$；

（4）当 $n \geqslant 5$ 时，基于 $(n+1)u[n]-(n-1)u[n-2]-(n-2)u[n-3]+(n-4)u[n-5]$，可知 $y[n]=n+1-(n-1)-(n-2)+(n-4)=0$。因此，有 $y[n]=0$。

该信号的波形如图2-36所示。

2.5 LTI 系统的框图表示

2.5.1 连续 LTI 系统的框图表示

一个连续LTI系统不仅可以使用常微分方程或者单位冲激响应$h(t)$描述，还可以使用框图来表示。框图的优点在于直观性较强，有助于加深对系统特性以及性质的理解，并有利于使用仿真软件进行系统仿真。

通常，连续时间系统的框图包含3个基本单元，分别是加法器、乘法器以及积分器。其模型与画法如图2-40所示。

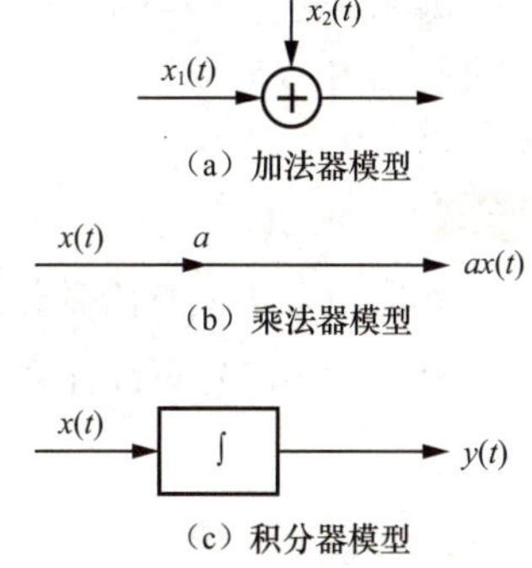

图 2-40 连续 LTI 系统框图基本单元模型

这里需要解释一下关于积分器的问题，在常微分方程中并没有出现积分符号，但是，为什么不使用微分器，反而使用积分器呢？主要原因有两点：（1）微分器实现困难，且对误差和噪声极为灵敏；（2）积分器可以很方便地用运算放大器实现。此外，积分器本质上代表了LTI系统的记忆存储单元，更加易于理解。

当然，如果一定要使用微分器描述LTI系统也是可以的，其模型如图2-41所示。

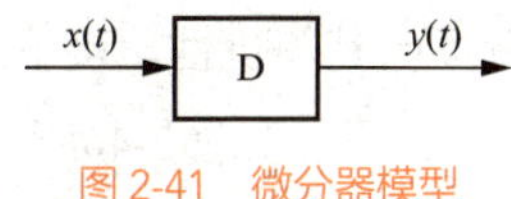

图 2-41 微分器模型

基于上述模型，可以直接画出常微分方程对应的连续LTI系统的框图。下面，通过一些例子演示该过程。

例2-17 画出LTI系统$y'(t)+2y(t)=x(t)$的框图。

首先，确定该系统为一阶系统，即仅需要一个积分器。接下来，将原来的常微分方程改写为$y'(t)=x(t)-2y(t)$。在画图过程中，首先画出加法器和积分器，如图2-42所示。

接下来，为加法器画上输入信号，包括系统输入$x(t)$以及反馈信号$-2y(t)$，即可获得完整框图，如图2-43所示。

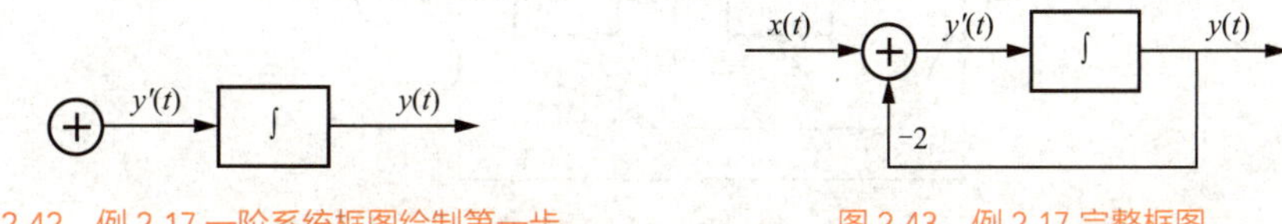

图 2-42 例 2-17 一阶系统框图绘制第一步

图 2-43 例 2-17 完整框图

需要说明的是，框图的顺序并不需要严格按照上述步骤，只要画对即可。另外，如果考虑美观因素，建议将积分器与加法器并排。

例2-18 考虑一个更高阶连续LTI系统的例子，画出LTI系统 $y''(t)+3y'(t)+2y(t)=x(t)$ 的框图。

首先，这是一个二阶系统，因此，需要使用两个积分器进行级联，如图2-44所示。

接下来，添加加法器的输入信息，获得完整的框图如图2-45所示。

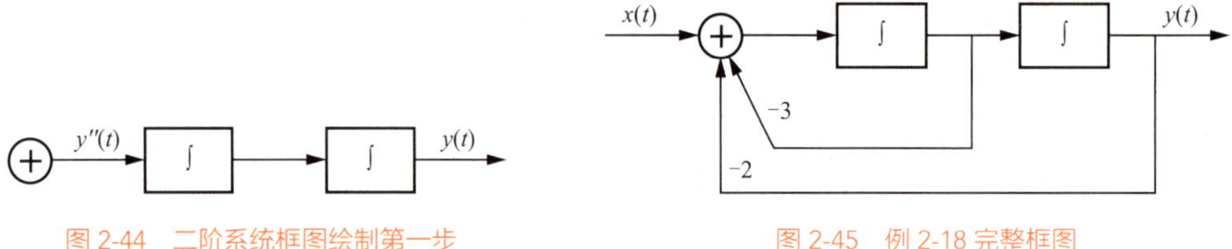

图 2-44　二阶系统框图绘制第一步

图 2-45　例 2-18 完整框图

如果常微分方程的等号右侧包含输入的高阶微分，则框图会稍微复杂一些，可以根据以下方式进行画图。

例2-19 画出LTI系统 $y''(t)+3y'(t)+2y(t)=x'(t)+5x(t)$ 的框图。

本题包含了 $x(t)$ 的微分，因此，框图中将包含两个加法器，其中一个与输入 $x(t)$ 有关，另一个则与输出信号 $y(t)$ 有关。在画图之前，先将原始的常微分方程进行变换，有

$$\begin{cases} w''(t)+3w'(t)+2w(t)=x(t) \\ y(t)=w'(t)+5w(t) \end{cases}$$

上述变换过程引入了中间变量 $w(t)$，对比可以发现，上面的式子将常微分方程等式左侧的 $y(t)$ 替换为 $w(t)$，并令其等于 $x(t)$，下面的式子将常微分方程等式右侧的 $x(t)$ 替换为 $w(t)$，并令其等于 $y(t)$。感兴趣的读者可以试着证明其等价性。接下来，开始画图。

首先，按照例2-18的方法先画第一个式子，如图2-46所示。

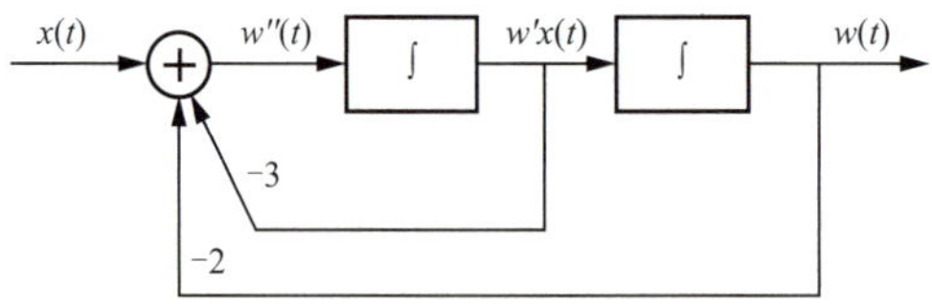

图 2-46　例 2-19 框图绘制第一步

接下来，画第二个式子，注意图2-46中已经标出了对应的 $w(t)$ 信号，因此，仅需要在最右边增加一个加法器，最后的完整框图如图2-47所示。

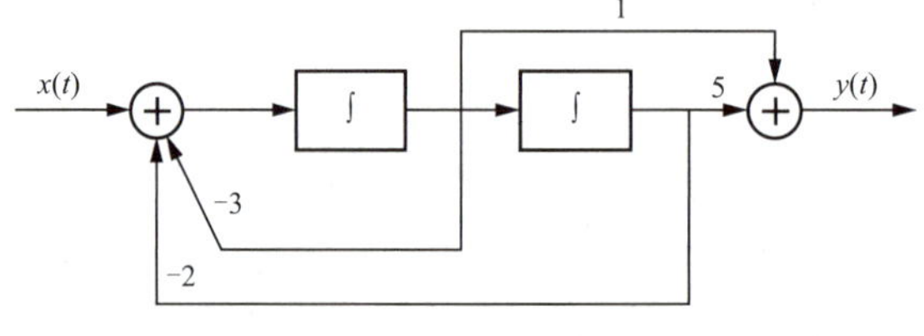

图 2-47　例 2-19 完整框图

图2-47所示框图也称为直接型框图，除此之外，对于高阶系统，也可以将其分解为多个系统的级联或者并联，从而获得级联型以及并联型框图。这两种表达方式将在后面的章节介绍。

上面展示了如何根据常微分方程画出对应的框图，同理，如果已知框图，也可以快速写出对应的常微分方程，其关键在于依托加法器联立方程，本质上是画图过程的逆过程。由于比较简单，本节不再赘述其计算过程。

2.5.2　离散 LTI 系统的框图表示

一个离散LTI系统不仅可以使用常系数差分方程或者单位脉冲响应 $h[n]$ 描述，还可以使用框图进行表示。通常，离散时间系统的框图包含了3个基本单元。分别是加法器、乘法器以及延时器。其模型与画法如图2-48所示。

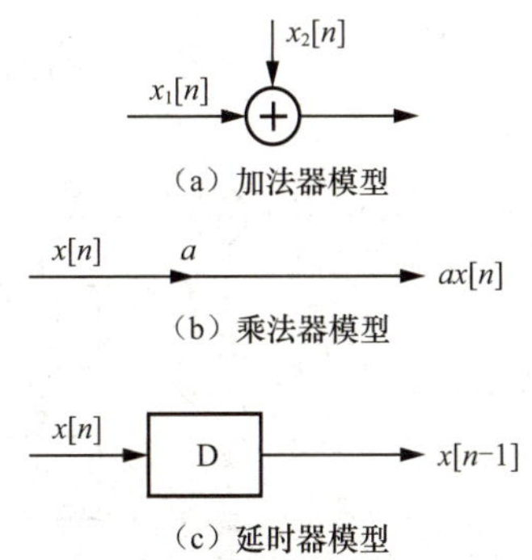

图 2-48　离散 LTI 系统框图基本单元模型

从外观上看，离散LTI系统的延时器与连续LTI系统的微分器一致，均使用符号D表示，所以，需要根据框图是否为离散LTI系统进行区分。

基于上述模型，可以直接画出常系数差分方程对应的离散LTI系统框图。

例2-20 画出离散LTI系统 $y[n]+2y[n-1]=x(t)$ 的框图。

这是一个与例2-17类似的一阶系统，因此，需要一个延时器和一个加法器，加法器的输出为 $y[n]$。

首先，需要对原始的常系数差分方程进行变形，$y[n]=-2y[n-1]+x(t)$。接下来，开始画图，第一步，先画出加法器和延时器，如图2-49所示

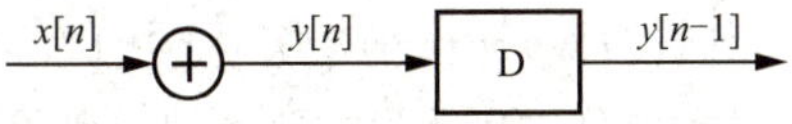

$x[n]$ ⊕ $y[n]$ D $y[n-1]$

图 2-49　例 2-20 一阶系统框图绘制第一步

图2-49和图2-42呈现的效果并不一样，具体表现在图2-49中加法器的输出为 $y[n]$，而图2-42中加法器的输出为 $y'(t)$，请注意这个区别。

第二步，则可以补全加法器的输入，即反馈信号 $-2y[n-1]$，从而获得完整框图，如图2-50所示。

尽管图2-50并没有错误，但是它不美观，所以，主流的画法是把延时器竖着画，改为如图2-51所示的形式。

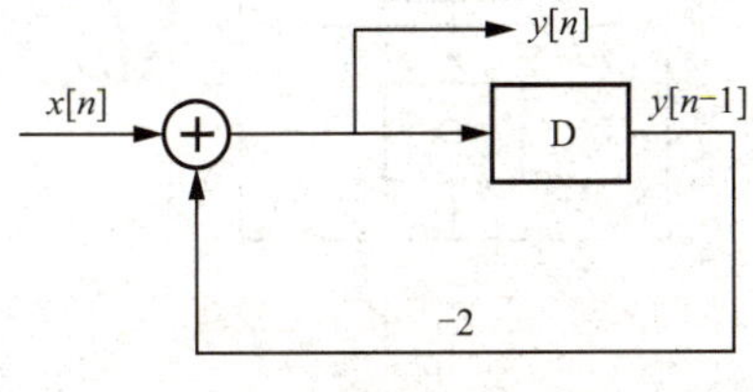

图 2-50　例 2-20 的完整框图

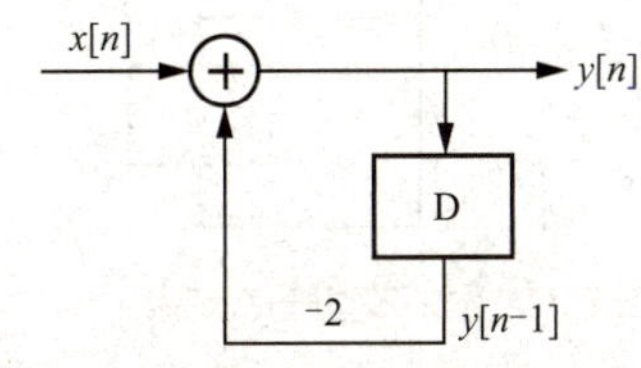

图 2-51　例 2-20 对应框图的常见画法

接下来，考虑一个更高阶的离散LTI系统的例子。

例2-21 画出离散LTI系统$y[n]+3y[n-1]+2y[n-2]=x[n]$的框图。

这是一个二阶系统，因此，需要两个延时器和一个加法器，直接使用竖式画法，第一步结果如图2-52所示。

接下来，添加反馈项$-3y[n-1]$以及$-2y[n-2]$，从而获得完整框图，如图2-53所示。

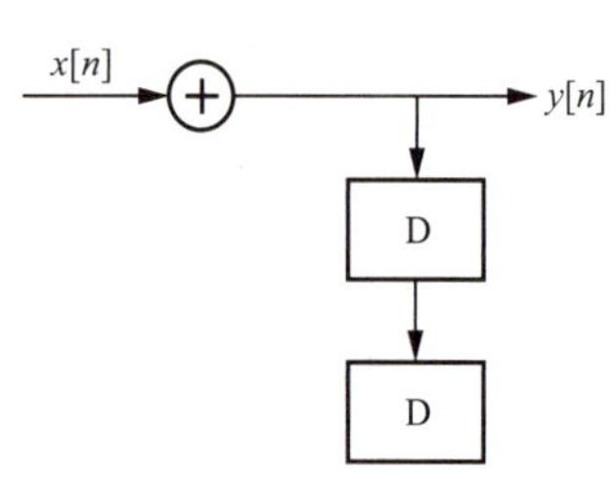

图 2-52 例 2-21 框图绘制第一步

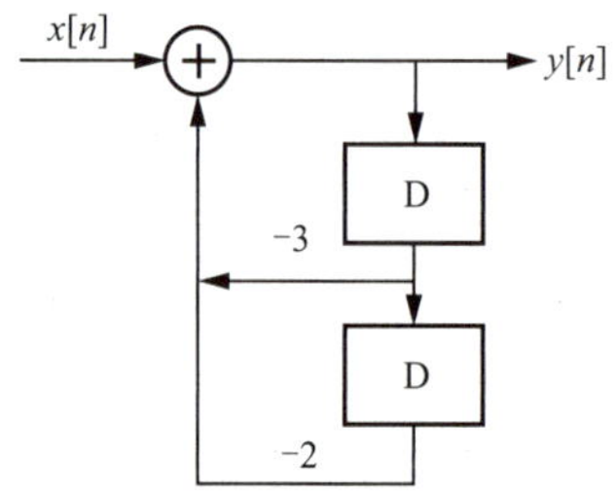

图 2-53 例 2-21 完整框图

如果常系数差分方程的输入也包含高阶情况，则框图会稍微复杂一些，但是，看起来会更加对称和美观。

例2-22 画出离散LTI系统$y[n]+3y[n-1]+2y[n-2]=x[n]-4x[n-1]+5x[n-2]$的框图。

这是一个二阶系统，因此，需要两个延时器。此外，由于方程右边存在输入信号$x[n]$的高阶形态，因此，需要引入中间变量w[n]，将该差分方程变换为如下形式。

$$\begin{cases} w[n]+3w[n-1]+2w[n-1]=x[n] \\ y[n]=w[n]-4w[n-1]+5w[n-2] \end{cases}$$

变换的方法比较简单，将常系数差分方程等号左侧的$y[n]$替换为$w[n]$，并令其等于$x[n]$，即可获得第一个方程；接下来，将常系数差分方程等号左侧的$x[n]$替换为$w[n]$，并令其等于$y[n]$，即可获得第二个方程。基于上述方程组，可以采取如下画法。

第一步，可以直接画出方程组中的第一个方程，如图2-54所示。

接下来，在右边增加一个加法器，获得完整框图如图2-55所示。

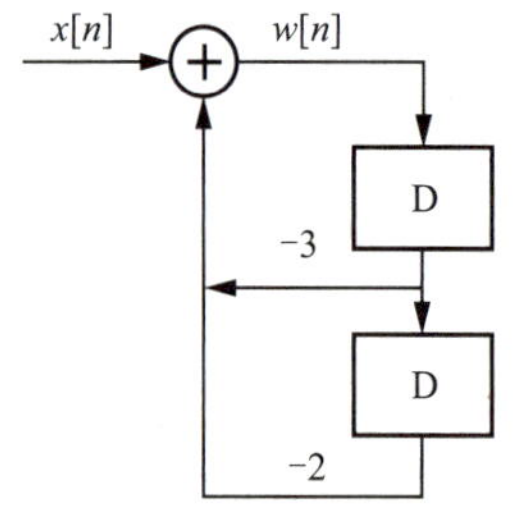

图 2-54 例 2-22 框图绘制第一步

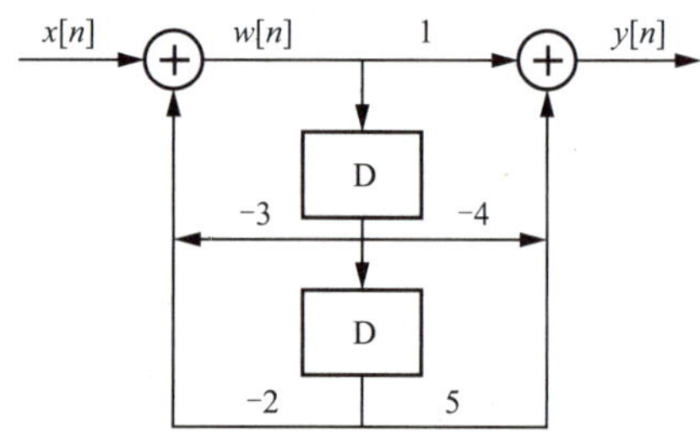

图 2-55 例 2-22 的完整框图

图2-55所示为具有较好对称性的框图，其特征在于延时器为竖式排列，结果对称，比较美

观。该结构的框图与原始的常系数差分方程具有良好的对应关系，因此，在熟练的情况下可以不遵循上述步骤，直接一步到位进行完整框图的绘制。其要点包括：（1）两个加法器对称水平排列，左边加法器的输入信号为$x[n]$，右边加法器的输出为$y[n]$；（2）延时器位于中间且竖式排列；（3）左边的反馈参数为与输出$y[n]$有关的参数反相；（4）右边的前向参数则为与输入信号$x[n]$有关的参数。

本章主要介绍了LTI系统的时域分析方法，如时域描述方式以及输出计算等。具体而言，对于连续时间系统，可以使用单位冲激响应$h(t)$来描述，并且可以通过$h(t)$分析LTI系统的可逆性、因果性以及稳定性，更重要的是LTI系统的输出为输入与$h(t)$的卷积。对于离散时间系统，单位脉冲响应也可以达到同样的效果。因此，单位冲激响应和单位脉冲响应是在时域描述一个LTI系统最重要的工具。此外，本章详细介绍了连续卷积和离散卷积和的计算方法以及相关性质，尤其是奇异信号的卷积性质。最后，本章还介绍了使用框图描述LTI系统，并给出了具体的绘制步骤，这对于理解LTI系统是很有帮助的。

习题

2-1 试利用冲激信号的抽样性质，求下列连续时间系统表达式的函数值。

（1）$\int_{-\infty}^{\infty} x(t-t_0)\delta(t)\mathrm{d}t$　　（2）$\int_{-\infty}^{\infty} x(t_0-t)\delta(t)\mathrm{d}t$

（3）$\int_{-\infty}^{\infty} \delta(t-t_0)u\left(t-\frac{t_0}{4}\right)\mathrm{d}t$　　（4）$\int_{-5}^{0} \delta(2t-1)\left(8t^{99}+3\right)\mathrm{d}t$

（5）$\int_{-\infty}^{\infty} \cos(wt+\theta)\delta(t)\mathrm{d}t$　　（6）$\int_{-\infty}^{\infty} \mathrm{e}^{-\mathrm{j}\omega t}\left[\delta(t)-\delta(t-2t_0)\right]\mathrm{d}t$

2-2 已知LTI系统的输入为$x(t)=u(t)-u(t+3)+u(t-5)-u(t-10)$，冲激响应$h(t)=u(t)$，回答下列问题。

（1）计算$y(t)=x(t)*h(t)$；（2）画出$y(t)$和$x(t)$的波形；（3）计算系统的阶跃响应$g(t)$。

2-3 以下均为连续LTI系统的单位冲激响应$h(t)$，试用所学知识判断各系统是否为因果系统和稳定系统。

（1）$h(t)=\mathrm{e}^{2t}u(t-3)$　　（2）$h(t)=\mathrm{e}^{-t}u\left(t+\frac{2}{3}\right)$

（3）$h(t)=\mathrm{e}^{-2t^2}u(1-t)$　　（4）$h(t)=\mathrm{e}^{-3|t|}$

（5）$h(t)=t\mathrm{e}^{-3|t|}$　　（6）$h(t)=\left(\mathrm{e}^{-3t}-6\mathrm{e}^{-99t}+\mathrm{e}^{\frac{t-200}{199}}\right)u(t)$

2-4 以下均为离散LTI系统的单位冲激响应$h[n]$，试用所学知识判断各系统是否为因果系统和稳定系统。

（1）$h[n]=(0.99)^n u[n+1]$　　（2）$h[n]=(0.99)^n u[-n-1]$

（3）$h[n]=(1.01)^n u[1-n]$　　（4）$h[n]=n\left(\frac{1}{2}\right)^n u[n-1]$

（5）$h[n]=\left(-\frac{7}{8}\right)^n u[n]+(0.99)^n u[n-3]+n\left(\frac{1}{2}\right)u[n-2]$

2-5 已知某连续LTI系统的响应为$y(t)=\left(t+\mathrm{e}^{-t}-1\right)u(t)$，单位冲激响应为$h(t)=tu(t)$。试利用交换律、分配律以及结合律求出输入信号$x(t)$的表达式。

2-6 如习题2-6图所示的复合系统由两个子系统级联而成，已知子系统一的单位脉冲响应为$h_1[n]=a^n u[n]$，子系统二的单位脉冲响应为$h_2[n]=b^n u[n]$，试求复合系统的单位脉冲响应$h[n]$。如果交换两个子系统的顺序，结果是否会发生变化？请解释原因。

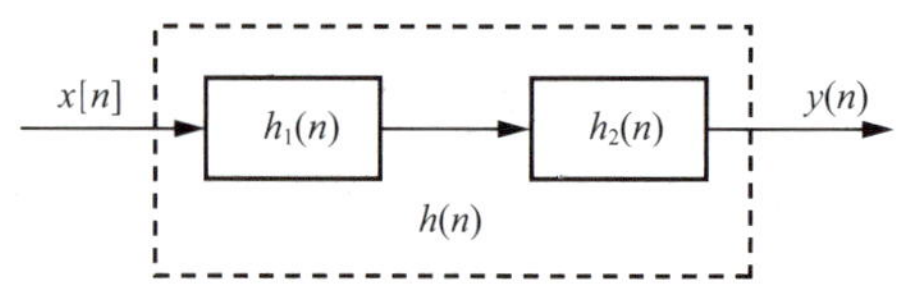

习题 2-6 图

2-7 计算下列卷积$x_1(t)*x_2(t)$。

（1）$x_1(t)=x_2(t)=u(t+1)-u(t-1)$

（2）$x_1(t)=\mathrm{e}^{-2t}u(t),x_2(t)=\mathrm{e}^{-3t}u(t)$

（3）$x_1(t)=u(t),x_2(t)=\sin(\pi t)u(t)$

（4）$x_1(t)=(1+t)\left[u(t)-u(t-2)\right],x_2(t)=\left[u(t-1)-u(t-2)\right]$

（5）$x_1(t)=\mathrm{e}^{-t}u(t)-\mathrm{e}^{2-t}u(t-2),x_2(t)=\left[u(t-1)-u(t-2)\right]$

2-8 已知各组$x_1(t)$和$x_2(t)$的波形图如习题2-8图所示，试分段写出$x(t)=x_1(t)*x_2(t)$的表达式，并画出$x(t)$的波形图。

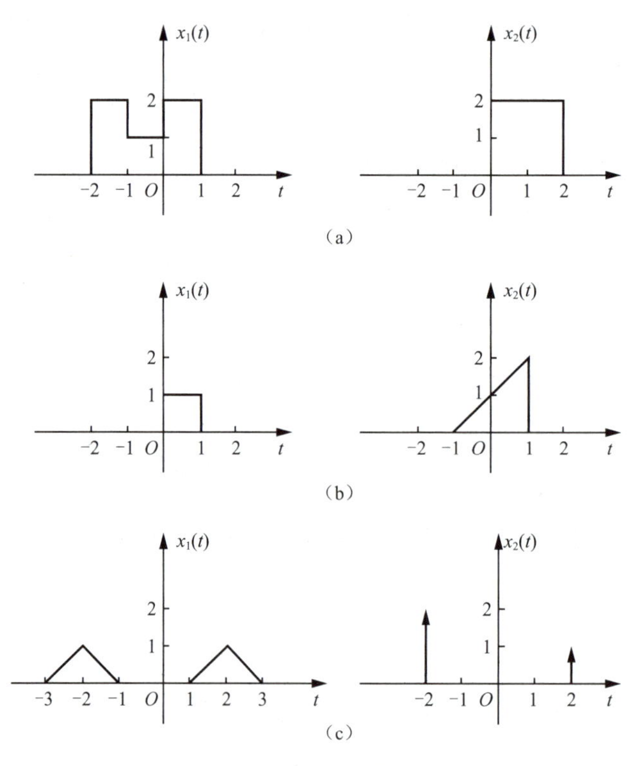

习题 2-8 图

2-9　计算卷积$y(t)=\sin(\pi t)[u(t)-u(t-1)]*[u(t-1)-u(t-2)]$。

2-10　如习题2-10图所示，某零状态线性时不变系统中，输入$x_1(t)$时，输出为$y_1(t)$。输入$x_2(t)$时，输出为$y_2(t)$，试解答以下问题。

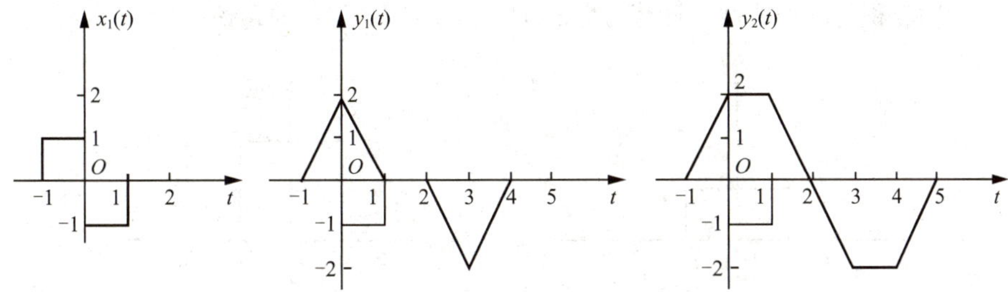

习题 2-10 图

（1）画出$x_2(t)$的波形图；

（2）求该系统的单位冲激响应$h(t)$；

（3）计算输入为$x_3(t)=\mathrm{e}^{-2t}u(t)$时的输出$y_3(t)$。

2-11　已知某离散LTI系统的输入$x[n]=\left(\frac{1}{2}\right)^{n-3}u[n-3]$，系统单位冲激响应为$h[n]=u[n+3]$，计算并画出系统输出$y[n]=x[n]*h[n]$。

2-12　已知三个离散信号分别为$x_1[n]=n[u(n)-u(n-6)]$，$x_2[n]=u[n+6]-u[n+1]$，$x_3[n]=\delta[n-2]-\delta[n+2]$，试画出下列卷积结果的波形。

（1）$y[n]=x_1[n]*x_2[n]$　　（2）$y[n]=x_2[n]*x_3[n]$

（3）$y[n]=x_1[n]*x_2[n]*x_3[n]$

2-13　各离散序列的图形如习题2-13图所示，试求下列各卷积和。

（1）$x_1[n]*x_2[n]$　　（2）$x_2[n]*x_3[n]$

（3）$x_3[n]*x_4[n]$　　（4）$\{x_2[n]-x_1[n]\}*x_3[n]$

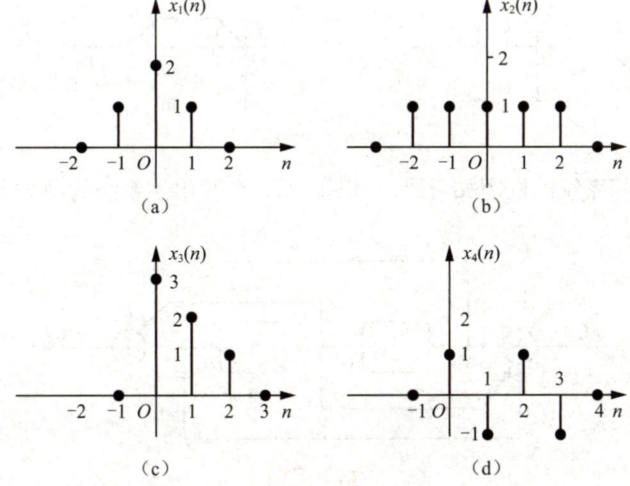

习题 2-13 图

2-14 已知某LTI系统为$y(t)=\int_{-\infty}^{t}\mathrm{e}^{-(t-\tau)}x(\tau-3)\mathrm{d}\tau$，试解答以下问题。

（1）求该系统的单位冲激响应$h(t)$；

（2）若输入为$x(t)=u(t+1)-u(t-2)$，求系统的响应。

2-15 试用卷积的微积分性质计算习题2-11图中$x_1(t)$和$x_2(t)$的卷积。

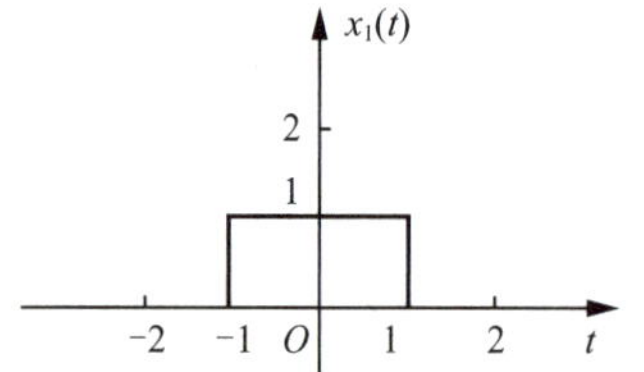

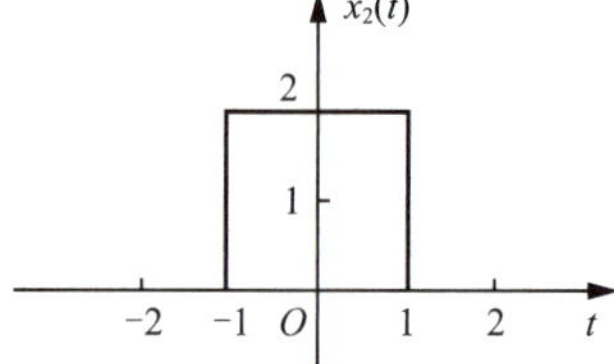

习题 2-15 图

2-16 试用卷积的微积分性质计算习题2-12图中$x_1(t)$和$x_2(t)$的卷积，其中，$x_1(t)$为周期信号。

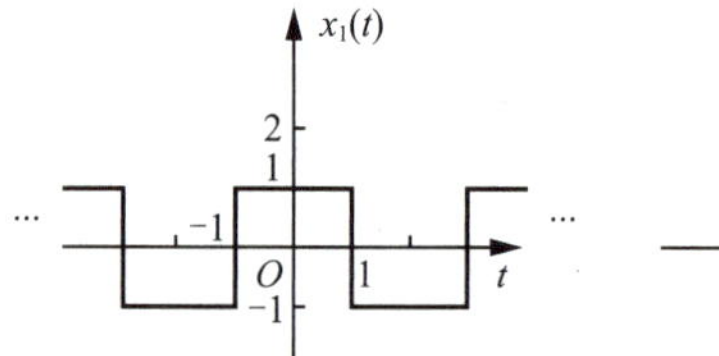

习题 2-16 图

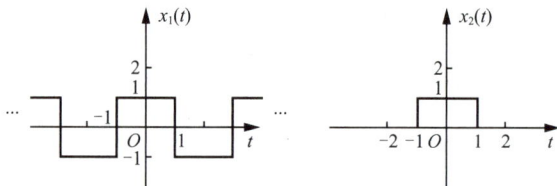

2-17 画出LTI系统$y'''(t)+2y''(t)+3y'(t)+2y(t)=x''(t)+x'(t)+5x(t)$的框图。

2-18 某LTI系统的输入信号$x(t)$和零状态响应$y_{zs}(t)$的波形如习题2-18图所示。

（1）求该系统的单冲激响应$h(t)$；

（2）试用积分器、加法器和延时器（T=1）绘制该系统框图。

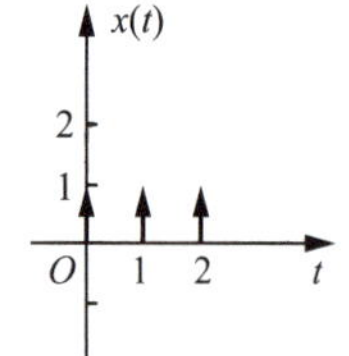

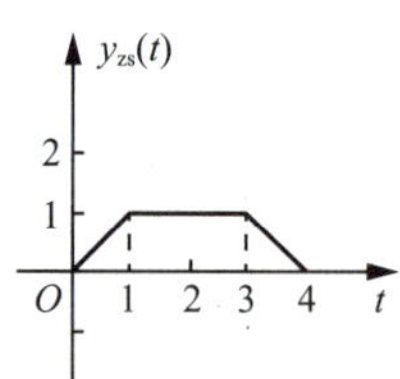

习题 2-18 图

2-19 某连续时间系统的框图如习题2-19图所示，试写出该系统的微分方程。

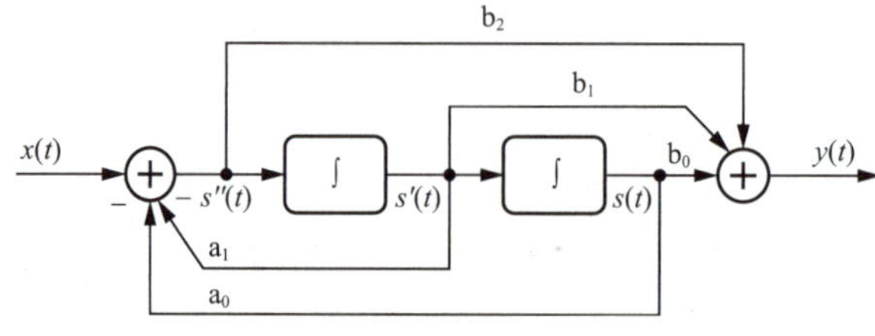

习题 2-19 图

2-20　已知某离散时间系统的输入为$x[n]$，输出为$y[n]$，试画出以下差分方程对应的系统框图。

（1）$y[n]+2y[n-1]+3y[n-2]=x[n]$

（2）$y[n]+2y[n-1]+3y[n-2]=2x[n]+3x[n-1]+x[n-2]$

2-21　将$x[n]$ L(不多于100L)的溶液A和$\{100-x[n]\}$ L的液体B倒入一容器中，该容器内已经有900升A与B的混合液体。均匀混合后，再倒出100L混合液。如此重复上述过程，在第n个循环结束时，设A在混合液中所占百分比为$y[n]$，试写出关于$y[n]$的差分方程。

2-22　一个篮球从离地面20m高处自由下落，设球落地后反弹的高度总是其下落高度的$\frac{1}{2}$，令$y[n]$表示其第n次反弹所达的高度，列出其差分方程并求解$y[n]$。

2-23　在习题2-23图所示的系统中，当输入分别为$x_1(t)=\varepsilon(t)$和$x_2(t)=\delta(t)$时，写出系统的零状态响应。

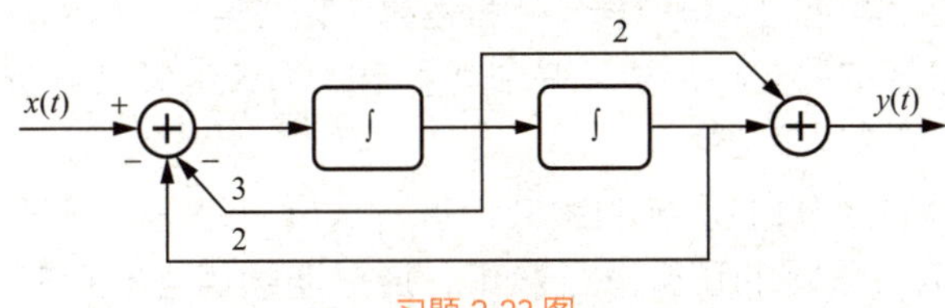

习题 2-23 图

2-24　如习题2-24图所示的系统中，已知$h_1(t)=\delta(t-1)$，$h_2(t)=-2\delta(t-1)$，总系统的零状态响应为$y_{zs}=t[u(t)-u(t-1)]+(2-t)[u(t-1)-u(t-2)]$，输入信号为$x(t)=\sin(t)u(t)$，求$h_3(t)$。

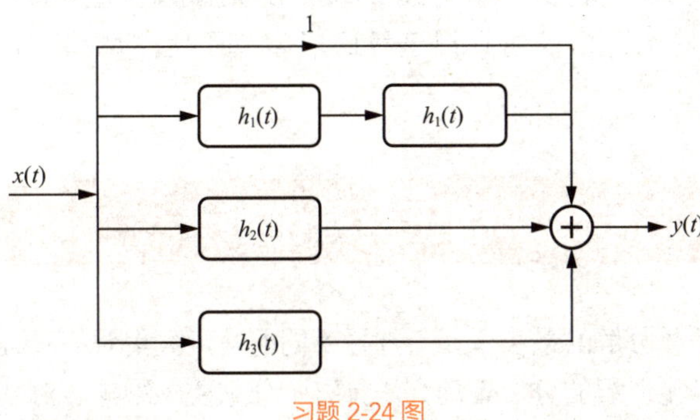

习题 2-24 图

2-25　设一个离散LTI系统的输入$x[n]$，与输出$y[n]$之间的关系为$y[n]-\frac{1}{2}y[n-1]=x[n]$。其中，$y[-1]=0$，试求$x[n]=\left(\frac{1}{2}\right)^n u[n]$时的系统输出$y[n]$。

第3章

连续LTI系统的频域分析

第2章中介绍的时域分析方法是一种通用的分析方法，具有最广泛的适用范围。但是在时域分析方法中，由于基本信号单元在经过不同线性时不变（LTI）系统处理后所产生的输出响应不具有统一的表达形式，任意信号经过线性时不变系统处理后所产生输出响应的求解过程（卷积运算）相对复杂。针对这一问题，本章将介绍关于信号分解的另一种形式，并由此引出LTI系统的频域分析方法，从而简化对LTI系统输出响应的求解过程。

本章主要针对连续LTI系统的频域分析方法展开讨论，首先从矢量叠加理论出发构建连续信号分解的正交基函数集，通过连续信号的正交分解方法引出连续周期信号的傅里叶级数表示，并由此阐述连续信号频谱的物理意义以及连续傅里叶级数的重要性质。然后根据非周期的有限能量信号可视为周期信号关于周期长度的极限逼近假设，对连续周期信号的傅里叶级数表示方法进行改进，形成同时适用于大部分周期信号和非周期信号分析的连续傅里叶变换表示方法，并阐述其性质。最后介绍连续LTI系统的频率响应函数，结合连续信号的分解公式推导任意连续信号经过连续LTI系统处理后产生输出响应的频域分析方法。

3.1 连续信号分解的正交基函数集

基函数是信号分解的最小单元。选择不同的基函数集对信号分解的具体表达形式、适用范围乃至后续的分析处理方法具有十分重要的影响。对基函数集的选择主要基于以下两点考虑：首先，基函数集的结构应该尽量简洁且具有较好的适用性，即选择尽量少种类的基函数构建集合并通过基函数间的线性叠加无失真地表示尽量多的信号；其次，基函数通过LTI系统处理后产生的输出响应应该尽量简单，以方便进一步合成任意信号经过LTI系统处理后所产生的输出响应。

3.1.1　矢量的正交分解

假设任意二维矢量$\boldsymbol{V}_1$，当使用一个已知的二维矢量$\boldsymbol{V}_2$来对其进行近似表示，则矢量$\boldsymbol{V}_1$可表示为

$$\boldsymbol{V}_1 = C_2\boldsymbol{V}_2 + \boldsymbol{V}_{\mathrm{e}} \tag{3-1}$$

其中标量C_2为加权系数，$\boldsymbol{V}_{\mathrm{e}}$为近似表示过程中产生的误差矢量。通过设置不同的加权系数，使用矢量$\boldsymbol{V}_2$对$\boldsymbol{V}_1$进行近似表示的结果是多样的，且误差矢量随加权系数的不同而发生改变。对比图3-1（a）-（c）可以看到，当误差矢量$\boldsymbol{V}_{\mathrm{e}}$的方向垂直于矢量$\boldsymbol{V}_2$的方向时，误差矢量的模达到最小值。此时矢量$C_2\boldsymbol{V}_2$被称为矢量$\boldsymbol{V}_1$在$\boldsymbol{V}_2$方向上的投影分量，同时也是对矢量$\boldsymbol{V}_1$的最优近似表示结果。矢量$\boldsymbol{V}_1$和$\boldsymbol{V}_2$之间的关系可表示为

$$C_2\left\|\boldsymbol{V}_2\right\|_2 = \left\|\boldsymbol{V}_1\right\|_2\cos\theta \tag{3-2}$$

其中$\|\cdot\|_2$为矢量的L2范数算子，也代表矢量的模。

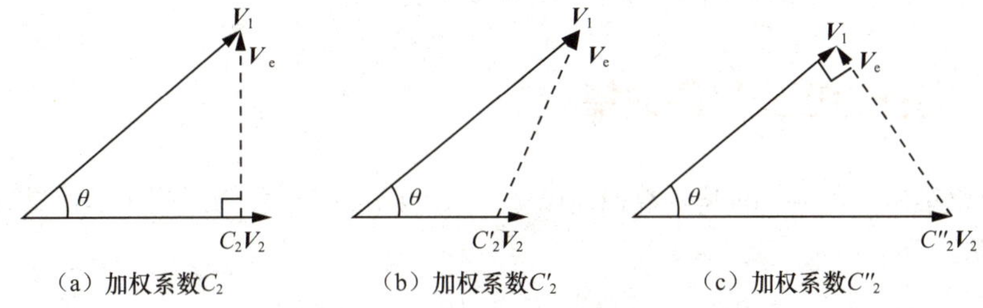

（a）加权系数C_2　（b）加权系数C'_2　（c）加权系数C''_2

图 3-1　矢量的分解表示

从式（3-2）中可以推导得到最优加权系数为

$$C_2 = \frac{\left\|\boldsymbol{V}_1\right\|_2\cos\theta}{\left\|\boldsymbol{V}_2\right\|_2} = \frac{\boldsymbol{V}_1\cdot\boldsymbol{V}_2}{\boldsymbol{V}_2\cdot\boldsymbol{V}_2} \tag{3-3}$$

当矢量$\boldsymbol{V}_1$在$\boldsymbol{V}_2$方向上投影分量的模等于0，即对应的最优加权系数（矢量$\boldsymbol{V}_1$和$\boldsymbol{V}_2$的点乘）等于零时，矢量$\boldsymbol{V}_1$和$\boldsymbol{V}_2$正交。同理，该结论亦可推广至更高维的矢量信号分析中。

信号的正交分解

3.1.2　连续信号的正交分解

连续信号的分解过程与3.1.1小节中的矢量分解过程类似。假设$x_1(t)$和$x_2(t)$均为持续时间从t_1到t_2的复数连续信号。用$x_2(t)$来近似表示$x_1(t)$，则$x_1(t)$可表示为

$$x_1(t) = c_2x_2(t) + x_{\mathrm{e}}(t) \tag{3-4}$$

其中c_2为加权系数，$x_{\mathrm{e}}(t)$为误差信号。误差信号的能量E_{e}可表示为

$$\begin{aligned} E_{\mathrm{e}} &= \int_{t_1}^{t_2}\left|x_{\mathrm{e}}(t)\right|^2\mathrm{d}t = \int_{t_1}^{t_2}x_{\mathrm{e}}(t)x_{\mathrm{e}}^*(t)\mathrm{d}t \\ &= \int_{t_1}^{t_2}[x_1(t)-c_2x_2(t)][x_1^*(t)-c_2^*x_2^*(t)]\mathrm{d}t \\ &= \int_{t_1}^{t_2}[x_1(t)x_1^*(t)-c_2^*x_1(t)x_2^*(t)\text{-}c_2x_1^*(t)x_2(t)+c_2c_2^*x_2(t)x_2^*(t)]\mathrm{d}t \end{aligned} \tag{3-5}$$

为了实现对连续信号$x_1(t)$的最优近似表示，通过调整加权系数c_2使得误差信号$x_{\mathrm{e}}(t)$的能量E_{e}达到最

小值。此时，通过对式（3-5）的求导得到最优加权系数c_2的推导过程如下。

$$\because \frac{\mathrm{d}E_\mathrm{e}}{\mathrm{d}c_2}=\int_{t_1}^{t_2}[-\mathrm{j}x_1(t)x_2^*(t)-x_1^*(t)x_2(t)+c_2^*x_2(t)x_2^*(t)+\mathrm{j}c_2x_2(t)x_2^*(t)]\mathrm{d}t=0 \tag{3-6}$$

$$\begin{aligned}&\therefore [c_2^*+\mathrm{j}c_2]\int_{t_1}^{t_2}x_2(t)x_2^*(t)\mathrm{d}t=\int_{t_1}^{t_2}[x_1^*(t)x_2(t)+\mathrm{j}x_1(t)x_2^*(t)]\mathrm{d}t\\&\Rightarrow c_2=\int_{t_1}^{t_2}x_1(t)x_2^*(t)\mathrm{d}t\Big/\int_{t_1}^{t_2}x_2(t)x_2^*(t)\mathrm{d}t\end{aligned} \tag{3-7}$$

其中使用了复数求导公式$\mathrm{d}c_2/\mathrm{d}c_2=1$、$\mathrm{d}c_2^*/\mathrm{d}c_2=\mathrm{j}$。如果$x_1(t)$和$x_2(t)$是实数信号，则式（3-7）可化简为

$$c_2=\int_{t_1}^{t_2}x_1(t)x_2(t)\mathrm{d}t\Big/\int_{t_1}^{t_2}x_2^2(t)\mathrm{d}t \tag{3-8}$$

此时，$c_2x_2(t)$是连续信号$x_1(t)$在$x_2(t)$方向上的投影分量，同时也是对连续信号$x_1(t)$的最优近似表示结果。当加权系数c_2等于零时，信号$x_1(t)$和$x_2(t)$相互正交。

3.1.3 完备的正交基函数集

假设某函数集由N个不同的基函数$x_1(t), x_2(t), \cdots, x_N(t)$构成，且任意两个基函数相互正交，那么根据式（3-7）有：

$$\int_{t_1}^{t_2}x_i(t)x_k^*(t)\mathrm{d}t=\begin{cases}0, & i\neq k\\ E_i, & i=k\end{cases} \tag{3-9}$$

其中E_i表示基函数$x_i(t)$的能量。满足式（3-9）的函数集被称为正交基函数集。如果正交基函数集内所有基函数的能量均等于1，即$E_1=E_2=\cdots=E_N=1$，那么这个正交基函数集又被称为归一化的正交基函数集。

用该正交基函数集来近似表示某连续信号$x(t)$，则$x(t)$可表示为：

$$x(t)=c_1x_1(t)+c_2x_2(t)+\cdots+c_Nx_N(t)+x_\mathrm{e}(t)=\sum_{i=1}^{N}c_ix_i(t)+x_\mathrm{e}(t) \tag{3-10}$$

其中$x_\mathrm{e}(t)$为误差信号，c_i为第i个基函数的加权系数。信号分解的最优加权系数推导与3.1.2小节的分析一致，即加权系数c_i可表示为：

$$c_i=\int_{t_1}^{t_2}x(t)x_i^*(t)\mathrm{d}t\Big/\int_{t_1}^{t_2}x_i(t)x_i^*(t)\mathrm{d}t=\int_{t_1}^{t_2}x(t)x_i^*(t)\mathrm{d}t\,/\,E_i \tag{3-11}$$

值得注意的是，式（3-11）中对最优加权系数的求解方法只适用于正交基函数集。这是因为只有在正交基函数集中，信号在每个基函数方向上的投影大小才是固定的。此时每个基函数对应的加权系数相互独立，且不会受到计算顺序的影响。但对于非正交基函数集，由于信号在每个基函数方向上的投影大小是不固定的，因此，每个基函数对应的加权系数相互关联，且会受到计算顺序的影响。

如果任意信号均可使用某正交基函数集来近似表示，且误差信号的能量恒等于零（或恒趋近于零），那么这个正交基函数集被称为完备的正交基函数集。根据线性代数的矢量叠加理论可知，一个任意的N维矢量可以由N个相互正交矢量的线性叠加产生。而连续信号在任意时刻的幅值在复平面内均可视为一个二维矢量。由此可知，连续信号的总维度是无限的，为了实现对连续

信号的无失真表示，组成完备正交基函数集的基函数个数也应该是无限的。因此式（3-10）可表示为

$$x(t)=\lim_{N\to\infty}\sum_{i=1}^{N}c_i x_i(t)=\sum_{i=1}^{\infty}c_i x_i(t) \tag{3-12}$$

或者表示为

$$E_{\mathrm{e}}=\int_{t_1}^{t_2}|x_{\mathrm{e}}(t)|^2\,\mathrm{d}t=\int_{t_1}^{t_2}|x(t)-\lim_{N\to\infty}\sum_{i=1}^{N}c_i x_i(t)|^2\,\mathrm{d}t=0 \tag{3-13}$$

根据式（3-12），信号$x(t)$的能量E可表示为

$$\begin{aligned}E&=\int_{t_1}^{t_2}|x(t)|^2\,\mathrm{d}t=\int_{t_1}^{t_2}\left[\sum_{i=1}^{\infty}c_i x_i(t)\right]\left[\sum_{i=1}^{\infty}c_i^* x_i^*(t)\right]\mathrm{d}t\\&=\sum_{i=1}^{\infty}\sum_{k=1}^{\infty}c_i c_k^*\int_{t_1}^{t_2}[x_i(t)x_k^*(t)]\mathrm{d}t\end{aligned} \tag{3-14}$$

将式（3-9）代入式（3-14）中，可以得到

$$E=\int_{t_1}^{t_2}|x(t)|^2\,\mathrm{d}t=\sum_{i=1}^{\infty}|c_i|^2E_i \tag{3-15}$$

如果这个完备的正交基函数集满足归一化条件，即E_i=1，则可以得到关于式（3-15）的简化表示为

$$E=\int_{t_1}^{t_2}|x(t)|^2\,\mathrm{d}t=\sum_{i=1}^{\infty}|c_i|^2 \tag{3-16}$$

式（3-16）被称为帕斯瓦尔定理，它表明了一个信号通过完备的正交基函数集进行分解，各分量信号的能量和等于信号的总能量。

从式（3-9）可以看到，完备正交基函数集的构建与时间范围（时间起点t_1和终点t_2）的选择相关。因此，在不同的时间范围内，存在许多不同种类的完备正交基函数集，比如持续时间为（−∞，∞）的三角函数集、复指数函数集、小波（Wavelet）函数集等，持续时间为（0，∞）的贝塞尔（Bessel）函数集、拉盖尔（Laguerre）函数集等，持续时间为（0，1）的沃尔什（Walsh）函数集，持续时间为（−1，1）的雅各比（Jacobi）多项式集、勒让德尔（Legendre）多项式集等。基于不同的完备正交基函数集可以衍生出不同种类的信号分析方法。下面主要介绍基于三角函数集和复指数函数集的傅里叶分析方法。

3.2 连续周期信号的傅里叶级数分析

与第2章介绍的时域分析方法不同，傅里叶分析方法对适用信号具有特定的限制性条件。连续傅里叶级数分析方法要求信号必须是满足狄利克雷条件的连续周期信号。其中，狄利克雷条件具体包括以下三点要求。

（1）在任意周期时长的范围内，连续周期信号$\tilde{x}(t)$绝对可积，即

$$\int_{t_0}^{t_0+T}|\tilde{x}(t)|\,\mathrm{d}t<\infty \tag{3-17}$$

其中t_0为任意常数，T为信号的周期。

（2）在任意周期时长的范围内，连续周期信号 $\tilde{x}(t)$ 具有有限个极值点（局部最大值或局部最小值），即不会出现无限振荡的情况。

（3）在任意周期时长的范围内，连续周期信号 $\tilde{x}(t)$ 具有有限个间断点，且间断点左右两侧的幅值均是有限的。

虽然狄利克雷条件对连续傅里叶级数分析方法的适用范围进行了限制，但是由于大部分有限幅值的周期信号都是满足上述条件的，因此连续傅里叶级数分析方法在连续周期信号的分析和处理领域依然具有十分广泛的适用性。

3.2.1　连续傅里叶级数的定义

根据连续傅里叶级数的定义：任何满足狄利克雷条件的周期信号都可以表示为呈谐波关系虚指数分量的线性叠加形式。因此，在信号周期时长的任意范围内构建虚指数基函数集{ $\mathrm{e}^{\mathrm{j}k\omega_0 t}$, k=0, ±1, ±2, …}。根据式（3-7），可以证明该虚指数基函数集服从正交关系，即

$$\begin{aligned}&\int_{t_0}^{t_0+T}\mathrm{e}^{\mathrm{j}k\omega_0 t}\mathrm{e}^{-\mathrm{j}n\omega_0 t}\mathrm{d}t\\&=\int_{t_0}^{t_0+T}\cos\left[(k-n)\omega_0 t\right]\mathrm{d}t+\mathrm{j}\int_{t_0}^{t_0+T}\sin\left[(k-n)\omega_0 t\right]\mathrm{d}t=\begin{cases}0, k\neq n\\T, k=n\end{cases}\end{aligned} \tag{3-18}$$

其中T为信号的周期，ω_0为信号的基波角频率。通过虚指数基函数集对连续周期信号 $\tilde{x}(t)$ 进行分解，则信号 $\tilde{x}(t)$ 可表示为

$$\tilde{x}(t)=\sum_{k=-\infty}^{\infty}a_k\cdot\mathrm{e}^{\mathrm{j}k\omega_0 t}=\sum_{k=-\infty}^{\infty}a_k\cdot\mathrm{e}^{\mathrm{j}k\frac{2\pi}{T}t} \tag{3-19}$$

其中a_k被称为信号的傅里叶级数系数或频谱系数，直观展示了每一个基函数（虚指数）分量在信号 $\tilde{x}(t)$ 中所占的权重大小。$a_k\cdot\mathrm{e}^{\mathrm{j}k\omega_0 t}$ 被称为信号的k阶谐波分量。

将式（3-18）代入式（3-19）中，可以得到信号频谱系数的计算公式为

$$\begin{aligned}\int_{t_0}^{t_0+T}\tilde{x}(t)\cdot\mathrm{e}^{-\mathrm{j}n\omega_0 t}\mathrm{d}t&=\int_{t_0}^{t_0+T}\left(\sum_{k=-\infty}^{\infty}a_k\cdot\mathrm{e}^{\mathrm{j}k\omega_0 t}\right)\cdot\mathrm{e}^{-\mathrm{j}n\omega_0 t}\mathrm{d}t\\&=\sum_{k=-\infty}^{\infty}a_k\cdot\int_{t_0}^{t_0+T}\mathrm{e}^{\mathrm{j}(k-n)\omega_0 t}\mathrm{d}t=a_n T\end{aligned} \tag{3-20}$$

$$a_n=\frac{1}{T}\int_{t_0}^{t_0+T}\tilde{x}(t)\cdot\mathrm{e}^{-\mathrm{j}n\omega_0 t}\mathrm{d}t \tag{3-21}$$

当n=0时，频谱系数a_0可表示为

$$a_0=\frac{1}{T}\int_{t_0}^{t_0+T}\tilde{x}(t)\mathrm{d}t \tag{3-22}$$

从式（3-22）可以看到频谱系数a_0等于信号的平均值，因此a_0又被称为信号的直流分量。式（3-19）和式（3-21）被合称为指数函数形式的连续傅里叶级数公式，其中式（3-21）被称为连续傅里叶级数的正变换，而式（3-19）被称为连续傅里叶级数的逆变换。

将下述欧拉公式

$$\mathrm{e}^{\mathrm{j}k\omega_0 t}=\cos(k\omega_0 t)+\mathrm{j}\sin(k\omega_0 t) \tag{3-23}$$

代入式（3-19）中，可以得到关于连续信号 $\tilde{x}(t)$ 的另一种分解形式，即

$$\tilde{x}(t)=a_0+\sum_{k=1}^{\infty}\left[b_k\cos(k\omega_0 t)+c_k\sin(k\omega_0 t)\right] \tag{3-24}$$

其中，系数b_k和c_k可分别表示为

$$\begin{aligned} b_k&=\frac{2}{T}\int_{t_0}^{t_0+T}\tilde{x}(t)\cos(k\omega_0 t)\mathrm{d}t \\ c_k&=\frac{2}{T}\int_{t_0}^{t_0+T}\tilde{x}(t)\sin(k\omega_0 t)\mathrm{d}t \end{aligned} \tag{3-25}$$

将式（3-24）中相同频率的正弦和余弦分量进行叠加，可将其进一步化简为

$$\tilde{x}(t)=a_0+\sum_{k=1}^{\infty}d_k\cos(k\omega_0 t+\phi_k)$$

或者

$$\tilde{x}(t)=a_0+\sum_{k=1}^{\infty}f_k\sin(k\omega_0 t+\theta_k) \tag{3-26}$$

其中

$$\begin{aligned} d_k&=f_k=\sqrt{b_k^2+c_k^2} \\ \phi_k&=\arctan\left(\frac{b_k}{c_k}\right)=\arctan\left[\frac{\int_{t_0}^{t_0+T}\tilde{x}(t)\cos(k\omega_0 t)\mathrm{d}t}{\int_{t_0}^{t_0+T}\tilde{x}(t)\sin(k\omega_0 t)\mathrm{d}t}\right] \\ \theta_k&=\arctan\left(-\frac{c_k}{b_k}\right)=\arctan\left[-\frac{\int_{t_0}^{t_0+T}\tilde{x}(t)\sin(k\omega_0 t)\mathrm{d}t}{\int_{t_0}^{t_0+T}\tilde{x}(t)\cos(k\omega_0 t)\mathrm{d}t}\right] \end{aligned} \tag{3-27}$$

式（3-26）和式（3-27），或者式（3-24）和式（3-25）被合称为三角函数形式的连续傅里叶级数公式。

从以上分析可知，无论是指数函数形式还是三角函数形式的连续傅里叶级数公式，其对信号进行谐波分解的本质是完全一致的，两者之间仅仅存在表现形式的不同。因此，本章接下来的内容将主要围绕指数函数形式的连续傅里叶级数公式对连续信号的分析过程展开进一步讨论。

3.2.2　典型连续周期信号的傅里叶级数分析

根据3.2.1小节的分析可以总结得到关于连续周期信号频谱的两大特征，即离散性和谐波性。下面以几个典型的连续周期信号为例，进一步阐述连续傅里叶级数的分析方法。

例3-1 连续信号 $\tilde{x}(t)$ 是周期为T、脉冲宽度为$2T_1$的周期方波信号，信号波形如图3-2所示，求该连续周期信号 $\tilde{x}(t)$ 的频谱系数。

解：根据图3-2可以得到连续周期信号 $\tilde{x}(t)$ 的解析表达式为

$$\tilde{x}(t)=\begin{cases}1, & nT-T_1<t<nT+T_1 \\ 0, & \text{其他}\end{cases}\quad n=0,\pm1,\cdots \tag{3-28}$$

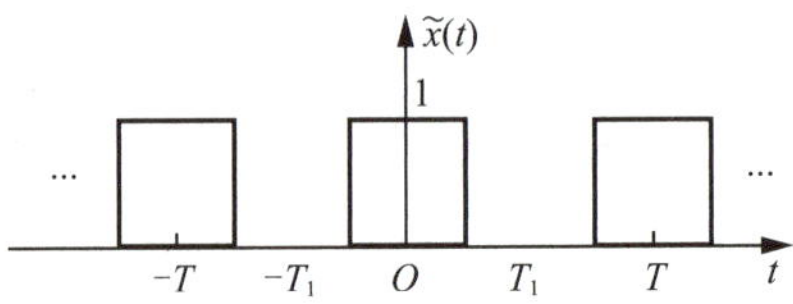

图 3-2　连续周期方波信号 $\tilde{x}(t)$ 的时域波形

信号的基波频率ω_0可表示为

$$\omega_0=2\pi/T \tag{3-29}$$

将式（3-28）和式（3-29）代入连续傅里叶级数的定义式（3-21）中，可以得到信号的频谱系数为

$$\begin{aligned} a_k &= \frac{1}{T}\int_T \tilde{x}(t)\cdot \mathrm{e}^{-\mathrm{j}k\omega_0 t}\mathrm{d}t = \frac{1}{T}\int_{-T_1}^{T_1} \mathrm{e}^{-\mathrm{j}k\omega_0 t}\mathrm{d}t = \frac{1}{\mathrm{j}k\omega_0 T}\mathrm{e}^{-\mathrm{j}k\omega_0 t}\Big|_{-T_1}^{T_1} \\ &= \frac{2}{k\omega_0 T}\left[\frac{\mathrm{e}^{\mathrm{j}k\omega_0 T_1}-\mathrm{e}^{-\mathrm{j}k\omega_0 T_1}}{2\mathrm{j}}\right] = \frac{2\sin(k\omega_0 T_1)}{k\omega_0 T} \\ &= \frac{\sin(k\omega_0 T_1)}{k\pi} = \frac{2T_1}{T}\mathrm{Sa}(k\omega_0 T_1),\quad k\neq 0 \end{aligned} \tag{3-30}$$

其中，$\mathrm{Sa}(x)=\sin x/x$；因为在式（3-30）的分母表达式中存在系数k，因此有必要对$k=0$的情况单独进行讨论。由式（3-22）可知，当$k=0$时，信号的直流分量a_0可表示为

$$a_0 = \frac{1}{T}\int_{-T_1}^{T_1} 1\,\mathrm{d}t = \frac{2T_1}{T} \tag{3-31}$$

假设上述连续的周期方波串信号 $\tilde{x}(t)$ 中，参数T和T_1满足关系：$T=8T_1$，那么根据式（3-30）和式（3-31）计算的信号频谱系数波形如图3-3所示。

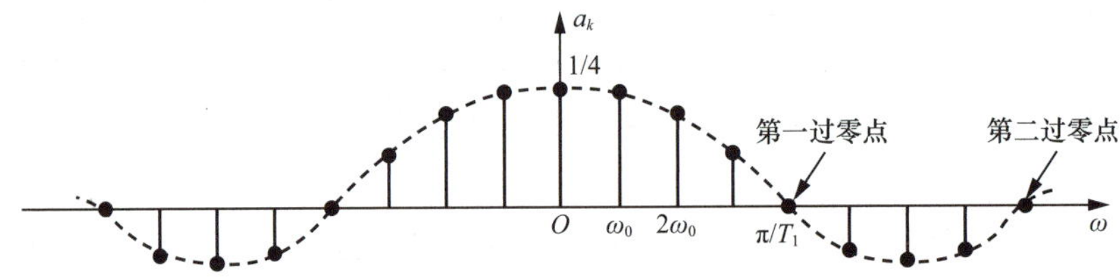

图 3-3　连续周期方波串信号 $\tilde{x}(t)$ 的频谱系数波形

将信号频谱系数波形中第一过零点对应的频率大小称为信号的频带宽度，简称带宽。因此连续周期方波信号的带宽B可表示为

$$\begin{aligned} &\mathrm{Sa}(k'\omega_0 T_1)=0 \\ &B = k'\omega_0 = \frac{\pi}{T_1} \end{aligned} \tag{3-32}$$

其中，k'为第一过零点对应的谐波阶数。

如果保持连续周期方波信号的周期T不变但持续逐步减小参数T_1，则根据式（3-32）可以推导出信号的带宽将逐步增大，具体变化趋势如图3-4所示。

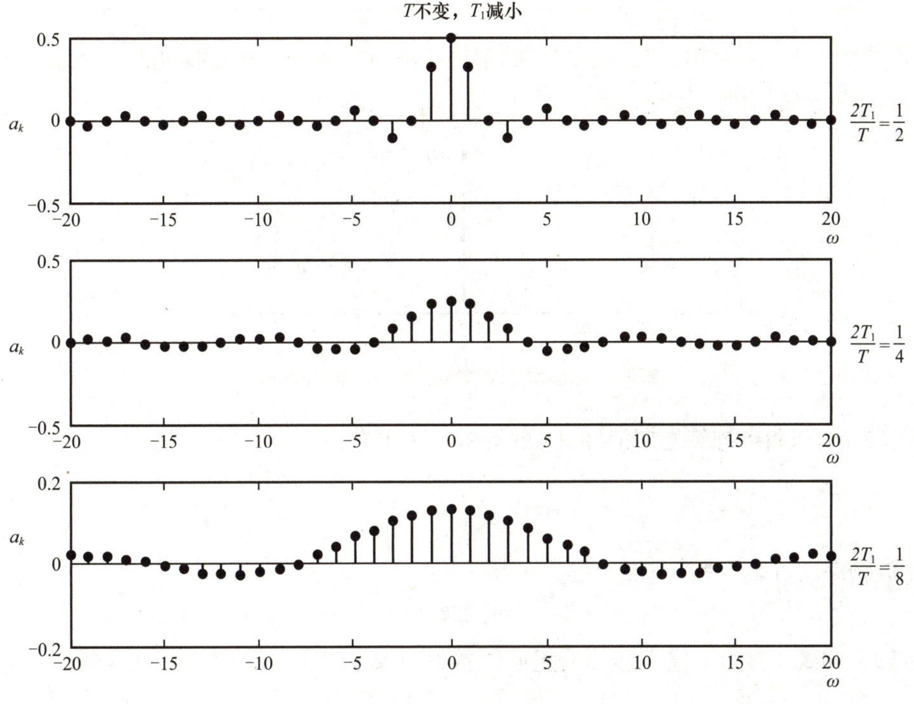

图 3-4　连续周期方波信号 $\tilde{x}(t)$ 的频谱系数波形随参数 T_1 的变化趋势

如果保持连续周期方波信号的参数T_1不变但逐步增加周期T，则根据式（3-29）可以推导信号谐波间的频率差（基波频率）将逐步减小，具体变化趋势如图3-5所示。

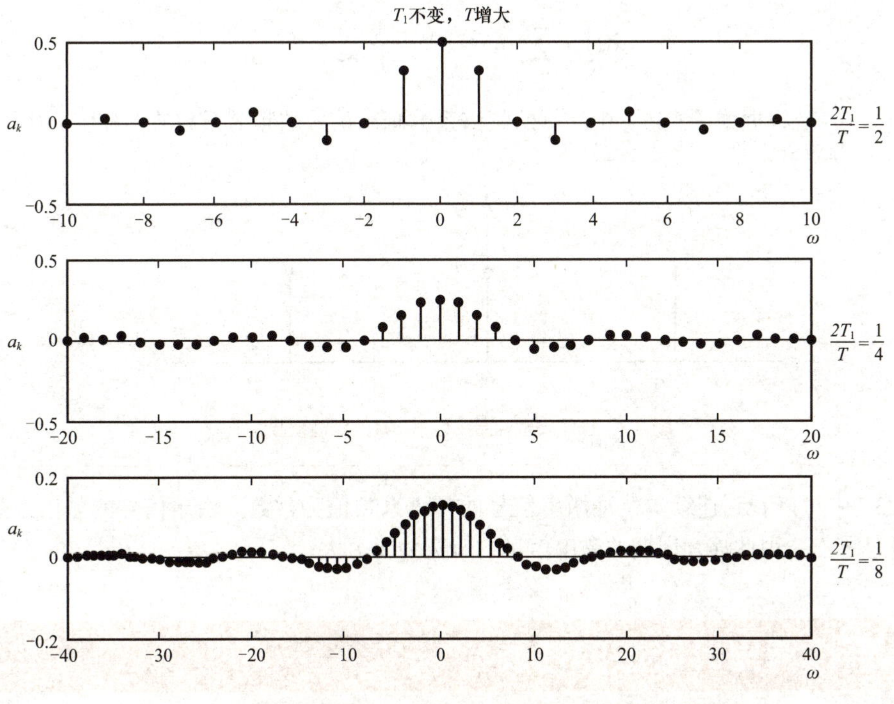

图 3-5　连续周期方波信号 $\tilde{x}(t)$ 的频谱系数波形随参数 T 的变化趋势

例3-2 连续信号 $\tilde{x}(t)$ 是周期为T、幅度为1的单位冲激串信号，信号波形如图3-6所示，求该连续周期信号 $\tilde{x}(t)$ 的连续傅里叶级数表示。

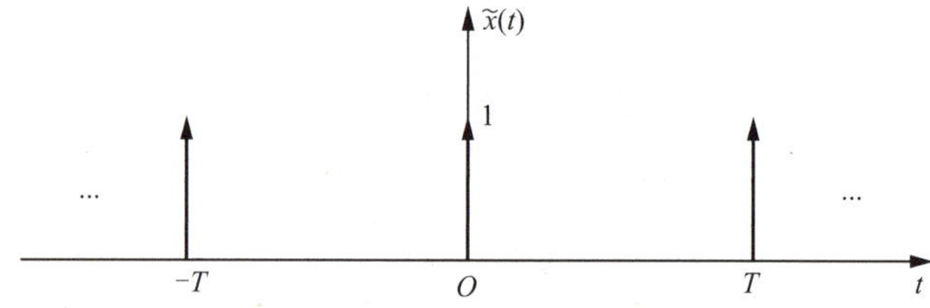

图 3-6 连续单位冲激串信号 $\tilde{x}(t)$ 的时域波形

解：根据图3-6可以得到连续周期信号 $\tilde{x}(t)$ 的解析表达式为

$$\tilde{x}(t)=\sum_{k=-\infty}^{\infty}\delta(t-kT) \tag{3-33}$$

信号的基波频率ω_0可表示为

$$\omega_0=2\pi/T \tag{3-34}$$

将式（3-33）和式（3-34）代入连续傅里叶级数的定义式（3-21）中，可以得到信号的频谱系数为

$$a_k=\frac{1}{T}\int_{-T/2}^{T/2}\delta(t)\cdot \mathrm{e}^{-\mathrm{j}k\omega_0 t}\mathrm{d}t=\frac{1}{T}\int_{-T/2}^{T/2}\delta(t)\mathrm{d}t=\frac{1}{T} \tag{3-35}$$

因此，根据连续傅里叶级数的逆变换公式（3-19），连续单位冲激串信号 $\tilde{x}(t)$ 可表示为

$$\tilde{x}(t)=\sum_{k=-\infty}^{\infty}a_k\cdot \mathrm{e}^{-\mathrm{j}k\omega_0 t}=\frac{1}{T}\sum_{k=-\infty}^{\infty}\mathrm{e}^{\mathrm{j}k\omega_0 t} \tag{3-36}$$

其中，$\omega_0=\dfrac{2\pi}{T_0}$。根据式（3-35）中计算的频谱系数画出信号的频谱系数波形如图3-7所示。

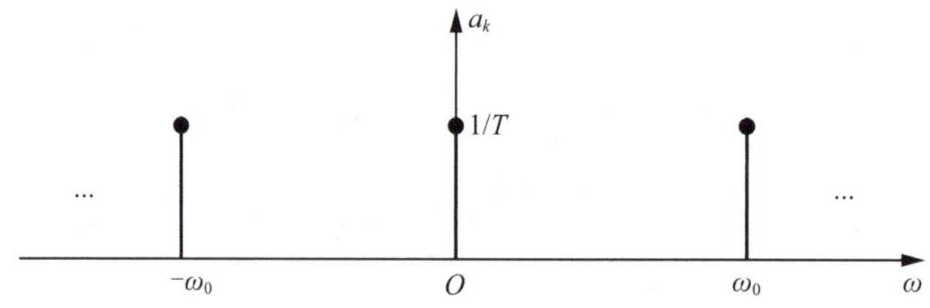

图 3-7 连续单位冲激串信号 $\tilde{x}(t)$ 的频谱系数波形

从图3-7中可以看到连续单位冲激串信号的频谱系数值为常数。由于信号的频谱系数波形不存在第一过零点，因此连续周期冲激串信号的带宽为无穷大。

3.3 连续傅里叶级数的性质

除了直接通过连续傅里叶级数的定义式（3-21）求解周期信号的频谱系数外，在许多情况下，还可以通过灵活应用连续傅里叶级数的性质来有效简化周期信号频谱系数的求解过程。此外，连续傅里叶级数的性质能更直观地建立起时域与频域之间的对应关系，更深入、更全面地揭示连续信号的特性，因此具有十分重要的理论价值和实际作用。为了在后续的学习过程中统一使用标准的符号化描述，定义如下双向箭头符号来表示一个连续周期信号 $\tilde{x}(t)$ 与其频谱系数a_k之间的对应关系，即

$$\tilde{x}(t) \overset{\text{FS}}{\longleftrightarrow} a_k$$

其中，双向箭头符号上的字母FS为傅里叶级数的英文（Fourier series）的首字母缩写。

3.3.1 线性

假设两个连续周期信号 $\tilde{x}_1(t)$ 和 $\tilde{x}_2(t)$ 具有相同的基波频率（周期），频谱系数分别为a_k和b_k，即

$$\begin{aligned}\tilde{x}_1(t) &\overset{\text{FS}}{\longleftrightarrow} a_k \\ \tilde{x}_2(t) &\overset{\text{FS}}{\longleftrightarrow} b_k\end{aligned} \tag{3-37}$$

那么对于复合信号 $\tilde{x}(t)=A\cdot\tilde{x}_1(t)+B\cdot\tilde{x}_2(t)$，其傅里叶级数系数$c_k=A\cdot a_k+B\cdot b_k$，其中，$A$和$B$为任意常数，即

$$\tilde{x}(t)=A\cdot\tilde{x}_1(t)+B\cdot\tilde{x}_2(t) \overset{\text{FS}}{\longleftrightarrow} c_k=A\cdot a_k+B\cdot b_k \tag{3-38}$$

因为连续信号分量 $\tilde{x}_1(t)$ 和 $\tilde{x}_2(t)$ 均为周期信号，且具有相同的基波频率ω_0，因此可以推导出复合信号 $\tilde{x}(t)$ 是一个具有相同基波频率的周期信号，推导过程如下。根据连续傅里叶级数的逆变换公式（3-19），分量 $\tilde{x}_1(t)$ 和 $\tilde{x}_2(t)$ 可分别表示为

$$\begin{aligned}\tilde{x}_1(t)&=\sum_{k=-\infty}^{\infty} a_k\cdot \mathrm{e}^{\mathrm{j}k\omega_0 t} \\ \tilde{x}_2(t)&=\sum_{k=-\infty}^{\infty} b_k\cdot \mathrm{e}^{\mathrm{j}k\omega_0 t}\end{aligned} \tag{3-39}$$

将式（3-39）代入复合信号 $\tilde{x}(t)$ 的表达式中，可以得到

$$\begin{aligned}\tilde{x}(t)&=A\cdot\tilde{x}_1(t)+B\cdot\tilde{x}_2(t) \\ &=A\cdot\sum_{k=-\infty}^{\infty} a_k\cdot \mathrm{e}^{\mathrm{j}k\omega_0 t}+B\cdot\sum_{k=-\infty}^{\infty} b_k\cdot \mathrm{e}^{\mathrm{j}k\omega_0 t} \\ &=\sum_{k=-\infty}^{\infty}(A\cdot a_k+B\cdot b_k)\cdot \mathrm{e}^{\mathrm{j}k\omega_0 t}\end{aligned} \tag{3-40}$$

因此，复合信号 $\tilde{x}(t)$ 的频谱系数可表示为$c_k=A\cdot a_k+B\cdot b_k$。与上述分析相类似，傅里叶级数的线性性质可推广至任意多个具有相同基波频率（周期）分量的线性叠加应用中。

3.3.2 时移性

假设连续周期信号 $\tilde{x}(t)$ 的基波频率为ω_0、周期为T、频谱系数为a_k，即

$$\tilde{x}(t) \overset{\text{FS}}{\longleftrightarrow} a_k$$

将连续信号 $\tilde{x}(t)$ 延时t_0个时间单位，则时延后的连续信号 $\tilde{x}(t-t_0)$ 的频谱系数b_k可表示为

$$\tilde{x}(t-t_0)\xleftrightarrow{\text{FS}}b_k=a_k\cdot \mathrm{e}^{-\mathrm{j}k\omega_0 t_0} \tag{3-41}$$

即信号在时间维度的平移不会导致其频谱系数的模值变化，但会导致其频谱系数的相位改变。

连续信号在时间维度的平移不会改变其周期特性，式（3-41）的推导过程如下。根据连续傅里叶级数的定义式（3-21），时延信号 $\tilde{x}(t-t_0)$ 的傅里叶级数系数b_k可以表示为

$$\begin{aligned} b_k &= \frac{1}{T}\int_T \tilde{x}(t-t_0)\cdot \mathrm{e}^{-\mathrm{j}k\omega_0 t}\mathrm{d}t \\ &= \frac{1}{T}\int_T \tilde{x}(t-t_0)\cdot \mathrm{e}^{-\mathrm{j}k\omega_0 (t-t_0)}\cdot \mathrm{e}^{-\mathrm{j}k\omega_0 t_0}\mathrm{d}(t-t_0) \end{aligned} \tag{3-42}$$

对式（3-42）进行变量代换，令t–t_0=t，则频谱系数b_k可以表示为

$$b_k=\mathrm{e}^{-\mathrm{j}k\omega_0 t_0}\cdot\frac{1}{T}\int_T \tilde{x}(\tau)\cdot \mathrm{e}^{-\mathrm{j}k\omega_0 \tau}\cdot \mathrm{d}\tau=\mathrm{e}^{-\mathrm{j}k\omega_0 t_0}\cdot a_k \tag{3-43}$$

3.3.3 反褶性

假设连续周期信号 $\tilde{x}(t)$ 的基波频率为ω_0、周期为T，频谱系数为a_k，即

$$\tilde{x}(t)\xleftrightarrow{\text{FS}}a_k$$

在时域内将信号 $\tilde{x}(t)$ 进行反褶，则反褶后的连续信号 $\tilde{x}(-t)$ 的频谱系数b_k可表示为

$$\tilde{x}(-t)\xleftrightarrow{\text{FS}}b_k=a_{-k} \tag{3-44}$$

即信号在时域内的反褶会导致其频谱系数的同步反褶。

信号在时间维度的反褶不会改变其周期特性，式（3-44）的推导过程如下。根据连续傅里叶级数的定义式（3-21），反褶信号 $\tilde{x}(-t)$ 的频谱系数b_k可以表示为

$$\begin{aligned} b_k &= \frac{1}{T}\int_T \tilde{x}(-t)\cdot \mathrm{e}^{-\mathrm{j}k\omega_0 t}\mathrm{d}t \\ &= \frac{1}{T}\int_{-T} \tilde{x}(-t)\cdot \mathrm{e}^{\mathrm{j}k\omega_0 (-t)}\mathrm{d}(-t) \\ &= \frac{1}{T}\int_T \tilde{x}(\tau)\cdot \mathrm{e}^{\mathrm{j}k\omega_0 \tau}\mathrm{d}\tau=a_{-k} \end{aligned} \tag{3-45}$$

推导过程使用了如下变量代换：t=–t。

根据傅里叶级数的反褶性质可以得到以下两点推论。

（1）如果信号 $\tilde{x}(t)$ 是偶函数，即在时域内满足关系 $\tilde{x}(t)=\tilde{x}(-t)$，那么信号的频谱系数同样为偶函数，即在频域内满足$a_k$=$a_{-k}$；

（2）如果信号 $\tilde{x}(t)$ 是奇函数，即在时域内满足关系 $\tilde{x}(t)=-\tilde{x}(-t)$，那么信号的频谱系数同样为奇函数，即在频域内满足$a_k$=–$a_{-k}$。

3.3.4 尺度变换性

假设连续周期信号 $\tilde{x}(t)$ 的基波频率为ω_0、周期为T、频谱系数为a_k，即

$$\tilde{x}(t)\xleftrightarrow{\text{FS}}a_k$$

则 $\tilde{x}(mt)$ 的频谱系数b_k以及对应的傅里叶级数表示为

$$\tilde{x}(mt) \xleftrightarrow{\text{FS}} b_k = a_k$$
$$\tilde{x}(mt) = \sum_{k=-\infty}^{\infty} a_k \cdot \mathrm{e}^{\mathrm{j}k(m\omega_0)t} \tag{3-46}$$

即信号在时域内的压缩（扩展）会导致其频谱波形的等比例扩展（压缩）。

信号 $\tilde{x}(t)$ 在时间维度上被压缩为原来的$1/m$，导致其周期变化为T/m，基波频率变化为$m\times\omega_0$。根据连续傅里叶级数的定义式（3-21），压缩信号 $\tilde{x}(mt)$ 的傅里叶级数系数b_k可以表示为

$$\begin{aligned} b_k &= \frac{1}{(T/m)}\int_{T/a} \tilde{x}(mt)\cdot \mathrm{e}^{-\mathrm{j}km\omega_0 t}\mathrm{d}t \\ &= \frac{1}{T}\int_T \tilde{x}(mt)\cdot \mathrm{e}^{-\mathrm{j}k\omega_0(mt)}\mathrm{d}(mt) \\ &= \frac{1}{T}\int_T \tilde{x}(\tau)\cdot \mathrm{e}^{-\mathrm{j}k\omega_0\tau}\mathrm{d}\tau = a_k \end{aligned} \tag{3-47}$$

推导过程使用了如下变量代换：$\tau = mt$。因此，综合压缩信号的周期特性和频谱系数变换，连续信号 $\tilde{x}(mt)$ 可表示为

$$\tilde{x}(mt) = \sum_{k=-\infty}^{\infty} a_k \cdot \mathrm{e}^{\mathrm{j}k(m\omega_0)t} \tag{3-48}$$

3.3.5 微分性

假设连续周期信号 $\tilde{x}(t)$ 的基波频率为ω_0、周期为T、频谱系数为a_k，即

$$\tilde{x}(t) \xleftrightarrow{\text{FS}} a_k$$

在时域内对信号 $\tilde{x}(t)$ 进行求导，则微分信号$\mathrm{d}\,\tilde{x}(t)/\mathrm{d}t$的频谱系数$b_k$可表示为

$$\frac{\mathrm{d}\tilde{x}(t)}{\mathrm{d}t} \xleftrightarrow{\text{FS}} b_k = \mathrm{j}k\omega_0 a_k \tag{3-49}$$

即时域内微分后信号的频谱系数等于原频谱系数乘以关于基波频率ω_0的线性函数($\mathrm{j}k\omega_0$)。

根据连续傅里叶级数的定义式（3-21），微分信号$\mathrm{d}\,\tilde{x}(t)/\mathrm{d}t$的频谱系数$b_k$可表示为

$$\begin{aligned} b_k &= \frac{1}{T}\int_T \frac{\mathrm{d}\tilde{x}(t)}{\mathrm{d}t}\cdot \mathrm{e}^{-\mathrm{j}k\omega_0 t}\mathrm{d}t \\ &= \frac{1}{T}[\tilde{x}(t)\mathrm{e}^{-\mathrm{j}k\omega_0 t}\Big|_0^T + \mathrm{j}k\omega_0\int_T \tilde{x}(t)\cdot \mathrm{e}^{-\mathrm{j}k\omega_0 t}\mathrm{d}t] \\ &= \mathrm{j}k\omega_0\cdot a_k \end{aligned} \tag{3-50}$$

推导过程使用了如下分部积分公式，即

$$\int u\,\mathrm{d}v = uv - \int v\,\mathrm{d}u \tag{3-51}$$

与上述分析相类似，连续傅里叶级数的微分性质可推广至任意高阶的微分函数应用中，即如果已知信号 $\tilde{x}(t)$ 的n阶微分信号，其频谱系数a_{nk}可表示为

$$\frac{\mathrm{d}^n\tilde{x}(t)}{\mathrm{d}t^n} \xleftrightarrow{\text{FS}} a_{nk} \tag{3-52}$$

那么信号 $\tilde{x}(t)$ 的傅里叶级数系数a_k可表示为

$$\tilde{x}(t)\overset{\text{FS}}{\longleftrightarrow}a_k=\frac{a_{nk}}{(\mathrm{j}k\omega_0)^n} \tag{3-53}$$

3.3.6　乘法性

假设两个连续周期信号$\tilde{x}_1(t)$和$\tilde{x}_2(t)$具有相同的基波频率（周期），频谱系数分别为a_k和b_k，即

$$\begin{aligned}\tilde{x}_1(t)&\overset{\text{FS}}{\longleftrightarrow}a_k\\ \tilde{x}_2(t)&\overset{\text{FS}}{\longleftrightarrow}b_k\end{aligned} \tag{3-54}$$

那么对于二者的乘积信号$\tilde{x}(t)=\tilde{x}_1(t)\cdot\tilde{x}_2(t)$，其频谱系数$c_k$可表示为

$$\tilde{x}(t)=\tilde{x}_1(t)\cdot\tilde{x}_2(t)\overset{\text{FS}}{\longleftrightarrow}c_k=a_k*b_k=\sum_{l=-\infty}^{\infty}a_l\cdot b_{k-l} \tag{3-55}$$

即时域内信号间的乘积对应频域内其频谱系数间的卷积。

因为信号分量$\tilde{x}_1(t)$和$\tilde{x}_2(t)$均是连续周期信号，且具有相同的基波频率ω_0，因此可以推导出乘积信号$\tilde{x}(t)$也是具有相同基波频率的周期信号，推导过程如下。根据连续傅里叶级数逆变换的定义式（3-19），分量$\tilde{x}_1(t)$和$\tilde{x}_2(t)$可分别表示为

$$\begin{aligned}\tilde{x}_1(t)&=\sum_{m=-\infty}^{\infty}a_m\cdot\mathrm{e}^{\mathrm{j}m\omega_0t}\\ \tilde{x}_2(t)&=\sum_{n=-\infty}^{\infty}b_n\cdot\mathrm{e}^{\mathrm{j}n\omega_0t}\end{aligned} \tag{3-56}$$

将式（3-56）代入乘积信号的表达式中，连续信号$\tilde{x}(t)$可表示为

$$\begin{aligned}\tilde{x}(t)=\tilde{x}_1(t)\cdot\tilde{x}_2(t)&=\left(\sum_{m=-\infty}^{\infty}a_m\cdot\mathrm{e}^{\mathrm{j}m\omega_0t}\right)\cdot\left(\sum_{n=-\infty}^{\infty}b_n\cdot\mathrm{e}^{\mathrm{j}n\omega_0t}\right)\\ &=\sum_{m=-\infty}^{\infty}\sum_{n=-\infty}^{\infty}a_mb_n\cdot\mathrm{e}^{\mathrm{j}(m+n)\omega_0t}=\sum_{m=-\infty}^{\infty}\sum_{k=-\infty}^{\infty}a_mb_{k-m}\cdot\mathrm{e}^{\mathrm{j}k\omega_0t}\\ &=\sum_{k=-\infty}^{\infty}\left[\sum_{m=-\infty}^{\infty}(a_mb_{k-m})\right]\cdot\mathrm{e}^{\mathrm{j}k\omega_0t}\end{aligned} \tag{3-57}$$

因此，连续信号$\tilde{x}(t)$的傅里叶级数系数c_k可表示为

$$\tilde{x}(t)\overset{\text{FS}}{\longleftrightarrow}c_k=\sum_{m=-\infty}^{\infty}a_mb_{k-m} \tag{3-58}$$

推导过程用到了如下变量代换：$k=m+n$。与上述分析相类似，连续傅里叶级数的乘法性可推广至任意多个具有相同基波频率（周期）分量的乘法应用中去。

3.3.7　共轭对称性

假设连续周期信号$\tilde{x}(t)$的基波频率为ω_0、周期为T、频谱系数为a_k，即

$$\tilde{x}(t)\overset{\text{FS}}{\longleftrightarrow}a_k$$

则时域内共轭信号 $\tilde{x}^*(t)$ 的频谱系数 b_k 可表示为

$$\tilde{x}^*(t) \xleftrightarrow{\text{FS}} b_k = a_{-k}^* \qquad (3\text{-}59)$$

即时域内共轭信号的频谱系数等于原频谱系数反褶后的共轭结果。

根据连续傅里叶级数的定义式（3-21），连续信号 $\tilde{x}(t)$ 的频谱系数 a_k 可表示为

$$a_k = \frac{1}{T}\int_T \tilde{x}(t)\cdot \mathrm{e}^{-\mathrm{j}k\omega_0 t}\mathrm{d}t \qquad (3\text{-}60)$$

对式（3-60）的等式两边同时进行共轭处理，可将其变换为

$$a_k^* = \frac{1}{T}\int_T [\tilde{x}(t)\cdot \mathrm{e}^{-\mathrm{j}k\omega_0 t}]^*\mathrm{d}t = \frac{1}{T}\int_T \tilde{x}^*(t)\cdot \mathrm{e}^{\mathrm{j}k\omega_0 t}\mathrm{d}t \qquad (3\text{-}61)$$

对比共轭信号 $\tilde{x}^*(t)$ 的频谱系数定义式

$$b_k = \frac{1}{T}\int_T \tilde{x}^*(t)\cdot \mathrm{e}^{-\mathrm{j}k\omega_0 t}\mathrm{d}t \qquad (3\text{-}62)$$

可以得出结论：$b_k = a_{-k}^*$。

根据连续傅里叶级数的共轭对称性质，可以得出以下两点推论。

（1）如果信号 $\tilde{x}(t)$ 是实函数，即在时域内满足关系 $\tilde{x}(t) = \tilde{x}^*(t)$，那么在频域内信号的频谱系数满足关系 $a_k = a_{-k}^*$；

（2）如果信号 $\tilde{x}(t)$ 是虚函数，即在时域内满足关系 $\tilde{x}(t) = -\tilde{x}^*(t)$，那么在频域内信号的频谱系数满足关系 $a_k = -a_{-k}^*$；

3.3.8　帕斯瓦尔定理

假设连续周期信号 $\tilde{x}(t)$ 的基波频率为 ω_0、周期为 T、频谱系数为 a_k，即

$$\tilde{x}(t) \xleftrightarrow{\text{FS}} a_k$$

则信号 $\tilde{x}(t)$ 的平均功率可表示为

$$P = \frac{1}{T}\int_T |\tilde{x}(t)|^2\,\mathrm{d}t = \sum_{k=-\infty}^{\infty}|a_k|^2 \qquad (3\text{-}63)$$

根据第1章的分析，连续周期信号 $\tilde{x}(t)$ 的平均功率可表示为

$$P = \frac{1}{T}\int_T |\tilde{x}(t)|^2\,\mathrm{d}t \qquad (3\text{-}64)$$

此外，信号 $\tilde{x}(t)$ 的连续傅里叶级数展开式可表示为

$$\tilde{x}(t) = \sum_{k=-\infty}^{\infty} a_k\cdot \mathrm{e}^{\mathrm{j}k\omega_0 t} \qquad (3\text{-}65)$$

根据式（3-16）的推理，连续周期信号 $\tilde{x}(t)$ 的平均功率应该等于信号各阶谐波分量的平均功率和。其中第 k 阶谐波分量的平均功率可表示为

$$P_k = \frac{1}{T}\int_T |a_k|^2\cdot|\mathrm{e}^{\mathrm{j}k\omega_0 t}|^2\,\mathrm{d}t = |a_k|^2 \qquad (3\text{-}66)$$

因此，连续周期信号 $\tilde{x}(t)$ 的平均功率同样可表示为

$$P=\sum_{k=-\infty}^{\infty}|a_k|^2 \tag{3-67}$$

3.3.9 连续傅里叶级数的性质汇总

综合前面的分析，表3-1汇总了连续傅里叶级数的一系列重要性质。

表 3-1 连续傅里叶级数的性质

章节	性质	周期信号	傅里叶级数系数
		$\left.\begin{matrix}\tilde{x}_1(t)\\ \tilde{x}_2(t)\end{matrix}\right\}$周期为$T$，基波频率$\omega_0=2\pi/T$	a_k b_k
3.3.1	线性	$A\tilde{x}_1(t)+B\tilde{x}_2(t)$	Aa_k+Bb_k
3.3.2	时移	$\tilde{x}_1(t-t_0)$	$a_k\mathrm{e}^{\mathrm{j}k\omega_0t_0}=a_k\mathrm{e}^{-\mathrm{j}k(2\pi/T)t_0}$
	频移	$\mathrm{e}^{\mathrm{j}M\omega_0t}\tilde{x}_1(t)=\mathrm{e}^{\mathrm{j}M(2\pi/T)t}\tilde{x}_1(t)$	a_{k-M}
3.3.3	反褶	$\tilde{x}_1(-t)$	a_{-k}
3.3.4	尺度变换	$\tilde{x}_1(\alpha t)$，$\alpha>0$ (周期为 T/α)	a_k
3.3.5	微分	$\dfrac{\mathrm{d}\tilde{x}_1(t)}{\mathrm{d}t}$	$\mathrm{j}k\omega_0a_k=\mathrm{j}k\dfrac{2\pi}{T}a_k$
	积分	$\int_{-\infty}^{t}\tilde{x}_1(t)\mathrm{d}t$（仅当$a_0=0$才为有限值且具有周期性）	$\left(\dfrac{1}{\mathrm{j}k\omega_0}\right)a_k=\dfrac{a_k}{\mathrm{j}k(2\pi/T)}$
3.3.6	乘法	$\tilde{x}_1(t)\tilde{x}_2(t)$	$\sum_{l=-\infty}^{+\infty}a_lb_{k-l}$
3.3.7	共轭对称	$\tilde{x}_1^*(t)$	a_{-k}^*
	实信号的共轭对称性	$\tilde{x}_1^*(t)$为实信号	$\begin{cases}a_k=a_{-k}^*\\ \mathrm{Re}\{a_k\}=\mathrm{Re}\{a_{-k}\}\\ \mathrm{I_m}\{a_k\}=-\mathrm{I_m}\{a_{-k}\}\\ \lvert a_k\rvert=\lvert a_{-k}\rvert\\ \angle a_k=-\angle a_{-k}\end{cases}$
	实、偶信号的共轭对称性	$\tilde{x}_1^*(t)$为实、偶信号	a_k为实、偶函数
	实、奇信号的共轭对称性	$\tilde{x}_1^*(t)$为实、奇信号	a_k为纯虚、奇函数
	实信号的奇偶分解	$\begin{cases}x_{1\mathrm{e}}(t)=\varepsilon_u[\tilde{x}_1(t)],x(t)\text{为实信号}\\ x_{1\mathrm{o}}(t)=O_d[\tilde{x}_1(t)],x(t)\text{为实信号}\end{cases}$	$\mathrm{R_e}\{a_k\}$ $\mathrm{jI_m}\{a_k\}$
3.3.8	帕斯瓦尔定理 $\dfrac{1}{T}\int_T\lvert\tilde{x}_1(t)\rvert^2\mathrm{d}t=\sum_{k=-\infty}^{+\infty}\lvert a_k\rvert^2$		

3.4 常用的连续傅里叶级数分析方法

3.4.1 基于连续傅里叶级数定义的求解方法

例3-3 某连续周期信号 $\tilde{x}(t)$ 为

$$\tilde{x}(t)=\begin{cases}1.5 & 2k\leqslant t<2k+1\\ -1.5 & 2k+1\leqslant t<2k+2\end{cases}\quad k=0,\pm1,\pm2,\cdots \tag{3-68}$$

求该连续周期信号 $\tilde{x}(t)$ 的频谱系数。

解：根据式（3-68），连续周期信号 $\tilde{x}(t)$ 的波形如图3-8所示。从图3-8可以看出信号 $\tilde{x}(t)$ 的周期 $T=2$，基波频率 $\omega_0=2\pi/T=\pi$。任意选取该连续周期信号的一个完整周期 $0\leqslant t<2$，根据连续傅里叶级数的定义式（3-21），该信号的频谱系数可表示为

$$\begin{aligned}a_k&=\frac{1}{2}\int_0^2\tilde{x}(t)\cdot\mathrm{e}^{-\mathrm{j}k\omega_0 t}\mathrm{d}t=\frac{1}{2}\left[\int_0^1 1.5\cdot\mathrm{e}^{-\mathrm{j}k\pi t}\mathrm{d}t-\int_1^2 1.5\cdot\mathrm{e}^{-\mathrm{j}k\pi t}\mathrm{d}t\right]\\&=\frac{3}{4}\left(\frac{1}{-\mathrm{j}k\pi}\mathrm{e}^{-\mathrm{j}k\pi t}\Big|_0^1-\frac{1}{-\mathrm{j}k\pi}\mathrm{e}^{-\mathrm{j}k\pi t}\Big|_1^2\right)\\&=\frac{3}{2\mathrm{j}k\pi}[1-\mathrm{e}^{-\mathrm{j}k\pi}],\quad k\neq 0\end{aligned}\tag{3-69}$$

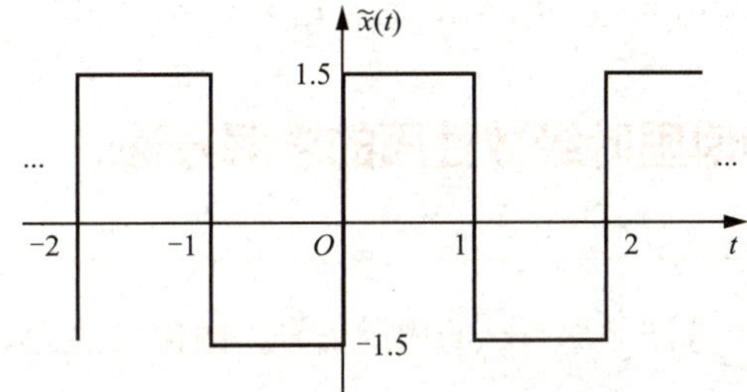

图 3-8　周期信号 $\tilde{x}(t)$ 的时域波形

由于在式（3-69）的分母中存在系数k，因此需要对$k=0$的情况单独进行讨论。由式（3-22）可知，当$k=0$时，该连续信号的直流分量a_0可表示为

$$a_0=\frac{1}{2}\int_0^2\tilde{x}(t)\mathrm{d}t=\frac{1}{2}\left(\int_0^1 1.5\mathrm{d}t-\int_1^2 1.5\mathrm{d}t\right)=0 \tag{3-70}$$

3.4.2 基于连续傅里叶级数物理意义的求解方法

例3-4 某连续周期信号 $\tilde{x}(t)$ 为

$$\tilde{x}(t)=2\sin(2t)+4\cos(3t)-\mathrm{e}^{\mathrm{j}5t} \tag{3-71}$$

求该连续周期信号 $\tilde{x}(t)$ 的频谱系数。

解：从式（3-71）可以看出，连续周期信号 $\tilde{x}(t)$ 是由正弦和复指数分量叠加形成的复合信号。因为每一个分量都是周期分量，因此复合信号 $\tilde{x}(t)$ 也一定具有周期性。在求解连续周期信号 $\tilde{x}(t)$ 的频谱系数之前，首先需要确定信号的基波频率（周期），其中组成连续周期信号 $\tilde{x}(t)$ 的各分量周期参数如表3-2所示。

表 3-2　信号 $\tilde{x}(t)$ 各分量的周期参数

信号分量	角频率	周期
$2\sin(2t)$	2	π
$4\cos(3t)$	3	$2\pi/3$
$-e^{j5t}$	5	$2\pi/5$

复合信号 $\tilde{x}(t)$ 的周期是各分量周期的最小公倍数，即2π。因此连续周期信号 $\tilde{x}(t)$ 的基波频率可表示为

$$\omega_0=2\pi/T=1 \tag{3-72}$$

由于连续周期信号的频谱系数代表了该信号在频域分解过程中各谐波分量的权重因子，因此通过欧拉公式直接将信号 $\tilde{x}(t)$ 分解为谐波形式，可表示为

$$\begin{aligned}\tilde{x}(t)&=2\sin(2t)+4\cos(3t)-e^{j5t}\\&=-j\cdot(e^{j2t}-e^{-j2t})+2(e^{j3t}+e^{-j3t})-e^{j5t}\end{aligned} \tag{3-73}$$

提取各谐波分量的权重因子，则连续周期信号 $\tilde{x}(t)$ 的频谱系数可表示为

$$a_2=-j \quad a_{-2}=j \quad a_3=a_{-3}=2 \quad a_5=-1 \tag{3-74}$$

3.4.3　基于连续傅里叶级数性质的求解方法

例3-5　连续信号 $\tilde{x}(t)$ 是一个基波频率为ω_0的周期信号，频谱系数为a_k，如果另一个连续周期信号 $\tilde{x}_1(t)$ 为

$$\tilde{x}_1(t)=\tilde{x}(1-t)+\tilde{x}(t-1) \tag{3-75}$$

求该连续周期信号 $\tilde{x}_1(t)$ 的基波频率ω_1和频谱系数b_k。

解：从式（3-75）可以看出，连续周期信号 $\tilde{x}_1(t)$ 是由两个分量叠加形成的复合信号。因为连续信号 $\tilde{x}(t)$ 为周期信号，且信号在时域内的平移和反褶不会改变信号的周期特性，因此组成复合信号 $\tilde{x}_1(t)$ 的两个分量都是周期分量，由此可推断复合信号 $\tilde{x}_1(t)$ 也一定具有周期性。在求解连续周期信号 $\tilde{x}_1(t)$ 的频谱系数之前，首先需要确定信号的基波频率ω_1。组成连续周期信号 $\tilde{x}_1(t)$ 的各分量周期参数如表3-3所示。

表 3-3　信号 $\tilde{x}_1(t)$ 各分量的周期参数

信号分量	角频率	周期
$\tilde{x}(1-t)$	ω_0	$2\pi/\omega_0$
$\tilde{x}(t-1)$	ω_0	$2\pi/\omega_0$

复合信号 $\tilde{x}_1(t)$ 的周期是各分量周期的最小公倍数，即$2\pi/\omega_0$，因此连续周期信号 $\tilde{x}_1(t)$ 的基波频率为ω_0。

从表3-3中可以看出组成连续周期信号 $\tilde{x}_1(t)$ 的各分量具有相同的基波频率，因此根据连续傅里叶级数的线性性质，连续周期信号 $\tilde{x}_1(t)$ 的频谱系数b_k可表示为

$$b_k = b_{1k} + b_{2k} \tag{3-76}$$

其中，b_{1k}和b_{2k}是表3-3中两个分量的频谱系数，根据连续傅里叶级数的时移和反褶性可分别表示为

$$\begin{aligned}
&\because\quad \tilde{x}(t) \overset{t\to t+1}{\to} \tilde{x}(t+1) \overset{t\to -t}{\to} \tilde{x}(-t+1)\\
&\therefore\quad a_k \to a_k \cdot e^{jk\omega_0} \to a_{-k} \cdot e^{-jk\omega_0} = b_{1k}\\
&\because\quad \tilde{x}(t) \overset{t\to t-1}{\to} \tilde{x}(t-1)\\
&\therefore\quad a_k \to a_k \cdot e^{-jk\omega_0} = b_{2k}
\end{aligned} \tag{3-77}$$

综上所述，连续周期信号 $\tilde{x}_1(t)$ 的频谱系数b_k可表示为

$$b_k = b_{1k} + b_{2k} = (a_{-k} + a_k)\cdot e^{-jk\omega_0} \tag{3-78}$$

例3-6 某连续周期信号 $\tilde{x}(t)$ 的波形如图3-9所示，求该连续周期信号 $\tilde{x}(t)$ 的频谱系数a_k。

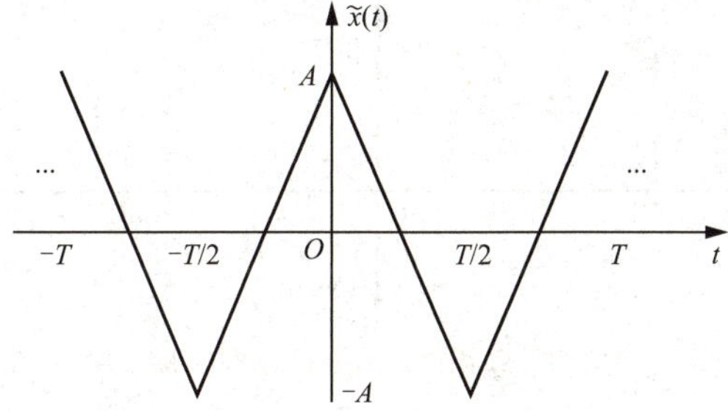

图 3-9　连续周期信号 $\tilde{x}(t)$ 的时域波形

解：首先对连续周期信号 $\tilde{x}(t)$ 进行求导，可以得到一阶微分信号 $\tilde{x}'(t)$ 的波形如图3-10所示。

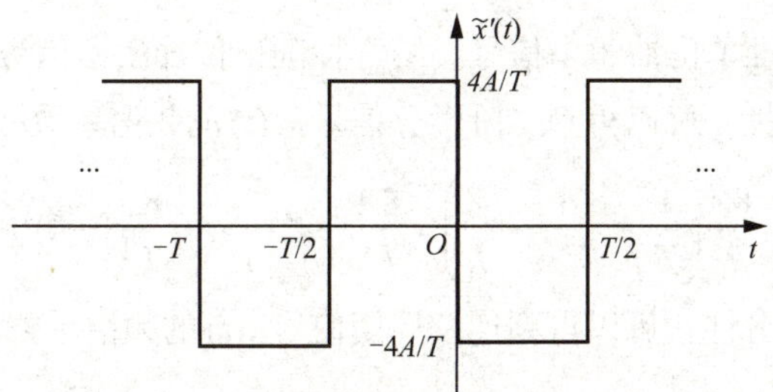

图 3-10　一阶微分信号 $\tilde{x}'(t)$ 的时域波形

从图3-10中可以看出，一阶微分信号 $\tilde{x}'(t)$ 可以用标准周期方波信号的自变量变换形式来表示，即

$$\tilde{x}'(t) = \frac{8A}{T} g_{T/2}\left(t + \frac{T}{4}\right) - \frac{4A}{T} \tag{3-79}$$

其中$g_{T/2}(t)$为一个周期为T且脉冲宽度为$T/2$的标准周期方波信号。结合标准周期方波信号的频谱

系数式（3-30）以及连续傅里叶级数的时移性，可以得到一阶微分信号 $\tilde{x}'(t)$ 的频谱系数b_k为

$$\begin{aligned} b_k &= \frac{8A}{T}\frac{\sin\left(k\omega_0\frac{T}{4}\right)}{k\pi}\cdot e^{jk\omega_0\frac{T}{4}} \\ &= \frac{8A}{T}\frac{\sin\left(k\frac{\pi}{2}\right)}{k\pi}\cdot e^{jk\frac{\pi}{2}} = \frac{8A}{Tk\pi}\frac{e^{jk\frac{\pi}{2}}-e^{-jk\frac{\pi}{2}}}{2j}\cdot e^{jk\frac{\pi}{2}} \\ &= j\frac{4A}{Tk\pi}(1-e^{jk\pi}) = j\frac{4A}{Tk\pi}[1-(-1)^k],\quad k\neq 0 \end{aligned} \tag{3-80}$$

根据连续傅里叶级数的积分性，可以得到连续周期信号 $\tilde{x}(t)$ 的频谱系数a_k为

$$a_k = \frac{b_k}{jk\omega_0} = \frac{4A}{T\omega_0 k^2\pi}[1-(-1)^k] = \frac{2A}{k^2\pi^2}[1-(-1)^k],\quad k\neq 0 \tag{3-81}$$

由于式（3-81）的分母中存在系数k，因此需要对$k=0$的情况单独进行讨论。由式（3-22）可知，当$k=0$时，连续周期信号 $\tilde{x}(t)$ 的直流分量a_0可表示为

$$a_0 = \frac{1}{T}\int_{-T/2}^{T/2}\tilde{x}(t)dt = 0 \tag{3-82}$$

或者可以在一阶微分信号 $\tilde{x}'(t)$ 的基础上继续求导，得到二阶微分信号 $\tilde{x}''(t)$ 的波形如图3-11所示。

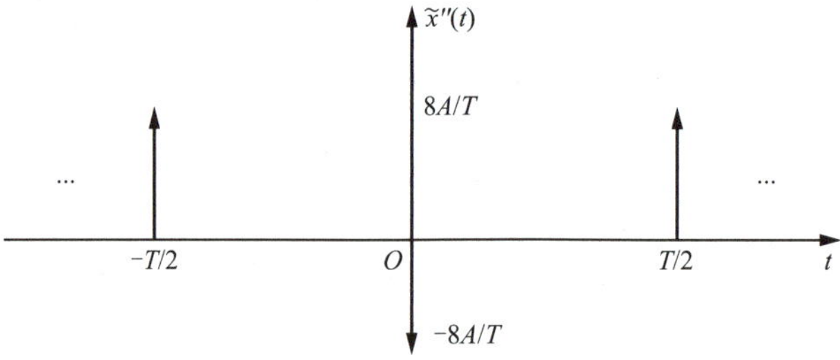

图 3-11 二阶微分信号 $\tilde{x}''(t)$ 的时域波形

从图3-11中可以看出，二阶微分信号 $\tilde{x}''(t)$ 可以用两个单位冲激串分量来表示，即

$$\tilde{x}''(t) = \frac{8A}{T}\left[\delta_T\left(t-\frac{T}{2}\right)-\delta_T(t)\right] \tag{3-83}$$

其中 $\delta_T(t)$ 为周期为T的标准单位冲激串信号。结合标准单位冲激串信号的频谱系数式（3-35）以及连续傅里叶级数的时移性，可以得到二阶微分信号 $\tilde{x}''(t)$ 的频谱系数c_k为

$$c_k = \frac{8A}{T}\left(\frac{1}{T}\cdot e^{-jk\omega_0\frac{T}{2}}-\frac{1}{T}\right) = \frac{8A}{T^2}(e^{-jk\pi}-1) = \frac{8A}{T^2}[(-1)^k-1] \tag{3-84}$$

根据连续傅里叶级数的积分性，可以得到连续周期信号 $\tilde{x}(t)$ 的频谱系数a_k为

$$a_k = \frac{c_k}{(jk\omega_0)^2} = \frac{2A}{k^2\pi^2}[1-(-1)^k] \tag{3-85}$$

与式（3-81）的结果相等。

3.5 连续信号的傅里叶变换分析

连续傅里叶级数将大部分的连续周期信号分解为无数个呈谐波关系的复指数分量线性叠加，为分析连续周期信号的频域特性带来了便利。但是在实际应用中，还有很多的连续信号由于不具有周期性，因此无法适用连续傅里叶级数的分析方法。这极大限制了连续傅里叶级数分析方法的适用范围。为了进一步拓展连续傅里叶分析方法的完备性和适用性，为大部分的周期和非周期连续信号构建一套统一的理论分析架构，本节中将延续连续傅里叶级数的分析思路，并对其具体表达形式进行适当改进，由此形成连续傅里叶变换。

傅里叶变换的产生

3.5.1 连续非周期信号的傅里叶变换

为了更加清晰、直观地展示连续傅里叶变换的形成过程，截取3.2.2小节例3-1中连续周期方波信号 $\tilde{x}(t)$ 的一个完整周期片段$x(t)$，作为连续非周期信号的代表。连续非周期信号$x(t)$和连续周期信号 $\tilde{x}(t)$ 的波形分别如图3-12（a）和图3-12（b）所示。

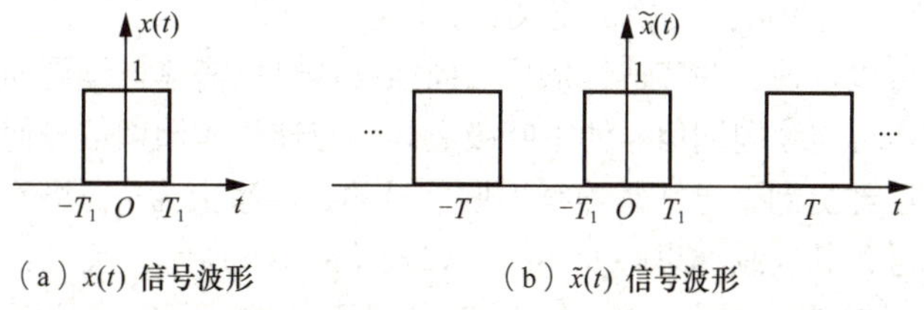

（a）$x(t)$ 信号波形　　（b）$\tilde{x}(t)$ 信号波形

图 3-12　非周期方波信号 $x(t)$ 和周期方波信号 $\tilde{x}(t)$ 的时域波形

从图3-12中可以看出，连续非周期信号$x(t)$可视为连续周期信号 $\tilde{x}(t)$ 在周期趋近于无穷大时的极限表示，即

$$x(t)=\lim_{T\to\infty}\tilde{x}(t) \tag{3-86}$$

因此，如果将连续非周期信号$x(t)$直接代入连续傅里叶级数的定义式（3-21）中，其频谱系数的模值可表示为

$$\begin{aligned}|a'_k| &= \lim_{T\to\infty}\frac{1}{T}\left|\int_T x(t)\cdot \mathrm{e}^{-\mathrm{j}k\omega_0 t}\mathrm{d}t\right| = \lim_{T\to\infty}\frac{1}{T}\left|\int_T x(t)\cdot \mathrm{e}^{-\mathrm{j}k\omega_0 t}\mathrm{d}t\right| \\ &\leqslant \lim_{T\to\infty}\frac{1}{T}\int_T |x(t)|\cdot|\mathrm{e}^{-\mathrm{j}k\omega_0 t}|\,\mathrm{d}t = \lim_{T\to\infty}\frac{1}{T}\int_T |x(t)|\,\mathrm{d}t\end{aligned} \tag{3-87}$$

推导过程使用了如下积分不等式

$$\left|\int u\,\mathrm{d}v\right| \leqslant \int |u|\,\mathrm{d}v \tag{3-88}$$

从式（3-87）可以看到，当连续非周期信号$x(t)$满足如下绝对可积条件时

$$\int_{-\infty}^{\infty}|x(t)|\,\mathrm{d}t<\infty \tag{3-89}$$

其频谱系数将趋近于零，因此连续傅里叶级数分析方法无法直接获知该信号的频域特征。为了解决上述问题，在式（3-87）中重新定义一个新的变量，用来表示连续非周期信号在单位频率下的频谱系数（谐波分量权重）大小，即

$$X(\mathrm{j}\omega)=\lim_{T\to\infty}\frac{a'_k}{1/T}=\lim_{T\to\infty}\frac{a'_k}{\Delta f} \tag{3-90}$$

变量$X(\mathrm{j}\omega)$直观描述了连续非周期信号在频域内“频谱密度”的分布情况，因此常被简称为连续信号的频谱。将变量$X(\mathrm{j}\omega)$代入连续傅里叶级数的定义式（3-21）中，可将其改写为

$$X(\mathrm{j}\omega)=\lim_{T\to\infty}\frac{a_k}{1/T}=\lim_{T\to\infty}\int_T x(t)\cdot\mathrm{e}^{-\mathrm{j}n\omega_0 t}\mathrm{d}t=\int_{-\infty}^{\infty}x(t)\cdot\mathrm{e}^{-\mathrm{j}\omega t}\mathrm{d}t \tag{3-91}$$

其中，因为信号的周期参数T趋近于无穷大，所以基波频率ω_0趋近于无穷小，离散变量$n\omega_0$随之转化为连续变量ω。同理，将变量$X(\mathrm{j}\omega)$代入连续傅里叶级数的逆变换公式中，可将其改写为

$$x(t)=\lim_{T\to\infty}\sum_{k=-\infty}^{\infty}\frac{1}{2\pi}\frac{a_k}{1/T}\cdot\mathrm{e}^{\mathrm{j}k\omega_0 t}\omega_0=\frac{1}{2\pi}\int_{-\infty}^{\infty}X(\mathrm{j}\omega)\cdot\mathrm{e}^{\mathrm{j}\omega t}\mathrm{d}\omega \tag{3-92}$$

其中，因为信号的周期参数T趋近于无穷大，因此基波频率ω_0趋近于无穷小，可以将关于微元ω_0的求和式转化为积分运算式。从式（3-92）可以看到，连续傅里叶变换将连续非周期信号$x(t)$分解为关于基本单元$\mathrm{e}^{\mathrm{j}\omega t}$的连续和（积分），其中每个基本单元对应的权重大小为$\frac{1}{2\pi}X(\mathrm{j}\omega)\mathrm{d}\omega$。式（3-91）和式（3-92）合称为连续傅里叶变换公式，其中式（3-91）被称为连续傅里叶正变换的定义式，而式（3-92）被称为连续傅里叶逆变换的定义式。

通过上面的分析可以发现，调节连续信号的周期参数可以搭建连续周期信号和连续非周期信号之间的桥梁，进而实现连续周期信号傅里叶级数和对应连续非周期信号傅里叶变换结果之间的相互转换。例如前面已经提到，已知某连续周期信号的频谱系数为a_k，将该信号周期增长至无穷大即为连续非周期信号，其连续傅里叶变换结果如式（3-90）所示。反之，如果已知某有限时长连续非周期信号的傅里叶变换结果为$X(\mathrm{j}\omega)$，将该信号不断进行延时叠加形成连续周期信号，其频谱系数可表示为

$$a_k=\frac{1}{T}\cdot X(\mathrm{j}\omega)|_{\omega=k\omega_0} \tag{3-93}$$

连续傅里叶变换的收敛条件与3.2节中连续傅里叶级数的收敛条件类似，同样被称为狄利克雷条件。只不过连续傅里叶级数的收敛条件只考虑单个信号周期的时长范围，而连续傅里叶变换的收敛条件将其扩展为任意时长范围，具体可表示为：

（1）在整个时域范围内，连续信号$x(t)$满足绝对可积条件［如式（3-89）所示］；

（2）在任意有限时长范围内，连续信号$x(t)$具有有限个极值点（局部最大值或局部最小值点），即不出现无限振荡的情况；

（3）在任意有限时长范围内，连续信号$x(t)$具有有限个间断点，且间断点左右两侧的幅值是有限的。

3.5.2 连续周期信号的傅里叶变换

狄利克雷条件是连续信号存在傅里叶变换的一组充分条件。但是由于大部分的连续周期信号属于功率有限信号，严格来说并不满足狄利克雷条件中的绝对可积要求，因此无法直接适用式（3-91）的求解方法。为了进一步扩展连续傅里叶变换方法的适用范围，为大部分连续周期和连续非周期信号构建一种统一的频域分析理论框架，本节将借助连续冲激信号的频谱函数，突破

狄利克雷条件的限制，从而形成连续周期信号的傅里叶变换形式。首先推导连续冲激信号 $\delta(t)$ 的频谱函数。

例3-7 连续信号$x(t)$是单位冲激信号，求该连续信号$x(t)$的频谱函数。

解：将$x(t)=\delta(t)$代入式（3-91）中，得到信号的频谱函数为

$$X(\mathrm{j}\omega)=\int_{-\infty}^{\infty}\delta(t)\cdot\mathrm{e}^{-\mathrm{j}\omega t}\mathrm{d}t=\int_{-\infty}^{\infty}\delta(t)\mathrm{d}t=1 \tag{3-94}$$

推导过程使用了连续单位冲激信号的乘法性质，即

$$x(t)\cdot\delta(t)=x(0)\cdot\delta(t) \tag{3-95}$$

从式（3-94）中可以得到连续单位冲激信号的频谱函数等于常数1。这类保持恒定幅值的频谱被称为均匀谱。将常数1代入式（3-92）的连续傅里叶逆变换定义式中，可推导得到

$$\begin{aligned}&\delta(t)=\frac{1}{2\pi}\int_{-\infty}^{\infty}1\cdot\mathrm{e}^{\mathrm{j}\omega t}\mathrm{d}\omega=\frac{1}{2\pi}\int_{-\infty}^{\infty}\mathrm{e}^{\mathrm{j}\omega t}\mathrm{d}\omega\\&\Rightarrow\int_{-\infty}^{\infty}\mathrm{e}^{\mathrm{j}\omega t}\mathrm{d}\omega=2\pi\delta(t)\end{aligned} \tag{3-96}$$

对式（3-96）进行变量代换，结合连续单位冲激信号的偶函数特性，可得到如下积分关系式，即

$$\begin{aligned}&\int_{-\infty}^{\infty}\mathrm{e}^{\mathrm{j}\omega t}\mathrm{d}t=2\pi\delta(\omega)\\&\int_{-\infty}^{\infty}\mathrm{e}^{-\mathrm{j}\omega t}\mathrm{d}t=2\pi\delta(-\omega)=2\pi\delta(\omega)\end{aligned} \tag{3-97}$$

由此可知，$x(t)=1$ 的频谱函数为$2\pi\delta(\omega)$。

接下来，推导连续傅里叶级数表达式中的基本单元——连续虚指数信号 $\mathrm{e}^{\mathrm{j}k\omega_0 t}$ 的频谱函数。

例3-8 连续周期信号 $\tilde{x}(t)=\mathrm{e}^{\mathrm{j}k\omega_0 t}$，求该信号 $\tilde{x}(t)$ 的频谱函数。

解：将 $\tilde{x}(t)=\mathrm{e}^{\mathrm{j}k\omega_0 t}$ 代入式（3-91）中，得到信号的频谱函数为

$$X(\mathrm{j}\omega)=\int_{-\infty}^{\infty}\mathrm{e}^{\mathrm{j}k\omega_0 t}\cdot\mathrm{e}^{-\mathrm{j}\omega t}\mathrm{d}t=\int_{-\infty}^{\infty}\mathrm{e}^{-\mathrm{j}(\omega-k\omega_0)t}\mathrm{d}t \tag{3-98}$$

根据式（3-97）的积分结果，可化简得到连续虚指数信号的频谱函数为

$$X(\mathrm{j}\omega)=\int_{-\infty}^{\infty}\mathrm{e}^{-\mathrm{j}(\omega-k\omega_0)t}\mathrm{d}t=2\pi\delta(\omega-k\omega_0) \tag{3-99}$$

最后，将连续傅里叶级数基本单元的连续傅里叶变换结果拓展至其他连续周期信号的频谱函数中。假设某连续周期信号 $\tilde{x}(t)$ 满足狄利克雷条件，其连续傅里叶级数表达式为

$$\tilde{x}(t)=\sum_{k=-\infty}^{\infty}a_k\cdot\mathrm{e}^{\mathrm{j}k\omega_0 t} \tag{3-100}$$

对式（3-100）两边同时进行连续傅里叶变换。根据连续傅里叶变换的线性特性，可以得到连续周期信号 $\tilde{x}(t)$ 的频谱函数为

$$\mathrm{F}[\tilde{x}(t)]=\sum_{k=-\infty}^{\infty}a_k\cdot\mathrm{F}[\mathrm{e}^{\mathrm{j}k\omega_0 t}]=2\pi\sum_{k=-\infty}^{\infty}a_k\cdot\delta(\omega-k\omega_0) \tag{3-101}$$

其中$F[\tilde{x}(t)]$表示连续周期信号$\tilde{x}(t)$的傅里叶变换结果（频谱函数）。从式（3-101）可以看出，计算连续周期信号的频谱函数，在已知信号基波频率的条件下，其本质依然是求解该信号的频谱系数。因此，式（3-101）被称为连续周期信号的傅里叶正变换公式。

3.5.3 典型连续信号的傅里叶变换

下面以几个典型信号为例，进一步阐述连续信号的傅里叶变换分析方法。首先来看几个典型连续非周期信号的频谱函数（傅里叶变换结果）。

例3-9 连续信号$x(t)=\mathrm{e}^{-at}u(t)$，其中，$a>0$，求该连续信号$x(t)$的频谱函数。

解：画出连续信号$x(t)$的时域波形，如图3-13所示。

图3-13所示信号为单调递减的连续单边指数信号。将信号表达式代入连续傅里叶变换的定义式（3-91）中，可以得到信号的频谱函数为

$$X(\mathrm{j}\omega)=\int_{-\infty}^{\infty}\mathrm{e}^{-at}u(t)\cdot\mathrm{e}^{-\mathrm{j}\omega t}\mathrm{d}t=\int_{0}^{\infty}\mathrm{e}^{-(a+\mathrm{j}\omega)t}\mathrm{d}t$$
$$=-\frac{1}{a+\mathrm{j}\omega}\mathrm{e}^{-(a+\mathrm{j}\omega)t}\Big|_{0}^{\infty}=\frac{1}{a+\mathrm{j}\omega} \quad (3\text{-}102)$$

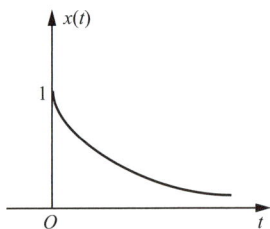

图 3-13 连续单边指数信号 $x(t)$ 的时域波形

信号频谱为复函数，因此其幅值和相位函数可分别表示为

$$|X(\mathrm{j}\omega)|=\frac{1}{\sqrt{a^2+\omega^2}}$$
$$\angle X(\mathrm{j}\omega)=-\arctan\left(\frac{\omega}{a}\right) \quad (3\text{-}103)$$

信号频谱的幅频和相频特性分别如图3-14（a）和图3-14（b）所示。

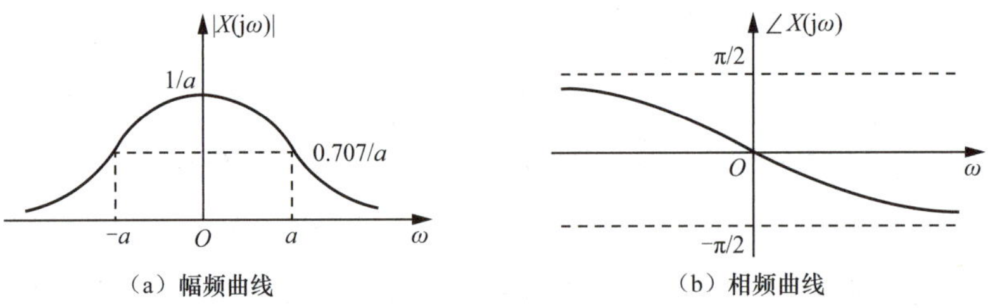

图 3-14 连续单边指数信号 $x(t)$ 的频域波形

需要注意的是，例3-9中给出的限制条件$a>0$是保证连续单边指数信号满足狄利克雷要求（绝对可积）的充分条件，即只有当参数$a>0$时，该连续单边指数信号才存在收敛的频谱函数。如果参数$a<0$，则该连续单边指数信号不存在收敛的频谱函数。

例3-10 连续信号$x(t)=\mathrm{e}^{-a|t|}$，其中，$a>0$，求该连续信号$x(t)$的频谱函数。

解：画出连续信号$x(t)$的时域波形，如图3-15所示。

可以看出，该信号为连续双边指数信号。将信号表达式代入连续傅里叶变换的定义式（3-91）中，可以得到该信号的频谱函数为

$$
\begin{aligned}
X(\mathrm{j}\omega)&=\int_{-\infty}^{\infty}\mathrm{e}^{-a|t|}\cdot\mathrm{e}^{-\mathrm{j}\omega t}\mathrm{d}t=\int_{-\infty}^{0}\mathrm{e}^{(a-\mathrm{j}\omega)t}\mathrm{d}t+\int_{0}^{\infty}\mathrm{e}^{-(a+\mathrm{j}\omega)t}\mathrm{d}t\\
&=\frac{1}{a-\mathrm{j}\omega}+\frac{1}{a+\mathrm{j}\omega}=\frac{2a}{a^2+\omega^2}
\end{aligned}
\qquad (3\text{-}104)
$$

连续双边指数信号的频谱函数为实函数，因此其相位恒等于零，幅频特性如图3-16所示。

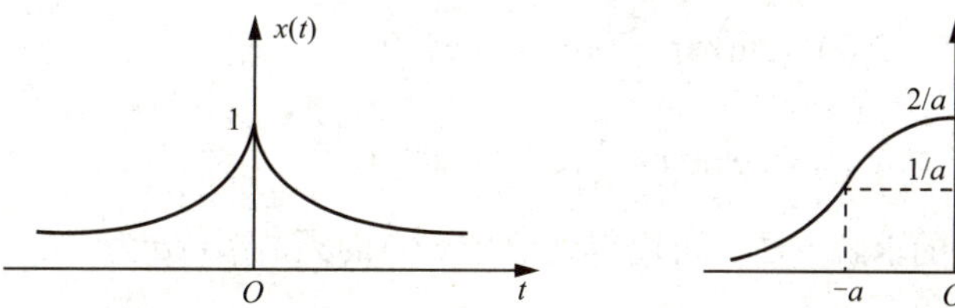

图 3-15　连续双边指数信号 $x(t)$ 的时域波形　　图 3-16　连续双边指数信号 $x(t)$ 的幅频曲线

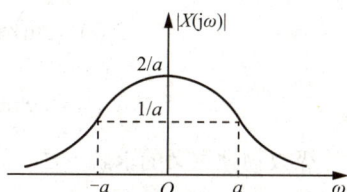

与连续单边指数信号相类似，$a>0$是保证连续双边指数信号满足狄利克雷要求（绝对可积）的充分条件，即只有当参数$a>0$时，连续双边指数信号才存在收敛的频谱函数。如果参数$a<0$，则该连续双边指数信号不存在收敛的频谱函数。

例3-11 连续信号$x(t)$是脉冲宽度为$2T_1$的方波信号，信号波形如图3-17所示，求该连续信号$x(t)$的频谱函数。

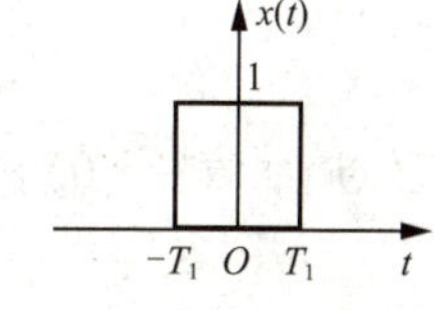

图 3-17　连续方波信号 $x(t)$ 的时域波形

解：根据图3-17中的波形得到信号$x(t)$的解析表达式为

$$
x(t)=\begin{cases}1, & -T_1<t<T_1\\ 0, & \text{其他}\end{cases}
\qquad (3\text{-}105)
$$

将式（3-105）代入连续傅里叶变换的定义式（3-91）中，可以得到该连续方波信号的频谱函数为

$$
X(\mathrm{j}\omega)=\int_{-T_1}^{T_1}1\cdot\mathrm{e}^{-\mathrm{j}\omega t}\mathrm{d}t=-\frac{1}{\mathrm{j}\omega}\mathrm{e}^{-\mathrm{j}\omega t}\Big|_{-T_1}^{T_1}=\frac{2\cdot\sin\omega T_1}{\omega}
\qquad (3\text{-}106)
$$

连续方波信号的频谱函数为实函数，因此其相位恒等于零，幅频特性如图3-18所示。

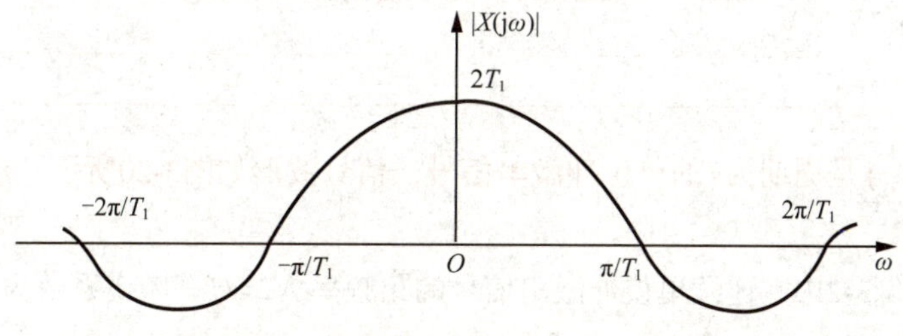

图 3-18　连续方波信号 $x(t)$ 的幅频特性波形

接下来看几个典型连续周期信号的频谱函数。

例3-12 连续信号 $\tilde{x}_1(t)$ 和 $\tilde{x}_2(t)$ 分别是频率为ω_0的正弦和余弦信号，即

$$\begin{aligned}\tilde{x}_1(t) &= \sin\omega_0 t \\ \tilde{x}_2(t) &= \cos\omega_0 t\end{aligned} \tag{3-107}$$

求该连续周期信号 $\tilde{x}_1(t)$ 和 $\tilde{x}_2(t)$ 的频谱函数。

解：连续信号 $\tilde{x}_1(t)$ 和 $\tilde{x}_2(t)$ 均是频率为ω_0的周期信号。通过欧拉公式对信号进行分解得

$$\begin{aligned}\tilde{x}_1(t) &= \sin\omega_0 t = \frac{\mathrm{j}}{2}(\mathrm{e}^{-\mathrm{j}\omega_0 t} - \mathrm{e}^{\mathrm{j}\omega_0 t}) \\ \tilde{x}_2(t) &= \cos\omega_0 t = \frac{1}{2}(\mathrm{e}^{-\mathrm{j}\omega_0 t} + \mathrm{e}^{\mathrm{j}\omega_0 t})\end{aligned} \tag{3-108}$$

基于连续傅里叶级数物理意义的求解方法，可以得到信号 $\tilde{x}_1(t)$ 的频谱系数a_k为

$$a_1 = -\frac{\mathrm{j}}{2};\quad a_{-1} = \frac{\mathrm{j}}{2} \tag{3-109}$$

同理，$\tilde{x}_2(t)$ 的频谱系数b_k可表示为

$$b_1 = b_{-1} = \frac{1}{2} \tag{3-110}$$

将式（3-109）和式（3-110）代入连续周期信号傅里叶变换的定义式（3-101）中，可得连续周期信号 $\tilde{x}_1(t)$ 和 $\tilde{x}_2(t)$ 的频谱函数为

$$\begin{aligned}\mathrm{F}[\tilde{x}_1(t)] &= \mathrm{j}\pi[\delta(\omega+\omega_0) - \delta(\omega-\omega_0)] \\ \mathrm{F}[\tilde{x}_2(t)] &= \pi[\delta(\omega+\omega_0) + \delta(\omega-\omega_0)]\end{aligned} \tag{3-111}$$

连续周期信号 $\tilde{x}_1(t)$ 和 $\tilde{x}_2(t)$ 的频谱函数波形分别如图3-19（a）和图3-19（b）所示。

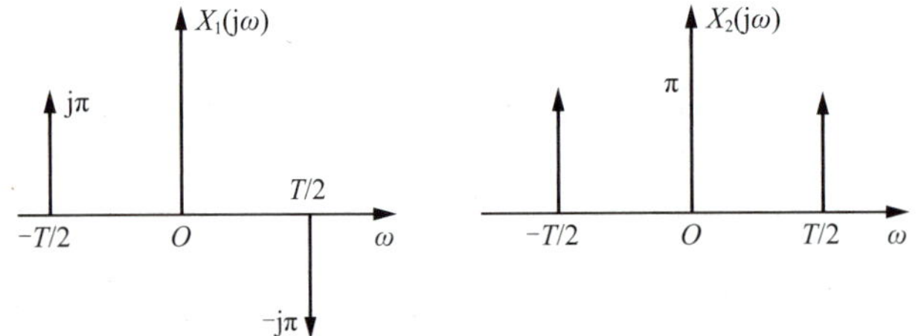

（a）正弦信号$\tilde{x}_1(t)$的频谱函数　（b）余弦信号$\tilde{x}_2(t)$的频谱函数

图 3-19　连续正弦信号与余弦信号的频谱函数波形

例3-13 连续信号 $\tilde{x}(t)$ 是周期为T的单位冲激串信号，信号波形如图3-20所示，求该连续周期信号 $\tilde{x}(t)$ 的频谱函数。

解：在3.2.2小节的例3-2中，连续单位冲激串信号的角频率为$2\pi/T$、频谱系数为常数$1/T$，即

$$\begin{aligned}\omega_0 &= \frac{2\pi}{T} \\ a_k &= \frac{1}{T}\quad k = 0,\pm1,\cdots\end{aligned} \tag{3-112}$$

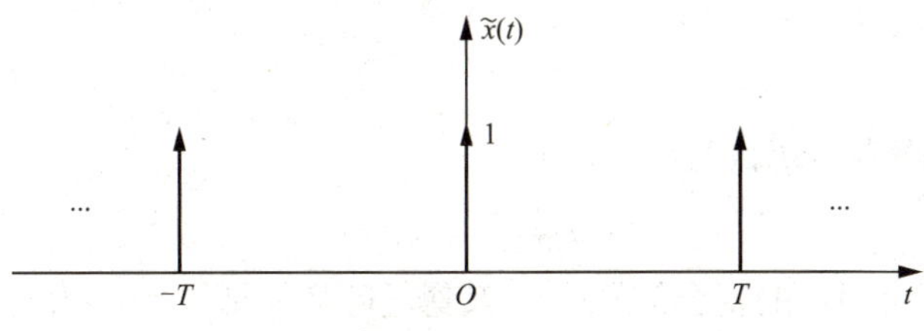

图 3-20　连续单位冲激串信号 $\tilde{x}(t)$ 的时域波形

将式（3-112）代入连续周期信号傅里叶变换的定义式（3-101）中，可得到该连续周期信号 $\tilde{x}(t)$ 的频谱函数为

$$\mathrm{F}[\tilde{x}(t)]=\frac{2\pi}{T}\sum_{k=-\infty}^{\infty}\delta(\omega-k\omega_0)=\omega_0\sum_{k=-\infty}^{\infty}\delta(\omega-k\omega_0) \tag{3-113}$$

由此可知，连续单位冲激串信号的频谱函数依然是单位冲激串信号。连续周期信号 $\tilde{x}(t)$ 的频谱波形如图3-21所示。

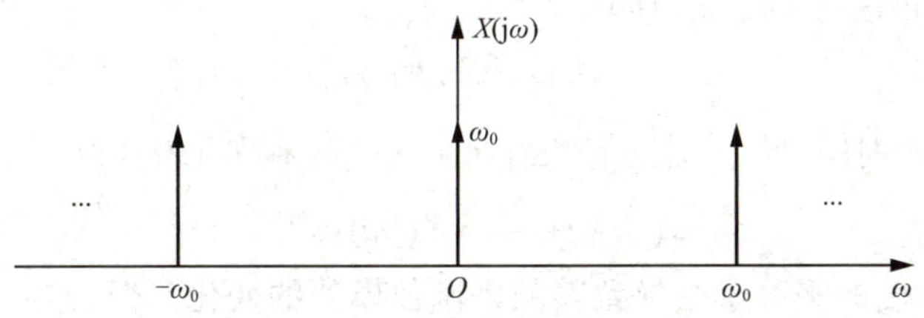

图 3-21　连续单位冲激串信号 $\tilde{x}(t)$ 的频谱波形

3.6 连续傅里叶变换的性质

本节将介绍关于连续傅里叶变换的一系列重要性质。通过前面章节的分析，连续傅里叶变换源自连续傅里叶级数，因此二者之间存在十分紧密的联系。大部分连续傅里叶变换的性质（如线性、时移性、共轭对称性等）与其对应连续傅里叶级数的性质十分相似；但同时也存在部分连续傅里叶变换性质（如尺度变换性、微分性等）随着信号分析的时长从有限时段（单个周期）延伸至整个时域范围，和与其对应的连续傅里叶级数性质相比发生了明显变化。为了避免相似内容的重复推导，本节省略了对相似性质的推导过程，并重点对区别较大的性质进行详细分析，以加深对连续傅里叶变换本身以及连续信号时域与频域特性关系的透彻认识。目前，了解、挖掘和应用傅里叶变换的性质已成为信号频域分析工作中最重要的研究内容之一。

与连续傅里叶级数的符号表示方法相类似，采用如下的双向箭头符号来表示连续信号$x(t)$与其频谱函数$X(\mathrm{j}\omega)$之间的对应关系

$$x(t)\xleftrightarrow{\mathrm{FT}}X(\mathrm{j}\omega)$$

其中，双向箭头符号上的字母FT为连续傅里叶变换的英文（Fourier Transform）的首字母缩写。

3.6.1 线性

假设连续信号$x_i(t)$的频谱函数为$X_i(\mathrm{j}\omega)$，即

$$x_i(t) \xleftrightarrow{\mathrm{FT}} X_i(\mathrm{j}\omega)$$

对于由分量$x_i(t)$线性组合而成的复合信号$x(t)$，其傅里叶变换结果$X(\mathrm{j}\omega)$为各分量连续傅里叶变换结果的线性组合，即

$$x(t) = \sum_{i=1}^{N} a_i \cdot x_i(t) \xleftrightarrow{\mathrm{FT}} X(\mathrm{j}\omega) = \sum_{i=1}^{N} a_i \cdot X_i(\mathrm{j}\omega) \tag{3-114}$$

其中，N为任意整数，表示复合信号中包含分量的个数；a_i为任意复数，表示复合信号中第i个分量的加权系数。

3.6.2 时移性

假设连续信号$x(t)$的频谱函数为$X(\mathrm{j}\omega)$，即

$$x(t) \xleftrightarrow{\mathrm{FT}} X(\mathrm{j}\omega)$$

将连续信号$x(t)$延时t_0个时间单位，时延信号$x(t-t_0)$的频谱函数可表示为

$$x(t-t_0) \xleftrightarrow{\mathrm{FT}} X(\mathrm{j}\omega)\cdot \mathrm{e}^{-\mathrm{j}\omega t_0} \tag{3-115}$$

即连续信号在时间维度的平移不会导致其频谱函数模值的变化，但会导致其频谱函数相位的改变。

3.6.3 反褶性

假设连续信号$x(t)$的频谱函数为$X(\mathrm{j}\omega)$，即

$$x(t) \xleftrightarrow{\mathrm{FT}} X(\mathrm{j}\omega)$$

在时域内对连续信号$x(t)$进行反褶，反褶信号$x(-t)$的频谱函数可表示为

$$x(-t) \xleftrightarrow{\mathrm{FS}} X(-\mathrm{j}\omega) \tag{3-116}$$

即连续信号在时域内的反褶会导致其频谱函数的同步反褶。事实上，连续傅里叶变换的反褶性可以视为连续傅里叶变换尺度变换性质在尺度变换因子$a=-1$条件下的一种特例情况。

3.6.4 共轭对称性

假设连续信号$x(t)$的频谱函数为$X(\mathrm{j}\omega)$，即

$$x(t) \xleftrightarrow{\mathrm{FT}} X(\mathrm{j}\omega)$$

时域内共轭信号$x^*(t)$的频谱函数可表示为

$$x^*(t) \xleftrightarrow{\mathrm{FS}} X^*(-\mathrm{j}\omega) \tag{3-117}$$

即时域内共轭信号的频谱函数等于原信号频谱函数反褶后再共轭的结果。

根据傅里叶变换的共轭对称性质可以得到以下两点重要推论。

（1）如果连续信号$x(t)$为实函数，即在时域内信号满足$x(t)=x^*(t)$，那么信号频谱函数的实部为偶函数、虚部为奇函数，即$\mathrm{Re}[X(\mathrm{j}\omega)]=\mathrm{Re}[X(-\mathrm{j}\omega)]$，$\mathrm{Im}[X(\mathrm{j}\omega)]=-\mathrm{Im}[X(-\mathrm{j}\omega)]$。

（2）如果连续信号$x(t)$为实函数，即在时域内信号满足$x(t)=x^*(t)$，那么信号频谱函数的模为偶函数、相位为奇函数，即$|X(\mathrm{j}\omega)|=|X(-\mathrm{j}\omega)|$，$\angle[X(\mathrm{j}\omega)]=-\angle[X(-\mathrm{j}\omega)]$。

分析：因为连续信号$x(t)$为实函数，根据傅里叶变换的共轭对称性质，则推导过程如下。

$$\begin{aligned}&\because\ x(t)=x^*(t)\\&\therefore\ X(\mathrm{j}\omega)=X^*(-\mathrm{j}\omega)\end{aligned}\tag{3-118}$$

将信号的频谱函数分解为实部和虚部的表达形式，则式（3-118）可表示为

$$\begin{aligned}&\because\ \mathrm{Re}[X(\mathrm{j}\omega)]+\mathrm{j}\cdot\mathrm{Im}[X(\mathrm{j}\omega)]=\mathrm{Re}[X(-\mathrm{j}\omega)]-\mathrm{j}\cdot\mathrm{Im}[X(-\mathrm{j}\omega)]\\&\therefore\ \mathrm{Re}[X(\mathrm{j}\omega)]=\mathrm{Re}[X(-\mathrm{j}\omega)];\ \mathrm{Im}[X(\mathrm{j}\omega)]=-\mathrm{Im}[X(-\mathrm{j}\omega)]\end{aligned}\tag{3-119}$$

其中$\mathrm{Re}[X(\mathrm{j}\omega)]$和$\mathrm{Im}[X(\mathrm{j}\omega)]$分别表示信号$x(t)$频谱的实部和虚部。从式（3-119）可得推论（1）。同理，将信号的频谱函数分解为模和相位的表达形式，则式（3-118）可表示为

$$\begin{aligned}&\because\ |X(\mathrm{j}\omega)|\cdot\mathrm{e}^{\mathrm{j}\angle X(\mathrm{j}\omega)}=|X(-\mathrm{j}\omega)|\cdot\mathrm{e}^{-\mathrm{j}\angle X(-\mathrm{j}\omega)}\\&\therefore\ |X(\mathrm{j}\omega)|=|X(-\mathrm{j}\omega)|\quad \angle X(\mathrm{j}\omega)=-\angle X(-\mathrm{j}\omega)\end{aligned}\tag{3-120}$$

其中，$|X(\mathrm{j}\omega)|$和$\angle X(\mathrm{j}\omega)$分别表示信号$x(t)$频谱的模和相位。从式（3-120）可得推论（2）。

结合连续傅里叶变换的反褶和共轭对称性质可以得到以下两点推论。

（1）如果连续信号$x(t)$为实偶函数，那么该信号的频谱函数同样为实偶函数。

（2）如果连续信号$x(t)$为实奇函数，那么该信号的频谱函数为虚奇函数。

分析：如果信号$x(t)$为偶函数，根据连续傅里叶变换的反褶性，可以推导得到

$$\begin{aligned}&\because\ x(t)=x(-t)\\&\therefore\ X(\mathrm{j}\omega)=X(-\mathrm{j}\omega)\end{aligned}\tag{3-121}$$

即$X(\mathrm{j}\omega)$为偶函数。结合式（3-118），可以推导得到

$$\begin{aligned}&\because\ X(\mathrm{j}\omega)=X(-\mathrm{j}\omega)\quad X(\mathrm{j}\omega)=X^*(-\mathrm{j}\omega)\\&\therefore\ X(-\mathrm{j}\omega)=X^*(-\mathrm{j}\omega)\end{aligned}\tag{3-122}$$

即$X(-\mathrm{j}\omega)$和$X(\mathrm{j}\omega)$均为实函数。因此可得推论（1）。

同理，如果连续信号$x(t)$为奇函数，根据傅里叶变换的反褶性，可以推导得到

$$\begin{aligned}&\because\ x(t)=-x(-t)\\&\therefore\ X(\mathrm{j}\omega)=-X(-\mathrm{j}\omega)\end{aligned}\tag{3-123}$$

即$X(\mathrm{j}\omega)$为奇函数。结合式（3-118），可以推导得到

$$\begin{aligned}&\because\ X(\mathrm{j}\omega)=-X(-\mathrm{j}\omega)\quad X(\mathrm{j}\omega)=X^*(-\mathrm{j}\omega)\\&\therefore\ X(-\mathrm{j}\omega)=-X^*(-\mathrm{j}\omega)\end{aligned}\tag{3-124}$$

即$X(-\mathrm{j}\omega)$和$X(\mathrm{j}\omega)$均为虚函数。因此可得推论（2）。

3.6.5 尺度变换性

假设连续信号$x(t)$的频谱函数为$X(\mathrm{j}\omega)$，即

$$x(t)\xleftrightarrow{\mathrm{FT}}X(\mathrm{j}\omega)$$

对任意非零实数a，$x(at)$的频谱函数可表示为

$$x(at)\xleftrightarrow{\text{FT}}\frac{1}{|a|}X\left(\frac{\mathrm{j}\omega}{a}\right) \quad (3\text{-}125)$$

即连续信号在时域内的压缩（扩展）会导致其频谱波形的等比例扩展（压缩）。

分析：如果$a>0$，根据连续傅里叶变换的定义式（3-91），信号$x(at)$的频谱函数$X'(\mathrm{j}\omega)$可表示为

$$\begin{aligned}X'(\mathrm{j}\omega)&=\int_{-\infty}^{\infty}x(at)\cdot \mathrm{e}^{-\mathrm{j}\omega t}\mathrm{d}t=\frac{1}{a}\int_{-\infty}^{\infty}x(at)\cdot \mathrm{e}^{-\mathrm{j}\frac{\omega}{a}\cdot(at)}\mathrm{d}(at)\\&=\frac{1}{a}\int_{-\infty}^{\infty}x(\tau)\cdot \mathrm{e}^{-\mathrm{j}\frac{\omega}{a}\cdot(\tau)}\mathrm{d}\tau=\frac{1}{a}X\left(\mathrm{j}\frac{\omega}{a}\right)\end{aligned} \quad (3\text{-}126)$$

如果$a<0$，压缩信号$x(at)$的频谱函数$X'(\mathrm{j}\omega)$可表示为

$$\begin{aligned}X'(\mathrm{j}\omega)&=\int_{-\infty}^{\infty}x(at)\cdot \mathrm{e}^{-\mathrm{j}\omega t}\mathrm{d}t=\frac{1}{a}\int_{-\infty}^{\infty}x(at)\cdot \mathrm{e}^{-\mathrm{j}\frac{\omega}{a}\cdot(at)}\mathrm{d}(at)\\&=\frac{1}{a}\int_{\infty}^{-\infty}x(\tau)\cdot \mathrm{e}^{-\mathrm{j}\frac{\omega}{a}\cdot(\tau)}\mathrm{d}\tau=-\frac{1}{a}X\left(\mathrm{j}\frac{\omega}{a}\right)\end{aligned} \quad (3\text{-}127)$$

因此，综合式（3-126）和式（3-127）可以得到式（3-125）的尺度变换性质。

3.6.6 卷积性

假设两个连续信号为$x_1(t)$和$x_2(t)$，其频谱函数分别为$X_1(\mathrm{j}\omega)$和$X_2(\mathrm{j}\omega)$，即

$$x_1(t)\xleftrightarrow{\text{FT}}X_1(\mathrm{j}\omega)$$
$$x_2(t)\xleftrightarrow{\text{FT}}X_2(\mathrm{j}\omega)$$

对于连续卷积信号$x(t)=x_1(t)*x_2(t)$，其频谱函数$X(\mathrm{j}\omega)$可表示为

$$x(t)=x_1(t)*x_2(t)\xleftrightarrow{\text{FT}}X(\mathrm{j}\omega)=X_1(\mathrm{j}\omega)\cdot X_2(\mathrm{j}\omega) \quad (3\text{-}128)$$

即连续信号在时域内的卷积对应其频谱函数的乘积。该性质是通过频域分析方法求解LTI系统输出响应的重要理论基础之一。

分析：根据时域卷积运算的定义式，卷积信号$x(t)$可表示为

$$x(t)=x_1(t)*x_2(t)=\int_{-\infty}^{\infty}x_1(\tau)\cdot x_2(t-\tau)\mathrm{d}\tau \quad (3\text{-}129)$$

将式（3-129）代入连续傅里叶变换的定义式（3-91）中，得到连续卷积信号$x(t)$的频谱函数$X(\mathrm{j}\omega)$为

$$\begin{aligned}\mathrm{F}[x(t)]&=\int_{-\infty}^{\infty}x(t)\cdot \mathrm{e}^{-\mathrm{j}\omega t}\mathrm{d}t=\int_{-\infty}^{\infty}\left[\int_{-\infty}^{\infty}x_1(\tau)\cdot x_2(t-\tau)\mathrm{d}\tau\right]\cdot \mathrm{e}^{-\mathrm{j}\omega t}\mathrm{d}t\\&=\int_{-\infty}^{\infty}x_1(\tau)\cdot\left[\int_{-\infty}^{\infty}x_2(t-\tau)\cdot \mathrm{e}^{-\mathrm{j}\omega t}\mathrm{d}t\right]\mathrm{d}\tau\\&=\int_{-\infty}^{\infty}x_1(\tau)\cdot\left[\int_{-\infty}^{\infty}x_2(t-\tau)\cdot \mathrm{e}^{-\mathrm{j}\omega(t-\tau)}\mathrm{d}(t-\tau)\right]\cdot \mathrm{e}^{-\mathrm{j}\omega\tau}\mathrm{d}\tau\\&=\int_{-\infty}^{\infty}x_1(\tau)\cdot[X_2(\mathrm{j}\omega)]\cdot \mathrm{e}^{-\mathrm{j}\omega\tau}\mathrm{d}\tau\\&=X_2(\mathrm{j}\omega)\cdot\int_{-\infty}^{\infty}x_1(\tau)\cdot \mathrm{e}^{-\mathrm{j}\omega\tau}\mathrm{d}\tau=X_1(\mathrm{j}\omega)\cdot X_2(\mathrm{j}\omega)\end{aligned} \quad (3\text{-}130)$$

与上述分析相类似，连续傅里叶变换的卷积性质可推广至任意多个分量的卷积应用中。

3.6.7　时域微分性

假设连续信号$x(t)$的傅里叶变换结果为$X(j\omega)$，即

$$x(t)\xleftrightarrow{\text{FT}}X(j\omega)$$

则时域内连续微分信号$x_1(t)=dx(t)/dt$的频谱函数$X_1(j\omega)$可表示为

$$x_1(t)=\frac{dx(t)}{dt}\xleftrightarrow{\text{FT}}X_1(j\omega)=j\omega\cdot X(j\omega) \qquad (3\text{-}131)$$

即时域内连续微分信号的频谱函数等于原信号频谱函数与线性函数$j\omega$的乘积。该性质是通过频域分析方法构建LTI系统模型的重要理论基础之一。

分析：从系统分析的角度，连续微分信号$x_1(t)$可以视为输入信号$x(t)$通过一个一阶微分器所产生的输出响应，如图3-22所示。

$x(t)$ → $\frac{d}{dt}$ → $x_1(t)$

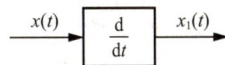

图 3-22　一阶微分器

因为微分器的单位冲激响应为连续的单位冲激偶信号$\delta'(t)$，因此根据时域分析方法，可以得到

$$x_1(t)=x(t)*\delta'(t) \qquad (3\text{-}132)$$

对式（3-132）的等式两边同时进行连续傅里叶变换，根据连续傅里叶变换的卷积性质，可以得到连续微分信号$x_1(t)$的频谱函数$X_1(j\omega)$为

$$X_1(j\omega)=X(j\omega)\cdot H(j\omega) \qquad (3\text{-}133)$$

其中，$H(j\omega)$为连续单位冲激偶信号的频谱函数。将连续单位冲激偶信号代入傅里叶变换的定义式（3-91）中，得到连续单位冲激偶信号$\delta'(t)$的频谱函数$H(j\omega)$为

$$\begin{aligned}H(j\omega)&=\int_{-\infty}^{\infty}\delta'(t)\cdot e^{-j\omega t}dt=\int_{-\infty}^{\infty}[\delta'(t)\cdot e^{0}+j\omega\delta(t)\cdot e^{0}]\cdot dt\\&=\int_{-\infty}^{\infty}\delta'(t)dt+j\omega\int_{-\infty}^{\infty}\delta(t)dt=j\omega\end{aligned} \qquad (3\text{-}134)$$

推导过程使用了如下单位冲激偶信号的性质

$$x(t)\cdot\delta'(t)=x(0)\cdot\delta'(t)-x'(0)\cdot\delta(t) \qquad (3\text{-}135)$$

将式（3-134）代入式（3-133）中，可得式（3-131）所示的微分性质。与上面的分析相类似，通过多级一阶微分器的级联系统可以将连续傅里叶变换的微分性推广至任意高阶微分的应用中，即

$$x_k(t)=\frac{d^k x(t)}{dt^k}\xleftrightarrow{\text{FT}}X_k(j\omega)=(j\omega)^k\cdot X(j\omega) \qquad (3\text{-}136)$$

3.6.8　时域积分性

假设连续信号$x(t)$的频谱函数为$X(j\omega)$，即

$$x(t)\xleftrightarrow{\text{FT}}X(j\omega)$$

时域内连续积分信号$x_1(t)$的频谱函数$X_1(j\omega)$可表示为

$$x_1(t)=\int_{-\infty}^{t}x(\tau)d\tau\xleftrightarrow{\text{FT}}X_1(j\omega)=\frac{X(j\omega)}{j\omega}+\pi X(0)\delta(\omega) \qquad (3\text{-}137)$$

分析：关于时域积分性质的证明和时域微分性质的证明十分接近。将积分信号$x_1(t)$视为输入信号$x(t)$通过一个一阶积分器所产生的输出响应，如图3-23所示。

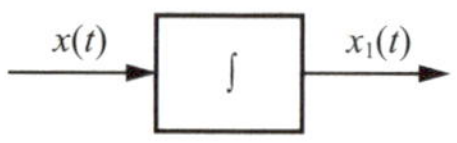

图 3-23 一阶积分器

积分器的单位冲激响应为连续的单位阶跃信号$u(t)$，因此可以得到

$$x_1(t)=x(t)*u(t)\xleftrightarrow{\text{FT}}X_1(\mathrm{j}\omega)=X(\mathrm{j}\omega)\cdot H(\mathrm{j}\omega) \tag{3-138}$$

其中，$H(\mathrm{j}\omega)$为单位阶跃信号的频谱函数。虽然严格来说单位阶跃信号并不满足狄利克雷条件（绝对可积），但借助3.5.2小节中对奇异函数的连续傅里叶变换分析，可以推导出其对应的频谱函数为

$$H(\mathrm{j}\omega)=\frac{1}{\mathrm{j}\omega}+\pi\delta(\omega) \tag{3-139}$$

将式（3-139）代入式（3-138）中，可得

$$X_1(\mathrm{j}\omega)=X(\mathrm{j}\omega)\cdot\left[\frac{1}{\mathrm{j}\omega}+\pi\delta(\omega)\right]=\frac{X(\mathrm{j}\omega)}{\mathrm{j}\omega}+\pi X(0)\cdot\delta(\omega) \tag{3-140}$$

其中，$X(0)$表示频谱函数$X(\mathrm{j}\omega)$在$\omega=0$时的取值。

在许多情况下往往希望用更加直观的信号时域幅值来代替其频谱幅值。因此，式（3-140）还可进一步转换为

$$X_1(\mathrm{j}\omega)=\frac{X(\mathrm{j}\omega)}{\mathrm{j}\omega}+\pi[x_1(\infty)+x_1(-\infty)]\cdot\delta(\omega) \tag{3-141}$$

其中$x_1(\infty)$和$x_1(-\infty)$分别代表连续积分信号$x_1(t)$在t趋于正无穷和t趋于负无穷时的幅值。

与上面的分析相类似，可以将傅里叶变换的积分性推广至任意高阶积分的应用中，即

$$x^{(-k)}(t)\xleftrightarrow{\text{FT}}X_k(\mathrm{j}\omega)=\frac{X(\mathrm{j}\omega)}{(\mathrm{j}\omega)^k}+\pi[x^{(-k)}(\infty)+x^{(-k)}(-\infty)]\cdot\delta(\omega) \tag{3-142}$$

其中，k为任意正整数，$x^{(-k)}(t)$为连续信号$x(t)$的k阶积分信号。

3.6.9 对偶性

假设连续信号$x(t)$的频谱函数为$X(\mathrm{j}\omega)$，即

$$x(t)\xleftrightarrow{\text{FT}}X(\mathrm{j}\omega)$$

变量代换后，信号$X(\mathrm{j}t)$的频谱函数可表示为

$$X(\mathrm{j}t)\xleftrightarrow{\text{FT}}2\pi x(-\omega) \tag{3-143}$$

即时域与频域内的信号特征关系具有一定程度的对偶性。

分析：对比式（3-91）和式（3-92）可以发现，连续傅里叶正变换与逆变换具有十分相近的表达形式，因此可以通过变量代换完成信号时域与频域特性之间的对偶映射。根据连续傅里叶变换的定义式（3-91），信号$x(t)$的频谱函数$X(\mathrm{j}\omega)$可表示为

$$X(\mathrm{j}\omega)=\int_{-\infty}^{\infty}x(t)\cdot\mathrm{e}^{-\mathrm{j}\omega t}\mathrm{d}t=\frac{1}{2\pi}\int_{-\infty}^{\infty}2\pi\cdot x(t)\cdot\mathrm{e}^{-\mathrm{j}\omega t}\mathrm{d}t \tag{3-144}$$

通过变量代换，式（3-144）可转化为

$$X(\mathrm{j}t)=\frac{1}{2\pi}\int_{-\infty}^{\infty}[2\pi\cdot x(\omega)]\cdot \mathrm{e}^{-\mathrm{j}\omega t}\mathrm{d}\omega$$
$$\Rightarrow X(-\mathrm{j}t)=\frac{1}{2\pi}\int_{-\infty}^{\infty}[2\pi\cdot x(\omega)]\cdot \mathrm{e}^{\mathrm{j}\omega t}\mathrm{d}\omega \tag{3-145}$$

参照连续傅里叶逆变换的定义式（3-92），连续信号$X(-\mathrm{j}t)$的频谱函数可表示为

$$X(-\mathrm{j}t)\xleftrightarrow{\mathrm{FT}}2\pi x(\omega) \tag{3-146}$$

最后通过反褶性可以推导出变量代换后信号$X(\mathrm{j}t)$的频谱函数为式（3-143）。

将傅里叶变换的对偶性与其他性质相结合，可以得到以下三点推论。

（1）**频域微分性**：假设连续信号$x(t)$的频谱函数为$X(\mathrm{j}\omega)$，对频谱函数$X(\mathrm{j}\omega)$进行n阶求导运算，其对应的时域信号可表示为

$$(-\mathrm{j}t)^n\cdot x(t)\xleftrightarrow{\mathrm{FT}}\frac{\mathrm{d}^n X(\mathrm{j}\omega)}{\mathrm{d}\omega^n} \tag{3-147}$$

（2）**频移性**：假设连续信号$x(t)$的频谱函数为$X(\mathrm{j}\omega)$，将频谱函数$X(\mathrm{j}\omega)$在频域内平移ω_0个单位，其对应的时域信号可表示为

$$x(t)\cdot \mathrm{e}^{\mathrm{j}\omega_0 t}\xleftrightarrow{\mathrm{FT}}X[\mathrm{j}(\omega-\omega_0)] \tag{3-148}$$

（3）**乘法性**：假设两个连续信号为$x_1(t)$和$x_2(t)$，其频谱函数分别为$X_1(\mathrm{j}\omega)$和$X_2(\mathrm{j}\omega)$，即

$$x_1(t)\xleftrightarrow{\mathrm{FT}}X_1(\mathrm{j}\omega)$$
$$x_2(t)\xleftrightarrow{\mathrm{FT}}X_2(\mathrm{j}\omega)$$

对于乘积信号$x(t)=x_1(t)\cdot x_2(t)$，其频谱函数$X(\mathrm{j}\omega)$可表示为

$$x(t)=x_1(t)\cdot x_2(t)\xleftrightarrow{\mathrm{FT}}X(\mathrm{j}\omega)=\frac{1}{2\pi}X_1(\mathrm{j}\omega)*X_2(\mathrm{j}\omega) \tag{3-149}$$

即信号在时域内的乘积对应其频谱函数的卷积。

3.6.10　帕斯瓦尔定理

假设连续信号$x(t)$的频谱函数为$X(\mathrm{j}\omega)$，即

$$x(t)\xleftrightarrow{\mathrm{FT}}X(\mathrm{j}\omega)$$

信号$x(t)$的总能量可表示为

$$E=\int_{-\infty}^{\infty}|x(t)|^2\,\mathrm{d}t=\frac{1}{2\pi}\int_{-\infty}^{\infty}|X(\mathrm{j}\omega)|^2\,\mathrm{d}\omega \tag{3-150}$$

分析：根据第1章的分析，信号$x(t)$的总能量可表示为

$$E=\int_{-\infty}^{\infty}|x(t)|^2\,\mathrm{d}t=\int_{-\infty}^{\infty}x(t)\cdot x^*(t)\mathrm{d}t \tag{3-151}$$

结合连续傅里叶变换的共轭对称性，共轭信号$x^*(t)$可表示为

$$\because\quad x^*(t)\xleftrightarrow{\mathrm{FT}}X^*(-\mathrm{j}\omega)$$
$$\therefore\quad x^*(t)=\frac{1}{2\pi}\int_{-\infty}^{\infty}X^*(-\mathrm{j}\omega)\cdot \mathrm{e}^{\mathrm{j}\omega t}\mathrm{d}\omega=\frac{1}{2\pi}\int_{-\infty}^{\infty}X^*(\mathrm{j}\omega)\cdot \mathrm{e}^{-\mathrm{j}\omega t}\mathrm{d}\omega \tag{3-152}$$

将式（3-152）代入式（3-151）中并更换变量的积分顺序，可得连续信号$x(t)$的总能量为

$$E=\int_{-\infty}^{\infty}x(t)\cdot x^{*}(t)\mathrm{d}t=\int_{-\infty}^{\infty}x(t)\cdot\left[\frac{1}{2\pi}\int_{-\infty}^{\infty}X^{*}(\mathrm{j}\omega)\cdot\mathrm{e}^{-\mathrm{j}\omega t}\mathrm{d}\omega\right]\mathrm{d}t$$
$$=\frac{1}{2\pi}\int_{-\infty}^{\infty}X^{*}(\mathrm{j}\omega)\cdot\left[\int_{-\infty}^{\infty}x(t)\cdot\mathrm{e}^{-\mathrm{j}\omega t}\mathrm{d}t\right]\mathrm{d}\omega=\frac{1}{2\pi}\int_{-\infty}^{\infty}X^{*}(\mathrm{j}\omega)\cdot X(\mathrm{j}\omega)\mathrm{d}\omega \qquad (3\text{-}153)$$
$$=\frac{1}{2\pi}\int_{-\infty}^{\infty}|X(\mathrm{j}\omega)|^{2}\,\mathrm{d}\omega$$

从式（3-150）可以看出，连续信号的总能量不仅可以在时域内通过单位时间内信号瞬时功率的积分进行计算，也可以在频域内通过单位频率内信号频谱能量的积分进行计算。因此，通常将频谱能量$|X(\mathrm{j}\omega)|^2$称为信号的能谱密度函数。

3.6.11 连续傅里叶变换的性质汇总

综合前面的分析，表3-4中汇总了傅里叶变换的一系列重要性质。

表 3-4 傅里叶变换的性质

章节	性质	非周期信号	傅里叶变换
		$x_1(t)$	$X_1(\mathrm{j}\omega)$
		$x_2(t)$	$X_2(\mathrm{j}\omega)$
3.6.1	线性	$ax_1(t)+bx_2(t)$	$aX_1(\mathrm{j}\omega)+bX_2(\mathrm{j}\omega)$
3.6.2	时移	$x_1(t-t_0)$	$\mathrm{e}^{-\mathrm{j}\omega t_0}X_1(\mathrm{j}\omega)$
3.6.9	频移	$\mathrm{e}^{\mathrm{j}\omega_0 t}x_1(t)$	$X_1[\mathrm{j}(\omega-\omega_0)]$
3.6.3	反褶	$x_1(-t)$	$X_1(-\mathrm{j}\omega)$
3.6.4	共轭对称	$x_1^{*}(t)$	$X_1^{*}(-\mathrm{j}\omega)$
3.6.5	尺度变换	$x_1(at)$	$\frac{1}{\lvert a\rvert}X_1\left(\frac{\mathrm{j}\omega}{a}\right)$
3.6.6	卷积	$x_1(t)*x_2(t)$	$X_1(\mathrm{j}\omega)X_2(\mathrm{j}\omega)$
3.6.9	乘法	$x_1(t)x_2(t)$	$\frac{1}{2\pi}X_1(\mathrm{j}\omega)*X_2(\mathrm{j}\omega)$
3.6.7	时域微分	$\frac{\mathrm{d}}{\mathrm{d}t}x_1(t)$	$\mathrm{j}\omega X_1(\mathrm{j}\omega)$
3.6.8	时域积分	$\int_{-\infty}^{t}x_1(t)\mathrm{d}t$	$\frac{1}{\mathrm{j}\omega}X_1(\mathrm{j}\omega)+\pi X_1(0)\delta(\omega)$
3.6.9	频域微分	$-\mathrm{j}tx_1(t)$	$\frac{\mathrm{d}}{\mathrm{d}\omega}X_1(\mathrm{j}\omega)$
3.6.4	实信号的共轭对称性	$x_1(t)$为实信号	$\begin{cases}X_1(\mathrm{j}\omega)=X_1^{*}(-\mathrm{j}\omega)\\ \mathrm{Re}\{X_1(\mathrm{j}\omega)\}=\mathrm{Re}\{X_1(-\mathrm{j}\omega)\}\\ \mathrm{Im}\{X_1(\mathrm{j}\omega)\}=-\mathrm{Im}\{X_1(-\mathrm{j}\omega)\}\\ \lvert X_1(\mathrm{j}\omega)\rvert=\lvert X_1(-\mathrm{j}\omega)\rvert\\ \angle X_1(\mathrm{j}\omega)=-\angle X_1(-\mathrm{j}\omega)\end{cases}$
3.6.4	实、偶信号的对称性	$x_1(t)$为实、偶信号	$X_1(\mathrm{j}\omega)$为实、偶函数
3.6.4	实、奇信号的对称性	$x_1(t)$为实、奇信号	$X_1(\mathrm{j}\omega)$为纯虚、奇函数

续表

章节	性质	非周期信号	傅里叶变换
3.6.4	实信号的奇偶分解	$x_{1e}(t)=\mathcal{E}_u[x_1(t)]$，$x_1(t)$ 为实 $x_{1o}(t)=O_d[x_1(t)]$，$x_1(t)$ 为实	$\mathrm{Re}\{X_1(-\mathrm{j}\omega)\}$ $\mathrm{jIm}\{X_1(-\mathrm{j}\omega)\}$
3.6.10	非周期信号的帕斯瓦尔定理 $\int_{-\infty}^{+\infty}\lvert x_1(t)\rvert^2\,\mathrm{d}t=\frac{1}{2\pi}\int_{-\infty}^{+\infty}\lvert X_1(\mathrm{j}\omega)\rvert^2\,\mathrm{d}\omega$		

3.7 常用的连续傅里叶变换分析方法

3.7.1 基于连续傅里叶变换定义的求解方法

例3-14 计算连续信号$x(t)$的频谱函数。

$$x(t)=\begin{cases}t & -1\leqslant t<1\\ 0 & \text{其他}\end{cases} \tag{3-154}$$

解：根据式（3-154），连续信号$x(t)$的波形如图3-24示。根据连续傅里叶变换的定义式（3-91），可以得到该信号的频谱函数为

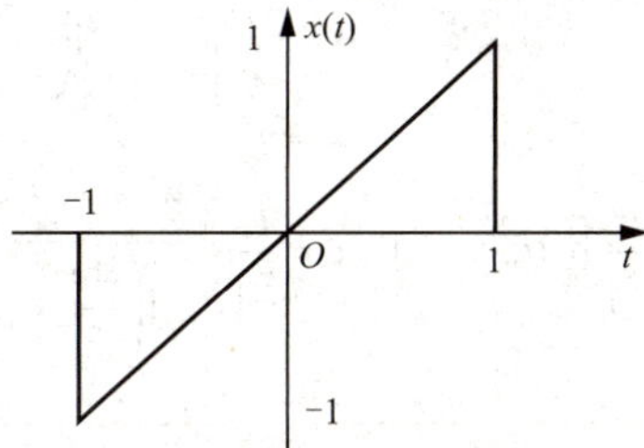

图 3-24 连续信号 $x(t)$ 的时域波形

$$\begin{aligned}X(\mathrm{j}\omega)&=\int_{-1}^{1}t\cdot \mathrm{e}^{-\mathrm{j}\omega t}\mathrm{d}t=\frac{\mathrm{j}}{\omega}\left[\int_{-1}^{1}(-\mathrm{j}\omega)\cdot t\cdot \mathrm{e}^{-\mathrm{j}\omega t}\mathrm{d}t\right]\\&=\frac{\mathrm{j}}{\omega}\left(t\cdot \mathrm{e}^{-\mathrm{j}\omega t}\Big|_{-1}^{1}-\int_{-1}^{1}\mathrm{e}^{-\mathrm{j}\omega t}\mathrm{d}t\right)\\&=\frac{\mathrm{j}}{\omega}\left[\mathrm{e}^{-\mathrm{j}\omega}+\mathrm{e}^{\mathrm{j}\omega}-\frac{1}{\mathrm{j}\omega}\cdot(\mathrm{e}^{-\mathrm{j}\omega}-\mathrm{e}^{\mathrm{j}\omega})\right]\\&=\frac{2\mathrm{j}}{\omega}\left[\cos\omega+\frac{\sin\omega}{\omega}\right]\end{aligned} \tag{3-155}$$

由于式（3-155）的分母中存在参数ω，因此需要对$\omega=0$的情况单独进行讨论。该连续信号为偶函数，因此信号的直流分量$X(0)$等于零，即

$$X(0)=\int_{-1}^{1}t\,\mathrm{d}t=0 \tag{3-156}$$

例3-15 计算连续信号$x(t)$的频谱函数。

$$x(t)=\begin{cases}E\cdot\sin\dfrac{2\pi}{T}t & -1\leqslant t<1\\ 0 & \text{其他}\end{cases}\tag{3-157}$$

解：根据连续傅里叶变换的定义式（3-91），结合欧拉公式对正弦信号进行分解，可以得到连续信号$x(t)$的频谱函数为

$$\begin{aligned}X(\mathrm{j}\omega)&=\int_0^T E\cdot\sin\left(\frac{2\pi}{T}t\right)\cdot\mathrm{e}^{-\mathrm{j}\omega t}\mathrm{d}t=\frac{E}{2\mathrm{j}}\int_0^T[\mathrm{e}^{\mathrm{j}\left(\frac{2\pi}{T}-\omega\right)t}-\mathrm{e}^{-\mathrm{j}\left(\frac{2\pi}{T}+\omega\right)t}]\mathrm{d}t\\&=\frac{E}{2\mathrm{j}}\cdot\left[\frac{\mathrm{e}^{\mathrm{j}\left(\frac{2\pi}{T}-\omega\right)t}\Big|_0^T}{\mathrm{j}\left(\frac{2\pi}{T}-\omega\right)}+\frac{\mathrm{e}^{-\mathrm{j}\left(\frac{2\pi}{T}+\omega\right)t}\Big|_0^T}{\mathrm{j}\left(\frac{2\pi}{T}+\omega\right)}\right]\\&=\frac{E}{2}\cdot\left[\frac{1-\mathrm{e}^{-\mathrm{j}\omega T}}{\frac{2\pi}{T}-\omega}+\frac{1-\mathrm{e}^{-\mathrm{j}\omega T}}{\frac{2\pi}{T}+\omega}\right]=\frac{2\pi}{T}\frac{E(1-\mathrm{e}^{-\mathrm{j}\omega T})}{\left(\frac{2\pi}{T}\right)^2-\omega^2}\end{aligned}\tag{3-158}$$

由于式（3-149）的分母中存在参数$\dfrac{2\pi}{T}\pm\omega$，因此需要对$\omega=\pm\dfrac{2\pi}{T}$的情况单独进行讨论，即

$$\begin{aligned}X\left(\mathrm{j}\frac{2\pi}{T}\right)&=\frac{E}{2\mathrm{j}}\int_0^T(1-\mathrm{e}^{-\mathrm{j}\frac{4\pi}{T}t})\mathrm{d}t=\frac{E}{2\mathrm{j}}\cdot\left[T+\frac{\mathrm{e}^{-\mathrm{j}\left(\frac{4\pi}{T}\right)t}\Big|_0^T}{\mathrm{j}\left(\frac{4\pi}{T}\right)}\right]=\frac{ET}{2\mathrm{j}}\\X\left(-\mathrm{j}\frac{2\pi}{T}\right)&=\frac{E}{2\mathrm{j}}\int_0^T(\mathrm{e}^{\mathrm{j}\frac{4\pi}{T}t}-1)\mathrm{d}t=\frac{E}{2\mathrm{j}}\cdot\left[\frac{\mathrm{e}^{\mathrm{j}\left(\frac{4\pi}{T}\right)t}\Big|_0^T}{\mathrm{j}\left(\frac{4\pi}{T}\right)}-T\right]=-\frac{ET}{2\mathrm{j}}\end{aligned}\tag{3-159}$$

3.7.2 基于连续傅里叶变换性质的求解方法

例3-16 连续信号$x(t)$的波形如图3-25所示。求该连续信号$x(t)$的频谱函数。

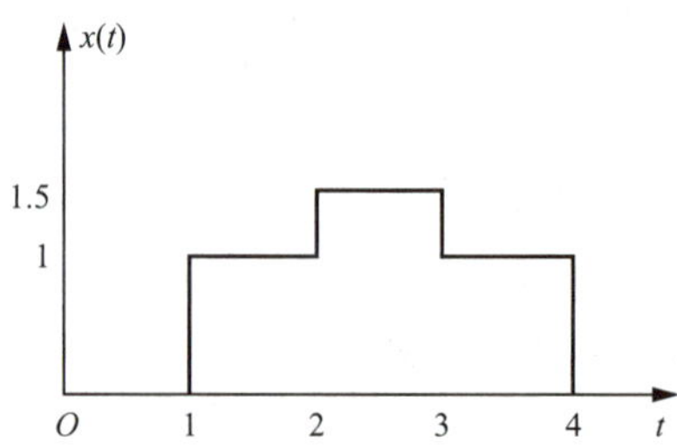

图 3-25　连续信号 $x(t)$ 的时域波形

解：如图3-25所示，连续信号$x(t)$是一个分段函数且在不同的段内连续信号的幅值保持不变。因此根据连续信号$x(t)$的波形特征，可以将其分解为多个连续方波分量，即$x(t)=0.5x_1(t)+x_2(t)$，且连续方波分量$x_1(t)$和$x_2(t)$可分别表示为

$$x_1(t)=\begin{cases}1 & 2\leqslant t<3\\0 & 其他\end{cases};\quad x_2(t)=\begin{cases}1 & 1\leqslant t<4\\0 & 其他\end{cases} \tag{3-160}$$

其中，连续方波分量$x_1(t)$和$x_2(t)$的波形分别如图3-26（a）和图3-26（b）所示。

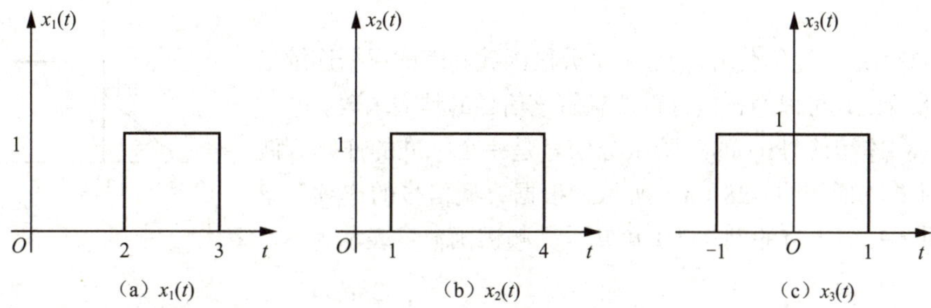

图 3-26　连续信号分量的时域波形

在方波分量$x_1(t)$和$x_2(t)$的基础上，为了简化分析，设置一个时长为2且中心对称的连续标准方波信号模板$x_3(t)$，如图3-26（c）示。根据信号的时移和尺度变换运算，将分量$x_1(t)$和$x_2(t)$统一转化为关于标准模板$x_3(t)$的关联表示形式，则连续信号$x(t)$可表示为

$$x(t)=\frac{1}{2}x_1(t)+x_2(t)=\frac{1}{2}x_3\left[2\left(t-\frac{5}{2}\right)\right]+x_3\left[\frac{2}{3}\left(t-\frac{5}{2}\right)\right] \tag{3-161}$$

根据3.5.3小节的例3-11，标准模板$x_3(t)$的频谱函数可表示为

$$x_3(t)=\begin{cases}1, & -1<t<1\\0, & 其他\end{cases}\xleftrightarrow{\text{FT}}X_3(\mathrm{j}\omega)=\frac{2\sin\omega}{\omega} \tag{3-162}$$

结合连续傅里叶变换的时移和尺度变换性质，可得该连续信号$x(t)$的频谱函数为

$$\begin{aligned}X_3(\mathrm{j}\omega)&=\frac{1}{2}\mathrm{e}^{-\mathrm{j}\omega\frac{5}{2}}X_3\left(\frac{\mathrm{j}\omega}{2}\right)+\frac{3}{2}\mathrm{e}^{-\mathrm{j}\omega\frac{5}{2}}X_3\left(\frac{\mathrm{j}3\omega}{2}\right)\\&=\frac{\sin\left(\frac{\omega}{2}\right)+2\sin\left(\frac{3\omega}{2}\right)}{\omega}\cdot\mathrm{e}^{-\mathrm{j}\frac{3}{2}\omega}\end{aligned} \tag{3-163}$$

例3-17 连续抽样函数$x(t)=\sin(t)/t$。求该连续信号$x(t)$的频谱函数。

解：根据典型信号的连续傅里叶变换结果（3.5.3小节的例3-11）可知标准连续方波信号的频谱函数为抽样函数，即

$$x_1(t)=\begin{cases}1, & -T_1<t<T_1\\0, & 其他\end{cases}\xleftrightarrow{\text{FT}}X_1(\mathrm{j}\omega)=\frac{2\sin\omega T_1}{\omega} \tag{3-164}$$

根据连续傅里叶变换的对偶性对式（3-164）进行变换，可得

$$X_1(\mathrm{j}t)=\frac{2\sin(t\cdot T_1)}{t}\xleftrightarrow{\text{FT}}2\pi x_1(-\omega)=\begin{cases}2\pi, & -T_1<\omega<T_1\\0, & 其他\end{cases} \tag{3-165}$$

设式（3-165）中的参数$T_1=1$，则连续抽样函数$x(t)$的频谱函数可表示为

$$x(t)=\frac{\sin t}{t}\xleftrightarrow{\text{FT}}X(\mathrm{j}\omega)=\begin{cases}\pi, & -1<\omega<1\\ 0, & \text{其他}\end{cases} \tag{3-166}$$

例3-18 连续信号$x(t)$的波形如图3-27示。求该连续信号$x(t)$的频谱函数。

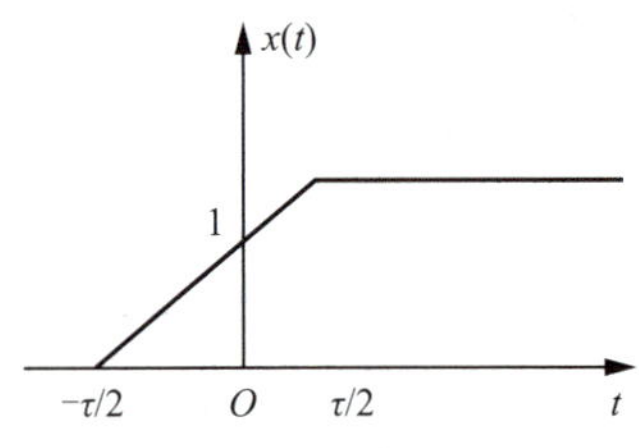

图 3-27 连续信号 $x(t)$ 的时域波形

解：如图3-27所示，连续信号$x(t)$是一个分段函数。因此根据连续信号$x(t)$的波形特征，可以通过微分性质求解该信号的频谱函数。

方法一：连续信号$x(t)$的一阶微分信号是一个标准的连续方波信号，其时域波形如图3-28（a）所示。根据典型信号的连续傅里叶变换结果（3.5.3小节的例3-11）可知，其频谱函数可表示为

$$x'(t)\xleftrightarrow{\text{FT}}X'(\mathrm{j}\omega)=\frac{1}{\tau}\cdot\frac{2\sin\omega\frac{\tau}{2}}{\omega} \tag{3-167}$$

根据连续傅里叶变换的微分性质，可得信号$x(t)$的频谱函数为

$$x(t)\xleftrightarrow{\text{FT}}\frac{X'(\mathrm{j}\omega)}{\mathrm{j}\omega}+\pi\delta(\omega)\cdot[x(\infty)+x(-\infty)]=\frac{1}{\tau}\cdot\frac{2\sin\omega\frac{\tau}{2}}{\mathrm{j}\omega^2}+\pi\delta(\omega) \tag{3-168}$$

其中$x(\infty)=1$，$x(-\infty)=0$。

方法二：在一阶微分信号$x'(t)$的基础上再进行一次求导运算，形成连续单位冲激信号的叠加形式，其时域波形如图3-28（b）所示。根据连续单位冲激信号的频谱函数（3.5.2小节的例3-7），结合连续傅里叶变换的时移性质可知，其频谱函数可表示为

$$x''(t)\xleftrightarrow{\text{FT}}X''(\mathrm{j}\omega)=\frac{1}{\tau}\cdot[\mathrm{e}^{\mathrm{j}\omega\frac{\tau}{2}}-\mathrm{e}^{-\mathrm{j}\omega\frac{\tau}{2}}]=\frac{2\mathrm{j}}{\tau}\sin\frac{\omega\tau}{2} \tag{3-169}$$

根据连续傅里叶变换的微分性质，可得连续信号$x(t)$的频谱函数为

$$x(t)\xleftrightarrow{\text{FT}}\frac{X''(\mathrm{j}\omega)}{(\mathrm{j}\omega)^2}+\pi\delta(\omega)\cdot[x(\infty)+x(-\infty)]=\frac{1}{\tau}\cdot\frac{2\sin\omega\frac{\tau}{2}}{\mathrm{j}\omega^2}+\pi\delta(\omega) \tag{3-170}$$

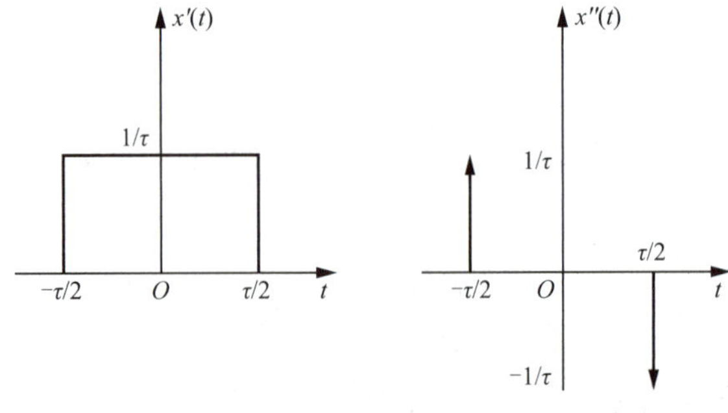

图 3-28 连续微分信号的时域波形

3.7.3 周期信号的连续傅里叶变换求解方法

例3-19 某连续周期信号 $\tilde{x}(t)$ 可表示为

$$\tilde{x}(t)=2\sin(2t)+4\cos(3t)-\mathrm{e}^{\mathrm{j}5t} \tag{3-171}$$

求该连续周期信号 $\tilde{x}(t)$ 的频谱函数。

解：根据3.4.2小节例3-4中对复合信号 $\tilde{x}(t)$ 的周期特性分析可知，信号 $\tilde{x}(t)$ 是一个角频率为1的周期信号，且其连续傅里叶级数系数可表示为

$$a_2=-\mathrm{j}\quad a_{-2}=\mathrm{j}\quad a_3=a_{-3}=2\quad a_5=-1 \tag{3-172}$$

代入连续周期信号傅里叶变换的定义式（3-101）中，可得连续周期信号 $\tilde{x}(t)$ 的频谱函数为

$$X(\mathrm{j}\omega)=2\pi[-\mathrm{j}\delta(\omega-2)+\mathrm{j}\delta(\omega+2)+2\delta(\omega-3)+2\delta(\omega+3)-\delta(\omega-5)] \tag{3-173}$$

连续周期信号 $\tilde{x}(t)$ 的频谱波形如图3-29示。

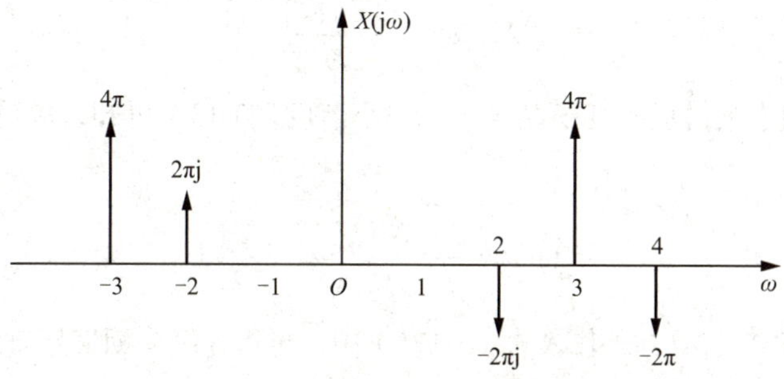

图 3-29 连续周期信号 $\tilde{x}(t)$ 的频谱波形

例3-20 连续周期信号 $\tilde{x}(t)$ 是周期为T、脉冲宽度为$2T_1$的周期方波信号，信号波形如图3-30所示，求该连续周期信号 $\tilde{x}(t)$ 的频谱函数。

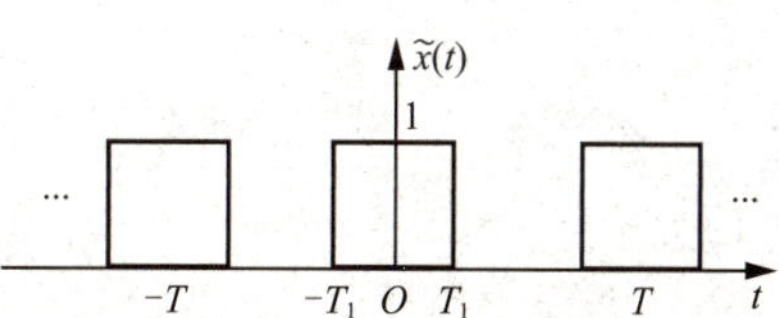

图 3-30 连续周期方波信号 $\tilde{x}(t)$ 的时域波形

方法一：根据3.2.2小节例3-1中对连续信号 $\tilde{x}(t)$ 的周期特性可知，连续信号 $\tilde{x}(t)$ 是一个角频率为 $2\pi/T$的周期信号，其频谱系数可表示为

$$a_k=\frac{\sin k\dfrac{2\pi}{T}T_1}{k\pi} \tag{3-174}$$

代入连续周期信号傅里叶变换的定义式（3-101）中，可得连续周期信号 $\tilde{x}(t)$ 的频谱函数为

$$X(\mathrm{j}\omega)=2\sum_{k=-\infty}^{\infty}\frac{\sin k\dfrac{2\pi}{T}T_1}{k}\cdot\delta\left(\omega-k\frac{2\pi}{T}\right) \tag{3-175}$$

方法二：连续周期信号 $\tilde{x}(t)$ 可以视为标准方波信号 $x_1(t)$ 和单位冲激串信号 $\tilde{x}_2(t)$ 的卷积结果，即 $\tilde{x}(t)=x_1(t)*\tilde{x}_2(t)$，其中 $x_1(t)$ 和 $\tilde{x}_2(t)$ 的波形分别如图3-31（a）和图3-31（b）所示。

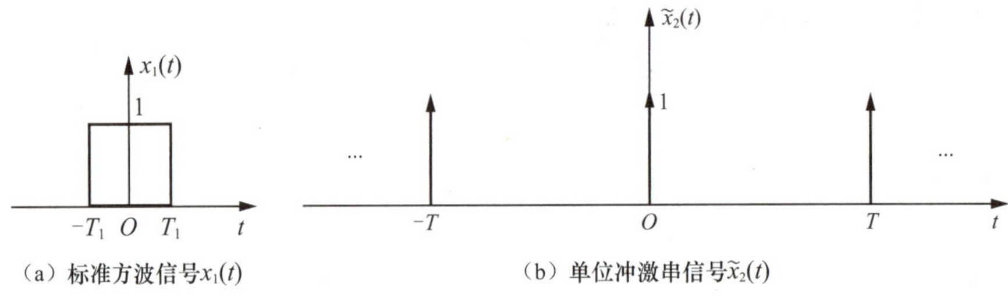

图 3-31 连续信号的时域波形

根据连续傅里叶变换的卷积性质，可得周期信号 $\tilde{x}(t)$ 的频谱函数$X(\mathrm{j}\omega)$为

$$X(\mathrm{j}\omega)=X_1(\mathrm{j}\omega)\cdot X_2(\mathrm{j}\omega) \tag{3-176}$$

其中$X_1(\mathrm{j}\omega)$和$X_2(\mathrm{j}\omega)$分别是连续信号$x_1(t)$和 $\tilde{x}_2(t)$ 的频谱函数。

根据典型信号的连续傅里叶变换结果（3.5.3小节的例3-11）可知，标准方波信号$x_1(t)$的频谱函数可表示为

$$X_1(\mathrm{j}\omega)=\frac{2\sin\omega T_1}{\omega} \tag{3-177}$$

根据典型信号的连续傅里叶变换结果（3.5.3小节的例3-13）可知，单位冲激串信号 $\tilde{x}_2(t)$ 的频谱函数可表示为

$$X_2(\mathrm{j}\omega)=\frac{2\pi}{T}\sum_{k=-\infty}^{\infty}\delta\left(\omega-k\frac{2\pi}{T}\right) \tag{3-178}$$

将式（3-177）和式（3-178）代入式（3-176）中，可得连续周期信号 $\tilde{x}(t)$ 的频谱函数为

$$\begin{aligned}X(\mathrm{j}\omega)&=\frac{2\sin\omega T_1}{\omega}\cdot\frac{2\pi}{T}\sum_{k=-\infty}^{\infty}\delta\left(\omega-k\frac{2\pi}{T}\right)\\&=\frac{2\pi}{T}\sum_{k=-\infty}^{\infty}\frac{2\sin k\frac{2\pi}{T}T_1}{k\frac{2\pi}{T}}\cdot\delta\left(\omega-k\frac{2\pi}{T}\right)\\&=2\sum_{k=-\infty}^{\infty}\frac{\sin k\frac{2\pi}{T}T_1}{k}\cdot\delta\left(\omega-k\frac{2\pi}{T}\right)\end{aligned} \tag{3-179}$$

3.8 连续 LTI 系统的频域分析方法

单位冲激响应和频域响应函数

根据前面章节的分析，满足狄利克雷条件的大部分连续信号都可以分解为关于虚指数分量的线性组合（积分）形式。这为LTI系统的频域分析方法奠定了理论基础。本章基于连续信号的傅里叶变换理论，分析了当输入信号为连续虚指数分量时，LTI系统产生的输出响应。

假设一个连续LTI系统的单位冲激响应函数为$h(t)$，当输入信号$x(t)$是频率为

ω_0的连续虚指数单分量信号时，根据时域卷积运算可得，该系统产生的输出响应信号$y(t)$为

$$\begin{aligned} y(t) &= x(t) * h(t) = \mathrm{e}^{\mathrm{j}\omega_0 t} * h(t) = \int_{-\infty}^{\infty} h(\tau) \cdot \mathrm{e}^{\mathrm{j}\omega_0 (t-\tau)} \mathrm{d}\tau \\ &= \int_{-\infty}^{\infty} h(\tau) \cdot \mathrm{e}^{\mathrm{j}\omega_0 (t-\tau)} \mathrm{d}\tau = \mathrm{e}^{\mathrm{j}\omega_0 t} \cdot \int_{-\infty}^{\infty} h(t) \cdot \mathrm{e}^{-\mathrm{j}\omega_0 t} \mathrm{d}t \end{aligned} \tag{3-180}$$

如果该LTI系统的单位冲激响应函数$h(t)$存在频谱函数（满足狄利克雷条件），即

$$h(t) \xleftrightarrow{\mathrm{FT}} H(\mathrm{j}\omega) \tag{3-181}$$

则称该LTI系统满足主导条件，并将其单位冲激响应函数的频谱函数$H(\mathrm{j}\omega)$称为系统的频率响应函数。将式（3-181）代入式（3-180）中，LTI系统的输出响应信号$y(t)$可化简为

$$y(t) = \mathrm{e}^{\mathrm{j}\omega_0 t} \cdot H(\mathrm{j}\omega_0) = x(t) \cdot H(\mathrm{j}\omega_0) \tag{3-182}$$

即当一个LTI系统满足主导条件且输入信号为频率为ω_0的虚指数分量时，系统的输出响应为输入信号与频率响应函数在ω_0处取值的乘积。

将系统的输入信号$x(t)$由上述的连续虚指数分量拓展为任意具有频谱函数的连续信号并假设其频谱函数为$X(\mathrm{j}\omega)$，则输入信号$x(t)$可表示为

$$x(t) = \frac{1}{2\pi} \int_{-\infty}^{\infty} X(\mathrm{j}\omega) \cdot \mathrm{e}^{\mathrm{j}\omega t} \mathrm{d}\omega \tag{3-183}$$

根据式（3-183）以及系统的线性特性，可知其输出响应$y(t)$为

$$\begin{aligned} y(t) &= \frac{1}{2\pi} \int_{-\infty}^{\infty} X(\mathrm{j}\omega) \cdot [\mathrm{e}^{\mathrm{j}\omega t} \cdot H(\mathrm{j}\omega)] \mathrm{d}\omega \\ &= \frac{1}{2\pi} \int_{-\infty}^{\infty} [X(\mathrm{j}\omega) \cdot H(\mathrm{j}\omega)] \cdot \mathrm{e}^{\mathrm{j}\omega t} \mathrm{d}\omega \end{aligned} \tag{3-184}$$

则输出响应$y(t)$的频谱函数可表示为

$$Y(\mathrm{j}\omega) = X(\mathrm{j}\omega) \cdot H(\mathrm{j}\omega) \tag{3-185}$$

综上所述，可以将求解LTI系统输出响应的频域分析方法主要分为以下4个步骤：

（1）根据输入信号$x(t)$的相关描述，求解其频谱函数$X(\mathrm{j}\omega)$；

（2）根据LTI系统的相关描述，求解系统的频率响应函数$H(\mathrm{j}\omega)$；

（3）根据傅里叶变换的卷积性质，由式（3-185）求解系统输出响应的频谱函数$Y(\mathrm{j}\omega)$；

（4）对系统输出响应的频谱函数进行连续傅里叶逆变换，求出系统输出响应的时域信号$y(t)$。

在求解系统输出响应的过程中，步骤（2）最为常见的情况主要包括两类，即已知系统的单位冲激响应函数和已知微分方程求系统的频率响应函数。在第一种情况下，参照3.7节的内容，通过对单位冲激响应函数进行连续傅里叶变换求解其对应的频率响应函数。在第二种情况下，对微分方程两边同时进行连续傅里叶变换，根据式（3-185）求解其对应的频率响应函数。例如，已知某LTI系统的n阶微分方程为

$$\sum_{k=0}^{n} a_k \frac{\mathrm{d}^k y(t)}{\mathrm{d}t^k} = \sum_{k=0}^{m} b_k \frac{\mathrm{d}^k x(t)}{\mathrm{d}t^k} \tag{3-186}$$

对式（3-186）的等式两边同时进行连续傅里叶变换，结合傅里叶变换的微分性可得

$$\sum_{k=0}^{n} a_k \cdot (\mathrm{j}\omega)^k Y(\mathrm{j}\omega) = \sum_{k=0}^{m} b_k \cdot (\mathrm{j}\omega)^k X(\mathrm{j}\omega) \tag{3-187}$$

结合式（3-185），可得系统的频率响应函数为

$$H(\mathrm{j}\omega)=\frac{Y(\mathrm{j}\omega)}{X(\mathrm{j}\omega)}=\frac{\sum_{k=0}^{m}b_k\cdot(\mathrm{j}\omega)^k}{\sum_{k=0}^{n}a_k\cdot(\mathrm{j}\omega)^k} \tag{3-188}$$

在式（3-188）中，如果分子阶数m大于等于分母阶数n，则该函数为假分式；反之，如果分子阶数m小于分母阶数n，则该函数被称为真分式。

在步骤（4）中，如果输出响应的频谱函数为有理分式，即分子和分母都是关于变量（jω）的高阶多项式，那么可以通过部分分式展开的方法简化其连续傅里叶逆变换的求解过程。

例3-21 已知某线性时不变系统的微分方程为

$$\frac{\mathrm{d}^2y(t)}{\mathrm{d}t^2}+4\cdot\frac{\mathrm{d}y(t)}{\mathrm{d}t}+3y(t)=\frac{\mathrm{d}x(t)}{\mathrm{d}t}+2x(t) \tag{3-189}$$

输入信号$x(t)=\mathrm{e}^{-t}u(t)$，求系统的输出响应信号$y(t)$。

解：输入信号为连续单边指数信号，因此，根据典型信号的连续傅里叶变换结果（3.5.3小节的例3-9）可知，$x(t)$的频谱函数为

$$x(t)=\mathrm{e}^{-t}u(t)\xleftrightarrow{\mathrm{FT}}\frac{1}{\mathrm{j}\omega+1} \tag{3-190}$$

对式（3-189）两边同时进行连续傅里叶变换，可得系统的频率响应函数$H(\mathrm{j}\omega)$为

$$\begin{aligned}&(\mathrm{j}\omega)^2Y(\mathrm{j}\omega)+4(\mathrm{j}\omega)Y(\mathrm{j}\omega)+3Y(\mathrm{j}\omega)=(\mathrm{j}\omega)X(\mathrm{j}\omega)+2X(\mathrm{j}\omega)\\ &\therefore\quad H(\mathrm{j}\omega)=\frac{Y(\mathrm{j}\omega)}{X(\mathrm{j}\omega)}=\frac{\mathrm{j}\omega+2}{(\mathrm{j}\omega)^2+4\mathrm{j}\omega+3}\end{aligned} \tag{3-191}$$

综合式（3-190）和式（3-191）可得输出响应的频谱函数为

$$\begin{aligned}Y(\mathrm{j}\omega)&=X(\mathrm{j}\omega)\cdot H(\mathrm{j}\omega)=\frac{1}{(\mathrm{j}\omega+1)}\cdot\frac{\mathrm{j}\omega+2}{(\mathrm{j}\omega+1)+(\mathrm{j}\omega+3)}\\ &=\frac{B_0}{(\mathrm{j}\omega+1)^2}+\frac{B_1}{(\mathrm{j}\omega+1)}+\frac{A_2}{(\mathrm{j}\omega+3)}\end{aligned} \tag{3-192}$$

其中，各加权系数可估计为：

$$\begin{aligned}B_0&=Y(\mathrm{j}\omega)\cdot(\mathrm{j}\omega+1)^2\Big|_{\mathrm{j}\omega=-1}=\frac{\mathrm{j}\omega+2}{\mathrm{j}\omega+3}\Big|_{\mathrm{j}\omega=-1}=\frac{1}{2}\\ B_1&=\frac{\mathrm{d}[Y(\mathrm{j}\omega)\cdot(\mathrm{j}\omega+1)^2]}{\mathrm{d}(\mathrm{j}\omega)}\Big|_{\mathrm{j}\omega=-1}=\frac{\mathrm{d}}{\mathrm{d}(\mathrm{j}\omega)}\left(\frac{\mathrm{j}\omega+2}{\mathrm{j}\omega+3}\right)\Big|_{\mathrm{j}\omega=-1}\\ &=\frac{1}{(\mathrm{j}\omega+3)^2}\Big|_{\mathrm{j}\omega=-1}=\frac{1}{4}\\ A_2&=Y(\mathrm{j}\omega)\cdot(\mathrm{j}\omega+3)\Big|_{\mathrm{j}\omega=-3}=\frac{\mathrm{j}\omega+2}{(\mathrm{j}\omega+1)^2}\Big|_{\mathrm{j}\omega=-3}=-\frac{1}{4}\end{aligned} \tag{3-193}$$

因此，输出响应信号$y(t)$为

$$y(t)=\mathrm{F}^{-1}[Y(\mathrm{j}\omega)]=\left(\frac{1}{2}t\cdot\mathrm{e}^{-t}+\frac{1}{4}\mathrm{e}^{-t}-\frac{1}{4}\mathrm{e}^{-3t}\right)\cdot u(t) \tag{3-194}$$

本章针对时域分析方法的不足，根据复指数函数是一切LTI系统特征函数的特点，首先建立了用傅里叶级数表示连续周期信号的方法，并基于连续非周期信号的特征对连续傅里叶级数的定义进行扩展，形成了同时适用于周期和非周期信号的连续傅里叶变换方法，实现了对连续信号的频域分解。然后通过讨论连续傅里叶级数和连续傅里叶变换的性质，揭示了信号时域特性和频域特性之间的对应关系。最后在连续信号分析的基础上，介绍了LTI系统的频率响应函数以及求解LTI系统输出响应的频域分析方法。

习题

3-1　已知连续周期信号的波形如习题3-1图所示，根据连续傅里叶级数的定义式，求各连续周期信号的傅里叶级数系数以及傅里叶变换结果。

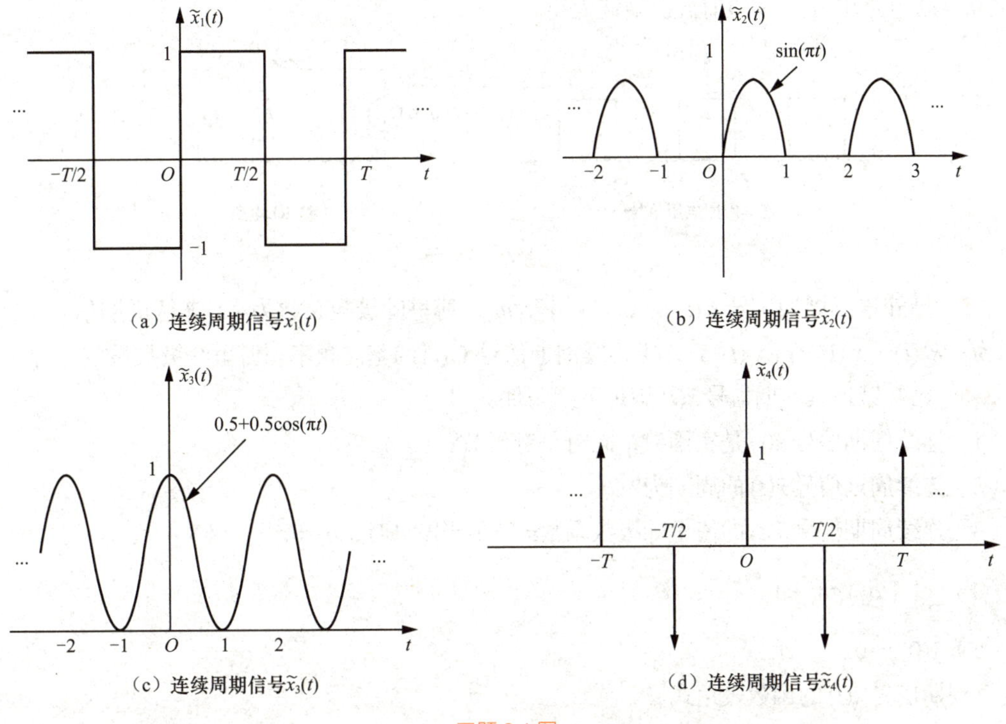

习题 3-1 图

3-2　已知连续周期信号 $\tilde{x}(t)=6+\cos(\omega t)+A\cos(3\omega t+\varphi)$，求连续周期信号 $\tilde{x}(t)$ 的基波频率和傅里叶级数系数。

3-3　已知连续周期信号 $\tilde{x}_1(t)\sim\tilde{x}_4(t)$ 的波形分别如习题3-3图（a）～（d）所示，求：

（1）根据连续傅里叶级数的定义式，写出连续周期信号 $\tilde{x}_1(t)$ 的傅里叶级数表达式（三角函数形式）。

（2）分别根据连续周期信号 $\tilde{x}_1(t)$ 和 $\tilde{x}_2(t)$、$\tilde{x}_3(t)$、$\tilde{x}_4(t)$ 之间的关系，写出连续周期信号 $\tilde{x}_2(t)$、$\tilde{x}_3(t)$、$\tilde{x}_4(t)$ 的傅里叶级数表达式（三角函数形式）。

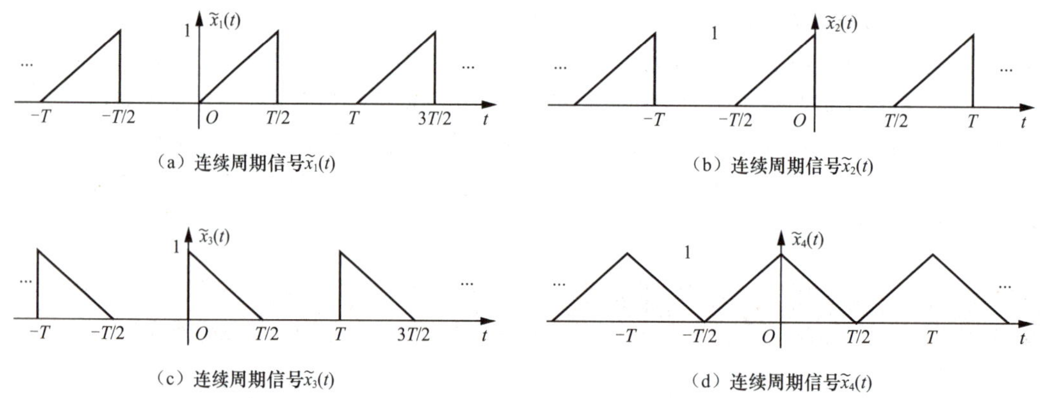

习题 3-3 图

3-4 已知周期性方波电压$u_s(t)$的波形如习题3-4图（a）所示，作用于习题3-4图（b）所示的RL电路，求电路中电流$i(t)$的前五次谐波大小。

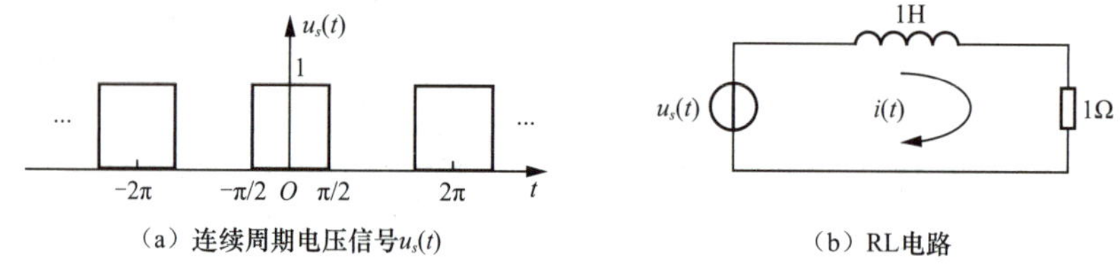

习题 3-4 图

3-5 已知连续周期信号$\tilde{x}_1(t)$的基波频率为ω_1，傅里叶级数系数为a_k，连续周期信号$\tilde{x}_2(t)$可表示为：$\tilde{x}_2(t)=\tilde{x}_1(1-t)+\tilde{x}_1(t-1)$，求连续周期信号$\tilde{x}_2(t)$的基波频率和傅里叶级数系数。

3-6 已知某连续周期信号$\tilde{x}(t)$满足下列条件：

（1）连续周期信号$\tilde{x}(t)$是实函数，同时是奇函数；

（2）连续周期信号$\tilde{x}(t)$的周期为2；

（3）连续周期信号$\tilde{x}(t)$的傅里叶级数系数a_k满足当$|k|>1$时，$a_k=0$；

（4）$\frac{1}{2}\int_0^2|\tilde{x}(t)|^2\mathrm{d}t=1$；

（5）$\tilde{x}(0^+)>0$。

求连续周期信号$\tilde{x}(t)$的函数表达式。

3-7 已知连续周期信号$\tilde{x}(t)$的波形如习题3-7图所示，求连续周期信号$\tilde{x}(t)$的傅里叶级数系数。

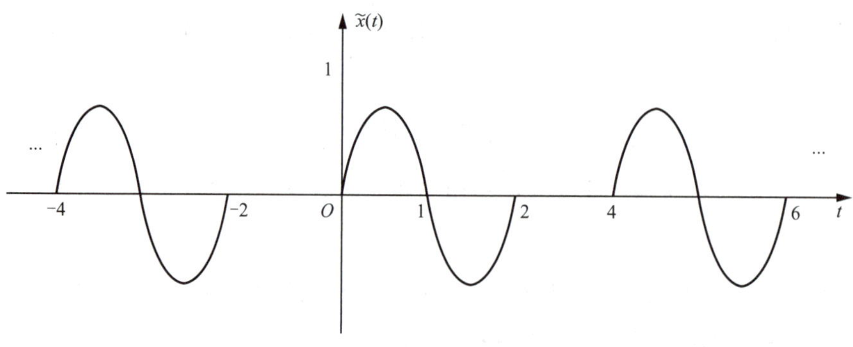

习题 3-7 图

3-8　已知连续周期信号 $\tilde{x}(t)$ 的波形如习题3-8图所示，利用傅里叶级数的微分性质，求连续周期信号 $\tilde{x}(t)$ 的傅里叶级数系数并画出其频谱图。

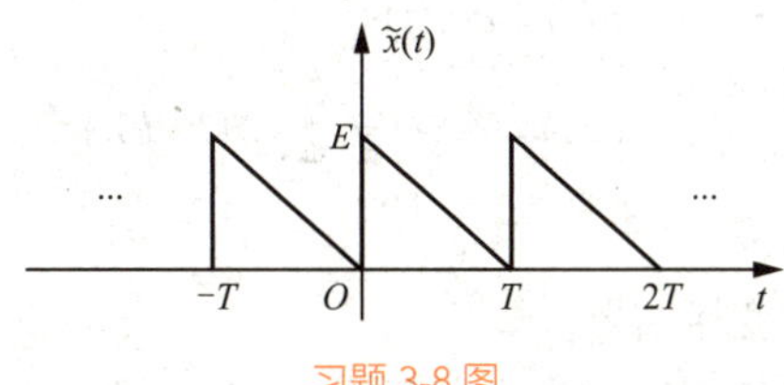

习题 3-8 图

3-9　已知连续信号$x(t)$的傅里叶变换结果为 $X(\mathrm{j}\omega)$，求信号 $\mathrm{e}^{\mathrm{j}4t}x(3-2t)$ 的傅里叶变换结果。

3-10　已知某因果稳定LTI系统的频率响应为 $H(\mathrm{j}\omega)=\dfrac{\mathrm{j}\omega+4}{6+5\mathrm{j}\omega-\omega^2}$。

求：（1）该LTI系统的微分方程；

（2）该LTI系统的单位冲激响应函数$h(t)$；

（3）若系统的输入信号为 $x(t)=\mathrm{e}^{-4t}u(t)-t\cdot\mathrm{e}^{-4t}u(t)$，系统的输出信号。

3-11　求下列连续信号的傅里叶变换结果，其中，E为某非零常数。

（1）$x_1(t)=\begin{cases}\mathrm{E} & |t|<\dfrac{\tau}{2}\\ 0 & \text{其他}\end{cases}$

（2）$x_2(t)=\begin{cases}\mathrm{E}\left(1-\dfrac{2|t|}{\tau}\right) & |t|<\dfrac{\tau}{2}\\ 0 & \text{其他}\end{cases}$

（3）$x_3(t)=\begin{cases}\dfrac{\mathrm{E}}{2}\left(1+\cos\dfrac{2\pi t}{\tau}\right) & |t|<\dfrac{\tau}{2}\\ 0 & \text{其他}\end{cases}$

3-12　已知连续符号信号可表示为

$$\mathrm{sgn}(t)=\begin{cases}1 & t\geqslant 0\\ -1 & t<0\end{cases}$$

根据连续阶跃信号的频谱函数，求下列信号的傅里叶变换结果。

（1）$\mathrm{sgn}(t)$　　　　（2）$\mathrm{sgn}(t^2-9)$

3-13　已知某LTI系统的输入信号$x(t)$和单位冲激响应$h(t)$分别为

$$x(t)=\begin{cases}\mathrm{E}\left(1-\dfrac{2|t|}{\tau}\right) & |t|\leqslant\dfrac{\tau}{2}\\ 0 & \text{其他}\end{cases}$$

$$h(t)=\delta_T(t)=\sum_{k=-\infty}^{\infty}\delta(t-kT)\quad T\geqslant\tau$$

其中，E为某非零常数

求：（1）画出该LTI系统输出信号$y(t)$的波形；

（2）连续信号$x(t)$的傅里叶变换结果；

（3）连续信号$h(t)$和$y(t)$的傅里叶级数系数。

3-14 已知某乘法器的输入信号$x_1(t)$和$x_2(t)$分别为

$$x_1(t)=a^t u(t)$$

$$x_2(t)=\delta_T(t)=\sum_{k=-\infty}^{\infty}\delta(t-kT)$$

求：（1）该系统的输出信号$y(t)$；

（2）输出信号$y(t)$的傅里叶变换结果。

3-15 已知某因果稳定的LTI系统，当输入信号为$x_1(t)=\delta(t)+\delta'(t)$时，该系统的零状态响应为$y_1(t)=\delta(t)-\delta'(t)$。

求：（1）该LTI系统的单位冲激响应和频率响应函数；

（2）当输入信号为$\tilde{x}_2(t)=\cos(t/\sqrt{3})+\cos(\sqrt{3}t)$时，该系统的零状态响应。

3-16 已知连续信号$x_1(t)$的傅里叶变换结果为

$$x_1(t)\leftrightarrow X_1(\mathrm{j}\omega)=\begin{cases}1, & |\omega|<1\ \mathrm{rad/s}\\ 0, & |\omega|>1\ \mathrm{rad/s}\end{cases}$$

当连续信号为$x_2(t)=\dfrac{\mathrm{d}x_1(t)}{\mathrm{d}t}$时，求函数$x_2\left(\dfrac{\mathrm{j}\omega}{2}\right)$的连续傅里叶逆变换结果。

3-17 求下列信号的傅里叶变换结果。

（1）

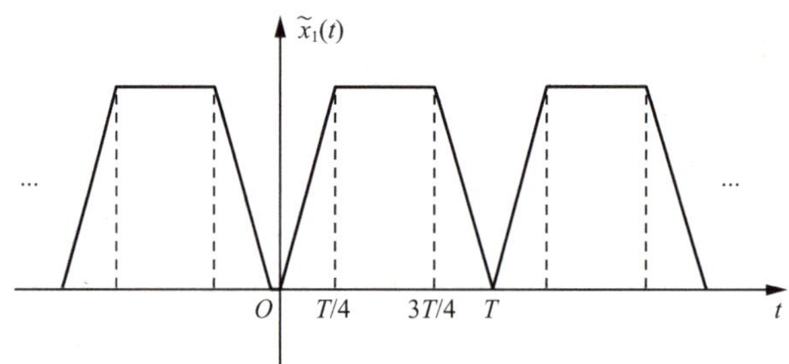

习题 3-17 图

（2）$x_2(t)=\dfrac{\mathrm{d}[\mathrm{e}^{-2(t-1)}u(t-1)]}{\mathrm{d}t}$

（3）$x_3(t)=\begin{cases}\sin\omega_0 t & t\geqslant 0\\ 0 & t<0\end{cases}$

（4）$x_4(t)=t\mathrm{e}^{-2t}u(t)$

（5）$x_5(t)=\left(\dfrac{\sin 2\pi t}{2\pi t}\right)^2$

3-18 已知某连续LTI系统的微分方程为$y''(t)+6y'(t)+8y(t)=2x(t)$

求：（1）该LTI系统的单位冲激响应和频率响应函数；

（2）当输入信号为$x(t)=\mathrm{e}^{-2t}u(t)$时，该系统的零状态响应。

3-19 已知某连续LTI系统如习题3-19图所示，其输入信号为$\tilde{x}(t)=\sum_{k=-\infty}^{\infty}\delta(t-2kT)$，其中，$k$

为整数，习题3-19图中D为延时器，延时为T。

求：（1）输入信号的连续傅里叶变换结果；

（2）该连续LTI系统的单位冲激响应和频率响应函数；

（3）该连续LTI系统的输出信号。

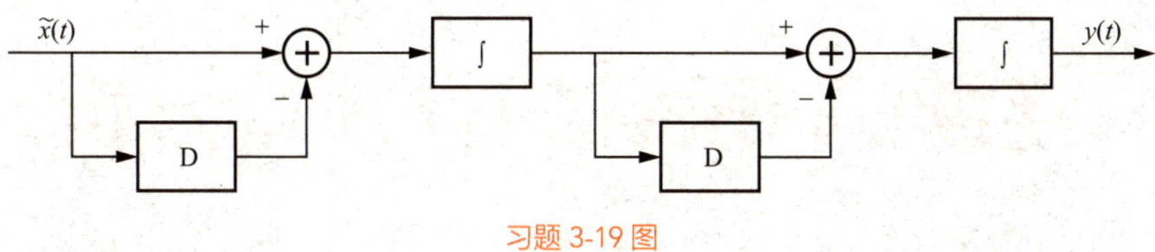

习题 3-19 图

3-20　某因果LTI系统的频率响应函数为$H(\mathrm{j}\omega)=\dfrac{1}{\mathrm{j}\omega+3}$。当输入信号为$x(t)$时，系统的零状态响应为$y(t)=\mathrm{e}^{-3t}u(t)-\mathrm{e}^{-4t}u(t)$。求输入信号$x(t)$。

3-21　已知下列关系。

（1）$y_1(t)=x(t)*h(t)$

（2）$y_2(t)=x(2t)*h(2t)$

（3）$x(t)\xleftrightarrow{\text{FT}}X(\mathrm{j}\omega)$

（4）$h(t)\xleftrightarrow{\text{FT}}H(\mathrm{j}\omega)$

证明$y_2(t)=A\times y_1(B\times t)$，并求系数$A$和$B$。

第 4 章

连续LTI系统的复频域分析

第3章介绍的频域分析方法通过乘法运算极大地降低了求解系统输出响应的计算复杂度。但是，频域分析方法的适用范围受到狄利克雷条件的限制，在分析不满足绝对可积条件的连续信号或求解不满足初始松弛条件的LTI系统输出响应时存在很大困难。针对这一问题，本章将介绍连续傅里叶变换的推广形式——拉普拉斯变换，从而扩展频域分析方法的适用范围。

本章主要针对连续信号和系统的复频域分析方法展开讨论，首先从信号分解和收敛条件两个方面介绍双边拉普拉斯变换的定义和重要性质。然后介绍LTI系统在复频域分析中对系统函数的表达形式，以及基于系统函数的系统性质判断方法。最后针对不满足初始松弛条件的LTI系统的输出响应求解问题引出单边拉普拉斯变换的定义，以及求解任意信号经过LTI系统处理后产生输出响应的复频域分析方法。

4.1 双边拉普拉斯变换

信号双边拉普拉斯变换的完整结果由其函数表达式和收敛域两部分共同组成，分别决定了连续信号在复频域内关于基本分量分解的具体组合形式和参数适用范围。为了克服频域分析方法中采用虚指数分量作为基本单元对连续信号进行分解时存在诸多限制的缺陷，复频域分析方法选择更加广泛的复指数分量作为双边拉普拉斯变换中对连续信号分解的基本单元。

4.1.1 双边拉普拉斯变换的函数式

拉普拉斯变换的定义

根据3.8节的分析：当一个LTI系统满足主导条件且输入信号是频率为ω_0的虚指数信号时，系统的输出响应为输入信号与频率响应函数在ω_0处取值的乘积。这一性质对频域分析方法的构建起到至关重要的作用，并同样适用于输入信号为复指数的LTI系统。假设某

LTI系统的输入信号$x(t)$是参数为s_0的复指数信号，即

$$x(t) = \mathrm{e}^{s_0 t} \tag{4-1}$$

且LTI系统的单位冲激响应为$h(t)$，则该系统的输出响应可表示为

$$\begin{aligned} y(t) = x(t) * h(t) = \mathrm{e}^{s_0 t} * h(t) &= \int_{-\infty}^{\infty} h(\tau)\cdot \mathrm{e}^{s_0(t-\tau)}\mathrm{d}\tau \\ = \mathrm{e}^{s_0 t}\cdot \int_{-\infty}^{\infty} h(\tau)\cdot \mathrm{e}^{-s_0\tau}\mathrm{d}\tau &= x(t)\cdot \int_{-\infty}^{\infty} h(t)\cdot \mathrm{e}^{-s_0 t}\mathrm{d}t \end{aligned} \tag{4-2}$$

式（4-2）中关于系统单位冲激响应的积分结果被称为系统函数$H(s)$，即

$$H(s) = \int_{-\infty}^{\infty} h(t)\cdot \mathrm{e}^{-st}\mathrm{d}t \tag{4-3}$$

则从式（4-2）中可以得到结论：当LTI系统满足主导条件且输入信号为复指数信号时，系统的输出响应为输入信号与系统函数在输入信号对应参数点（s_0）取值的乘积。参考式（4-3）中对系统函数的定义并将其拓展至任意连续信号，任意连续信号$x(t)$的双边拉普拉斯变换的函数式$X(s)$可表示为

$$X(s) = \int_{-\infty}^{\infty} x(t)\cdot \mathrm{e}^{-st}\mathrm{d}t \tag{4-4}$$

通常使用L算子或与第3章中傅里叶分析方法表达相似的双向箭头符号来表示时域信号$x(t)$与其双边拉普拉斯变换函数$X(s)$之间的对应关系，即

$$\begin{gathered} \mathrm{L}[x(t)] = X(s) \\ \text{or}\quad x(t) \xleftrightarrow{\mathrm{LT}} X(s) \end{gathered} \tag{4-5}$$

其中双向箭头符号上的LT表示拉普拉斯变换（Laplace Transform）。

根据式（3-91）和式（4-4）可知，连续信号的双边拉普拉斯变换和傅里叶变换公式在表达形式上十分接近。假设参数s的实部为σ、虚部为ω，即将$s=\sigma+\mathrm{j}\omega$代入式（4-4）中，则可以得到

$$X(s) = \int_{-\infty}^{\infty} x(t)\cdot \mathrm{e}^{-(\sigma+\mathrm{j}\omega)t}\mathrm{d}t = \int_{-\infty}^{\infty} [x(t)\cdot \mathrm{e}^{-\sigma t}]\cdot \mathrm{e}^{-\mathrm{j}\omega t}\mathrm{d}t \tag{4-6}$$

对比式（4-6）和连续傅里叶变换公式（3-91）可以看到，连续信号$x(t)$的双边拉普拉斯变换结果与连续信号$x(t)\mathrm{e}^{-\sigma t}$的傅里叶变换结果一致。因此在通常情况下，当某连续信号$x(t)$同时存在傅里叶变换结果和双边拉普拉斯变换结果且满足条件$\sigma = 0$时，信号的傅里叶变换结果与其双边拉普拉斯变换结果一致，即

$$x(t) \xleftrightarrow{\mathrm{FT}} X(\mathrm{j}\omega) = X(s)\big|_{s=\mathrm{j}\omega} \tag{4-7}$$

对于一些不满足狄利克雷条件的信号，双边拉普拉斯变换在原信号的基础上引入一个指数项分量，通过调节参数σ对信号进行适当衰减，可以达到对衰减后信号进行频域分析的目的。这表明双边拉普拉斯变换比傅里叶变换具有更加广泛的适用性。

综上所述，双边拉普拉斯变换是连续傅里叶变换的推广，而连续傅里叶变换则是双边拉普拉斯变换在虚轴（$\sigma = 0$）上的特殊表现形式。连续信号双边拉普拉斯变换函数趋于0时的s参数称为$X(s)$的零点，连续信号双边拉普拉斯变换函数趋于无穷大的s参数称为$X(s)$的极点。

4.1.2　双边拉普拉斯变换的收敛域

ROC性质

虽然相比于连续傅里叶变换，双边拉普拉斯变换通过引入指数衰减项能够大大扩展适用信号的范围，但这并不意味着信号在所有情况下都存在收敛的双边拉

普拉斯变换结果。使得连续信号双边拉普拉斯变换函数收敛的s参数范围被称为收敛域（region of convergence，ROC）。

通常情况下连续信号的收敛域由信号性质决定。假设某连续信号$x(t)$存在双边拉普拉斯变换结果$X(s)$，则其收敛域须满足以下条件。

（1）收敛域边界平行于s平面的虚轴，且必然通过$X(s)$的一个或多个极点。

（2）收敛域内不存在任何极点。

（3）如果连续信号$x(t)$为有限时长的绝对可积信号，那么其收敛域为整个s平面，即$-\infty<\mathrm{Re}(s)<\infty$，其中，$\mathrm{Re}(s)$表示参数$s$的实部。

（4）如果连续信号$x(t)$是一个从t_0时刻起始的右边开放信号，那么其收敛域为右边开放区间，且边界由$X(s)$函数在s平面中最右侧的极点决定；如果连续信号$x(t)$是一个到t_0时刻截止的左边开放信号，那么其收敛域为左边开放区间，且边界由$X(s)$在s平面中最左侧的极点决定。

（5）如果连续信号$x(t)$是一个双向延伸的无限时长信号，那么以任意时间点为界可以将该信号分解为一个右边开放信号分量与一个左边开放信号分量的叠加，根据双边拉普拉斯变换的线性准则，其收敛域为各信号分量收敛域的公共交集部分，一般呈条状或不存在收敛的双边拉普拉斯变换结果。

在s平面内分别用“○”和“×”符号标识连续信号双边拉普拉斯变换函数的零点和极点位置，并用阴影标识其收敛域，则可以得到信号双边拉普拉斯变换$X(s)$的零极点图。

例4-1 已知某连续信号$x(t)$的双边拉普拉斯变换结果为

$$X(s)=\frac{2s^2+5s+12}{(s+2)(s^2+2s+10)},\quad \mathrm{Re}(s)>-1 \tag{4-8}$$

请画出信号双边拉普拉斯变换的零极点图。

解：从式（4-8）可以看出，连续信号$x(t)$的双边拉普拉斯变换函数为有理式，因此，其分子有理式的根即为双边拉普拉斯变换函数的零点，用符号z_i表示。

$$\begin{aligned}&2s^2+5s+12=0\\ \Rightarrow\ &z_1=-1.25+\mathrm{j}2.1, z_2=-1.25-\mathrm{j}2.1\end{aligned} \tag{4-9}$$

分母有理式的根即为双边拉普拉斯变换函数的极点，用符号p_i表示。

$$\begin{aligned}&(s+2)(s^2+2s+10)=0\\ \Rightarrow\ &p_1=-1+\mathrm{j}3,\quad p_2=-1-\mathrm{j}3,\quad p_3=-2\end{aligned} \tag{4-10}$$

因此，在s平面分别用“○”和“×”符号标识$X(s)$的零、极点位置，并用阴影标识其收敛域，可以得到$X(s)$的零极点图，如图4-1所示。

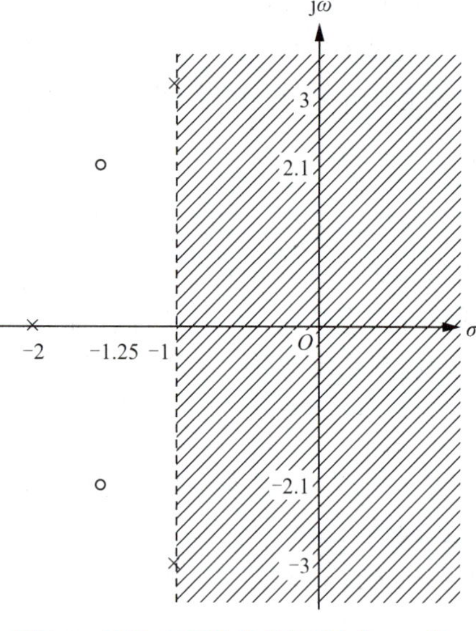

图4-1　信号$x(t)$双边拉普拉斯变换$X(s)$的零极点图

4.1.3　典型连续信号的双边拉普拉斯变换

下面以几个典型信号为例，进一步阐述信号的双边拉普拉斯变换方法。

例4-2 连续因果的单边指数信号为 $x(t)=\mathrm{e}^{-at}u(t)$，求该信号的双边拉普拉斯变换结果。

解：将信号$x(t)$的表达式代入双边拉普拉斯变换的定义式中，可以得到信号的双边拉普拉斯变换函数为

$$X(s)=\int_{-\infty}^{\infty}\mathrm{e}^{-at}u(t)\cdot\mathrm{e}^{-st}\mathrm{d}t=\int_{0}^{\infty}\mathrm{e}^{-(a+s)t}\mathrm{d}t \tag{4-11}$$

将参数s和a的实部和虚部代入式（4-11）中，其中，$s=\sigma+\mathrm{j}\omega$、$a=\beta+\mathrm{j}\gamma$，并使用变量代换：$\sigma+\beta=m$、$\omega+\gamma=n$。参考式（3-102）中单边指数信号的连续傅里叶变换结果，可将其化简为

$$\begin{aligned}X(s)&=\int_{0}^{\infty}\mathrm{e}^{-(\beta+\sigma)t}\cdot\mathrm{e}^{-\mathrm{j}(\omega+\gamma)t}\mathrm{d}t=\int_{0}^{\infty}\mathrm{e}^{-mt}\cdot\mathrm{e}^{-\mathrm{j}nt}\mathrm{d}t\\&=\begin{cases}\dfrac{1}{m+\mathrm{j}n} & m>0\\ \text{不存在} & m\leqslant 0\end{cases}=\begin{cases}\dfrac{1}{s+a} & \mathrm{Re}[s]+\mathrm{Re}[a]>0\\ \text{不存在} & \mathrm{Re}[s]+\mathrm{Re}[a]\leqslant 0\end{cases}\end{aligned} \tag{4-12}$$

其中，使得信号双边拉普拉斯变换函数收敛的s参数范围：$\mathrm{Re}[s]>\mathrm{Re}[-a]$即为该信号的收敛域。

例4-3 连续非因果的单边指数信号为 $x(t)=-\mathrm{e}^{-at}u(-t)$，求该信号的双边拉普拉斯变换结果。

解：将信号$s(t)$的表达式代入双边拉普拉斯变换的定义式中，可以得到信号的双边拉普拉斯变换函数为

$$X(s)=\int_{-\infty}^{\infty}-\mathrm{e}^{-at}u(-t)\cdot\mathrm{e}^{-st}\mathrm{d}t=-\int_{-\infty}^{0}\mathrm{e}^{-(a+s)t}\mathrm{d}t \tag{4-13}$$

将参数s和a的实部和虚部代入式（4-13）中，其中，$s=\sigma+\mathrm{j}\omega$、$a=\beta+\mathrm{j}\gamma$，并使用变量代换：$\sigma+\beta=m$、$\omega+\gamma=n$。参考式（3-102）中单边指数信号的连续傅里叶变换结果，可将其化简为

$$\begin{aligned}X(s)&=-\int_{-\infty}^{0}\mathrm{e}^{-(\beta+\sigma)t}\cdot\mathrm{e}^{-\mathrm{j}(\omega+\gamma)t}\mathrm{d}t=-\int_{-\infty}^{0}\mathrm{e}^{-mt}\cdot\mathrm{e}^{-\mathrm{j}nt}\mathrm{d}t\\&=\begin{cases}\dfrac{1}{m+\mathrm{j}n} & m<0\\ \text{不存在} & m\geqslant 0\end{cases}=\begin{cases}\dfrac{1}{s+a} & \mathrm{Re}[s]+\mathrm{Re}[a]<0\\ \text{不存在} & \mathrm{Re}[s]+\mathrm{Re}[a]\geqslant 0\end{cases}\end{aligned} \tag{4-14}$$

其中，使得信号双边拉普拉斯变换函数收敛的s参数范围：$\mathrm{Re}[s]<\mathrm{Re}[-a]$即为该信号的收敛域。

对比例4-2和例4-3的双边拉普拉斯变换结果可以发现，在不考虑收敛域差异的前提下，不同的连续信号可能具有完全相同的双边拉普拉斯变换函数。由此可以得到推论，只有知道完整的双边拉普拉斯变换结果（同时包括双边拉普拉斯变换函数和收敛域）才能唯一确定该结果所对应的时域信号。

例4-4 求连续单位冲激信号的双边拉普拉斯变换结果。

解：将连续单位冲激信号的表达式代入双边拉普拉斯变换的定义式中，可以得到信号的双边拉普拉斯变换函数为

$$X(s)=\int_{-\infty}^{\infty}\delta(t)\cdot\mathrm{e}^{-st}\mathrm{d}t=\int_{-\infty}^{\infty}\delta(t)\cdot\mathrm{e}^{0}\mathrm{d}t=1 \tag{4-15}$$

从式（4-15）中可以看出，连续单位冲激信号的双边拉普拉斯变换函数与s参数无关，即对于所有可能的s参数，信号都具有收敛的双边拉普拉斯变换函数。因此，连续单位冲激信号的收敛域为整个s平面，即$-\infty<\mathrm{Re}[s]<\infty$。

例4-5 判断常数信号$x(t)=1$是否具有收敛的双边拉普拉斯变换结果。

解：以t=0为界，常数信号$x(t)$可以分解为一个连续因果的单位阶跃信号分量与一个连续非因果的单位阶跃信号分量之和，即

$$x(t)=u(t)+u(-t) \tag{4-16}$$

根据例4-2和例4-3中关于因果和非因果单边指数信号的双边拉普拉斯变换结果：

$$\begin{aligned} \mathrm{e}^{-at}u(t) &\overset{\mathrm{LT}}{\longleftrightarrow} \frac{1}{s+a} \qquad \mathrm{Re}[s]>-\mathrm{Re}[a] \\ \mathrm{e}^{-at}u(-t) &\overset{\mathrm{LT}}{\longleftrightarrow} \frac{-1}{s+a} \qquad \mathrm{Re}[s]<-\mathrm{Re}[a] \end{aligned} \tag{4-17}$$

当参数a=0时，可得连续因果和非因果单位阶跃信号的双边拉普拉斯变换结果为

$$\begin{aligned} u(t) &\overset{\mathrm{LT}}{\longleftrightarrow} \frac{1}{s} \qquad \mathrm{Re}[s]>0 \\ u(-t) &\overset{\mathrm{LT}}{\longleftrightarrow} -\frac{1}{s} \qquad \mathrm{Re}[s]<0 \end{aligned} \tag{4-18}$$

从式（4-18）中可以看出，因为组成常数信号的两个信号分量，其收敛域没有公共的交集部分，即两个信号分量无法同时存在收敛的双边拉普拉斯变换函数，因此常数信号不存在收敛的双边拉普拉斯变换结果。

4.2 双边拉普拉斯逆变换

从式（4-6）中可以看出，连续信号$x(t)\mathrm{e}^{-\sigma t}$的傅里叶变换结果与连续信号$x(t)$的双边拉普拉斯变换结果一致，即

$$\mathrm{F}[x(t)\cdot\mathrm{e}^{-\sigma t}]=\mathrm{L}[x(t)]=X(s) \tag{4-19}$$

对式（4-19）两边同时进行连续傅里叶逆变换，可得

$$x(t)\cdot\mathrm{e}^{-\sigma t}=\mathrm{F}^{-1}[X(s)]=\frac{1}{2\pi}\int_{-\infty}^{\infty}X(s)\cdot\mathrm{e}^{\mathrm{j}\omega t}\mathrm{d}\omega \tag{4-20}$$

代入$s=\mathrm{j}\omega$和$\mathrm{d}\omega=\mathrm{d}s/\mathrm{j}$可得

$$x(t)=\frac{1}{2\pi}\int_{-\infty}^{\infty}X(s)\cdot\mathrm{e}^{(\sigma+\mathrm{j}\omega)t}\mathrm{d}\omega=\frac{1}{2\pi\mathrm{j}}\int_{\sigma-\mathrm{j}\infty}^{\sigma+\mathrm{j}\infty}X(s)\cdot\mathrm{e}^{st}\mathrm{d}s \tag{4-21}$$

式（4-21）被称为双边拉普拉斯逆变换的定义式。与连续傅里叶逆变换定义式的物理意义相

类似，双边拉普拉斯逆变换的定义式同样表示对连续信号$x(t)$的分解过程，其中分解使用的基本单元为连续复指数分量e^{st}，每个基本单元对应的权重大小为$\frac{1}{2\pi j}X(s)ds$。

由于双边拉普拉斯逆变换的定义式需要通过围线积分推导对应的时域连续信号，因此计算过程通常十分复杂。当连续信号的双边拉普拉斯变换函数为有理分式时，可以通过部分分式展开的方法简化双边拉普拉斯逆变换的求解过程。

例4-6 已知某连续信号的双边拉普拉斯变换函数为$X(s)=\frac{1}{(s+1)(s+2)}$，求该函数的双边拉普拉斯逆变换结果$x(t)$。

解：对连续信号的双边拉普拉斯变换函数进行部分分式展开，可以得到

$$X(s)=\frac{1}{s+1}-\frac{1}{s+2} \tag{4-22}$$

由于双边拉普拉斯变换函数存在两个不同极点，分别为$s=-1$和$s=-2$。因此，由极点确定边界所形成的收敛域共有三种可能，即$\mathrm{Re}[s]<-2$，$-2<\mathrm{Re}[s]<-1$和$\mathrm{Re}[s]>-1$。分别针对三种可能的收敛域对式（4-22）进行双边拉普拉斯逆变换。

（1）当收敛域为$\mathrm{Re}[s]<-2$时，根据双边拉普拉斯变换的线性特征可知，式（4-22）中复频域分量$\frac{1}{s+1}$的收敛域为$\mathrm{Re}[s]<-1$，而复频域分量$\frac{1}{s+2}$的收敛域为$\mathrm{Re}[s]<-2$。因此，连续信号为$x(t)=(-e^{-t}+e^{-2t})\cdot u(-t)$；

（2）当收敛域为$-2<\mathrm{Re}[s]<-1$时，根据双边拉普拉斯变换的线性特征可知，式（4-22）中复频域分量$\frac{1}{s+1}$的收敛域为$\mathrm{Re}[s]<-1$，而复频域分量$\frac{1}{s+2}$的收敛域为$\mathrm{Re}[s]>-2$。因此，连续信号为$x(t)=-e^{-t}u(-t)-e^{-2t}u(t)$；

（3）当收敛域为$\mathrm{Re}[s]>-1$时，根据双边拉普拉斯变换的线性特征可知，式（4-22）中复频域分量$\frac{1}{s+1}$的收敛域为$\mathrm{Re}[s]>-1$，而复频域分量$\frac{1}{s+2}$的收敛域为$\mathrm{Re}[s]>-2$。因此，连续信号为$x(t)=(e^{-t}-e^{-2t})\cdot u(t)$。

4.3 双边拉普拉斯变换的性质

本节主要介绍关于双边拉普拉斯变换的一系列重要性质。通过前面章节的分析可知，双边拉普拉斯变换是连续傅里叶变换的扩展形式。因此其许多性质在函数的变化规律方面与连续傅里叶变换性质之间存在相似之处，但同时还需注意在函数变化过程中收敛域是否会发生改变。掌握双边拉普拉斯变换的性质能够更灵活、更快速地求解连续信号的双边拉普拉斯变换结果。

4.3.1 线性

假设连续信号$x_i(t)$的双边拉普拉斯变换函数为$X_i(s)$，收敛域为R_i，即

$$x_i(t) \xleftrightarrow{\text{LT}} X_i(s) \quad \alpha_i < \text{Re}[s] < \beta_i$$

其中，α_i，β_i分别为收敛域 R_i的下界和上界。由信号分量$x_i(t)$线性叠加产生的复合信号$x(t)$，其双边拉普拉斯变换结果可表示为

$$x(t) = \sum_{i=1}^{N} a_i \cdot x_i(t) \xleftrightarrow{\text{LT}} X(s) = \sum_{i=1}^{N} a_i \cdot X_i(s) \quad \alpha < \text{Re}[s] < \beta \tag{4-23}$$

其中，N为任意整数，表示构成复合信号的分量个数；a_i为任意复数，表示复合信号中第i个分量的加权系数；α和β分别为收敛域R的下界和上界，可表示为：

$$\begin{aligned} &R = R_1 \cap R_2 \cdots \cap R_N \\ &\alpha = \max_i(\alpha_i) \quad \beta = \min_i(\beta_i) \end{aligned} \tag{4-24}$$

即复合信号的双边拉普拉斯变换函数为各信号分量双边拉普拉斯变换函数的线性叠加，且收敛域为各分量收敛域的交集部分。

4.3.2 时移性

假设连续信号$x(t)$的双边拉普拉斯变换函数为$X(s)$，收敛域为R，即

$$x(t) \xleftrightarrow{\text{LT}} X(s) \quad \alpha < \text{Re}[s] < \beta$$

其中，α，β分别为收敛域R的下界和上界。将连续信号$x(t)$延时t_0个时间单位，则时延信号$x(t-t_0)$的双边拉普拉斯变换结果可表示为

$$x(t-t_0) \xleftrightarrow{\text{LT}} X(s) \cdot \mathrm{e}^{-st_0} \quad \alpha < \text{Re}[s] < \beta \tag{4-25}$$

即连续信号在时间维度的平移将在其对应的双边拉普拉斯变换函数中引入一个复指数的加权分量，但不会改变其收敛域。

4.3.3 复频域频移性

假设连续信号$x(t)$的双边拉普拉斯变换函数为$X(s)$，收敛域为R，即

$$x(t) \xleftrightarrow{\text{LT}} X(s) \quad \alpha < \text{Re}[s] < \beta$$

其中，α，β分别为收敛域R的下界和上界。将双边拉普拉斯变换函数$X(s)$和收敛域R在复频域内同步平移s_0个单位，其对应的时域信号为

$$x(t) \cdot \mathrm{e}^{s_0 t} \xleftrightarrow{\text{LT}} X(s-s_0) \quad \alpha + \text{Re}[s_0] < \text{Re}[s] < \beta + \text{Re}[s_0] \tag{4-26}$$

即连续信号与复指数信号乘积的双边拉普拉斯变换结果为原信号双边拉普拉斯变换在复频域内的同步频移结果。

4.3.4 反褶性

假设连续信号$x(t)$的双边拉普拉斯变换函数为$X(s)$，收敛域为R，即

$$x(t)\xleftrightarrow{\text{LT}}X(s)\quad \alpha<\text{Re}[s]<\beta$$

其中，α,β分别为收敛域R的下界和上界。在时域内对连续信号$x(t)$进行反褶，反褶信号$x(-t)$的双边拉普拉斯变换结果为

$$x(-t)\xleftrightarrow{\text{LT}}X(-s)\quad -\beta<\text{Re}[s]<-\alpha \tag{4-27}$$

即连续信号在时域内的反褶会导致其双边拉普拉斯变换函数和收敛域的同步反褶。

根据双边拉普拉斯变换的反褶性可以得到以下两点重要推论。

（1）如果连续信号$x(t)$是偶函数，即在时域内信号满足关系$x(t)=x(-t)$，那么信号的双边拉普拉斯变换函数也一定是偶函数，即在复频域内满足关系$X(s)=X(-s)$。

（2）如果连续信号$x(t)$是奇函数，即在时域内信号满足关系$x(t)=-x(-t)$，那么信号的双边拉普拉斯变换函数也一定是奇函数，即在复频域内满足关系$X(s)=-X(-s)$。

事实上，双边拉普拉斯变换的反褶性可以视为双边拉普拉斯变换尺度变换性质在尺度变换系数$a=-1$条件下的一种特例情况。

4.3.5　尺度变换性

假设连续信号$x(t)$的双边拉普拉斯变换函数为$X(s)$，收敛域为R，即

$$x(t)\xleftrightarrow{\text{LT}}X(s)\quad \alpha<\text{Re}[s]<\beta$$

其中，α和β分别为收敛域R的下界和上界。$a>0$时，$x(at)$的双边拉普拉斯变换结果为

$$x(at)\xleftrightarrow{\text{LT}}\frac{1}{a}X\left(\frac{s}{a}\right)\quad a\alpha<\text{Re}[s]<a\beta \tag{4-28}$$

当尺度变换系数$a<0$时，可以首先由连续信号$x(t)$经尺度变换得到$x(-at)$，然后进行反褶，由此得到信号$x(at)$。通过结合式（4-27）和式（4-28），可得$x(at)$的双边拉普拉斯变换结果为

$$x(at)\xleftrightarrow{\text{LT}}\frac{1}{|a|}X\left(\frac{-s}{|a|}\right)\quad a\beta<\text{Re}[s]<a\alpha \tag{4-29}$$

综合式（4-28）和式（4-29），可以得到任意尺度变换系数条件下，连续信号$x(at)$的双边拉普拉斯变换结果为

$$x(at)\xleftrightarrow{\text{LT}}\frac{1}{|a|}X\left(\frac{s}{a}\right)\quad \min(a\alpha,a\beta)<\text{Re}[s]<\max(a\alpha,a\beta) \tag{4-30}$$

即连续信号在时域内的压缩会使其双边拉普拉斯变换函数和收敛域等比例扩展，连续信号在时域内的扩展会使其双边拉普拉斯变换函数和收敛域等比例压缩。

4.3.6　共轭对称性

假设连续信号$x(t)$的双边拉普拉斯变换函数为$X(s)$，收敛域为R，即

$$x(t)\xleftrightarrow{\text{LT}}X(s)\quad \alpha<\text{Re}[s]<\beta$$

其中，α和β分别为收敛域R的下界和上界。时域内共轭信号$x^*(t)$的双边拉普拉斯变换结果可表示为：

$$x^*(t)\xleftrightarrow{\text{LT}}X^*(s^*)\quad \alpha<\text{Re}[s]<\beta \tag{4-31}$$

即时域内共轭信号的双边拉普拉斯变换函数等于原信号双边拉普拉斯变换函数在s参数共轭条件下的共轭结果，且收敛域保持不变。

根据双边拉普拉斯变换的共轭对称性质可以得到以下重要推论：如果连续信号$x(t)$是实函数，即在时域内信号满足关系$x(t)=x^*(t)$，那么s平面内信号双边拉普拉斯变换函数的零极点一定是以共轭形式成对出现的。

4.3.7 卷积性

假设连续信号$x_1(t)$和$x_2(t)$的双边拉普拉斯变换函数分别为$X_1(s)$和$X_2(s)$，收敛域分别为R_1和R_2，即

$$x_1(t)\xleftrightarrow{\text{LT}}X_1(s)\quad \alpha_1<\text{Re}[s]<\beta_1$$
$$x_2(t)\xleftrightarrow{\text{LT}}X_2(s)\quad \alpha_2<\text{Re}[s]<\beta_2$$

其中，α_i，β_i分别为收敛域R_i的下界和上界。由信号分量$x_1(t)$，$x_2(t)$卷积产生的信号$x(t)$的双边拉普拉斯变换结果为

$$x(t)=x_1(t)*x_2(t)\xleftrightarrow{\text{LT}}X(s)=X_1(s)\cdot X_2(s)\quad \alpha<\text{Re}[s]<\beta \tag{4-32}$$

其中，α和β分别为收敛域R的下界和上界，可表示为

$$\begin{aligned}&R=R_1\cap R_2\\&\alpha=\max(\alpha_1,\alpha_2)\quad \beta=\min(\beta_1,\beta_2)\end{aligned} \tag{4-33}$$

即时域卷积信号的双边拉普拉斯变换函数为信号分量双边拉普拉斯变换函数的乘积，收敛域为信号分量收敛域的交集部分。

4.3.8 时域微分性

假设连续信号$x(t)$的双边拉普拉斯变换函数为$X(s)$，收敛域为R，即

$$x(t)\xleftrightarrow{\text{LT}}X(s)\quad \alpha<\text{Re}[s]<\beta$$

其中，α，β分别为收敛域R的下界和上界。时域微分信号$\frac{\text{d}^n x(t)}{\text{d}t^n}$的双边拉普拉斯变换结果为

$$\frac{\text{d}^n x(t)}{\text{d}t^n}\xleftrightarrow{\text{LT}}s^n\cdot X(s)\quad \alpha<\text{Re}[s]<\beta \tag{4-34}$$

即时域微分信号的双边拉普拉斯变换函数为原信号双边拉普拉斯变换函数与s参数n阶幂函数的乘积，且大部分情况下收敛域保持不变。

4.3.9 复频域微分性

假设连续信号$x(t)$的双边拉普拉斯变换函数为$X(s)$，收敛域为R，即

$$x(t)\xleftrightarrow{\text{LT}}X(s)\quad \alpha<\text{Re}[s]<\beta$$

其中，α，β分别为收敛域R的下界和上界。将双边拉普拉斯变换函数$X(s)$进行n阶微分且保持收敛域不变，其对应的时域信号为

$$(-t)^n \cdot x(t) \xleftrightarrow{\text{LT}} \frac{\mathrm{d}^n X(s)}{\mathrm{d}s^n} \quad \alpha < \mathrm{Re}[s] < \beta \tag{4-35}$$

即连续信号与（$-t$）的n阶幂函数乘积的双边拉普拉斯变换函数为原信号双边拉普拉斯变换函数的n阶微分，且收敛域保持不变。

4.3.10　时域积分性

假设连续信号$x(t)$的双边拉普拉斯变换函数为$X(s)$，收敛域为R，即

$$x(t) \xleftrightarrow{\text{LT}} X(s) \quad \alpha < \mathrm{Re}[s] < \beta$$

其中，α，β分别为收敛域R的下界和上界。时域积分信号$x^{(-n)}(t)$的双边拉普拉斯变换结果为

$$x^{(-n)}(t) \xleftrightarrow{\text{LT}} \frac{X(s)}{s^n} \quad \alpha' < \mathrm{Re}[s] < \beta' \tag{4-36}$$

其中，$x^{(-n)}(t)$为连续信号$x(t)$的n阶积分信号，α'，β'分别为积分信号收敛域R'的下界和上界，为

$$R' = R \cap (\mathrm{Re}[s] > 0) \tag{4-37}$$

即$\alpha \geqslant 0$时，$\alpha' = \alpha$，$\beta' = \beta$；$\alpha < 0$、$\beta > 0$时，$\alpha' = 0$，$\beta' = \beta$；$\beta \leqslant 0$时，积分信号不存在双边拉普拉斯变换结果。

事实上，双边拉普拉斯变换的时域积分性可以视为双边拉普拉斯变换卷积性的一种特例情况。因为单位冲激响应函数通过一阶微分系统后为单位阶跃信号，因此时域积分信号$x^{(-n)}(t)$可视为输入信号$x(t)$依次通过n个级联的一阶积分系统后产生的输出响应，即时域积分信号$x^{(-n)}(t)$可表示为

$$x^{(-n)}(t) = x(t) * \underbrace{u(t) * \cdots * u(t)}_{n个} \tag{4-38}$$

根据双边拉普拉斯变换的卷积性，时域积分信号$x^{(-n)}(t)$的双边拉普拉斯变换结果为

$$x^{(-n)}(t) \xleftrightarrow{\text{LT}} X(s) \cdot \underbrace{\frac{1}{s} \cdot \cdots \cdot \frac{1}{s}}_{n个} = \frac{X(s)}{s^n} \quad R' = R \cap (\mathrm{Re}[s] > 0) \tag{4-39}$$

其中，$\mathrm{Re}[s] > 0$是单位阶跃信号的收敛域。

4.3.11　初值定理

对于连续因果信号$x(t)$，在不考虑$t=0$时刻可能存在奇异函数的基础上，定义信号在$t=0^+$时刻的幅值为信号的初值。若该连续信号$x(t)$的双边拉普拉斯变换变换函数$X(s)$为有理分式，提取有理分式中的真分式分量$X_1(s)$，则信号的初值可表示为

$$\begin{gathered} X(s) = \sum_{i=0}^{n} a_i \cdot s^i + X_1(s) \\ x(0^+) = \lim_{s \to \infty} s \cdot X_1(s) \end{gathered} \tag{4-40}$$

分析：在不考虑$t=0$时刻可能存在奇异函数的基础上，将连续因果信号$x(t)$在$t=0^+$时刻点进行泰勒

展开，即信号$x(t)$可表示为

$$x(t)=x(t)\cdot u(t)=\left[x(0^+)+x'(0^+)t+\frac{x''(0^+)}{2!}+\cdots+x^{(n)}(0^+)\frac{t^n}{n!}+\cdots\right]\cdot u(t) \tag{4-41}$$

对式（4-41）的等式两边同时进行双边拉普拉斯变换，可得

$$X_1(s)=\frac{1}{s}x(0^+)+\frac{1}{s^2}x'(0^+)+\frac{1}{s^3}x''(0^+)+\cdots+\frac{1}{s^{n+1}}x^{(n)}(0^+)+\cdots \tag{4-42}$$

其中，t=0时刻不存在奇异函数的因果信号$x(t)$，其双边拉普拉斯变换函数必定为有理真分式$X_1(s)$。对式（4-42）化简可得

$$\begin{aligned}&sX_1(s)=x(0^+)+\sum_{n=1}^{\infty}\frac{1}{s^n}x^{(n)}(0^+)\\ &\therefore\quad \lim_{s\to\infty}s\cdot X_1(s)=x(0^+)\end{aligned} \tag{4-43}$$

即连续信号的初值可以在复频域内通过该信号双边拉普拉斯变换函数与s参数的乘积在s趋于无穷大的极限值进行估计。

4.3.12 终值定理

对于连续因果信号$x(t)$，如果其双边拉普拉斯变换函数$X(s)$满足：s参数与$X(s)$乘积的收敛域包含虚轴，则定义信号在t趋于无穷大时的极限值为信号的终值，表示为

$$x(\infty)=\lim_{s\to 0}s\cdot X(s) \tag{4-44}$$

分析：对于连续因果信号$x(t)$，根据导数的乘积法则，有

$$\begin{aligned}&\because\quad x(t)=x(t)\cdot u(t)\\ &\therefore\quad x'(t)=x'(t)\cdot u(t)+x(t)\cdot\delta(t)=x'(t)\cdot u(t)+x(0)\cdot\delta(t)\end{aligned} \tag{4-45}$$

推导过程使用了如下关系：$u'(t)=\delta(t)$以及$x(t)\delta(t)=x(0)\delta(t)$。对式（4-45）的等式两边同时进行双边拉普拉斯变换，可得

$$\begin{aligned}&sX(s)=\mathrm{L}[x'(t)\cdot u(t)]+x(0)\\ &\mathrm{L}[x'(t)\cdot u(t)]=\int_{-\infty}^{\infty}[x'(t)\cdot u(t)]\cdot \mathrm{e}^{-st}\mathrm{d}t=\int_{0}^{\infty}x'(t)\cdot \mathrm{e}^{-st}\mathrm{d}t=sX(s)-x(0)\end{aligned} \tag{4-46}$$

当s参数趋于0时，$x'(t)u(t)$的双边拉普拉斯变换函数为

$$\lim_{s\to 0}\mathrm{L}[x'(t)\cdot u(t)]=\lim_{s\to 0}\int_0^{\infty}x'(t)\cdot \mathrm{e}^{-st}\mathrm{d}t=\int_0^{\infty}x'(t)\mathrm{d}t=x(t)\Big|_0^{\infty} \tag{4-47}$$

结合式（4-46）和式（4-47）可知

$$\begin{aligned}&x(t)\Big|_0^{\infty}=x(\infty)-x(0)=\lim_{s\to 0}sX(s)-x(0)\\ &\therefore\quad x(\infty)=\lim_{s\to 0}sX(s)\end{aligned} \tag{4-48}$$

即连续信号的终值可以在复频域内通过该信号双边拉普拉斯变换函数与s参数的乘积在零点的取值进行估计。

4.3.13 双边拉普拉斯变换的性质汇总

综合前面的分析，表4-1汇总了双边拉普拉斯变换的一系列重要性质。

表 4-1　双边拉普拉斯变换的性质

章节	性质	信号	双边拉普拉斯变换	收敛域（一般情况）
		$x_1(t)$	$X_1(s)$	R_1
		$x_2(t)$	$X_2(s)$	R_2
4.3.1	线性	$ax_1(t)+bx_2(t)$	$aX_1(s)+bX_2(s)$	$R_1\cap R_2$
4.3.2	时移性	$x_1(t-t_0)$	$\mathrm{e}^{-st_0}X_1(s)$	R_1
4.3.3	复频域频移性	$\mathrm{e}^{s_0t}x_1(t)$	$X_1(s-s_0)$	在R_1基础上正向平移$\mathrm{Re}[s_0]$个单位
4.3.4	反褶性	$x_1(-t)$	$X_1^*(-s)$	$-R_1$
4.3.5	尺度变换性	$x_1(at),a>0$	$\frac{1}{\lvert a\rvert}X_1\left(\frac{s}{a}\right)$	aR_1
4.3.6	共轭对称性	$x_1^*(t)$	$X_1^*(s)$	R_1
4.3.7	卷积性	$x_1(t)*x_2(t)$	$X_1(s)X_2(s)$	$R_1\cap R_2$
4.3.8	时域微分性	$\frac{\mathrm{d}^n}{\mathrm{d}t^n}x_1(t)$	$s^nX_1(s)$	R_1
4.3.9	复频域微分性	$(-t)^n x_1(t)$	$\frac{\mathrm{d}^n}{\mathrm{d}s^n}X_1(s)$	R_1
4.3.10	时域积分性	$x_1^{(-n)}(t)$	$\frac{X_1(s)}{s^n}$	$R_1\cap\mathrm{Re}[s]>0$
4.3.11	初值定理：若$t<0$时$x_1(t)=0$，且$x_1(t)$在零点位置不包含奇异函数，则信号初值为 $x_1(0^+)=\lim\limits_{s\to\infty}sX_1(s)$；			
4.3.12	终值定理：若$sX_1(s)$的收敛域包含虚轴，则信号终值为 $x_1(\infty)=\lim\limits_{s\to 0}sX_1(s)$			

4.4 LTI 系统的系统函数

梅森公式

根据式（4-3），系统函数是LTI系统单位冲激响应函数的双边拉普拉斯变换结果。系统函数不仅在复频域内求解系统输出响应的过程中发挥重要作用（LTI系统输出响应的双边拉普拉斯变换函数等于输入信号双边拉普拉斯变换函数与系统函数的乘积），同时也是一种关于系统性质的完备描述方式（类比于系统微分方程和单位冲激响应函数），即可以根据系统函数判断LTI系统的性质。

（1）因果性判断

LTI系统具有因果性的充分必要条件为系统函数是关于s参数的有理分式，且收敛域为右边开放区间。

（2）稳定性判断

LTI系统具有稳定性的充分必要条件为系统函数的收敛域包含虚轴，即系统存在收敛的频率响应函数。

结合上面两条性质，若某LTI系统同时具备因果性和稳定性，则其系统函数一定是关于s参数的有理分式，且收敛域为包含虚轴的右边开放区间。由于收敛域内不存在极点，因此可以判断系统函数的所有极点一定位于s平面的第二象限或者第三象限内。

在关于LTI系统的各种描述方法中（结构框图、微分方程、单位冲激响应函数、频率响应函数以及系统函数），系统函数是单位冲激响应函数的双边拉普拉斯变换结果，同时也是频率响应函数的推广形式（参考双边拉普拉斯变换和连续傅里叶变换之间的相互关系）。已知某LTI系统的n阶微分方程为

$$\sum_{k=0}^{n} a_k \frac{\mathrm{d}^k y(t)}{\mathrm{d}t^k} = \sum_{k=0}^{m} b_k \frac{\mathrm{d}^k x(t)}{\mathrm{d}t^k} \tag{4-49}$$

对式（4-49）两边同时进行双边拉普拉斯变换，结合双边拉普拉斯变换的微分性可得

$$\sum_{k=0}^{n} a_k \cdot s^k Y(s) = \sum_{k=0}^{m} b_k \cdot s^k X(s) \tag{4-50}$$

则系统函数可表示为

$$H(s) = \frac{Y(s)}{X(s)} = \frac{\sum_{k=0}^{m} b_k \cdot s^k}{\sum_{k=0}^{n} a_k \cdot s^k} \tag{4-51}$$

与此相类似，若已知某LTI系统初始状态为零（或满足初始松弛条件），当输入信号为$x(t)$时产生的输出响应为$y(t)$，且$x(t)$和$y(t)$均具有收敛的双边拉普拉斯变换结果，则系统函数可表示为

$$H(s) = \frac{Y(s)}{X(s)} \tag{4-52}$$

其中，$X(s)$,$Y(s)$分别为连续信号$x(t)$和$y(t)$的双边拉普拉斯变换函数。

如果已知某LTI系统的结构框图，可通过梅森公式求解系统函数。在结构框图中，组成连续LTI系统的基本单元主要包括加法器、乘法器和积分器，其复频域符号如图4-2所示。

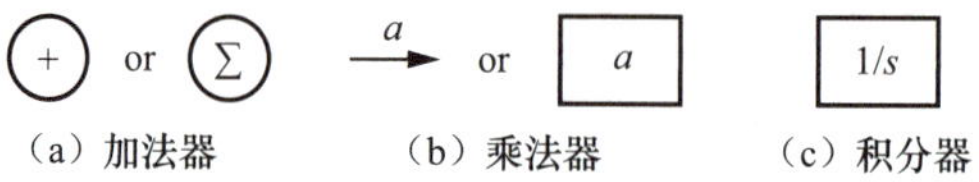

+ or Σ　　$\xrightarrow{a}$ or a　　$1/s$

（a）加法器　　（b）乘法器　　（c）积分器

图 4-2　连续 LTI 系统的基本单元

将结构框图中信号从输入端流向输出端的单向线路称为前向通路，形成完整信号闭环结构的回路称为系统环路。则梅森公式为

$$H_{xy}(s) = \frac{\sum_{k=1}^{n} T_k \cdot \Delta_k}{\Delta} \tag{4-53}$$

其中$H_{xy}(s)$是输入信号和输出响应分别为$x(t)$和$y(t)$时的系统函数；n为结构框图中前向通路的个数；T_k为第k条前向通路的系统函数；Δ和Δ_k分别为完整结构框图和从结构框图中移除第k条前向通路之后的系统行列式，可进一步表示为

$$\Delta = 1 - \sum_{i} L_i + \sum_{L_i \cap L_j = \phi} L_i \cdot L_j - \sum_{L_i \cap L_j \cap L_k = \phi} L_i \cdot L_j \cdot L_k + \cdots \tag{4-54}$$

其中，L_i为第i个环路的系统函数；$L_i \cap L_j \cap_k \cdots = \varnothing$表示任意多个非接触（重叠）的系统环路。

例4-7 已知某LTI系统的结构框图如图4-3所示，求不同输入与输出信号组合条件下的系统函数$H_{xf}(s)$和$H_{xy}(s)$。

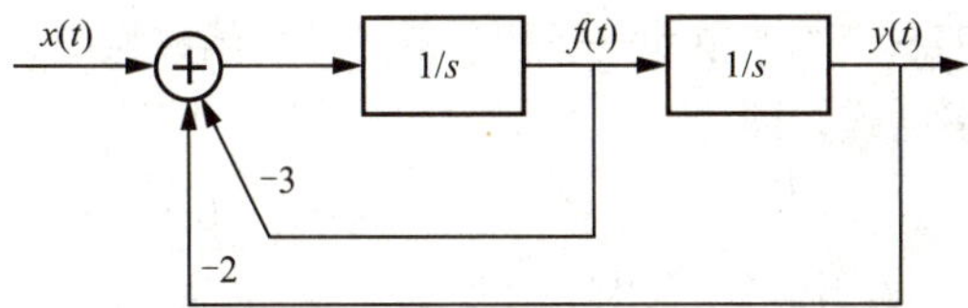

图 4-3　连续 LTI 系统的结构框图

解：（1）当输入信号和输出响应分别为$x(t)$和$f(t)$时，完整的结构框图中共包含一条前向通路（系统函数为H(s)=1/s）和两个相互接触（重叠）的系统环路（系统函数分别为$-3/s$和$-2/s^2$），即

$$\begin{cases} n=1 \\ T_1=\dfrac{1}{s} \\ \Delta=1-\left(\dfrac{-3}{s}+\dfrac{-2}{s^2}\right)=1+\dfrac{3}{s}+\dfrac{2}{s^2} \end{cases} \tag{4-55}$$

因为结构框图中唯一的前向通路与两个系统环路均存在交集部分，因此从结构框图中移除前向通路后系统将不再存在完整环路，即行列式

$$\Delta_1=1 \tag{4-56}$$

将式（4-55）和式（4-56）代入式（4-53）中，可得系统函数$H_{xf}(s)$为

$$H_{xf}(s)=\frac{\dfrac{1}{s}\cdot 1}{1+\dfrac{3}{s}+\dfrac{2}{s^2}}=\frac{s}{s^2+3s+2} \tag{4-57}$$

（2）当输入信号和输出响应分别为$x(t)$和$y(t)$时，完整的结构框图中共包含一条前向通路（系统函数为$1/s^2$）和两个相互接触（重叠）的系统环路（系统函数分别为$-3/s$和$-2/s^2$），同样从结构框图中移除前向通路后系统将不再存在完整环路，即

$$\begin{cases} n=1 \\ T_1=\dfrac{1}{s^2} \\ \Delta_1=1 \\ \Delta=1-\left(\dfrac{-3}{s}+\dfrac{-2}{s^2}\right)=1+\dfrac{3}{s}+\dfrac{2}{s^2} \end{cases} \tag{4-58}$$

由此可得系统函数$H_{xy}(s)$为

$$H_{xy}(s)=\frac{\dfrac{1}{s^2}\cdot 1}{1+\dfrac{3}{s}+\dfrac{2}{s^2}}=\frac{1}{s^2+3s+2} \tag{4-59}$$

除了求解系统函数，梅森公式还可以辅助作为系统结构框图设计的重要工具。例如已知某LTI系统的系统函数为

$$H_{xy}(s)=\frac{s(s-0.5)}{(s-0.8)(s-0.2)} \tag{4-60}$$

要求设计该系统的结构框图。

分析：因为组成连续LTI系统基本单元——积分器的系统函数为1/s，因此首先需要将式（4-60）转化为关于变量1/s的有理多项式，即

$$H_{xy}(s)=\frac{s(s-0.5)}{(s-0.8)(s-0.2)}=\frac{1-\dfrac{0.5}{s}}{1-\dfrac{1}{s}+\dfrac{0.16}{s^2}} \tag{4-61}$$

设计方案一：根据梅森公式对式（4-61）进行分解，可得关于结构框图的各参数如式（4-62）所示。

$$\begin{cases} n=2 \\ T_1=1, \Delta_1=1 \\ T_2=\dfrac{-0.5}{s}, \Delta_2=1 \\ L_1=\dfrac{1}{s}, L_2=\dfrac{-0.16}{s^2} \end{cases} \tag{4-62}$$

由此设计的结构框图如图4-4所示。

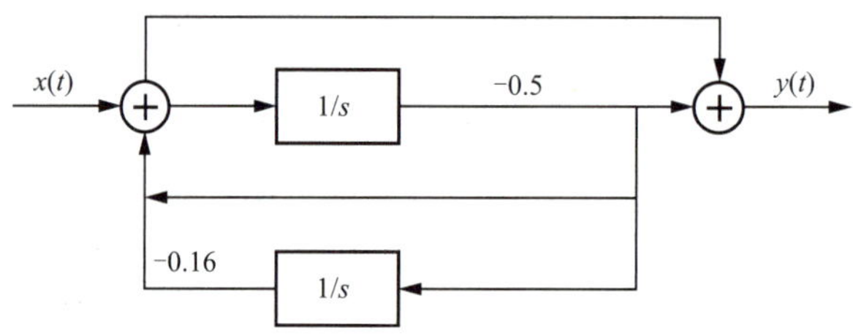

图 4-4 方案一中设计的结构框图

设计方案二：分解设计需求，将式（4-60）表示为两个分量的乘积，即

$$H_{xy}(s)=\left(\frac{s}{s-0.8}\right)\cdot\left(\frac{s-0.5}{s-0.2}\right)=\left(\frac{1}{1-\dfrac{0.8}{s}}\right)\cdot\left(\frac{1-\dfrac{0.5}{s}}{1-\dfrac{0.2}{s}}\right) \tag{4-63}$$

由此可以将系统表示为两个子系统的级联形式。根据梅森公式分别对两个子系统的系统函数进行分解，可得关于结构框图的参数如式（4-64）和式（4-65）所示。

子系统一：

$$\begin{cases} n=1 \\ T_1=1, \Delta_1=1 \\ L_1=\dfrac{0.8}{s} \end{cases} \tag{4-64}$$

子系统二：

$$\begin{cases} n=2 \\ T_1=1, \Delta_1=1 \\ T_2=\dfrac{-0.5}{s}, \Delta_2=1 \\ L_1=\dfrac{0.2}{s} \end{cases} \tag{4-65}$$

由此设计的结构框图如图4-5所示。

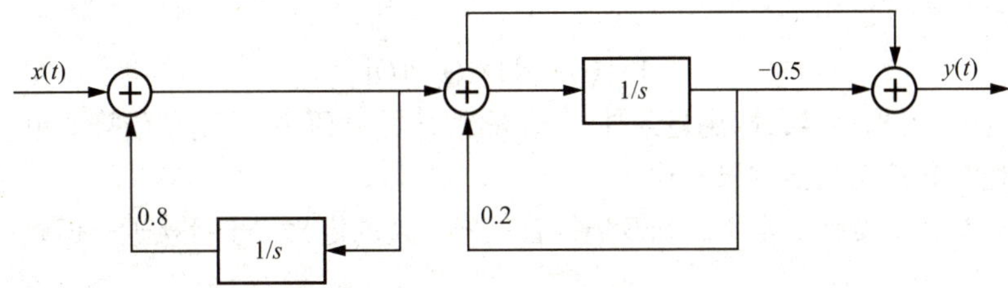

图 4-5　方案二中设计的结构框图

设计方案三：分解设计需求，通过部分分式展开的方法将式（4-61）表示为两个分量的和，即

$$H_{xy}(s)=\frac{1-\dfrac{0.5}{s}}{1-\dfrac{1}{s}+\dfrac{0.16}{s^2}}=\left(\frac{0.5}{1-\dfrac{0.8}{s}}\right)+\left(\frac{0.5}{1-\dfrac{0.2}{s}}\right) \tag{4-66}$$

由此可以将系统表示为两个子系统的并联形式。根据梅森公式分别对两个子系统的系统函数进行分解，可得关于结构框图的各参数如式（4-67）和式（4-68）所示。

子系统一：

$$\begin{cases} n=1 \\ T_1=0.5, \Delta_1=1 \\ L_1=\dfrac{0.8}{s} \end{cases} \tag{4-67}$$

子系统二：

$$\begin{cases} n=1 \\ T_1=0.5, \Delta_1=1 \\ L_1=\dfrac{0.2}{s} \end{cases} \tag{4-68}$$

由此设计的结构框图如图4-6所示。

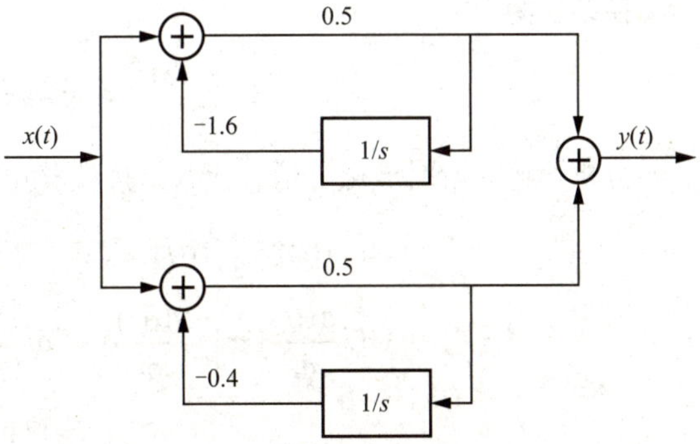

图 4-6　方案三中设计的结构框图

4.5 单边拉普拉斯变换

连续信号$x(t)$的单边拉普拉斯变换结果定义为

$$X(s)=\int_{0^-}^{\infty} x(t)\cdot \mathrm{e}^{-st}\mathrm{d}t \tag{4-69}$$

其中参数0^-代表积分区间包含t=0时刻可能存在的奇异函数。通常使用UL算子或与双边拉普拉斯变换表达相似的双向箭头符号来表示时域信号$x(t)$与其单边拉普拉斯变换函数$X(s)$之间的对应关系，即

$$\mathrm{UL}[x(t)] = X(s) \quad \text{or} \quad x(t) \stackrel{\mathrm{UL}}{\longleftrightarrow} X(s) \tag{4-70}$$

对比式（4-69）和式（4-4）可以看到除了积分区间的差异外，单边拉普拉斯变换和双边拉普拉斯变换具有完全相同的定义式。因此，信号的单边拉普拉斯变换结果等效于信号与单位阶跃信号乘积的双边拉普拉斯变换结果，即

$$\mathrm{UL}[x(t)] = \mathrm{L}[x(t)\cdot u(t)] \tag{4-71}$$

如果连续信号$x(t)$为因果信号，即满足条件：当t<0时$x(t)$的幅值为0，则该信号的单边拉普拉斯变换结果与其双边拉普拉斯变换结果一致。

虽然单边拉普拉斯变换的定义式和双边拉普拉斯变换的定义式十分接近，但是依然存在两个主要差异。

（1）单边拉普拉斯变换的收敛域

由于信号的单边拉普拉斯变换结果等效于信号与单位阶跃信号乘积的双边拉普拉斯变换结果，而任意信号与单位阶跃信号的乘积必然是因果信号，因此任意信号单边拉普拉斯变换的收敛域一定是右边开放区间（或整个s平面），且收敛域边界由单边拉普拉斯变换函数在s平面中最右侧的极点决定。正是因为单边拉普拉斯变换的收敛域可由其对应的变化函数唯一确定，因此，在许多情况下信号的单边拉普拉斯变换结果可省略对其收敛域的标注过程。

（2）单边拉普拉斯变换的时域微分性

假设连续信号$x(t)$的单边拉普拉斯变换函数为$X(s)$，则一阶时域微分信号$\dfrac{\mathrm{d}x(t)}{\mathrm{d}t}$的单边拉普拉斯变换结果为

$$\frac{\mathrm{d}x(t)}{\mathrm{d}t} \stackrel{\mathrm{UL}}{\longleftrightarrow} s\cdot X(s) - x(0^-) \tag{4-72}$$

分析：将一阶时域微分信号代入单边拉普拉斯变换的定义式中，可以得到

$$\begin{aligned} &\because \mathrm{UL}[x(t)] = \int_{0^-}^{\infty} x(t)\cdot \mathrm{e}^{-st}\mathrm{d}t = X(s) \\ &\therefore \mathrm{UL}[\frac{\mathrm{d}x(t)}{\mathrm{d}t}] = \int_{0^-}^{\infty}\frac{\mathrm{d}x(t)}{\mathrm{d}t}\cdot \mathrm{e}^{-st}\mathrm{d}t = x(t)\cdot \mathrm{e}^{-st}\Big|_{0^-}^{\infty} - \int_{0^-}^{\infty} x(t)\cdot\frac{\mathrm{d}(\mathrm{e}^{-st})}{\mathrm{d}t}\mathrm{d}t \\ &\qquad = x(t)\cdot \mathrm{e}^{-st}\Big|_{0^-}^{\infty} + s\cdot\int_{0^-}^{\infty} x(t)\cdot \mathrm{e}^{-st}\mathrm{d}t = s\cdot X(s) - x(0^-) \end{aligned} \tag{4-73}$$

与上述分析相类似，该性质可推广至高阶时域微分信号的单边拉普拉斯变换结果，即

$$\frac{\mathrm{d}^n x(t)}{\mathrm{d}t^n} \stackrel{\mathrm{UL}}{\longleftrightarrow} s^n\cdot X(s) - \sum_{k=0}^{n-1} s^k\cdot x^{(n-1-k)}(0^-) \tag{4-74}$$

其中，$x^{(n-1-k)}(0^-)$为连续信号$x(t)$的（$n-1-k$）阶时域微分信号在0^-时刻的幅值。

单边拉普拉斯变换最常见的应用场景为通过复频域的分析方法求解因果信号通过LTI系统的输出响应。根据系统特征可以将系统分析方法分为以下三类。

（1）当系统的初始状态为零，即满足初始松弛条件时，单边拉普拉斯变换的时域微分性质与双边拉普拉斯变换的时域微分性质一致。此时LTI系统的输出响应完全由系统的输入信号决定，

其分析方法与3.8节中介绍的频域分析方法相类似。

例4-8 已知某因果的连续LTI系统满足初始松弛条件，且微分方程为

$$\frac{\mathrm{d}^2 y(t)}{\mathrm{d}t^2}+3\frac{\mathrm{d}y(t)}{\mathrm{d}t}+2y(t)=x(t)$$

求输入信号$x(t)=\alpha u(t)$时系统的输出响应。

解：根据LTI系统的微分方程，对等式两边同时进行双边拉普拉斯变换，可以得到该系统的系统函数$H(s)$为

$$\because\ (s)^2Y(s)+3sY(s)+2Y(s)=X(s)$$

$$\therefore\ H(s)=\frac{Y(s)}{X(s)}=\frac{1}{s^2+3s+2} \tag{4-75}$$

由于该系统具有因果性，因此系统函数的收敛域为$\mathrm{Re}[s]>-1$。此外输入信号的双边拉普拉斯变换结果为

$$\alpha u(t)\xleftrightarrow{\mathrm{LT}}\frac{\alpha}{s}\quad \mathrm{Re}[s]>0 \tag{4-76}$$

结合式（4-75）和式（4-76），可以得到系统输出响应的双边拉普拉斯变换结果为

$$\begin{aligned}Y(s)=X(s)\cdot H(s)&=\frac{\alpha}{(s^2+3s+2)s}\\&=\frac{0.5\alpha}{s}+\frac{-\alpha}{s+1}+\frac{0.5\alpha}{s+2}\quad \mathrm{Re}[s]>0\end{aligned} \tag{4-77}$$

对式（4-77）进行双边拉普拉斯逆变换可得系统的输出响应$y(t)$为

$$y(t)=(0.5\alpha-\alpha\mathrm{e}^{-t}+0.5\alpha\mathrm{e}^{-2t})\cdot u(t) \tag{4-78}$$

我们将系统初始状态为零、完全由输入信号产生的输出响应称为系统的零状态响应（zero-state response），通常用符号$y_{zs}(t)$来表示。

（2）当系统的初始状态不为零，即不满足初始松弛条件时，如果LTI系统的输入信号为零，此时LTI系统的输出响应完全由系统的初始状态决定，可通过单边拉普拉斯变换进行求解。

例4-9 已知某因果连续LTI系统的微分方程为

$$\frac{\mathrm{d}^2 y(t)}{\mathrm{d}t^2}+3\frac{\mathrm{d}y(t)}{\mathrm{d}t}+2y(t)=x(t)$$

系统的初始状态为$y(0^-)=\beta$，$y'(0^-)=\gamma$，求输入信号$x(t)$为零时，该系统的输出响应。

解：根据LTI系统的微分方程，对等式两边同时进行单边拉普拉斯变换，可以得到

$$s^2Y(s)-\beta s-\gamma+3[sY(s)-\beta]+2Y(s)=X(s) \tag{4-79}$$

因为输入信号的单边拉普拉斯变换结果为零，所以可以得到系统输出响应的单边拉普拉斯变换结果为

$$Y(s)=\frac{\beta s+3\beta+\gamma}{s^2+3s+2}=-\frac{\beta+\gamma}{s+2}+\frac{2\beta+\gamma}{s+1} \tag{4-80}$$

对式（4-80）进行单边拉普拉斯逆变换可得系统的输出响应$y(t)$为

$$y(t)=(2\beta+\gamma)\mathrm{e}^{-t}u(t)-(\beta+\gamma)\mathrm{e}^{-2t}u(t) \tag{4-81}$$

我们将输入信号为零，完全由系统初始状态产生的输出响应称为系统的零输入响应（zero-input response），通常用符号$y_{zi}(t)$来表示。

（3）当系统的初始状态和输入信号均不为零，此时LTI系统的输出响应由输入信号和系统的初始状态共同决定，可通过单边拉普拉斯变换进行求解。

例4-10 已知某因果连续LTI系统的微分方程为

$$\frac{\mathrm{d}^2y(t)}{\mathrm{d}t^2}+3\frac{\mathrm{d}y(t)}{\mathrm{d}t}+2y(t)=x(t)$$

系统的初始状态为$y(0^-)=\beta$，$y'(0^-)=\gamma$，求输入信号为$x(t)=\alpha u(t)$时系统的输出响应。

解：根据LTI系统的微分方程，对等式两边同时进行单边拉普拉斯变换，可以得到

$$s^2Y(s)-\beta s-\gamma+3[sY(s)-\beta]+2Y(s)=X(s) \tag{4-82}$$

因为输入信号$x(t)$为因果信号，所以其单边拉普拉斯变换结果为

$$\alpha u(t)\xleftrightarrow{\text{UL}}\frac{\alpha}{s} \tag{4-83}$$

由此可以得到系统输出响应的单边拉普拉斯变换结果为

$$Y(s)=\frac{\beta s+3\beta+\gamma}{s^2+3s+2}+\frac{\alpha}{(s^2+3s+2)s}=Y_{zi}(s)+Y_{zs}(s) \tag{4-84}$$

其中，$Y_{zi}(s)$，$Y_{zs}(s)$为系统零输入响应和零状态响应的单边拉普拉斯变换结果，分别为

$$\begin{aligned}Y_{zi}(s)&=\frac{\beta s+3\beta+\gamma}{s^2+3s+2}\\Y_{zs}(s)&=\frac{\alpha}{(s^2+3s+2)s}\end{aligned} \tag{4-85}$$

对式（4-85）进行单边拉普拉斯逆变换可得系统的输出响应$y(t)$为

$$\begin{aligned}&y_{zi}(t)=(2\beta+\gamma)\mathrm{e}^{-t}u(t)-(\beta+\gamma)\mathrm{e}^{-2t}u(t)\\&y_{zs}(t)=\frac{\alpha}{2}u(t)-\alpha\mathrm{e}^{-t}u(t)+\frac{\alpha}{2}\mathrm{e}^{-2t}u(t)\\&y(t)=y_{zi}(t)+y_{zs}(t)=\frac{\alpha}{2}u(t)+(2\beta+\gamma-\alpha)\mathrm{e}^{-t}u(t)-\left(\beta+\gamma-\frac{\alpha}{2}\right)\mathrm{e}^{-2t}u(t)\end{aligned} \tag{4-86}$$

由输入信号和系统初始状态共同产生的输出响应称为系统的全响应。在系统的全响应中，由单边指数分量叠加产生的输出分量称为系统的自然响应（natural response），对应微分方程的通解，通常用符号$y_{nr}(t)$来进行表示；全响应中与输入信号具有相同波形的输出分量称为系统的强迫响应（forced response），对应微分方程的特解，通常用符号$y_{fr}(t)$进行表示。因此，在例4-10中，系统的自然响应和强迫响应可分别表示为

$$y(t)=y_{\mathrm{fr}}(t)+y_{\mathrm{nr}}(t)$$
$$y_{\mathrm{fr}}(t)=\frac{\alpha}{2}u(t) \tag{4-87}$$
$$y_{\mathrm{nr}}(t)=(2\beta+\gamma-\alpha)\mathrm{e}^{-t}u(t)-\left(\beta+\gamma-\frac{\alpha}{2}\right)\mathrm{e}^{-2t}u(t)$$

本章针对频域分析方法的不足，首先通过对信号分解过程中使用基本信号单元的改进建立了双边拉普拉斯变换的定义，讨论并研究了双边拉普拉斯变换与连续傅里叶变换之间的关系。然后通过讨论双边拉普拉斯变换的性质，从函数表达式和收敛域两个角度揭示了信号时域特性和复频域特性之间的关系。最后在系统分析过程中介绍了系统函数的重要意义，推导了不同情况下系统函数的求解方法以及基于系统函数的系统性质判断方法。针对因果LTI系统输出响应的求解问题，在双边拉普拉斯变换的基础上推导出另一种拉普拉斯变换形式，即单边拉普拉斯变换。研究了基于单边拉普拉斯变换的系统输出响应求解方法以及系统全响应的组成结构。

习题

4-1　已知某双边拉普拉斯变换函数为

$$X(s)=\frac{s^3+s^2+2s+4}{s(s+1)(s^2+1)(s^2+2s+2)}$$

求该双边拉普拉斯变换函数所有可能的收敛域及对应的时域信号。

4-2　连续信号$x(t)$可表示为

$$x(t)=\mathrm{e}^{-3t}u(t)-\mathrm{e}^{\beta t}u(-t)$$

其中，β为复参数。如果已知信号$x(t)$的双边拉普拉斯变换收敛域为$-3<\mathrm{Re}[s]<1$，求参数β应满足的条件。

4-3　已知连续信号$x(t)$可表示为

$$x(t)=\begin{cases}\mathrm{e}^{t}\sin 3t & t\leqslant 0\\ 0 & t>0\end{cases}$$

求该连续信号的双边拉普拉斯变换结果并画出其零极点图。

4-4　求下列双边拉普拉斯变换结果对应的时域信号。

（1）$X(s)=\dfrac{1}{s^2+4}$，　$\mathrm{Re}[s]>0$

（2）$X(s)=\dfrac{s+2}{s^2+7s+12}$，　$-4<\mathrm{Re}[s]<-3$

（3）$X(s)=\dfrac{s+1}{(s+1)^2+9}$，　$\mathrm{Re}[s]<-1$

（4）$X(s)=\dfrac{(s-1)^2}{(s+1)(s-2)}$，　$\mathrm{Re}[s]>2$

4-5　求下列连续信号的单边拉普拉斯变换结果并标明收敛域。

（1）$x(t)=1-\mathrm{e}^{-t}$　　（2）$x(t)=\mathrm{e}^{-t}\sin 2t$

（3）$x(t)=1-2\mathrm{e}^{-t}+\mathrm{e}^{-2t}$　　（4）$x(t)=t\mathrm{e}^{-2t}$

（5）$x(t)=\delta(t)+\mathrm{e}^{-t}$

4-6 求连续信号$x_1(t)=\mathrm{e}^{3t}u(-t)+\mathrm{e}^{-2t}u(t)$和$x_2(t)=\mathrm{e}^{-3|t|}$的双边拉普拉斯变换结果。

4-7 已知两个右边开放的连续信号$x(t)$和$y(t)$满足如下关系

$$\frac{\mathrm{d}x(t)}{\mathrm{d}t}=4y(t)+2$$
$$\frac{\mathrm{d}y(t)}{\mathrm{d}t}=x(t)-2$$

求连续信号$x(t)$和$y(t)$的表达式。

4-8 已知某连续实数信号$x(t)$的双边拉普拉斯变换函数$X(s)$满足如下条件：

（1）在s平面内，$X(s)$仅存在两个极点且其中一个极点位于$s=-1+\mathrm{j}$处；

（2）在s平面内，$X(s)$不存在零点；

（3）连续信号$\mathrm{e}^{2t}x(t)$不满足绝对可积条件；

（4）$X(0)=8$。

求信号$x(t)$的双边拉普拉斯变换结果。

4-9 已知某因果LTI系统的系统函数$H(s)$满足如下条件：

（1）$H(s)$为有理分式且仅存在两个极点，分别位于$s=-2$和$s=-4$处；

（2）当输入信号$x(t)=1$时，系统的输出响应$y(t)=0$；

（3）系统单位冲激响应的初值$h(0^+)=4$。

求系统函数$H(s)$。

4-10 已知某连续LTI系统的系统函数$H(s)$可表示为

$$H(s)=\frac{s+4}{(s+1)(s+2)(s^2+s+1)}$$

判断该系统是否是因果稳定系统。如果是因果稳定系统，写出该系统函数的收敛域。

4-11 已知连续信号$x(t)$和$g(t)$可分别表示为

$$x(t)=\alpha\mathrm{e}^{-2t}u(t)$$
$$g(t)=x(t)+\beta x(-t)$$

其中，连续信号$g(t)$的双边拉普拉斯变换结果可表示为

$$g(t)\xleftrightarrow{\text{LT}}G(s)=-\frac{s+6}{s^2-4}\quad -2<\mathrm{Re}[s]<2$$

求参数α和β。

4-12 根据下列双边拉普拉斯变换函数，求其对应时域因果信号的初值和终值。

（1）$X(s)=\dfrac{2s-1}{(s+1)^2}$　　（2）$X(s)=\dfrac{3s-1}{s(s+1)}$

4-13 已知某连续LTI系统的微分方程为

$$\frac{\mathrm{d}^2y(t)}{\mathrm{d}t^2}-\frac{\mathrm{d}y(t)}{\mathrm{d}t}-2y(t)=x(t)$$

（1）求该系统的系统函数，并画出系统函数的零极点图；

（2）如果该系统是稳定的，求该系统的单位冲激响应；

（3）如果该系统是因果的，求该系统的单位冲激响应；

（4）如果该系统既不是因果的也不是稳定的，求该系统的单位冲激响应。

4-14 已知某因果连续LTI系统的微分方程为

$$\frac{\mathrm{d}^3 y(t)}{\mathrm{d}t^3}+6\frac{\mathrm{d}^2 y(t)}{\mathrm{d}t^2}+11\frac{\mathrm{d}y(t)}{\mathrm{d}t}+6y(t)=x(t)$$

系统的初始状态为$y(0^-)=1$，$y'(0^-)=-1$，$y''(0^-)=1$。求：

（1）系统函数；

（2）系统的零输入响应；

（3）当输入信号$x(t)=\mathrm{e}^{-4t}u(t)$时，系统的零状态响应。

4-15 已知某因果连续LTI系统的微分方程为

$$\frac{\mathrm{d}^2 y(t)}{\mathrm{d}t^2}+3\frac{\mathrm{d}y(t)}{\mathrm{d}t}+2y(t)=2\frac{\mathrm{d}x(t)}{\mathrm{d}t}+6x(t)$$

系统的初始状态为$y(0^-)=2$，$y'(0^-)=1$，输入信号为$x(t)=u(t)$，求系统的全响应、自然响应和强迫响应。

4-16 已知某因果连续LTI系统的微分方程为

$$\frac{\mathrm{d}^2 y(t)}{\mathrm{d}t^2}+3\frac{\mathrm{d}y(t)}{\mathrm{d}t}=3x(t)$$

系统初始状态为$y(0^-)=1$，$y'(0^-)=-1$，输入信号$x(t)=\mathrm{e}^{-t}u(t)$，求：

（1）系统函数；

（2）系统的单位冲激响应函数；

（3）系统的频率响应函数；

（4）系统的全响应。

4-17 已知某因果连续LTI系统的系统函数$H(s)$为

$$H(s)=\frac{2s+4}{s^2+5s+4}$$

（1）根据梅森公式画出对应直接实现系统的框图结构；

（2）判断该系统的频率响应函数是否存在，如果存在则写出该系统的频率响应函数；

（3）如果该系统与另一个系统级联，构成一个延迟2个单位且使信号放大5倍的无失真传输系统，写出级联系统的频率响应函数。

4-18 已知某因果连续LTI系统的框图如习题4-18图所示。

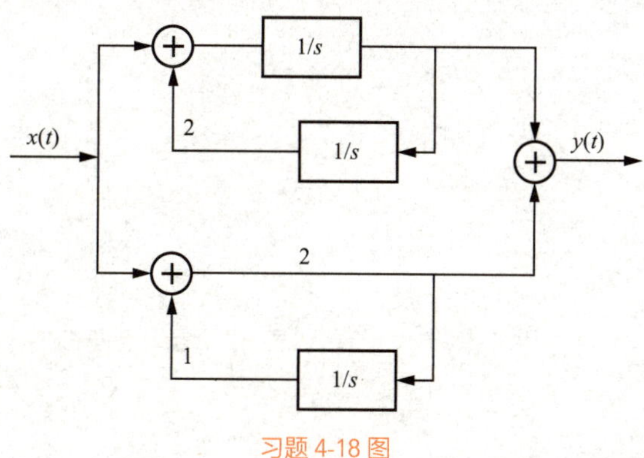

习题 4-18 图

（1）根据梅森公式求该系统的系统函数；

（2）写出该系统的微分方程。

4-19 已知某电路结构如习题4-19图所示，t=0时闭合开关S，试用复频域的分析方法求系统的输出电压$V_c(t)$。

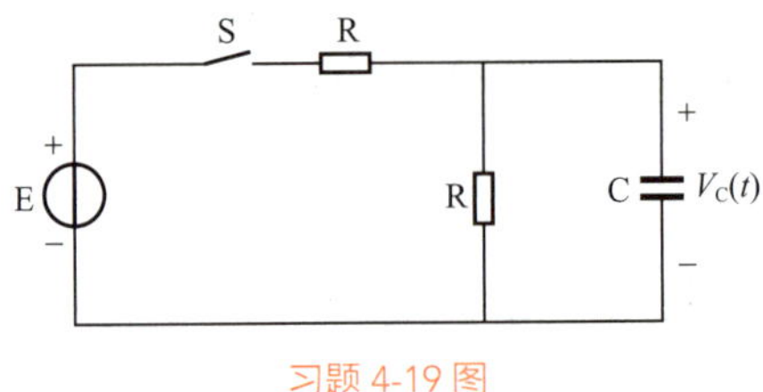

习题 4-19 图

4-20 已知某因果连续LTI系统的框图如习题4-20图所示。

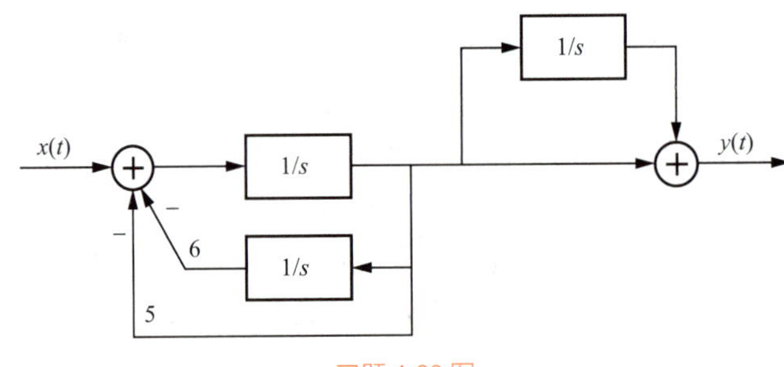

习题 4-20 图

系统初始状态为$y(0^-)=1$，$y'(0^-)=-3$，输入信号为$x(t)=e^{-2t}u(t)$，求：

（1）系统函数；

（2）系统的单位冲激响应函数；

（3）系统的全响应。

4-21 已知某因果连续LTI系统的系统函数$H(s)$为

$$H(s)=\frac{2s+4}{s^3+3s^2+5s+3}$$

求：（1）根据梅森公式画出对应直接实现系统的框图结构；

（2）根据子系统间的级联结构画出系统的框图结构；

（3）根据子系统间的并联结构画出系统的框图结构。

第 5 章

离散LTI系统的频域分析

前面对连续信号与系统进行了频域分析和复频域分析。对于离散信号，其分析途径与连续信号是并行的，也有对应的傅里叶变换，即离散时间傅里叶变换。本章首先分析周期序列（离散周期信号）的傅里叶级数，当周期序列的周期为无穷大时，等价于非周期序列，于是得到离散非周期信号的傅里叶变换表示，并详细分析离散时间傅里叶变换的性质和特点。在此基础上得到周期序列的傅里叶变换，为后续数字信号处理的学习打下基础。对应连续信号与LTI系统的频域分析方法，离散LTI系统也有对应的频域分析方法。该方法在分析离散信号的频谱、研究离散时间系统的频域特性以及在信号通过系统后的频域分析时，是主要的工具。

5.1 周期序列的傅里叶级数分析

离散信号 $\tilde{x}[n]$ 若满足

$$\tilde{x}[n]=\tilde{x}[n+N] \tag{5-1}$$

则 $\tilde{x}[n]$ 是周期为 N 的周期序列。基波周期是使式（5-1）成立的最小正整数N，而 $\omega_0=2\pi/N$ 为 $\tilde{x}[n]$ 的基波角频率。

类似连续周期信号的傅里叶级数，同样可以利用复指数序列的线性组合来表示周期序列。周期为N的复指数序列的基频序列为 $\mathrm{e}_0[n]=\mathrm{e}^{\mathrm{j}(2\pi/N)n}$，其$k$阶谐波序列为 $\mathrm{e}_k[n]=\mathrm{e}^{\mathrm{j}(2\pi/N)kn}$。虽然与连续周期函数在形式上相同，但是由于 $\mathrm{e}^{\mathrm{j}(2\pi/N)(k+rN)n}=\mathrm{e}^{\mathrm{j}(2\pi/N)kn}$，即 $\mathrm{e}_{k+rN}[n]=\mathrm{e}_k[n]$，离散傅里叶级数的谐波成分只有$N$个是独立成分，这是离散傅里叶级数与连续傅里叶级数（有无穷多个谐波分量）的不同之处。所以对离散傅里叶级数，只能取$k=0\sim(N-1)$个独立谐波分量。所以 $\tilde{x}[n]$ 可展开为

$$\tilde{x}[n]=\sum_{k=<N>}a_k\mathrm{e}^{\mathrm{j}k\omega_0 n}=\sum_{k=<N>}a_k\mathrm{e}^{\mathrm{j}k(2\pi/N)n} \tag{5-2}$$

其中，a_k是k次谐波的系数，$k=\langle N\rangle$表示累加的范围在一个周期内。下面求解a_k。这要利用

$$\sum_{n=0}^{N-1} e^{j(2\pi/N)kn} = \begin{cases} N, & k=mN, m\text{为任意整数} \\ 0, & \text{其他} \end{cases} \tag{5-3}$$

将式（5-2）两端同乘以 $e^{-j(2\pi/N)rN}$，然后在$[0, N-1]$所示的一个周期内求和，

$$\sum_{n=0}^{N-1} \tilde{x}[n] e^{-j(2\pi/N)rn} = \sum_{n=0}^{N-1}\sum_{k=0}^{N-1} a_k e^{j(2\pi/N)(k-r)n} = \sum_{k=0}^{N-1} a_k \left[\sum_{n=0}^{N-1} e^{j(2\pi/N)(k-r)n}\right] = Na_k \tag{5-4}$$

根据式（5-3），式（5-4）中，$r=k$，所以

$$a_k = \frac{1}{N}\sum_{k=<N>} x[n] e^{-jk(2\pi/N)n} \tag{5-5}$$

式（5-2）称为离散傅里叶级数（discrete Fourier series，DFS），而式（5-5）中，a_k则称为傅里叶级数系数，式（5-2）与式（5-5）中的$\tilde{x}[n]$和a_k可以记为$\tilde{x}(n)=\mathrm{IDFS}[a_k]$，$a_k=\mathrm{DFS}\{\tilde{x}[n]\}$，其中，IDFS表示逆离散傅里叶级数(Inverse Discrete Fourier series)。显然，a_k也是以N为周期的周期序列。离散傅里叶级数系数a_k往往也称为$\tilde{x}[n]$的频谱系数。这些系数说明了$\tilde{x}[n]$可分解成N个具有谐波关系的复指数信号之和。

例5-1 考虑信号

$$\tilde{x}[n] = \sin\omega_0 n \tag{5-6}$$

该信号与连续信号$x(t)=\sin\omega_0 t$是对应的。仅当$2\pi/\omega_0$为整数时，$\tilde{x}[n]$才是周期的。$2\pi/\omega_0$为整数N时，$\omega_0=2\pi/N$，$\tilde{x}[n]$是周期的，其基波周期为N。根据式（5-2）和式（5-5），得

$$\tilde{x}[n] = \frac{1}{2j} e^{j(2\pi/N)n} - \frac{1}{2j} e^{-j(2\pi/N)n} \tag{5-7}$$

其中$a_1=1/2j$，$a_{-1}=-1/2j$。这些系数以N为周期重复，所以$a_1=a_{N+1}=1/2j$，$a_{-1}=a_{N-1}=-1/2j$。在一个周期N内，其余系数均为0。$N=5$时，$\tilde{x}[n]$的傅里叶级数系数如图5-1所示。

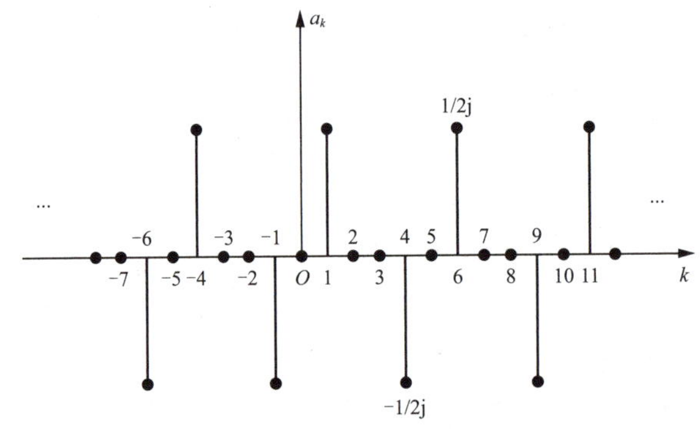

图 5-1　$\tilde{x}[n]=\sin(2\pi/5)n$的傅里叶级数系数

如图5-1所示，这些系数是周期重复的。然而，式（5-2）仅用到其中一个周期内的系数。

例5-2 考虑如下信号

$$\tilde{x}[n] = 1+\sin\left(\frac{2\pi}{N}\right)n + 3\cos\left(\frac{2\pi}{N}\right)n + \cos\left(\frac{4\pi}{N}n+\frac{\pi}{2}\right) \tag{5-8}$$

其中，$\tilde{x}[n]$是周期序列，其周期为N，根据式（5-2），将$\tilde{x}[n]$直接展开成复指数形式得到

$$\tilde{x}[n]=1+\frac{1}{2j}[e^{j\frac{2\pi n}{N}}-e^{-j\frac{2\pi n}{N}}]+\frac{3}{2}[e^{j\frac{2\pi n}{N}}+e^{-j\frac{2\pi n}{N}}]+\frac{1}{2}[e^{j\left(\frac{4\pi n}{N}+\frac{\pi}{2}\right)}+e^{-j\left(\frac{4\pi n}{N}+\frac{\pi}{2}\right)}] \tag{5-9}$$

相应项合并后，可得

$$\tilde{x}[n]=1+\left(\frac{3}{2}+\frac{1}{2j}\right)e^{j\frac{2\pi n}{N}}+\left(\frac{3}{2}-\frac{1}{2j}\right)e^{-j\frac{2\pi n}{N}}+\left(\frac{1}{2}e^{j\frac{\pi}{2}}\right)e^{j\frac{4\pi n}{N}}+\left(\frac{1}{2}e^{-j\frac{\pi}{2}}\right)e^{-j\frac{4\pi n}{N}} \tag{5-10}$$

因此，傅里叶级数系数为$a_0=1$，$a_1=\frac{3}{2}+\frac{1}{2j}=\frac{3}{2}-\frac{1}{2}j$，$a_{-1}=\frac{3}{2}-\frac{1}{2j}=\frac{3}{2}+\frac{1}{2}j$，$a_2=\frac{1}{2}j$，$a_{-2}=-\frac{1}{2}j$。在式（5-2）求和间隔内其余的$k$值对应的$a_k$为0。再次指出，这些傅里叶级数系数是周期的，且周期为N。如图5-2所示，图5-2（a）为$N=10$时例5-2中$\tilde{x}[n]$的系数的实部和虚部，图 5-2（b）为同一组系数的模和相位。

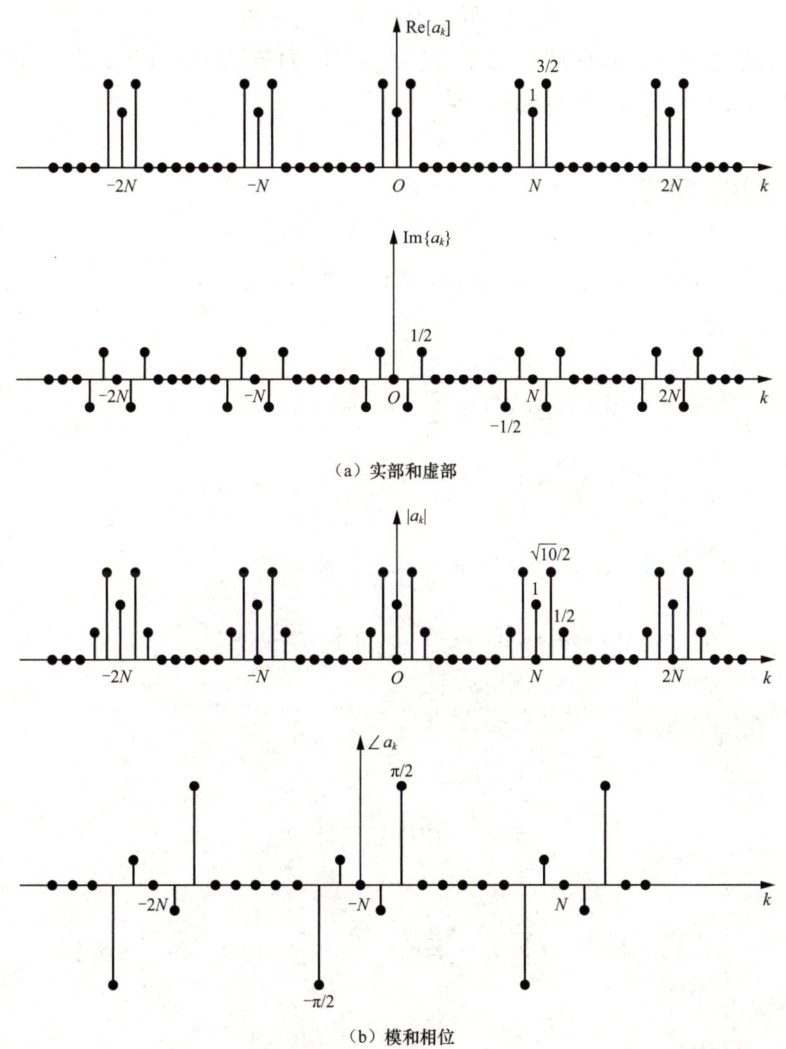

图 5-2　例 5-2 中$\tilde{x}[n]$的傅里叶级数系数（N=10）

其中，对所有的k值，都有$a_{-k}=a_k^*$成立。事实上，只要$\tilde{x}[n]$是实序列，这个关系式恒成立。这就意味着，实周期序列的离散傅里叶级数，可以有两种等效的表达形式。

5.2 离散傅里叶级数的性质

本节假设$\tilde{x}_1[n]$、$\tilde{x}_2[n]$、$\tilde{y}[n]$都是周期为N的周期序列，它们各自的傅里叶级数系数为

$$a_k \xleftrightarrow{\text{DFS}} \tilde{x}_1[n],\quad b_k \xleftrightarrow{\text{DFS}} \tilde{x}_2[n],\quad c_k \xleftrightarrow{\text{DFS}} \tilde{y}[n] \tag{5-11}$$

5.2.1 线性

$$A\tilde{x}_1[n]+B\tilde{x}_2[n] \xleftrightarrow{\text{DFS}} Aa_k+Bb_k \tag{5-12}$$

其中A、B为任意常数，两周期序列线性组合后对应的傅里叶级数系数也是周期序列，且周期为N。这一性质可由DFS定义直接证明，略。

5.2.2 移位特性

$$\tilde{x}[n+m] \xleftrightarrow{\text{DFS}} \mathrm{e}^{\mathrm{j}\frac{2\pi}{N}mk}a_k \tag{5-13}$$

证明：

$$\begin{aligned}\tilde{x}[n+m] &\xleftrightarrow{\text{DFS}} \sum_{N=0}^{N-1}\tilde{x}[n+m]\,\mathrm{e}^{-\mathrm{j}(2\pi/N)nk}\\ &=\sum_{i=m}^{N-1+m}\tilde{x}[i]\mathrm{e}^{-\mathrm{j}(2\pi/N)(n+m)k}\mathrm{e}^{\mathrm{j}(2\pi/N)mk},\quad i=n+m\end{aligned} \tag{5-14}$$

由于$\tilde{x}[i]$及$\mathrm{e}^{-\mathrm{j}\frac{2\pi}{N}(n+m)k}$都是以$N$为周期的周期函数，故

$$\tilde{x}[n+m] \xleftrightarrow{\text{DFS}} \mathrm{e}^{\mathrm{j}\frac{2\pi}{N}mk}\sum_{i=0}^{N-1}\tilde{x}[i]\mathrm{e}^{-\mathrm{j}\frac{2\pi}{N}ik}=\mathrm{e}^{\mathrm{j}\frac{2\pi}{N}mk}a_k \tag{5-15}$$

5.2.3 调制特性

$$\mathrm{e}^{-\mathrm{j}\frac{2\pi}{N}nl}\tilde{x}[n] \xleftrightarrow{\text{DFS}} a_{k+l} \tag{5-16}$$

证明：

$$\mathrm{e}^{-\mathrm{j}\frac{2\pi}{N}nl}\tilde{x}[n] \xleftrightarrow{\text{DFS}} \sum_{n=0}^{N-1}\mathrm{e}^{-\mathrm{j}\frac{2\pi}{N}nl}\tilde{x}[n]\mathrm{e}^{-\mathrm{j}\frac{2\pi}{N}nk}=\sum_{n=0}^{N-1}\tilde{x}[n]\mathrm{e}^{-\mathrm{j}\frac{2\pi}{N}n(l+k)}=a_{k+l} \tag{5-17}$$

5.2.4 对偶性

从DFS和IDFS公式可以看出，它们的差异仅在于$1/N$因子和$\mathrm{e}^{-\mathrm{j}(2\pi/N)}$的指数的正负号，故周期

序列 $\tilde{x}[n]$ 和它的DFS系数a_k是同一类函数，即都是周期序列，且存在时域与频域的对偶关系。

根据式（5-2）可得到

$$\tilde{x}[-n]=\sum_{k=0}^{N-1}a_k\mathrm{e}^{-\mathrm{j}\frac{2\pi}{N}nk} \tag{5-18}$$

由于式（5-18）等号右边是与式（5-5）相同的正变换表达式，故将上式中n和k互换，可得

$$\tilde{x}[-k]=\sum_{n=0}^{N-1}a_n\mathrm{e}^{-\mathrm{j}\frac{2\pi}{N}nk} \tag{5-19}$$

式（5-19）与式（5-5）相似，即周期序列a_n的DFS系数是$N\tilde{x}[-k]$，因此满足如下对偶关系。

$$\tilde{x}[n]\xleftrightarrow{\text{DFS}}a_k \tag{5-20}$$

$$a_n\xleftrightarrow{\text{DFS}}\tilde{x}[-k] \tag{5-21}$$

5.2.5　对称性

$$\tilde{x}^*[n]\xleftrightarrow{\text{DFS}}a_{-k}^* \tag{5-22}$$

$$\tilde{x}^*[-n]\xleftrightarrow{\text{DFS}}a_k^* \tag{5-23}$$

证明：根据周期序列的DFS定义，有

$$\begin{aligned}\tilde{x}^*[-n]&\xleftrightarrow{\text{DFS}}\sum_{n=0}^{N-1}\tilde{x}^*[-n]\mathrm{e}^{-\mathrm{j}\frac{2\pi}{N}nk}=\sum_{n=-(N-1)}^{0}\tilde{x}^*[n]\mathrm{e}^{\mathrm{j}\frac{2\pi}{N}nk}\\&=\sum_{n=0}^{N-1}\tilde{x}^*[n]\mathrm{e}^{\mathrm{j}\frac{2\pi}{N}nk}=\left(\sum_{n=0}^{N-1}\tilde{x}[n]\mathrm{e}^{-\mathrm{j}\frac{2\pi}{N}nk}\right)^*=a_k^*\end{aligned} \tag{5-24}$$

使用类似方式可证明式（5-22）成立。

5.2.6　周期卷积和

如果满足

$$c_k=a_kb_k \tag{5-25}$$

则

$$\begin{aligned}\tilde{y}[n]&=\sum_{m=0}^{N-1}\tilde{x}_1[m]\tilde{x}_2[n-m]\\&=\sum_{m=0}^{N-1}\tilde{x}_2[m]\tilde{x}_1[n-m]\end{aligned} \tag{5-26}$$

即频域周期序列的乘积，对应于时域周期序列的周期卷积。

证明：

$$\tilde{y}[n]=\sum_{k=0}^{N-1}a_kb_k\mathrm{e}^{\mathrm{j}\frac{2\pi}{N}kn} \tag{5-27}$$

代入

$$a_k = \frac{1}{N}\sum_{m=0}^{N-1}\tilde{x}_1[m]\mathrm{e}^{-\mathrm{j}\frac{2\pi}{N}mk} \tag{5-28}$$

则

$$\begin{aligned}\tilde{y}[n] &= \frac{1}{N}\sum_{k=0}^{N-1}\sum_{m=0}^{N-1}\tilde{x}_1[m]b_k\mathrm{e}^{\mathrm{j}\frac{2\pi}{N}(n-m)k} = \frac{1}{N}\sum_{m=0}^{N-1}\tilde{x}_1[m]\left[\sum_{k=0}^{N-1}b_k\mathrm{e}^{\mathrm{j}\frac{2\pi}{N}(n-m)k}\right] \\ &= \frac{1}{N}\sum_{m=0}^{N-1}\tilde{x}_1[m]\tilde{x}_2[n-m]\end{aligned} \tag{5-29}$$

将变量进行简单换元，即可得等价的表达式

$$\tilde{y}[n] = \frac{1}{N}\sum_{m=0}^{N-1}\tilde{x}_2[m]\tilde{x}_1[n-m] \tag{5-30}$$

式（5-26）是一个卷积和公式，但是它与非周期序列的线性卷积和不同。首先，$\tilde{x}_1[m]$ 和 $\tilde{x}_1[n-m]$、$\tilde{x}_2[m]$ 与 $\tilde{x}_1[n-m]$ 都是自变量m的周期序列，周期为N，故乘积也是周期为N的周期序列；其次，求和只在一个周期上进行，即m=0～(N–1)，所以称为周期卷积。

两个周期序列进行周期卷积的过程中，一个周期的某一序列值移出计算区间时，相邻的一个周期的同一位置的序列值就从另一端移入计算区间。运算在[0,N–1]内进行，先计算出n=0,1,⋯,N–1的结果，然后将所得结果进行周期延拓，就得到了所求的整个周期序列$\tilde{y}[n]$。

同样，由于DFS和IDFS的对称性，可以证明（请读者自行证明）时域周期序列的乘积对应着频域周期序列的周期卷积结果除以N，即若满足

$$\tilde{y}[n] = \tilde{x}_1[n]\tilde{x}_2[n] \tag{5-31}$$

则

$$\begin{aligned}c_k &= \frac{1}{N}\sum_{n=0}^{N-1}\tilde{y}[n]\mathrm{e}^{-\mathrm{j}\frac{2\pi}{N}nk} = \sum_{l=0}^{N-1}a_l b_{k-l} \\ &= \sum_{l=0}^{N-1}b_l a_{k-l}\end{aligned} \tag{5-32}$$

5.3 离散时间傅里叶变换分析

5.3.1 非周期序列的离散时间傅里叶变换

考虑某一有限长序列$x[n]$，即对于某个整数N_1和N_2，在不满足$-N_1 \leqslant n \leqslant N_2$时，$x[n]=0$，如图5-3（a）所示。将这个非周期信号进行周期延拓，构成一个周期序列$\tilde{x}[n]$，对$\tilde{x}[n]$来说，$x[n]$是它一个周期内的采样，如图5-3（b）所示。随着周期N的增大，$\tilde{x}[n]$就在一个更长的时间间隔内与$x[n]$波形相同，而当$N\to\infty$时，对任意有限n来说，有$\tilde{x}[n]=x[n]$。

离散时间傅里叶变换与连续时间傅里叶变换的区别

由式（5-2）和式（5-5），有

$$\tilde{x}[n] = \sum_{k=\langle N\rangle}a_k\mathrm{e}^{\mathrm{j}k(2\pi/N)n} \tag{5-33}$$

$$a_k = \frac{1}{N}\sum_{n=\langle N\rangle}\tilde{x}[n]\mathrm{e}^{-\mathrm{j}k(2\pi/N)n} \tag{5-34}$$

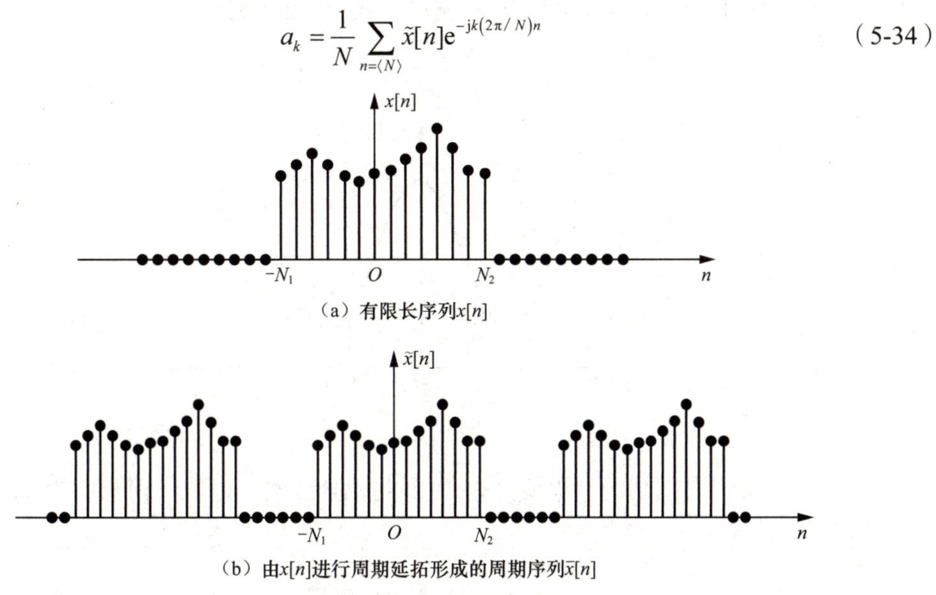

图 5-3　有限长序列 $x[n]$ 及其进行周期延拓形成的周期序列

因为在包括 $-N_1 \leqslant n \leqslant N_2$ 区间的一个周期上有 $x[n]=\tilde{x}[n]$，所以，求和区间就选在这个周期上，这样在式（5-34）的求和中就可用 $x[n]$ 来代替 $\tilde{x}[n]$，而得到

$$a_k = \frac{1}{N}\sum_{n=-N_1}^{N_2} x[n]\mathrm{e}^{-\mathrm{j}k(2\pi/N)n} = \frac{1}{N}\sum_{n=-\infty}^{+\infty} x[n]\mathrm{e}^{-\mathrm{j}k(2\pi/N)n} \tag{5-35}$$

式（5-35）中已经考虑到在 $-N_1 \leqslant n \leqslant N_2$ 区间以外，$x[n]=0$ 这一点。现定义函数

$$X(\mathrm{e}^{\mathrm{j}\omega}) = \sum_{n=-\infty}^{+\infty} x[n]\mathrm{e}^{-\mathrm{j}\omega n} \tag{5-36}$$

结合式（5-35）和式（5-36），可得

$$a_k = \frac{1}{N}X(\mathrm{e}^{\mathrm{j}k\omega_0}) \tag{5-37}$$

式（5-37）中 $\omega_0(2\pi/N)$ 用来记作在频域中的样本间隔。可见傅里叶级数系数 a_k 是正比于 $X(\mathrm{e}^{\mathrm{j}\omega})$ 的样本值。将式（5-37）代入式（5-33）得

$$\tilde{x}[n] = \frac{1}{N}\sum_{k=\langle N\rangle} X(\mathrm{e}^{\mathrm{j}k\omega_0})\mathrm{e}^{\mathrm{j}k\omega_0 n} \tag{5-38}$$

因为 $\omega_0 = 2\pi/N$，即 $1/N = \omega_0/2\pi$，所以式（5-38）又可写成

$$\tilde{x}[n] = \frac{1}{2\pi}\sum_{k=\langle N\rangle} X(\mathrm{e}^{\mathrm{j}k\omega_0})\mathrm{e}^{\mathrm{j}k\omega_0 n}\omega_0 \tag{5-39}$$

随着 N 增加，ω_0 减小，当 $N\to\infty$ 时，式（5-39）就过渡为积分式。为了更清楚地表述，$X(\mathrm{e}^{\mathrm{j}\omega})\mathrm{e}^{\mathrm{j}\omega n}$ 波形如图5-4所示。

根据式（5-36），$X(\mathrm{e}^{\mathrm{j}\omega})$ 是周期的，且周期为 2π；而 $\mathrm{e}^{\mathrm{j}\omega n}$ 也是以 2π 为周期的。所以乘积 $X(\mathrm{e}^{\mathrm{j}\omega})\mathrm{e}^{\mathrm{j}\omega n}$ 也一定是周期的，且周期为 2π。如图5-4所示，在式（5-39）求和中的每一项都代表了一个高为 $X(\mathrm{e}^{\mathrm{j}k\omega_0})\mathrm{e}^{\mathrm{j}k\omega_0}$，宽为 ω_0 的矩形面积。当 $\omega_0\to 0$ 时，这个求和式就演变为一个积分式。另外，因为这个求和是在 N 个宽为 $\omega_0=2\pi/N$ 的间隔内完成的，所以总的积分区间总是在一个宽度

为 2π 的区间内。因此，当 $N\to\infty$ 时，$\tilde{x}[n]=x[n]$，式（5-39）就变为

$$x[n]=\frac{1}{2\pi}\int_{2\pi}X(\mathrm{e}^{\mathrm{j}\omega})\mathrm{e}^{\mathrm{j}\omega n}\mathrm{d}\omega \tag{5-40}$$

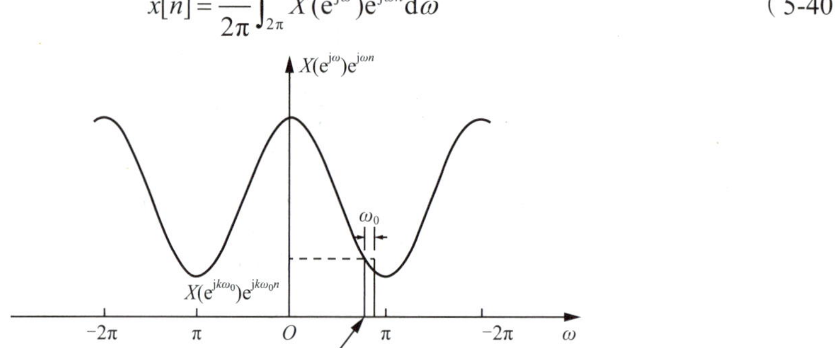

图 5-4 式（5-39）的图解说明

其中，因为 $X(\mathrm{e}^{\mathrm{j}\omega})\mathrm{e}^{\mathrm{j}\omega n}$ 是周期的，周期为 2π，因此积分区间可以取任何长度为 2π 的区间。于是，就得到一对公式

$$X(\mathrm{e}^{\mathrm{j}\omega})=\sum_{n=-\infty}^{+\infty}x[n]\mathrm{e}^{-\mathrm{j}\omega n} \tag{5-41}$$

$$x[n]=\frac{1}{2\pi}\int_{2\pi}X(\mathrm{e}^{\mathrm{j}\omega})\,\mathrm{e}^{\mathrm{j}\omega n}\mathrm{d}\omega \tag{5-42}$$

式（5-41）为离散时间傅里叶正变换，$X(\mathrm{e}^{\mathrm{j}\omega})$ 称为离散时间傅里叶变换，即DTFT(discrete time Fourier transform)。而式（5-42）则为离散时间傅里叶逆变换，即IDTFT(inverse discrete time Fourier transform)。这一对式子就是离散时间傅里叶变换对，可以写作 $X(\mathrm{e}^{\mathrm{j}\omega})=\mathrm{DTFT}\{x[n]\}$，$x[n]=\mathrm{IDTFT}\left[X(\mathrm{e}^{\mathrm{j}\omega})\right]$。推导这些公式的过程表明，非周期序列可以被看作复指数信号的线性组合。事实上，式（5-42）本身就是把序列 $x[n]$ 作为一种复指数序列的线性组合来表示的。这些复指数序列在频率上是无限靠近的，它们的幅度为 $X(\mathrm{e}^{\mathrm{j}\omega})(\mathrm{d}\omega/2\pi)$。傅里叶变换 $X(\mathrm{e}^{\mathrm{j}\omega})$ 也被称为 $x[n]$ 的频谱，它表明了 $x[n]$ 是怎样由这些不同频率的复指数序列组成的。

上述离散时间傅里叶变换的推导过程给我们在离散傅里叶级数和离散时间傅里叶变换之间提供了一种重要的关系，即周期序列 $\tilde{x}[n]$ 的傅里叶级数系数 a_k 可以用有限长序列 $x[n]$ 的傅里叶变换的等间隔取样来表示，这个 $x[n]$ 就等于在某个周期上的 $\tilde{x}[n]$，而在其余区间为零。这一点在实际的信号处理和傅里叶分析中非常重要。为了说明离散时间傅里叶变换，给出下面几个例子。

例5-3 考虑下列矩形脉冲序列

$$x[n]=\begin{cases}1, & |n|\leqslant N_1\\ 0, & |n|>N_1\end{cases} \tag{5-43}$$

图5-5（a）给出了 N_1=2时的 $x[n]$，这时

$$X(\mathrm{e}^{\mathrm{j}\omega})=\sum_{n=-N_1}^{N_1}\mathrm{e}^{-\mathrm{j}\omega n} \tag{5-44}$$

可得

$$X(\mathrm{e}^{\mathrm{j}\omega})=\frac{\sin\omega\left(N_1+\dfrac{1}{2}\right)}{\sin(\omega/2)} \tag{5-45}$$

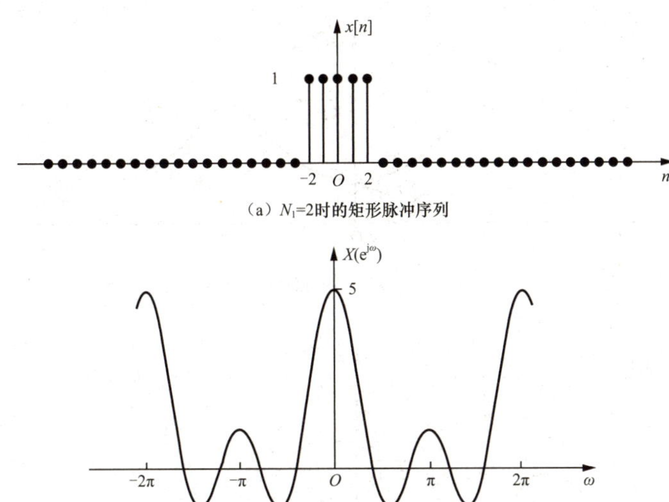

图 5-5　例 5-3 的矩形脉冲序列及其对应的离散时间傅里叶变换

对应 $N_1=2$ 时的 $X(\mathrm{e}^{\mathrm{j}\omega})$ 如图5-5（b）所示。可见，离散序列的DTFT是周期的，且周期为 2π。

例5-4 考虑信号

$$x[n]=a^n u[n]\,,\ |a|<1 \tag{5-46}$$

其DTFT为

$$X(\mathrm{e}^{\mathrm{j}\omega})=\sum_{n=-\infty}^{+\infty}a^n u[n]\mathrm{e}^{-\mathrm{j}\omega n}=\sum_{n=0}^{\infty}(a\mathrm{e}^{-\mathrm{j}\omega})^n=\frac{1}{1-a\mathrm{e}^{-\mathrm{j}\omega}} \tag{5-47}$$

图5-6（a）和图5-6（b）分别示出了 $a>0$ 时 $X(\mathrm{e}^{\mathrm{j}\omega})$ 的模和相位；图5-6（c）和图5-6（d）分别示出 $a<0$ 时 $X(\mathrm{e}^{\mathrm{j}\omega})$ 的模和相位。图5-6中所有函数都是周期为 2π 的周期函数。

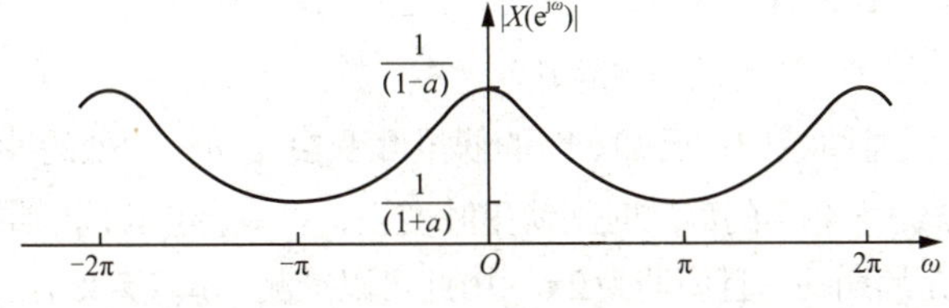

（a）$a>0$ 时，$X(\mathrm{e}^{\mathrm{j}\omega})$ 的模

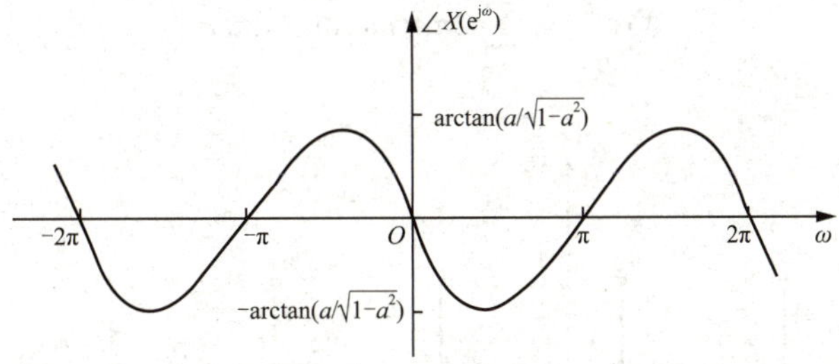

（b）$a>0$ 时，$X(\mathrm{e}^{\mathrm{j}\omega})$ 的相位

图 5-6　例 5-4 中傅里叶变换的模和相位

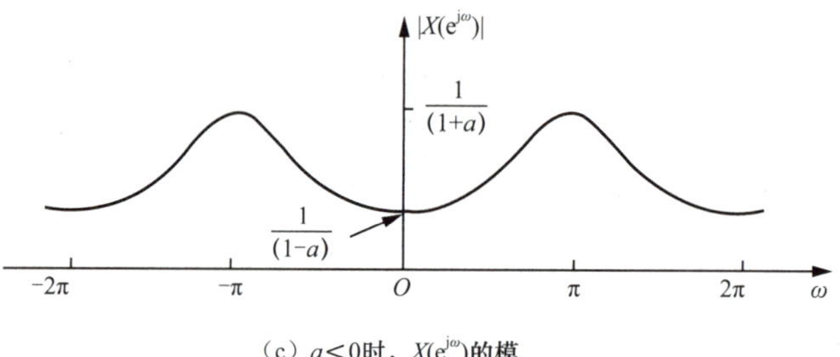

（c）$a<0$时，$X(\mathrm{e}^{\mathrm{j}\omega})$的模

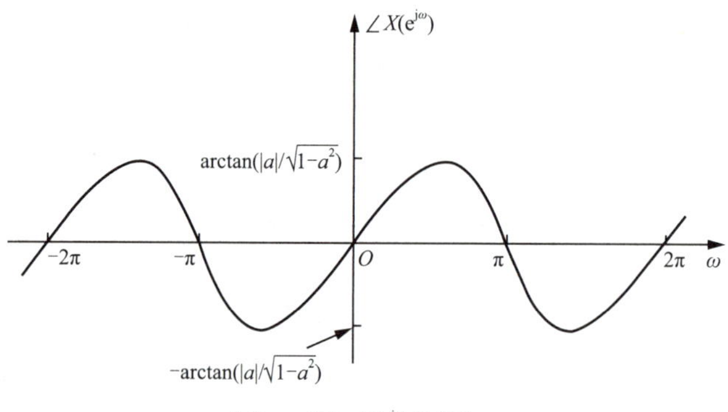

（d）$a<0$时，$X(\mathrm{e}^{\mathrm{j}\omega})$的相位

图 5-6 例 5-4 中傅里叶变换的模和相位（续）

5.3.2 周期序列的离散时间傅里叶变换

与连续傅里叶变换类似，利用把一个周期信号的傅里叶变换表示成频域中的冲激串的方法，就可以表示离散周期信号的离散时间傅里叶变换。为了导出这种表示形式，考虑如下信号：

$$x[n]=\mathrm{e}^{\mathrm{j}\omega_0 n} \tag{5-48}$$

在连续时间域中，已知$\mathrm{e}^{\mathrm{j}\omega_0 t}$的傅里叶变换为$\omega=\omega_0$处的冲激信号。因此，可以合理推测，离散时间域中式（5-48）的离散时间傅里叶变换，可能会有相同的结论。然而，离散时间傅里叶变换对ω来说必须是周期的，且周期为2π。由此可以推测，式（5-48）$x[n]$的傅里叶变换应该是在$\omega_0,\omega_0\pm 2\pi,\omega_0\pm 4\pi,\cdots$处的冲激序列。基于此，假设$x[n]$的离散时间傅里叶变换为如下的冲激串

$$X(\mathrm{e}^{\mathrm{j}\omega})=\sum_{l=-\infty}^{+\infty}2\pi\delta(\omega-\omega_0-2\pi l) \tag{5-49}$$

如图5-7所示。

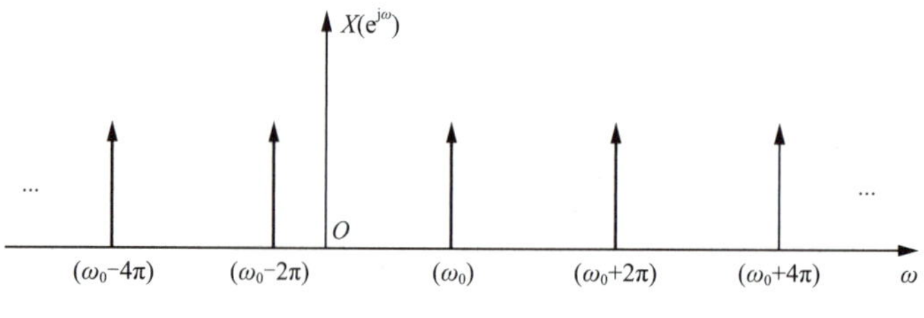

图 5-7 $x[n]=\mathrm{e}^{\mathrm{j}\omega_0 n}$的傅里叶变换

为了验证式（5-49）的正确性，求出该式的离散时间傅里叶逆变换。现将式（5-49）代入式（5-42）可得

$$\frac{1}{2\pi}\int_{2\pi} X(\mathrm{e}^{\mathrm{j}\omega})\mathrm{e}^{\mathrm{j}\omega n}\mathrm{d}\omega = \frac{1}{2\pi}\int_{2\pi}\sum_{l=-\infty}^{+\infty} 2\pi\delta(\omega-\omega_0-2\pi l)\mathrm{e}^{\mathrm{j}\omega n}\mathrm{d}\omega \tag{5-50}$$

注意，在任意一个长度为正的积分区间内，在式（5-50）的求和式中真正包括的只有一个冲激。所以，如果所选的积分区间包含 $\omega=\omega_0+2\pi r$ 处的冲激，那么

$$\frac{1}{2\pi}\int_{2\pi} X(\mathrm{e}^{\mathrm{j}\omega})\mathrm{e}^{\mathrm{j}\omega n}\mathrm{d}\omega = \mathrm{e}^{\mathrm{j}(\omega_0+2\pi r)n} = \mathrm{e}^{\mathrm{j}\omega_0 n} \tag{5-51}$$

所以，式（5-49）即为周期序列 $x[n]=\mathrm{e}^{\mathrm{j}\omega_0 n}$ 的傅里叶变换。

现在考虑一周期序列 $x[n]$，周期为 N，其傅里叶级数为

$$x[n]=\sum_{k=\langle N\rangle} a_k \mathrm{e}^{\mathrm{j}k(2\pi/N)n} \tag{5-52}$$

则其傅里叶变换为

$$X(\mathrm{e}^{\mathrm{j}\omega}) = 2\pi\sum_{k=-\infty}^{+\infty} a_k\delta\left(\omega-\frac{2\pi k}{N}\right) \tag{5-53}$$

这样，一个周期序列的傅里叶变换就能直接从它的傅里叶级数系数得到。

为了证明式（5-53）的正确性，只要注意到式（5-52）的 $x[n]$ 是式（5-48）这类信号的线性组合，因此 $x[n]$ 的傅里叶变换也一定是式（5-49）这类变换形式的线性组合。如果选取式（5-52）的求和区间为 $k\in[0,N-1]$，则有

$$x[n]=a_0-a_1\mathrm{e}^{\mathrm{j}(2\pi/N)n}+a_2\mathrm{e}^{\mathrm{j}2(2\pi/N)n}+\cdots+a_{N-1}\mathrm{e}^{\mathrm{j}(N-1)(2\pi/N)n} \tag{5-54}$$

这样，$x[n]$ 就是如式（5-48）所示信号的线性组合，其中，$\omega_0=0,2\pi/N,4\pi/N,\cdots,(N-1)\,2\pi/N$。所得到的离散时间傅里叶变换如图5-8所示。图5-8（a）所示为式（5-54）等号右边第一项 $a_0=a_0\mathrm{e}^{\mathrm{j}\omega_0 n}$ 的傅里叶变换，根据式（5-49），即 $\omega_0=0$，每个冲激的大小均为 $2\pi a_0$ 的周期冲激串。并且，这些傅里叶级数系数a_k都是周期的，且周期为 N。图5-8（b）所示为式（5-54）中等号右边第二项的傅里叶变换，这里再次应用式（5-49）的结果，有 $2\pi a_1=2\pi a_{N+1}=2\pi a_{-N+1}$。类似地，图5-8（c）所示为式（5-49）等号右边最后一项的傅里叶变换。最后，图5-8（d）所示为整个 $X(\mathrm{e}^{\mathrm{j}\omega})$。应该注意，由于$a_k$的周期性，$X(\mathrm{e}^{\mathrm{j}\omega})$ 可以看作发生在基波角频率 $2\pi/N$ 的整数倍角频率上的一串冲激序列，位于 $\omega=2\pi k/N$ 处的冲激面积是 $2\pi a_k$。这就是式（5-53）的含义。

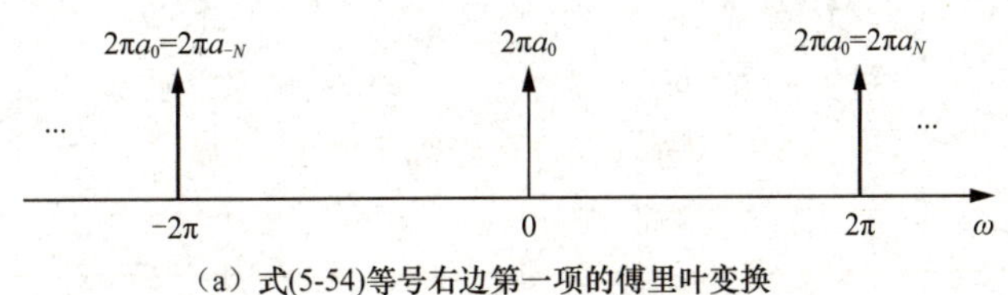

（a）式(5-54)等号右边第一项的傅里叶变换

图 5-8　一个离散周期序列的傅里叶变换

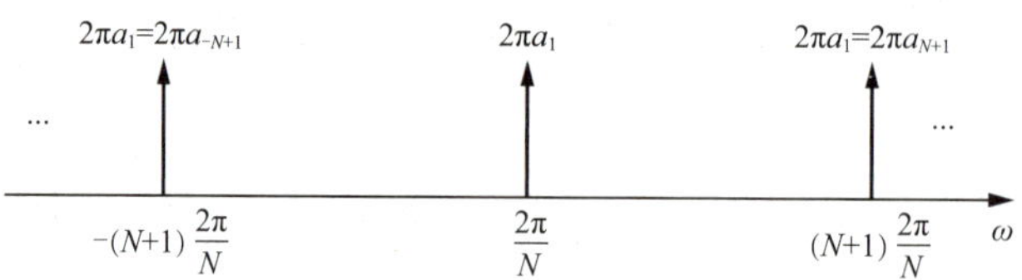

（b）式(5-54)等号第二项的傅里叶变换

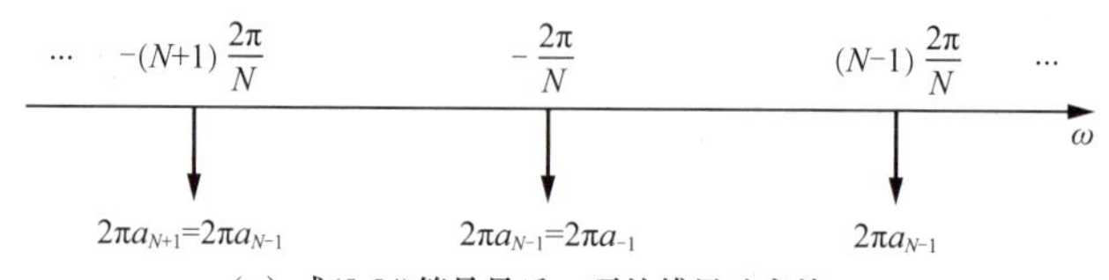

（c）式(5-54)等号最后一项的傅里叶变换

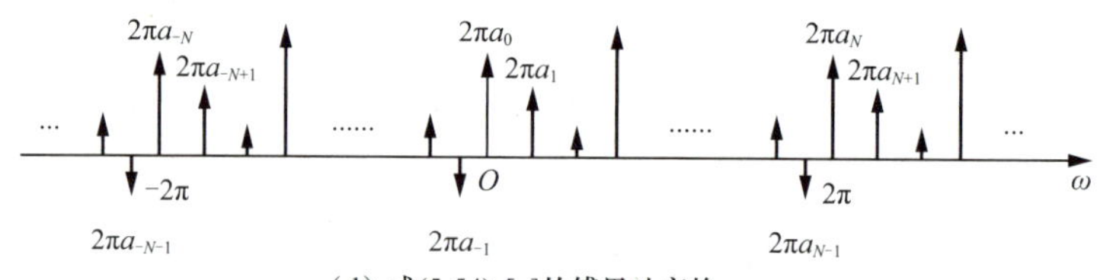

（d）式(5-54)$x[n]$的傅里叶变换

图 5-8　一个离散周期序列的傅里叶变换（续）

例5-5 考虑周期信号

$$x[n]=\cos\omega_0 n=\frac{1}{2}\mathrm{e}^{\mathrm{j}\omega_0 n}+\frac{1}{2}\mathrm{e}^{-\mathrm{j}\omega_0 n}，\ \omega_0=\frac{2\pi}{5} \tag{5-55}$$

根据式（5-53），可得

$$X(\mathrm{e}^{\mathrm{j}\omega})=\sum_{l=-\infty}^{+\infty}\pi\delta\left(\omega-\frac{2\pi}{5}-2\pi l\right)+\sum_{l=-\infty}^{+\infty}\pi\delta\left(\omega+\frac{2\pi}{5}-2\pi l\right) \tag{5-56}$$

也就是

$$X(\mathrm{e}^{\mathrm{j}\omega})=\pi\delta\left(\omega-\frac{2\pi}{5}\right)+\pi\delta\left(\omega+\frac{2\pi}{5}\right)，\ -\pi\leqslant\omega<\pi \tag{5-57}$$

其中，$X(\mathrm{e}^{\mathrm{j}\omega})$以$2\pi$为周期，如图5-9所示。

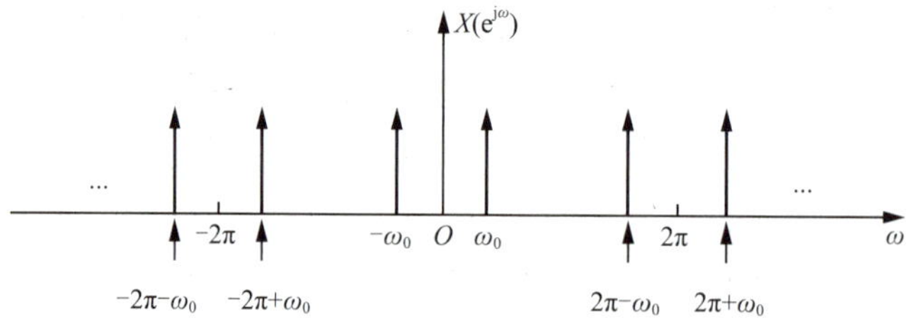

图 5-9　$x[n]=\cos\omega_0 n$的离散时间傅里叶变换

例5-6 离散周期冲激串序列为

$$\tilde{x}[n]=\sum_{k=-\infty}^{+\infty}\delta[n-kN] \tag{5-58}$$

如图5-10所示。根据式（5-5）可知，$\tilde{x}[n]$的傅里叶级数系数为

$$a_k = \frac{1}{N}\sum_{n=0}^{N-1}\tilde{x}[n]\mathrm{e}^{-\mathrm{j}k(2\pi/N)n} \tag{5-59}$$

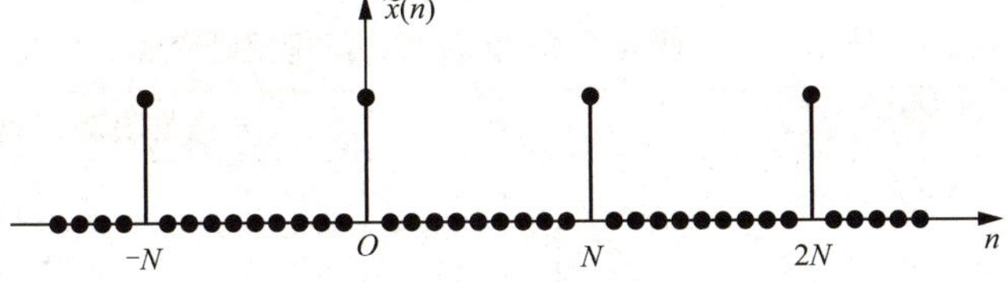

（a）离散周期冲激串序列

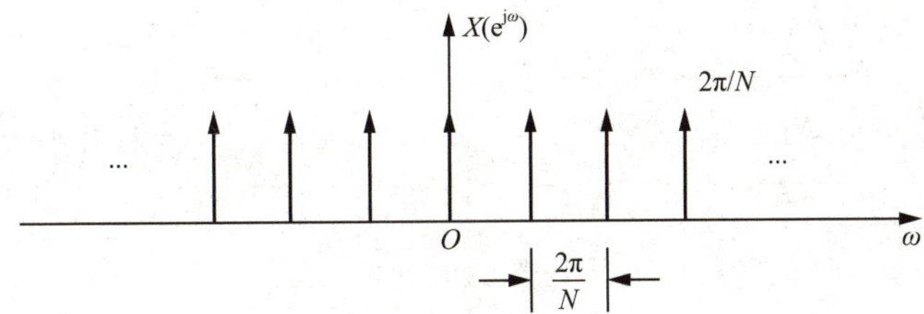

（b）离散周期冲激串序列的傅里叶变换

图 5-10　离散周期冲激串序列及其傅里叶变换

根据式（5-53），可得该序列的傅里叶变换可以表示为

$$X(\mathrm{e}^{\mathrm{j}\omega}) = \frac{2\pi}{N}\sum_{k=-\infty}^{+\infty}\delta\left(\omega - \frac{2\pi k}{N}\right) \tag{5-60}$$

如图5-10（b）所示。

5.3.3　离散时间傅里叶变换的收敛条件

在信号为无限长的情况下，必须要考虑式（5-41）中无穷项求和的收敛问题。如果$x[n]$是绝对可和的，即

$$\sum_{n=-\infty}^{+\infty}|x[n]| < \infty \tag{5-61}$$

或者，如果$x[n]$的能量是有限的，即

$$\sum_{n=-\infty}^{+\infty}|x[n]|^2 < \infty \tag{5-62}$$

那么，式（5-41）一定收敛。

与式（5-41）的情况不同，式（5-42）的积分是在一个有限的积分区间上进行的，因此一般不存在收敛问题。这一点与离散傅里叶级数公式（5-2）的情况是非常相似的，式（5-2）由于只涉及一个有限项和式，所以也就不存在收敛问题。若用角频率范围在$|\omega| \leqslant W$的复指数信号的积分来近似非周期信号$x[n]$，即

$$\hat{x}[n]=\frac{1}{2\pi}\int_{-W}^{W}X(\mathrm{e}^{\mathrm{j}\omega})\mathrm{e}^{\mathrm{j}\omega m}\mathrm{d}\omega \tag{5-63}$$

那么，若 $W=\pi$，则有 $\hat{x}[n]=x[n]$。因此，在求离散时间傅里叶变换时，不存在吉伯斯现象。表5-1所示为一些常见序列的离散时间傅里叶变换。

表 5-1　一些常用序列的离散时间傅里叶变换

序列	离散时间傅里叶变换
$\delta[n]$	1
$\delta[n-n_0]$	$\mathrm{e}^{-\mathrm{j}\omega n_0}$
$u[n]$	$\frac{1}{1-\mathrm{e}^{-\mathrm{j}\omega}}+\sum_{i=-\infty}^{\infty}\pi\delta(\omega-2\pi i)$
$x[n]=1,\ -\infty<n<\infty$	$2\pi\sum_{i=-\infty}^{\infty}\delta(\omega-2\pi i)$
$\sum_{i=-\infty}^{\infty}\delta[n-iN]$	$\frac{2\pi}{N}\sum_{k=-\infty}^{\infty}\delta\left(\omega-\frac{2\pi}{N}k\right)$
$a^n u[n],\ \|a\|<1$	$\frac{1}{1-a\mathrm{e}^{-\mathrm{j}\omega}}$
$(n+1)a^n u[n],\ \|a\|<1$	$\frac{1}{(1-a\mathrm{e}^{-\mathrm{j}\omega})^2}$
$\mathrm{e}^{\mathrm{j}\omega_0 n}$	$2\pi\sum_{i=-\infty}^{\infty}\delta(\omega-\omega_0-2\pi i)$
$\frac{\sin(\omega_c n)}{\pi n}$	$X(\mathrm{e}^{\mathrm{j}\omega})=\begin{cases}1, & \|\omega\|\leqslant\omega_c\\ 0, & \omega_c<\|\omega\|\leqslant\pi\end{cases}$
$R_N[n]$	$\frac{\sin(N\omega/2)}{\sin(\omega/2)}\mathrm{e}^{-\mathrm{j}\left(\frac{N-1}{2}\right)\omega}$
$\cos(\omega_0 n+\varphi)$	$\pi\sum_{i=-\infty}^{\infty}[\mathrm{e}^{\mathrm{j}\varphi}\delta(\omega-\omega_0-2\pi i)+\mathrm{e}^{-\mathrm{j}\varphi}\delta(\omega+\omega_0-2\pi i)]$
$\sin(\omega_0 n+\varphi)$	$-\mathrm{j}\pi\sum_{i=-\infty}^{\infty}[\mathrm{e}^{\mathrm{j}\varphi}\delta(\omega-\omega_0-2\pi i)-\mathrm{e}^{-\mathrm{j}\varphi}\delta(\omega+\omega_0-2\pi i)]$

5.4 离散时间傅里叶变换的性质

在以下的讨论中，采用如下符号来表示一个离散信号及其对应傅里叶变换的关系，即

$$x[n]\xleftrightarrow{\text{DTFT}}X(\mathrm{e}^{\mathrm{j}\omega}) \tag{5-64}$$

5.4.1 线性

若

$$x_1[n]\xleftrightarrow{\text{DTFT}}X_1(\mathrm{e}^{\mathrm{j}\omega}),\quad x_2[n]\xleftrightarrow{\text{DTFT}}X_2(\mathrm{e}^{\mathrm{j}\omega}) \tag{5-65}$$

则有

$$a x_1[n]+b x_2[n] \xleftrightarrow{\text{DTFT}} a X_1(\mathrm{e}^{\mathrm{j}\omega})+b X_2(\mathrm{e}^{\mathrm{j}\omega}) \quad (5\text{-}66)$$

5.4.2　移位特性

若

$$x[n] \xleftrightarrow{\text{DTFT}} X(\mathrm{e}^{\mathrm{j}\omega})$$

则有

$$x[n-n_0] \xleftrightarrow{\text{DTFT}} \mathrm{e}^{-\mathrm{j}\omega n_0} X(\mathrm{e}^{\mathrm{j}\omega}) \quad (5\text{-}67)$$

5.4.3　乘以指数序列

若

$$x[n] \xleftrightarrow{\text{DTFT}} X(\mathrm{e}^{\mathrm{j}\omega})$$

则有

$$a^n x[n] \xleftrightarrow{\text{DTFT}} X\left(\frac{1}{a}\mathrm{e}^{\mathrm{j}\omega}\right) \quad (5\text{-}68)$$

时域乘以 a^n，对应于频域用 $\frac{1}{a}\mathrm{e}^{\mathrm{j}\omega}$ 代替 $\mathrm{e}^{\mathrm{j}\omega}$

5.4.4　调制特性

若

$$x[n] \xleftrightarrow{\text{DTFT}} X(\mathrm{e}^{\mathrm{j}\omega})$$

则有

$$\mathrm{e}^{\mathrm{j}\omega_0 n} x[n] \xleftrightarrow{\text{DTFT}} X(\mathrm{e}^{\mathrm{j}(\omega-\omega_0)}) \quad (5\text{-}69)$$

5.4.5　时域卷积定理

若$x[n]$、$h[n]$和$y[n]$分别为某一LTI系统的输入信号、单位脉冲响应和输出信号，并满足

$$y[n]=x[n]*h[n] \quad (5\text{-}70)$$

那么

$$Y(\mathrm{e}^{\mathrm{j}\omega})=X(\mathrm{e}^{\mathrm{j}\omega})H(\mathrm{e}^{\mathrm{j}\omega}) \quad (5\text{-}71)$$

其中，$X(\mathrm{e}^{\mathrm{j}\omega})$、$H(\mathrm{e}^{\mathrm{j}\omega})$和$Y(\mathrm{e}^{\mathrm{j}\omega})$分别为$x[n]$、$h[n]$和$y[n]$的傅里叶变换。为了说明卷积性质以及其他几个性质的应用，给出以下几个例子。

例5-7 考虑一LTI系统，其单位脉冲响应为

$$h[n]=\delta[n-n_0] \quad (5\text{-}72)$$

系统的频率响应$H(\mathrm{e}^{\mathrm{j}\omega})$为

$$H(e^{j\omega})=\sum_{n=-\infty}^{+\infty}\delta[n-n_0]\,e^{-j\omega n}=e^{-j\omega n_0} \tag{5-73}$$

则对于傅里叶变换为$X(e^{j\omega})$的输入信号$x[n]$，其对应输出的傅里叶变换是

$$Y(e^{j\omega})=e^{-j\omega n_0}X(e^{j\omega}) \tag{5-74}$$

这个例子中，$y[n]=x[n-n_0]$，式（5-74）与时移性质相一致。同时，频率响应为$H(e^{j\omega})=e^{-j\omega n_0}$，系统为纯时移系统，在所有频率下频率响应的模均为1，而相移则与频率成线性关系，即$-\omega n_0$。

例5-8 考虑一离散时间理想低通滤波器。该系统的频率响应$H(e^{j\omega})$如图5-11（a）所示。因为LTI系统的单位脉冲响应和频率响应为傅里叶变换对，所以可以通过频率响应来确定该理想低通滤波器的单位脉冲响应。以$-\pi\leqslant\omega\leqslant\pi$为积分区间，由图5-11（a）所示的频率响应$H(e^{j\omega})$可得

$$h[n]=\frac{1}{2\pi}\int_{-\pi}^{\pi}H(e^{j\omega})e^{j\omega n}d\omega=\frac{1}{2\pi}\int_{-\omega_c}^{\omega_c}e^{j\omega n}d\omega=\frac{\sin\omega_c n}{\pi n} \tag{5-75}$$

$h[n]$如图5-11（b）所示。

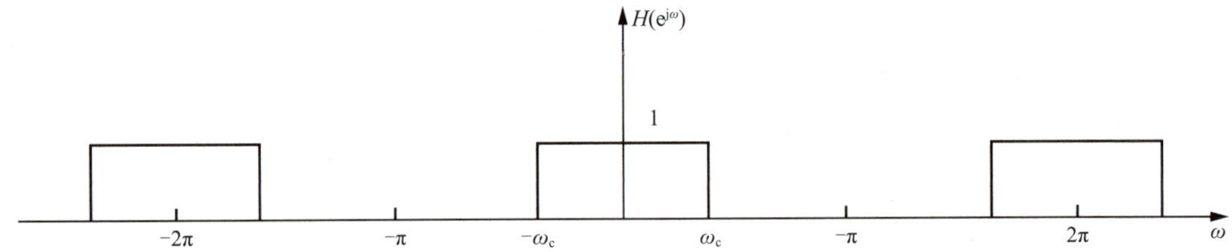

（a）离散时间理想低通滤波器的频率响应

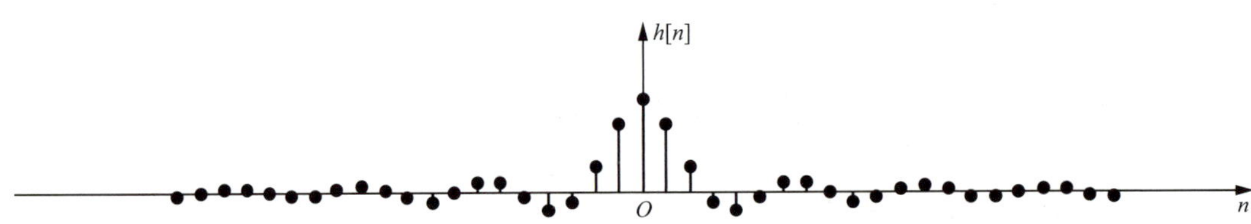

（b）离散时间理想低通滤波器的单位脉冲响应

图 5-11 离散时间理想低通滤波器的频率响应和单位脉冲响应

5.4.6 频域卷积定理

假设$y[n]$为$x_1[n]$和$x_2[n]$的乘积，它们的傅里叶变换分别是$Y(e^{j\omega})$、$X_1(e^{j\omega})$和$X_2(e^{j\omega})$，那么

$$Y(e^{j\omega})=\sum_{n=-\infty}^{+\infty}y[n]e^{-j\omega n}=\sum_{n=-\infty}^{+\infty}x_1[n]x_2[n]e^{-j\omega n} \tag{5-76}$$

因为

$$x_1[n]=\frac{1}{2\pi}\int_{2\pi}X_1(e^{j\theta})e^{j\theta n}d\theta \qquad (5\text{-}77)$$

于是有

$$Y(e^{j\omega})=\sum_{n=-\infty}^{+\infty}x_2[n]\left\{\frac{1}{2\pi}\int_{2\pi}X_1(e^{j\theta})e^{j\theta n}d\theta\right\}e^{-j\omega n} \qquad (5\text{-}78)$$

交换求和与积分次序，得到

$$Y(e^{j\omega})=\frac{1}{2\pi}\int_{2\pi}X_1(e^{j\theta})\left[\sum_{n=-\infty}^{+\infty}x_2[n]e^{-j(\omega-\theta)n}\right]d\theta \qquad (5\text{-}79)$$

式（5-79）方括号内即为$X_2(e^{j(\omega-\theta)})$，则式（5-79）可化简为

$$Y(e^{j\omega})=\frac{1}{2\pi}\int_{2\pi}X_1(e^{j\theta})X_2(e^{j(\omega-\theta)})d\theta \qquad (5\text{-}80)$$

式（5-80）为$X_1(e^{j\omega})$和$X_2(e^{j\omega})$的周期卷积，并且式（5-80）中的积分可以在任意2π长度的区间内进行。不同于周期卷积，非周期卷积为卷积的一般形式(积分区间从$-\infty$到$+\infty$)。

例5-9 信号$x[n]$为信号$x_1[n]$、$x_2[n]$的乘积，求其傅里叶变换$X(e^{j\omega})$，即

$$x[n]=x_1[n]x_2[n] \qquad (5\text{-}81)$$

式中

$$x_1[n]=\frac{\sin(\pi n/2)}{\pi n},\quad x_2[n]=\frac{\sin(3\pi n/4)}{\pi n} \qquad (5\text{-}82)$$

根据式（5-80），$X(e^{j\omega})$为$X_1(e^{j\omega})$和$X_2(e^{j\omega})$的周期卷积，其中，式（5-80）的积分可以在任意2π长度的区间内进行。现选取积分区间为$-\pi<\theta\leqslant\pi$，可得

$$X(e^{j\omega})=\frac{1}{2\pi}\int_{-\pi}^{\pi}X_1(e^{j\theta})X_2(e^{j(\omega-\theta)})d\theta \qquad (5\text{-}83)$$

除了积分区间限制在$-\pi<\theta\leqslant\pi$外，式（5-83）与非周期卷积类似，即可以将这个式（5-83）转换为一般的卷积。定义

$$\hat{X}_1(e^{j\omega})=\begin{cases}X_1(e^{j\omega}) & 对-\pi<\omega\leqslant\pi\\ 0 & 其他\end{cases} \qquad (5\text{-}84)$$

然后，在式（5-83）中用$\hat{X}_1(e^{j\theta})$替代$X_1(e^{j\theta})$，并利用$\hat{X}_1(e^{j\theta})$在$|\theta|>\pi$为零这一条件，就有

$$\begin{aligned}X(e^{j\omega})&=\frac{1}{2\pi}\int_{-\pi}^{\pi}\hat{X}_1(e^{j\theta})X_2(e^{j(\omega-\theta)})d\theta\\&=\frac{1}{2\pi}\int_{-\infty}^{\infty}\hat{X}_1(e^{j\theta})X_2(e^{j(\omega-\theta)})d\theta\end{aligned} \qquad (5\text{-}85)$$

因此，$X(e^{j\omega})$是矩形脉冲$\hat{X}_1(e^{j\omega})$和周期方波$X_2(e^{j\omega})$的非周期卷积的1/2π倍，$\hat{X}_1(e^{j\omega})$和$X_2(e^{j\omega})$如图5-12所示，$\hat{X}_1(e^{j\omega})$和$X_2(e^{j\omega})$的线性卷积就相应于$X_1(e^{j\omega})$和$X_2(e^{j\omega})$的周期卷积。这一卷积的结果$X(e^{j\omega})$如图5-13所示。

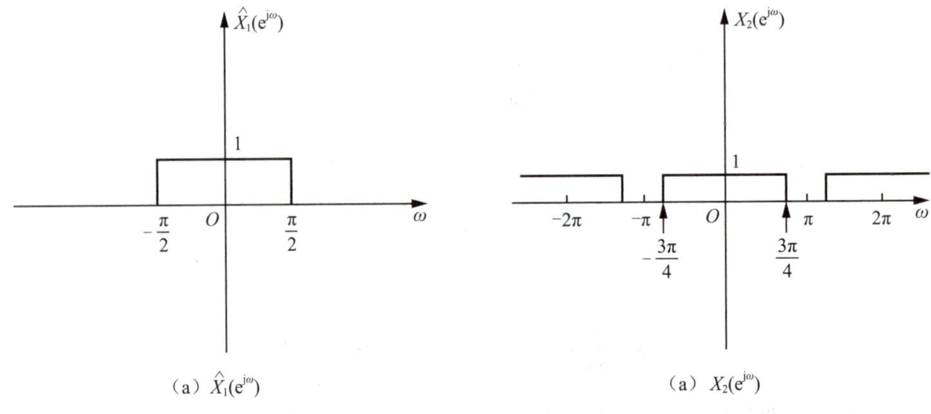

图 5-12　代表 $X_1(e^{j\omega})$ 一个周期的 $\hat{X}_1(e^{j\omega})$ 和 $X_2(e^{j\omega})$

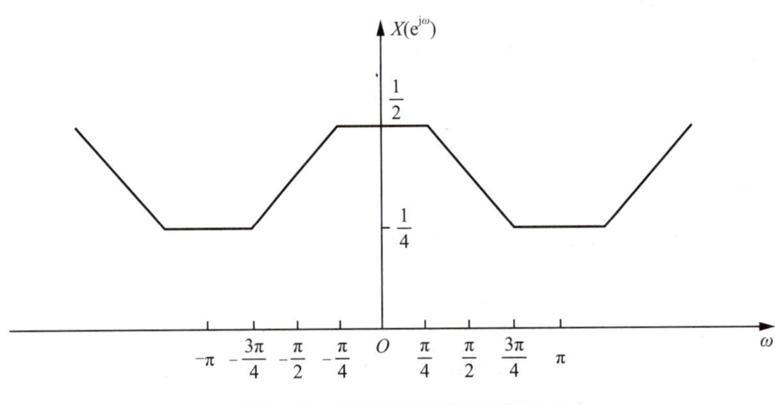

图 5-13　例 5-9 周期卷积的结果

5.4.7　线性加权

若

$$x[n] \xleftrightarrow{\text{DTFT}} X(e^{j\omega})$$

如果利用$X(e^{j\omega})$的定义式（5-41），并在两边对ω微分，可得

$$\frac{dX(e^{j\omega})}{d\omega} = \sum_{n=-\infty}^{+\infty} -jnx[n]e^{-j\omega n} \tag{5-86}$$

式（5-86）的等号右边就是$-jnx[n]$的傅里叶变换，因此两边各乘以j，可得

$$nx[n] \xleftrightarrow{\text{DTFT}} j\frac{dX(e^{j\omega})}{d\omega} \tag{5-87}$$

5.4.8　差分与部分和

如果$x[n]$的傅里叶变换为$X(e^{j\omega})$，那么根据线性和时移性质，一次差分信号 $x[n]-x[n-1]$的傅

里叶变换为

$$x[n]-x[n-1]\xleftrightarrow{\text{DTFT}}(1-\mathrm{e}^{-\mathrm{j}\omega})X(\mathrm{e}^{\mathrm{j}\omega}) \tag{5-88}$$

再考虑信号

$$y[n]=\sum_{m=-\infty}^{n}x[m] \tag{5-89}$$

因为$y[n]-y[n-1]=x[n]$，似乎可能得出$y[n]$的变换应为$x[n]$的变换被（$1-\mathrm{e}^{-\mathrm{j}\omega}$)所除。然而，这只对了一部分，除此以外，还会涉及更多的项，其精确的关系是

$$\sum_{m=-\infty}^{n}x[m]\xleftrightarrow{\text{DTFT}}\frac{1}{1-\mathrm{e}^{-\mathrm{j}\omega}}X(\mathrm{e}^{\mathrm{j}\omega})+\pi X(\mathrm{e}^{\mathrm{j}0})\delta(\omega-2\pi k) \tag{5-90}$$

式（5-90）中右边的冲激串反映了累加过程中可能出现的直流或平均值。

例5-10 现利用累加性质来求单位阶跃序列$x[n]=u[n]$的傅里叶变换$X(\mathrm{e}^{\mathrm{j}\omega})$。已知

$$g[n]=\delta[n]\xleftrightarrow{\text{DTFT}}G(\mathrm{e}^{\mathrm{j}\omega})=1 \tag{5-91}$$

已知，单位阶跃序列就是单位脉冲序列的累加，即

$$x[n]=\sum_{m=-\infty}^{n}g[m] \tag{5-92}$$

式（5-92）两边同时进行傅里叶变换，根据式（5-90）可得

$$X(\mathrm{e}^{\mathrm{j}\omega})=\frac{1}{(1-\mathrm{e}^{-\mathrm{j}\omega})}G(\mathrm{e}^{\mathrm{j}\omega})+\pi G(\mathrm{e}^{\mathrm{j}0})\sum_{k=-\infty}^{\infty}\delta(\omega-2\pi k)=\frac{1}{1-\mathrm{e}^{-\mathrm{j}\omega}}+\pi\sum_{k=-\infty}^{\infty}\delta(\omega-2\pi k) \tag{5-93}$$

5.4.9　帕斯瓦尔定理

若$x[n]$和$X(\mathrm{e}^{\mathrm{j}\omega})$为傅里叶变换对，则有

$$\sum_{n=-\infty}^{+\infty}|x[n]|^2=\frac{1}{2\pi}\int_{2\pi}\left|X(\mathrm{e}^{\mathrm{j}\omega})\right|^2\mathrm{d}\omega \tag{5-94}$$

式（5-94）等号左边就是在信号$x[n]$中的总能量，帕斯瓦尔定理表明这个总能量可以在频域中频率长度为2π的区间上对每单位频率上的能量$|X(\mathrm{e}^{\mathrm{j}\omega})|^2/2\pi$进行积分来获得。$|X(\mathrm{e}^{\mathrm{j}\omega})|^2$称为信号$x[n]$的能量密度谱。式（5-94）与周期信号的帕斯瓦尔定理是相对应的。

5.4.10　反褶性

设信号$x[n]$的频谱为$X(\mathrm{e}^{\mathrm{j}\omega})$，$y[n]=x[-n]$的傅里叶变换为$Y(\mathrm{e}^{\mathrm{j}\omega})$。由式（5-41）得

$$Y(\mathrm{e}^{\mathrm{j}\omega})=\sum_{n=-\infty}^{\infty}y[n]\mathrm{e}^{-\mathrm{j}\omega n}=\sum_{n=-\infty}^{\infty}x[-n]\mathrm{e}^{-\mathrm{j}\omega n} \tag{5-95}$$

设式（5-95）中$m=-n$，得

$$Y(\mathrm{e}^{\mathrm{j}\omega})=\sum_{m=-\infty}^{\infty}x[m]\mathrm{e}^{-\mathrm{j}(-\omega)m}=X(\mathrm{e}^{-\mathrm{j}\omega}) \tag{5-96}$$

即

$$x[-n] \xleftrightarrow{\text{DTFT}} X(\mathrm{e}^{-\mathrm{j}\omega}) \tag{5-97}$$

5.4.11 共轭性

若

$$x[n] \xleftrightarrow{\text{DTFT}} X(\mathrm{e}^{\mathrm{j}\omega})$$

则

$$x^*[n] \xleftrightarrow{\text{DTFT}} X^*(\mathrm{e}^{-\mathrm{j}\omega}) \tag{5-98}$$

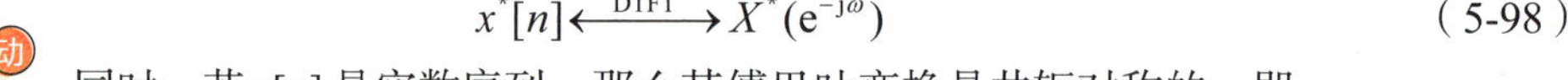

动

DTFT的共轭对称性

同时，若$x[n]$是实数序列，那么其傅里叶变换是共轭对称的，即

$$X(\mathrm{e}^{\mathrm{j}\omega}) = X^*(\mathrm{e}^{-\mathrm{j}\omega}), \quad \{x[n]\text{为实数序列}\} \tag{5-99}$$

据此可知，$\mathrm{Re}\{X(\mathrm{e}^{\mathrm{j}\omega})\}$是$\omega$的偶函数，而$\mathrm{Im}\{X(\mathrm{e}^{\mathrm{j}\omega})\}$是$\omega$的奇函数。同理，$X(\mathrm{e}^{\mathrm{j}\omega})$的模是$\omega$的偶函数，相位是$\omega$的奇函数。进一步可得

$$\mathrm{En}\{x[n]\} \xleftrightarrow{\text{DTFT}} \mathrm{Re}\{X(\mathrm{e}^{\mathrm{j}\omega})\} \tag{5-100}$$

和

$$\mathrm{Od}\{x[n]\} \xleftrightarrow{\text{DTFT}} \mathrm{j}\,\mathrm{Im}\{X(\mathrm{e}^{\mathrm{j}\omega})\} \tag{5-101}$$

其中，$\mathrm{En}\{x[n]\}$和$\mathrm{Od}\{x[n]\}$分别表示$x[n]$的偶部和奇部。例如，$x[n]$为实数序列且为偶序列，那么其傅里叶变换也是实数序列且为偶序列。

表5-2所示为序列傅里叶变换的主要性质。

表 5-2 序列傅里叶变换的主要性质

章节	性质	序列	离散时间傅里叶变换
		$x[n]$	$X(\mathrm{e}^{\mathrm{j}\omega})$
		$h[n]$	$H(\mathrm{e}^{\mathrm{j}\omega})$
		$y[n]$	$Y(\mathrm{e}^{\mathrm{j}\omega})$
5.4.1	线性	$ax[n]+by[n]$	$aX(\mathrm{e}^{\mathrm{j}\omega})+bY(\mathrm{e}^{\mathrm{j}\omega})$
5.4.2	移位特性	$x[n-m]$	$\mathrm{e}^{-\mathrm{j}\omega m}X(\mathrm{e}^{\mathrm{j}\omega})$
5.4.3	乘以指数序列	$a^n x[n]$	$X\left(\frac{1}{a}\mathrm{e}^{\mathrm{j}\omega}\right)$
5.4.4	调制特性	$\mathrm{e}^{\mathrm{j}\omega_0 n}x[n]$	$X\left(\mathrm{e}^{\mathrm{j}(\omega-\omega_0)}\right)$
5.4.5	时域卷积定理	$x[n]*h[n]$	$X(\mathrm{e}^{\mathrm{j}\omega})H(\mathrm{e}^{\mathrm{j}\omega})$
5.4.6	频域卷积定理	$x[n]y[n]$	$\frac{1}{2\pi}\int_{-\pi}^{\pi}X(\mathrm{e}^{\mathrm{j}\theta})Y(\mathrm{e}^{\mathrm{j}(\omega-\theta)})\mathrm{d}\theta$
5.4.7	线性加权	$nx[n]$	$\mathrm{j}\frac{\mathrm{d}X(\mathrm{e}^{\mathrm{j}\omega})}{\mathrm{d}\omega}$
5.4.8	差分	$x[n]-x[n-1]$	$(1-\mathrm{e}^{-\mathrm{j}\omega})X(\mathrm{e}^{\mathrm{j}\omega})$
	求和	$\sum_{m=-\infty}^{n}x[m]$	$\frac{1}{1-\mathrm{e}^{-\mathrm{j}\omega}}X(\mathrm{e}^{\mathrm{j}\omega})+\pi X(\mathrm{e}^{\mathrm{j}\theta})\delta(\omega-2\pi k)$

续表

章节	性质	序列	离散时间傅里叶变换
5.4.9	帕斯瓦尔定理	$\sum_{n=-\infty}^{\infty} x[n]y^*[n]=\frac{1}{2\pi}\int_{-\pi}^{\pi} X(e^{j\omega})Y^*(e^{j\omega})d\omega$	
		$\sum_{n=-\infty}^{\infty} \lvert x(n)\rvert^2=\frac{1}{2\pi}\int_{-\pi}^{\pi}\lvert X(e^{j\omega})\rvert^2 d\omega$	
5.4.10	反褶性	$x[-n]$	$X(e^{-j\omega})$
		$x^*[n]$	$X^*(e^{-j\omega})$
		$x^*[-n]$	$X^*(e^{j\omega})$
5.4.11	共轭性	$\mathrm{Re}\{x[n]\}$	$X_e(e^{j\omega})=\frac{X(e^{j\omega})+X^*(e^{-j\omega})}{2}$
		$\mathrm{jIm}\{x[n]\}$	$X_o(e^{j\omega})=\frac{X(e^{j\omega})-X^*(e^{-j\omega})}{2}$
		$\mathrm{E}\{x[n]\}$	$\mathrm{Re}[X(e^{j\omega})]$
		$\mathrm{O}\{x[n]\}$	$\mathrm{jIm}[X(e^{j\omega})]$
		$x[n]$为实数序列	$\begin{cases} X(e^{j\omega})=X^*(e^{-j\omega}) \\ \mathrm{Re}[X(e^{j\omega})]=\mathrm{Re}[X(e^{-j\omega})] \\ \mathrm{Im}[X(e^{j\omega})]=-\mathrm{Im}[X(e^{-j\omega})] \\ \lvert X(e^{j\omega})\rvert=\lvert X(e^{-j\omega})\rvert \\ \arg[X(e^{j\omega})]=-\arg[X(e^{-j\omega})] \end{cases}$

5.5 离散 LTI 系统的频率响应函数

为了研究离散LTI系统对输入信号的频谱作用，需要研究LTI系统对复指数序列或正弦序列的稳态响应。设输入信号是频率为ω的复指数序列

$$x[n]=e^{j\omega n},\quad -\infty<n<\infty \tag{5-102}$$

离散LTI系统的单位脉冲响应为$h[n]$，根据式（2-45），得到输出

$$y[n]=\sum_{m=-\infty}^{\infty} h[m]e^{j\omega(n-m)}=e^{j\omega n}\sum_{m=-\infty}^{\infty} h[m]e^{-j\omega m}=e^{j\omega n}H(e^{j\omega}) \tag{5-103}$$

系统的频率响应函数

可见，在稳态状态下，当输入为复指数序列$e^{j\omega n}$时，输出$y[n]$也含有$e^{j\omega n}$，只是它被一个复值函数$H(e^{j\omega})$加权。具有这种特性的输入信号称为系统的特征函数。因而$e^{j\omega n}$为LTI系统的一个特征函数，而$H(e^{j\omega})$为特征值，它的表达式为

$$H(e^{j\omega})=\sum_{n=-\infty}^{\infty} h[n]e^{-j\omega n} \tag{5-104}$$

可见$H(e^{j\omega})$是$h[n]$的离散时间傅里叶变换，称为系统的频率响应。它描述了复指数序列通过LTI系统后，幅度和相位的变化。

5.6 离散 LTI 系统的频域分析方法

对一个LTI系统而言，其输出$y[n]$和输入$x[n]$间的关系可以用线性常系数差分方程描述，如下所示。

$$\sum_{k=0}^{N} a_k y[n-k] = \sum_{k=0}^{M} b_k x[n-k] \tag{5-105}$$

下面将利用离散时间傅里叶变换的几个性质导出由式（5-105）所描述的离散LTI系统的频率响应$H(e^{j\omega})$。

设$X(e^{j\omega})$、$Y(e^{j\omega})$和$H(e^{j\omega})$分别为输入$x[n]$、输出$y[n]$和单位脉冲响应$h[n]$的傅里叶变换，那么根据离散时间傅里叶变换的卷积性质就有

$$H(e^{j\omega}) = \frac{Y(e^{j\omega})}{X(e^{j\omega})} \tag{5-106}$$

式（5-105）两边应用傅里叶变换，并利用线性和时移性质，可得

$$\sum_{k=0}^{N} a_k e^{-jk\omega} Y(e^{j\omega}) = \sum_{k=0}^{M} b_k e^{-jk\omega} X(e^{j\omega}) \tag{5-107}$$

等效为

$$H(e^{j\omega}) = \frac{Y(e^{j\omega})}{X(e^{j\omega})} = \frac{\sum_{k=0}^{M} b_k e^{-jk\omega}}{\sum_{k=0}^{N} a_k e^{-jk\omega}} \tag{5-108}$$

$H(e^{j\omega})$为两个多项式的比，但是在离散时间域中，这些多项式的变量是$e^{-j\omega}$。分子多项式的系数就是式（5-105）等号右边的系数，而分母多项式的系数就是式（5-105）等号左边的系数。因此，式（5-108）直接写出了由式（5-105）表征的LTI系统的频率响应。

例5-11 一因果LTI系统的差分方程为

$$y[n] - ay[n-1] = x[n] \tag{5-109}$$

其中$|a|<1$。由式（5-108），该系统的频率响应为

$$H(e^{j\omega}) = \frac{1}{1 - ae^{-j\omega}} \tag{5-110}$$

显然，式（5-110）为序列$a^n u[n]$的傅里叶变换。因此，该系统的单位脉冲响应为

$$h[n] = a^n u[n] \tag{5-111}$$

例5-12 一因果LTI系统的差分方程为

$$y[n] - \frac{3}{4}y[n-1] + \frac{1}{8}y[n-2] = 2x[n] \tag{5-112}$$

由式（5-108），其频率响应是

$$H(e^{j\omega}) = \frac{2}{1 - \frac{3}{4}e^{-j\omega} + \frac{1}{8}e^{-j2\omega}} \tag{5-113}$$

为求单位脉冲响应，第一步，将式（5-113）的分母因式分解为

$$H(\mathrm{e}^{\mathrm{j}\omega})=\frac{2}{\left(1-\frac{1}{2}\mathrm{e}^{-\mathrm{j}\omega}\right)\left(1-\frac{1}{4}\mathrm{e}^{-\mathrm{j}\omega}\right)} \tag{5-114}$$

由此，$H(\mathrm{e}^{\mathrm{j}\omega})$就能按部分分式展开，展开的结果为

$$H(\mathrm{e}^{\mathrm{j}\omega})=\frac{4}{1-\frac{1}{2}\mathrm{e}^{-\mathrm{j}\omega}}-\frac{2}{1-\frac{1}{4}\mathrm{e}^{-\mathrm{j}\omega}} \tag{5-115}$$

式（5-115）中每一项的傅里叶逆变换都可直接写出，该系统的单位脉冲响应为

$$h[n]=4\left(\frac{1}{2}\right)^n u[n]-2\left(\frac{1}{4}\right)^n u[n] \tag{5-116}$$

例5-11和例5-12所描述的方法可用于由线性常系数差分方程所描述的任何LTI系统的频率响应来确定该系统的单位脉冲响应。

例5-13 考虑例5-12的LTI系统，并设系统输入为

$$x[n]=\left(\frac{1}{4}\right)^n u[n] \tag{5-117}$$

利用式（5-108）和例5-12的结果，可得

$$\begin{aligned}Y(\mathrm{e}^{\mathrm{j}\omega})=H(\mathrm{e}^{\mathrm{j}\omega})X(\mathrm{e}^{\mathrm{j}\omega})&=\left[\frac{2}{\left(1-\frac{1}{2}\mathrm{e}^{-\mathrm{j}\omega}\right)\left(1-\frac{1}{4}\mathrm{e}^{-\mathrm{j}\omega}\right)}\right]\left[\frac{1}{1-\frac{1}{4}\mathrm{e}^{-\mathrm{j}\omega}}\right]\\&=\frac{2}{\left(1-\frac{1}{2}\mathrm{e}^{-\mathrm{j}\omega}\right)\left(1-\frac{1}{4}\mathrm{e}^{-\mathrm{j}\omega}\right)^2}\end{aligned} \tag{5-118}$$

式（5-118）的部分分式展开式为

$$Y(\mathrm{e}^{\mathrm{j}\omega})=\frac{B_{11}}{1-\frac{1}{4}\mathrm{e}^{-\mathrm{j}\omega}}+\frac{B_{12}}{\left(1-\frac{1}{4}\mathrm{e}^{-\mathrm{j}\omega}\right)^2}+\frac{B_{21}}{1-\frac{1}{2}\mathrm{e}^{-\mathrm{j}\omega}} \tag{5-119}$$

式（5-119）中系数B_{11}、B_{12}和B_{21}的值分别为$B_{11}=-4$、$B_{12}=-2$和$B_{21}=8$。由此，式（5-119）为

$$Y(\mathrm{e}^{\mathrm{j}\omega})=-\frac{4}{1-\frac{1}{4}\mathrm{e}^{-\mathrm{j}\omega}}-\frac{2}{\left(1-\frac{1}{4}\mathrm{e}^{-\mathrm{j}\omega}\right)^2}+\frac{8}{1-\frac{1}{2}\mathrm{e}^{-\mathrm{j}\omega}} \tag{5-120}$$

从而得出

$$y[n]=\left[-4\left(\frac{1}{4}\right)^n-2(n+1)\left(\frac{1}{4}\right)^n+8\left(\frac{1}{2}\right)^n\right]u[n] \tag{5-121}$$

与连续信号的傅里叶变换相对应，本章主要介绍了离散时间信号的傅里叶变换，即DTFT。首先，从周期序列的傅里叶级数的分析出发，分析了相关的性质。当其周期为无穷大时，导出非周期序列的傅里叶变换的定义和性质。学习离散时间傅里叶变换可以参考连续信号的傅里叶变换，但也有不同。例如，离散信号的傅里叶变换是以2π为周期的，且其逆变换积分区间长度为2π。本章介绍的周期序列的傅里叶变换，在后续数字信号处理的学习中可以引出DFT，为数字信号处理的实际应用提供了理论基础。最后的离散LTI系统的频率响应函数和频域分析方法，为数字信号处理系统的设计与实现提供了理论基础。

习题

5-1 对于$-\pi \leqslant \omega < \pi$，求下列周期信号的傅里叶变换。

（1）$\sin\left(\frac{\pi}{3}n+\frac{\pi}{4}\right)$ （2）$2+\cos\left(\frac{\pi}{6}n+\frac{\pi}{8}\right)$

5-2 试确定下列周期为4的序列$\tilde{x}[n]$的频谱a_k。

（1）$\tilde{x}[n]=\{\cdots,1,2,0,2,\cdots\}$ （2）$\tilde{x}[n]=\{\cdots,0,1,0,-1,\cdots\}$

5-3 已知周期$N=8$的周期序列$\tilde{x}[n]$的频谱为a_k，试确定周期序列$\tilde{x}[n]$。

（1）$a_k=1+\frac{1}{2}\cos\left(\frac{\pi n}{2}\right)+2\cos\left(\frac{\pi n}{4}\right)$

（2）$a_k=\mathrm{e}^{-\mathrm{j}\frac{\pi n}{4}}$

（3）$a_k=\{\cdots,1,0,1,0,1,0,1,0,\cdots\}$

5-4 试计算周期均为4的序列$\tilde{x}[n]$和$\tilde{h}[n]$的周期卷积，已知$\tilde{x}[n]=\{\cdots,1,2,3,4,\cdots\}$，$\tilde{h}[n]=\{\cdots,2,4,1,3,\cdots\}$。

5-5 试确定下列周期序列的周期N，并计算其频谱a_k。

（1）$\tilde{x}[n]=\sin\left(\frac{\pi n}{4}\right)$ （2）$\tilde{x}[n]=2\sin\left(\frac{\pi n}{4}\right)+\cos\left(\frac{\pi n}{3}\right)$

5-6 利用傅里叶变换公式，计算下列序列的傅里叶变换。

（1）$\delta[n-1]+\delta[n+1]$ （2）$\delta[n+2]-\delta[n-2]$

5-7 利用傅里叶变换公式，计算下列序列的傅里叶变换。

（1）$\left(\frac{1}{2}\right)^{n-1}u[n-1]$ （2）$\left(\frac{1}{2}\right)^{|n-1|}$

5-8 求以下序列$x[n]$的频谱$X\left(\mathrm{e}^{\mathrm{j}\omega}\right)$：

（1）$x[n]=\delta[n-n_0]$ （2）$x[n]=\mathrm{e}^{-an}u[n]$

（3）$x[n]=a^nR_N[n]$ （4）$x[n]=\mathrm{e}^{-(a+\mathrm{j}\omega_0)n}u[n]$

（5）$x[n]=\mathrm{e}^{-an}u[n]\cos(\omega_0 n)$ （6）$x[n]=a^nu[n-3],\ |a|<1$

（7）$x[n]=4\delta[n+3]+\frac{1}{2}\delta[n]+4\delta[n-3]$ （8）$x[n]=a^nR_N[n+4]$

5-9 已知$x[n]$的傅里叶变换为$X\left(\mathrm{e}^{\mathrm{j}\omega}\right)$，用$X\left(\mathrm{e}^{\mathrm{j}\omega}\right)$表示下列信号的傅里叶变换。

（1）$x_1[n]=x[1-n]+x[-1-n]$　　（2）$x_2[n]=\dfrac{x^*[-n]+x[n]}{2}$

（3）$x_3[n]=(n-1)^2x[n]$　　（4）$y[n]=x[2n]$

（5）$y[n]=\begin{cases}x[\frac{n}{2}], & n\text{为偶数}\\ 0, & n\text{为奇数}\end{cases}$　　（6）$y[n]=x^2[n]$

（7）$y[n]=\cos(\omega_0 n)x[n]$　　（8）$y[n]=x[n]R_5[n]$

5-10　试求出下列离散非周期序列的频谱 $X\left(e^{j\omega}\right)$。

（1）$x_1[n]=a^n u[n],|a|<1$　　（2）$x_2[n]=a^k u[-n],|a|>1$

（3）$x_3[n]=\begin{cases}a^{|n|}, & |n|\leqslant M\\ 0, & \text{其他}\end{cases}$　　（4）$x_4[n]=a^n u[n+3],|a|<1$

（5）$x_5[n]=\sum\limits_{k=0}^{\infty}\left(\dfrac{1}{4}\right)^n\delta[n-3k]$

（6）$x_6[n]=\left(\dfrac{\sin\left(\dfrac{\pi n}{3}\right)}{\pi n}\right)\left(\dfrac{\sin\left(\dfrac{\pi k}{4}\right)}{\pi n}\right)$

5-11　设 $X\left(e^{j\omega}\right)$ 是习题5-11图所示的信号 $x[n]$ 的傅里叶变换，不必求出 $X\left(e^{j\omega}\right)$，试完成下列计算：

（1）$X\left(e^{j0}\right)$　　（2）$\int_{-\pi}^{\pi}X\left(e^{j\omega}\right)d\omega$

（3）$\int_{-\pi}^{\pi}\left|X\left(e^{j\omega}\right)\right|^2 d\omega$　　（4）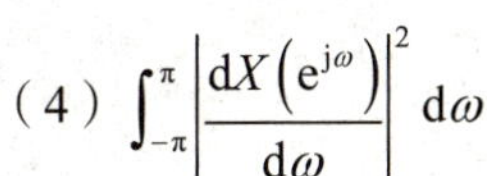$\int_{-\pi}^{\pi}\left|\dfrac{dX\left(e^{j\omega}\right)}{d\omega}\right|^2 d\omega$

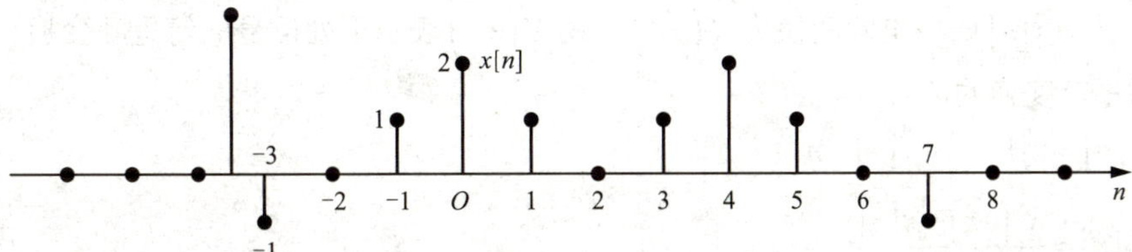

习题 5-11 图

5-12　已知有限长序列 $x[n]=\{2,1,-1,0,3,2,0,-3,-4\}$，不计算 $x[n]$ 的DTFT，试确定下列表达式的值。

（1）$X\left(e^{j0}\right)$　　（2）$X\left(e^{j\pi}\right)$

（3）$\int_{-\pi}^{\pi}X\left(e^{j\omega}\right)d\omega$　　（4）$\int_{-\pi}^{\pi}\left|X\left(e^{j\omega}\right)\right|^2 d\omega$

（5）$\int_{-\pi}^{\pi}\left|\dfrac{dX\left(e^{j\omega}\right)}{d\omega}\right|^2 d\omega$

5-13　试确定下列离散非周期序列的频谱 $X\left(e^{j\omega}\right)$。

（1）$x_1[n]=\begin{cases}1, & |n|\leqslant N\\ 0, & \text{其他}\end{cases}$

（2）$x_2[n]=\begin{cases}\cos\left(\dfrac{\pi n}{2N}\right), & |n|\leqslant N\\ 0, & 其他\end{cases}$

5-14 已知 $g_1[n]$ 的频谱为 $G_1(\mathrm{e}^{\mathrm{j}\omega})$，试用 $G_1(\mathrm{e}^{\mathrm{j}\omega})$ 表示习题5-14图所示序列 $g_2[n]$、$g_3[n]$、$g_4[n]$ 的频谱。

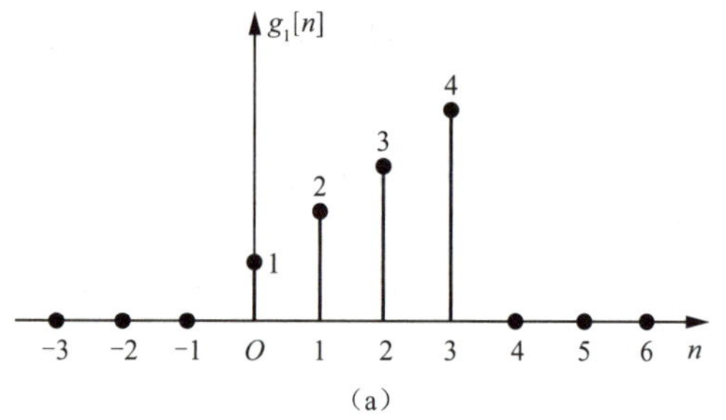

（a）

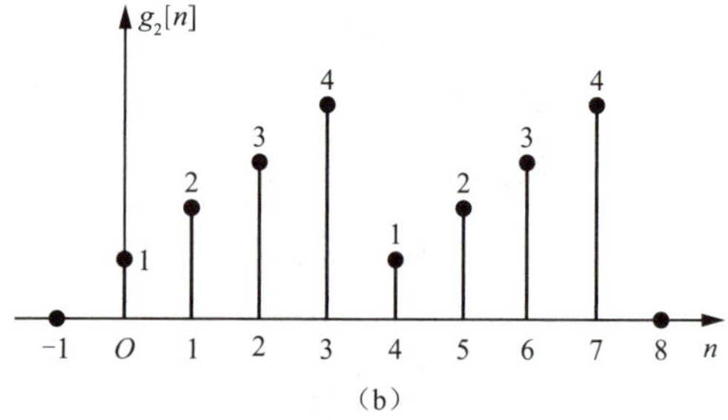

（b）

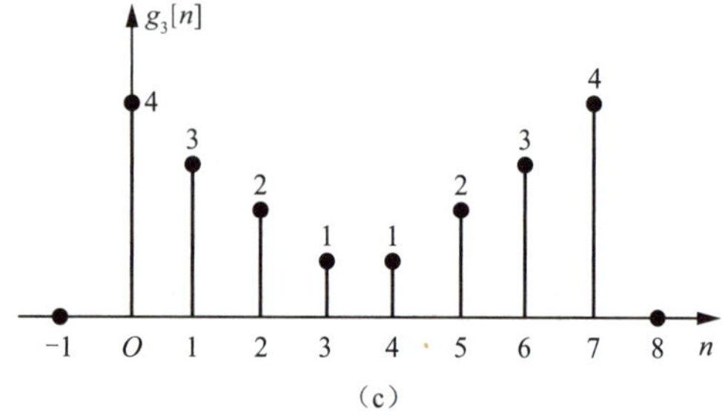

（c）

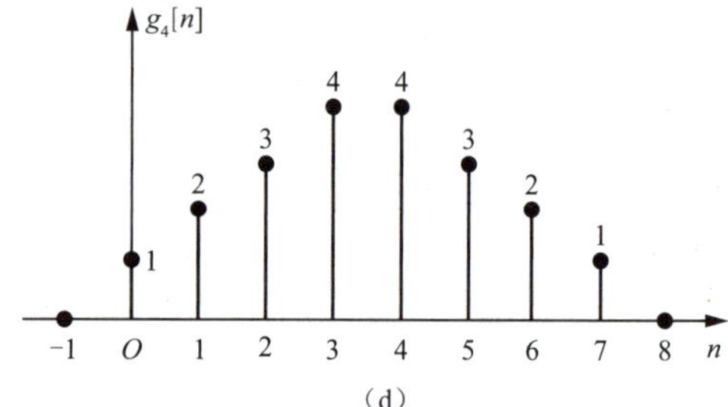

（d）

习题 5-14 图

5-15 已知 $x[n]$ 的傅里叶变换为 $X(\mathrm{e}^{\mathrm{j}\omega})$，用 $X(\mathrm{e}^{\mathrm{j}\omega})$ 表示下列信号的傅里叶变换，可以利用离散时间傅里叶变换的性质。

（1）$x_1[n]=x[1-n]+x[-1-n]$

（2）$x_2[n]=\dfrac{x^*[-n]+x[n]}{2}$

（3）$x_3[n]=(n-1)^2x[n]$

5-16 计算下列频谱函数对应的离散序列 $x[n]$。

（1）$X(\mathrm{e}^{\mathrm{j}\omega})=\sum\limits_{k=-\infty}^{\infty}\delta(\omega+2\pi k)$

（2）$X(\mathrm{e}^{\mathrm{j}\omega})=\dfrac{1-\mathrm{e}^{\mathrm{j}\omega(N+1)}}{1-\mathrm{e}^{-\mathrm{j}\omega}}$

（3）$X(\mathrm{e}^{\mathrm{j}\omega})=1+2\sum\limits_{k=-1}^{N}\cos(\omega k)$

（4）$X(\mathrm{e}^{\mathrm{j}\omega})=\dfrac{\mathrm{j}a\mathrm{e}^{\mathrm{j}\omega}}{(1-a\mathrm{e}^{-\mathrm{j}\omega})^2}$，$|a<1|$

5-17 利用离散时间傅里叶变换公式求下列反变换。

（1）$X_1\left(e^{j\omega}\right)=\sum_{k=-\infty}^{\infty}\left[2\pi\delta(\omega-2\pi k)+\pi\delta\left(\omega-\frac{\pi}{2}-2\pi k\right)+\pi\delta\left(\omega+\frac{\pi}{2}-2\pi k\right)\right]$

（2）$X_2\left(e^{j\omega}\right)=\begin{cases}2j, & 0<\omega\leqslant\pi\\ -2j, & -\pi<\omega\leqslant 0\end{cases}$

5-18　对某一特殊的$x[n]$，其离散时间傅里叶变换为$X\left(e^{j\omega}\right)$，已知下面四个条件：

（1）$x[n]=0, n>0$

（2）$x[0]>0$

（3）$\mathrm{Im}\left\{X\left(e^{j\omega}\right)\right\}=\sin\omega-\sin 2\omega$

（4）$\frac{1}{2\pi}\int_{-\pi}^{\pi}|x\left(e^{j\omega}\right)|^2\,d\omega=3$

求$x[n]$。

5-19　一单位脉冲相应为$h_1[n]=\left(\frac{1}{3}\right)^n u[n]$的LTI系统与另一单位脉冲响应为$h_2[n]$的因果LTI系统并联，并联后的频率响应为

$$H\left(e^{j\omega}\right)=\frac{-12+5e^{-j\omega}}{12-7e^{-j\omega}+e^{-j2\omega}}$$

求$h_2[n]$。

5-20　假设一单位脉冲响应为$h[n]$、频率响应为$H\left(e^{j\omega}\right)$的LTI系统满足下列条件：

（1）$\left(\frac{1}{4}\right)^n u[n]\to g[n]$,其中$g[n]=0, n\geqslant 2$和$n<0$

（2）$H\left(e^{j\pi/2}\right)=1$

（3）$H\left(e^{j\omega}\right)=H\left(e^{j(\omega-n)}\right)$

求$h[n]$。

5-21　考虑一因果稳定的LTI系统S，其输入$x[n]$和输出$y[n]$的关系如下述二阶差分方程所示：

$$y[n]-\frac{1}{6}y[n-1]-\frac{1}{6}y[n-2]=x[n]$$

（1）求系统S的频率响应$H\left(e^{j\omega}\right)$；

（2）求系统S的单位脉冲响应$h[n]$。

第 6 章 离散LTI系统的复频域分析

本章主要讨论z变换，类似于拉普拉斯变换，z变换也可以当作离散时间傅里叶变换的推广。例如，有些序列的傅里叶变换不存在，但其z变换存在。在为什么要引入z变换以及z变换的性质等方面与拉普拉斯变换都十分类似。本章直接给出了z变换的定义式，并讨论了不同序列的收敛域情况以及z变换的性质，介绍了z变换在离散LTI系统复频域分析中的作用。当然，正如连续傅里叶变换和离散时间傅里叶变换之间的关系一样，在z变换和拉普拉斯变换之间也存在一些很重要的差异，而这些差异正是源于连续和离散信号与系统之间的差异。

6.1 z 变换

6.1.1 z 变换的定义

离散信号$x[n]$的z变换定义为

$$X(z) = \sum_{n=-\infty}^{+\infty} x[n]z^{-n} \tag{6-1}$$

z变换与DTFT、拉普拉斯变换的关系

式（6-1）中z为复变量。有时为了方便，可将$x[n]$的z变换写作$Z\{x[n]\}$。

z变换和离散时间傅里叶变换之间存在几个重要的关系。为了说明这些关系，将复变量z用极坐标形式表示为

$$z = r\mathrm{e}^{\mathrm{j}\omega} \tag{6-2}$$

式（6-2）中r表示z的模，ω表示它的相位。则式（6-1）变为

$$X(r\mathrm{e}^{\mathrm{j}\omega}) = \sum_{n=-\infty}^{+\infty} x[n](r\mathrm{e}^{\mathrm{j}\omega})^{-n} \tag{6-3}$$

或等效为

$$X(re^{j\omega})=\sum_{n=-\infty}^{+\infty}\{x[n]r^{-n}\}e^{-j\omega n} \tag{6-4}$$

由式（6-4）可见，$X(re^{j\omega})$就是序列$x[n]$乘以实指数$r^{(-n)}$后的离散时间傅里叶变换，即

$$X(re^{j\omega})\xleftrightarrow{\text{DTFT}}x[n]r^{-n} \tag{6-5}$$

指数r^{-n}可能随n增加而衰减，也可能随n增加而增加，这取决于r是大于1还是小于1。而若$r=1$，等效为$|z|=1$，式（6-1）变为离散时间傅里叶变换，即

$$X(z)\Big|_{z=e^{j\omega}}=X(e^{j\omega})\xleftrightarrow{\text{DTFT}}x[n] \tag{6-6}$$

式（6-6）表示了离散信号的z变换与离散时间傅里叶变换之间的关系。在z变换中，当变换变量z的模为1时，即$z=e^{j\omega}$，z变换就演变为离散时间傅里叶变换。于是，离散时间傅里叶变换就成为在复数z平面中，半径为1的圆上的z变换，如图6-1所示，在z平面上，这个圆称为单位圆。当z在单位圆上时，z变换就等同于离散时间傅里叶变换。

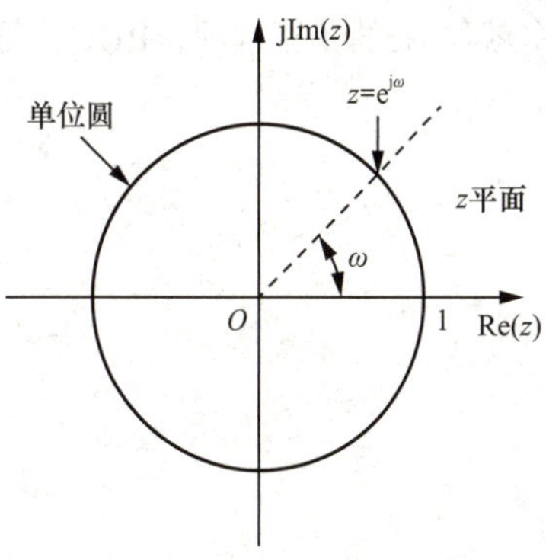

图 6-1　z 平面上的单位圆

6.1.2　z 变换的收敛域

z变换收敛域的分析

要使z变换收敛，就要使$x[n]r^{-n}$的傅里叶变换收敛。对于任意序列$x[n]$，都存在对某些r值，其傅里叶变换收敛，而对另一些r值，其傅里叶变换不收敛的现象。一般情况，对于某一序列的z变换，存在着某一z值的范围，该范围内的z使$X(z)$收敛。这样的范围就称为收敛域（ROC）。如果ROC包括单位圆，根据式（6-6），说明该序列的离散时间傅里叶变换也收敛。

$X(z)$的ROC是在z平面内以原点为中心的圆环。ROC内的z值，其对应的$x[n]r^{-n}$的傅里叶变换收敛。这就是说，$x[n]$的z变换的ROC是由使$x[n]r^{-n}$绝对可和的z值组成的，如式（6-7）所示。

$$\sum_{n=-\infty}^{+\infty}|x[n]|r^{-n}<\infty \tag{6-7}$$

因此，收敛域仅由$r=|z|$决定，而与ω无关。结果，若某一具体的z值在ROC内，那么位于以原点为圆心的同一圆上的全部z值(具有相同的模)也一定在ROC内。这就保证了ROC由同心圆环所组成。在某些情况下，ROC的内圆边界可以向内延伸到原点；而在另一些情况下，外圆边界可以向外延伸到无穷大。由于$X(z)$在极点处为无穷大，因此根据定义，极点处的z变换不收敛。所以，ROC内不会包含任何极点。

不同形式的序列对应的ROC是不同的，对于一个确定的序列，其z变换的表达式和收敛域二者共同唯一确定这一序列。下面分4种形式进行讨论。

（1）如果$x[n]$是有限长序列，那么ROC就是整个z平面，但可能除去$z=0$和/或$z=\infty$。

$$X(z)=\sum_{n=N_1}^{N_2}x[n]z^{-n},\quad\begin{cases}0\leqslant|z|<\infty, & N_2\leqslant 0\\ 0<|z|<\infty, & N_1<0<N_2\\ 0<|z|\leqslant\infty, & N_1\geqslant 0\end{cases} \tag{6-8}$$

一个有限长序列仅有有限个非零值，例如从$n=N_1$到$n=N_2$，这里N_1和N_2都是有限值，即z变

换为有限项的和。对于 $z \neq 0$ 或 $z \neq \infty$，式（6-8）和式中的每一项都是有限值，$X(z)$一定收敛。如果N_1为负且N_2为正，那么，$x[n]$对$n<0$和$n>0$都有非零值，式（6-8）的和式中既包括z的正幂次项，又包括z的负幂次项。当$|z| \to 0$，z的负幂次项就会变成无界；而当$|z| \to \infty$，z的正幂次项就变为无界。因此，在N_1为负且N_2为正时，ROC不包括$z=0$和$z=\infty$。如果N_1为零或N_1为正值，那么式（6-8）中仅有z的负幂次项，这时ROC就可以包括$z=\infty$；而如果N_2为零或N_2为负，式（6-8）中就仅有z的正幂次项，ROC就可以包括$z=0$，如图6-2所示。

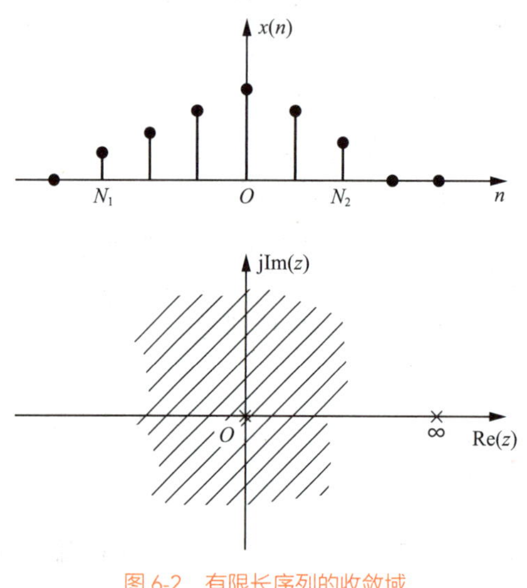

图 6-2　有限长序列的收敛域

例6-1 根据式（6-1），单位脉冲信号 $\delta[n]$ 的z变换为

$$\delta[n] \stackrel{Z}{\longleftrightarrow} \sum_{n=-\infty}^{+\infty} \delta[n] z^{-n} = 1 \tag{6-9}$$

其ROC为整个z平面，包括$z=0$和$z=\infty$。延时一个时间单位后的单位脉冲序列 $\delta[n-1]$ 的z变换为

$$\delta[n-1] \stackrel{Z}{\longleftrightarrow} \sum_{n=-\infty}^{+\infty} \delta[n-1] z^{-n} = z^{-1} \tag{6-10}$$

明显，$z=0$是一个极点，其z变换除$z=0$外都有定义。因此，ROC由整个z平面所组成，其中包括$z=\infty$，但不包括$z=0$。同理，考虑超前一个时间单位的单位脉冲信号 $\delta[n+1]$ 的z变换为

$$\delta[n+1] \stackrel{Z}{\longleftrightarrow} \sum_{n=-\infty}^{+\infty} \delta[n+1] z^{-n} = z \tag{6-11}$$

该z变换对全部有限的z值都有定义，因此ROC由整个有限z平面所组成(包括$z=0$)，但存在一个极点$z=\infty$。

（2）如果$x[n]$是一个右边开放序列，并且模最大的极点在$|z|=r_{x-}$的圆上。那么满足$|z|>r_{x-}$的全部有限z值一定都在ROC内，但可能除去$z=\infty$。

$$X(z) = \sum_{n=N_1}^{\infty} x[n] z^{-n}, \quad \begin{cases} r_{x-} < |z| < \infty & N_1 < 0 \\ r_{x-} < |z| \leqslant \infty & N_1 > 0, \text{因果序列} \end{cases} \tag{6-12}$$

右边开放序列就是在$n<N_1$时值为零的序列。式（6-12）中N_1是有限值，可以为正也可以为负。如果N_1为负，那么，式（6-12）的和式中将包括z的正幂次项，当$|z|\to\infty$时变成无界。因此，一般来说，右边开放序列的ROC不包括$z=\infty$。然而，对于因果序列，即$n<0$，序列值为零，N_1一定为非负，因此ROC一定包括$z=\infty$，如图6-3所示。

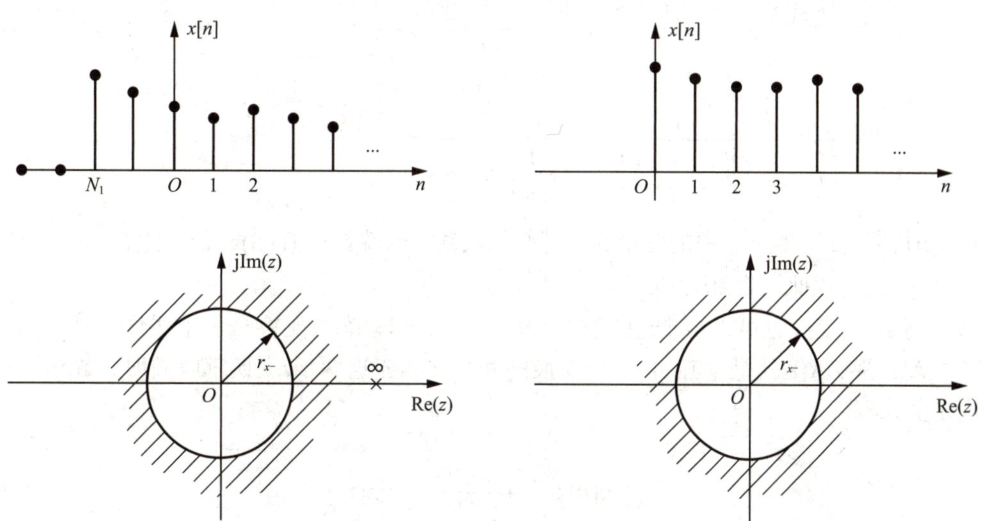

图 6-3　右边开放序列的收敛域

例6-2 由式（6-1）可知，序列$x[n]=a^nu[n]$的z变换为

$$X(z)=\sum_{n=-\infty}^{+\infty}a^nu[n]z^{-n}=\sum_{n=0}^{+\infty}(az^{-1})^n \tag{6-13}$$

为使$X(z)$收敛，即要求$\sum_{n=0}^{\infty}|a^nz^{-n}|<\infty$。于是收敛域为满足$az^{-1}<1$的$z$值范围，即$|z|>|a|$的。这样就有

$$X(z)=\sum_{n=0}^{\infty}(az^{-1})^n=\frac{1}{1-az^{-1}}=\frac{z}{z-a},\ |z|>|a| \tag{6-14}$$

因此，信号$x[n]$的z变换对于任何a值都有定义，它的ROC由a的模确定。若$a=1$，$x[n]$就是单位阶跃序列。

可见，式（6-14）的z变换是一个有理函数。当然，z变换也能够用它对应的零点和极点来表示。由式（6-14），$x(z)$的零点为$z=0$、极点为$z=a$，当$0<a<1$时，例6-2的零极点图和收敛域如图6-4所示。若$|a|>1$，ROC就不包括单位圆，$a^nu[n]$的离散时间傅里叶变换不收敛。

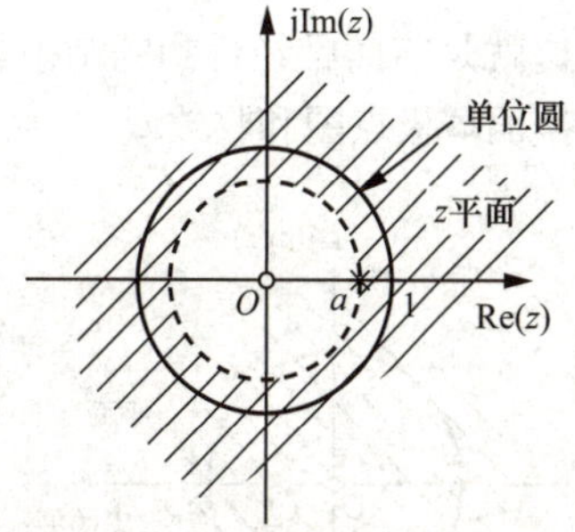

图 6-4　0<a<1 时例 6-2 的零极点图和收敛域

例6-3 信号$x[n]$是两个实指数序列之和

$$x[n]=7\left(\frac{1}{3}\right)^nu[n]-6\left(\frac{1}{2}\right)^nu[n] \tag{6-15}$$

那么，$x[n]$的z变换为

$$X(z)=\sum_{n=-\infty}^{+\infty}\left\{7\left(\frac{1}{3}\right)^n u[n]-6\left(\frac{1}{2}\right)^n u[n]\right\}z^{-n}=7\sum_{n=-\infty}^{+\infty}\left(\frac{1}{3}\right)^n u[n]z^{-n}-6\sum_{n=-\infty}^{+\infty}\left(\frac{1}{2}\right)^n u[n]z^{-n}$$

$$=7\sum_{n=0}^{+\infty}\left(\frac{1}{3}z^{-1}\right)^n-6\sum_{n=0}^{+\infty}\left(\frac{1}{2}z^{-1}\right)^n=\frac{7}{1-\frac{1}{3}z^{-1}}-\frac{6}{1-\frac{1}{2}z^{-1}} \tag{6-16}$$

$$=\frac{1-\frac{3}{2}z^{-1}}{\left(1-\frac{1}{3}z^{-1}\right)\left(1-\frac{1}{2}z^{-1}\right)}=\frac{z\left(z-\frac{3}{2}\right)}{\left(z-\frac{1}{3}\right)\left(z-\frac{1}{2}\right)}$$

为保证$X(z)$收敛，式（6-16）中的两个和式都必须收敛，这就要求$|(1/3)z^{-1}|<1$且$|(1/2)z^{-1}|<1$，即$|z|>1/3$且$|z|>1/2$。因此，收敛域为$|z|>1/2$。

这个例子的z变换也可以根据z变换的定义式（6-1）理解，z变换是一个线性变换。如果$x[n]$是两项之和，那么$X(z)$就是单独每一项z变换的和，并且当这两项z变换都收敛时，$X(z)$也一定收敛。由定义式有

$$\left(\frac{1}{3}\right)^n u[n]\xleftrightarrow{z}\frac{1}{1-\frac{1}{3}z^{-1}},\quad |z|>\frac{1}{3} \tag{6-17}$$

和

$$\left(\frac{1}{2}\right)^n u[n]\xleftrightarrow{z}\frac{1}{1-\frac{1}{2}z^{-1}},\quad |z|>\frac{1}{2} \tag{6-18}$$

进而得到

$$7\left(\frac{1}{3}\right)^n u[n]-6\left(\frac{1}{2}\right)^n u[n]\xleftrightarrow{z}\frac{7}{1-\frac{1}{3}z^{-1}}-\frac{6}{1-\frac{1}{2}z^{-1}},\quad |z|>\frac{1}{2} \tag{6-19}$$

这就是前面已经得到的结果。图6-5所示为每一项z变换的零极点图和收敛域，以及组合信号z变换的零极点图和收敛域。

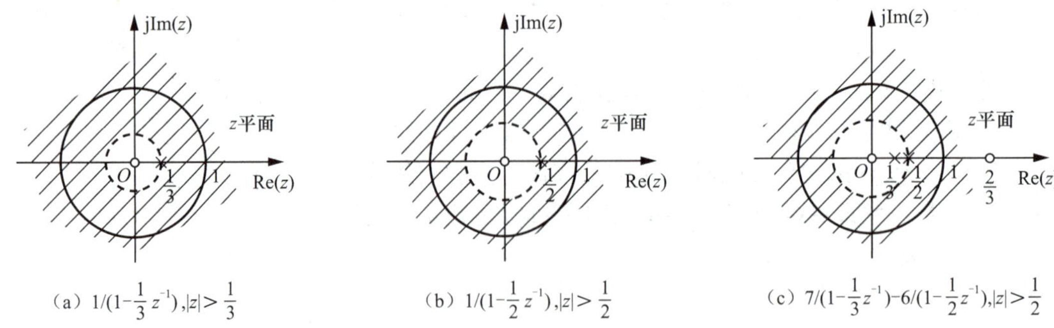

图 6-5　例 6-3 中每一项及其和的 z 变换的零极点图和收敛域

（3）如果$x[n]$是一个左边开放序列，并且模最小的极点在$|z|=r_{x+}$的圆上。那么满足$|z|<r_{x+}$的全部z值一定都在这个ROC内。但可能除了$z=0$。

$$X(z)=\sum_{n=-\infty}^{N_2}x[n]z^{-n},\quad \begin{cases}0<|z|<r_{x+}, & N_2>0\\ 0\leqslant|z|<r_{x+}, & N_2<0，\text{非因果序列}\end{cases} \tag{6-20}$$

左边开放序列即为在N_2以后都为零的序列。这里N_2可正可负。如果N_2为正值，那么式（6-20）中将包括z的负幂次项，这些项将随$|z|\to 0$而变成无界。因此其ROC不包括z=0。然而，如果$N_2\leqslant 0$，ROC包括z=0，如图6-6所示。

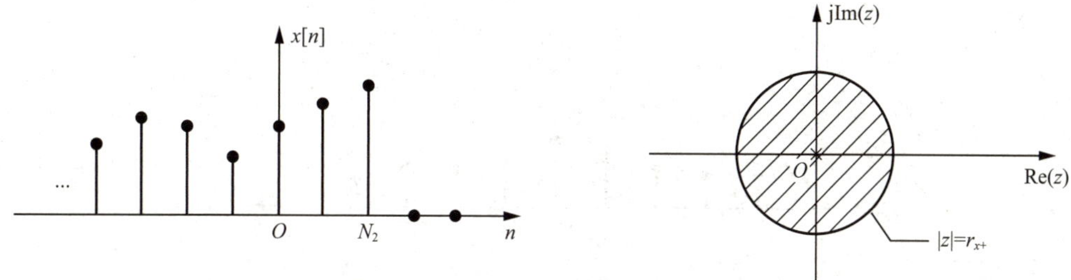

图 6-6　左边开放序列及其收敛域

例6-4 设$x[n]=-a^nu[-n-1]$，那么

$$X(z)=-\sum_{n=-\infty}^{+\infty}a^nu[-n-1]z^{-n}=-\sum_{n=-\infty}^{1}a^nz^{-n}=-\sum_{n=1}^{\infty}a^{-n}z^n=1-\sum_{n=0}^{\infty}(a^{-1}z)^n \tag{6-21}$$

若$|a^{-n}z|<1$，或$|z|<|a|$，式（6-21）的求和收敛为

$$X(z)=1-\frac{1}{1-a^{-1}z}=\frac{z}{z-a},\quad |z|<|a| \tag{6-22}$$

当0<a<1时，例6-4的零极点图和收敛域如图6-7所示。

将式（6-14）和（6-22）及图6-4和图6-7作一比较，可以看到，两者的$X(z)$代数表示式和零极点图都是一样的，不同的仅是z变换的收敛域。因此，z变换的表述由它的代数表达式和相应收敛域共同唯一确定。

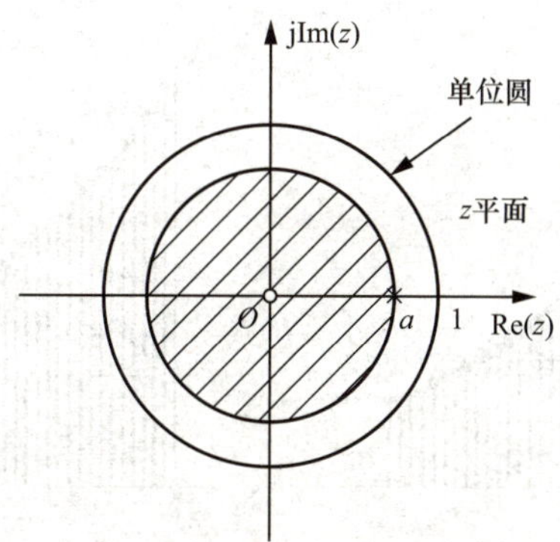

图 6-7　例 6-4 零极点图和收敛域

（4）如果$x[n]$是双边序列，其收敛域一般为圆环，且圆环内没有极点。

$$X(z)=\sum_{n=-\infty}^{\infty}x[n]z^{-n},\quad r_{x-}<|z|<r_{x+} \tag{6-23}$$

可以把双边序列$x[n]$表示成一个右边开放序列和一个左边开放序列的和，然后综合考虑该双边序列的ROC。右边开放序列的ROC以一个圆为边界，而向外延伸到（或可能包括）无限大点；左边开放序列的ROC也以一个圆为边界，而向内延伸到（或可能包括）原点。整个序列的ROC就是这两部分ROC相交的区域，如图6-8所示。阴影部分（假定有）就是该双边序列的z变换的收敛域，为z平面内的一个圆环。如果右边序列和左边序列的收敛域没有相交部分，则该双边序列的z变换无收敛域。

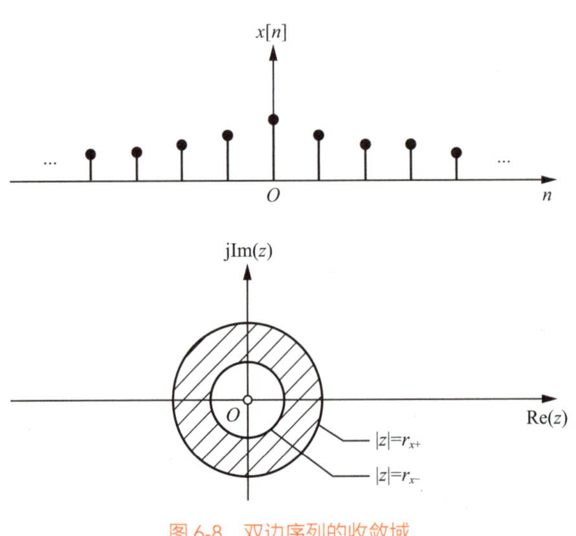

图 6-8　双边序列的收敛域

例6-5 设$x[n]$为

$$x[n]=b^{|n|},\qquad b>0 \tag{6-24}$$

该双边序列在$0<b<1(b=0.95)$和$b>1(b=1.05)$时，如图6-9所示。

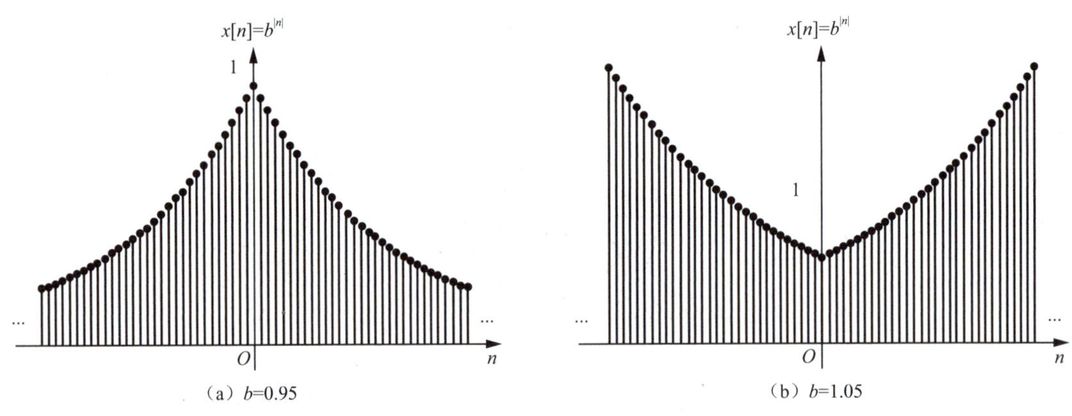

图 6-9　$0<b<1$ 和 $b>1$ 时的序列$x[n]=b^{|n|}$

序列的z变换可以将$x[n]$表示成一个右边开放序列和一个左边开放序列的和来求得，即

$$x[n]=b^{n}u[n]+b^{-n}u[-n-1] \tag{6-25}$$

其中

$$b^n u[n] \xleftrightarrow{\text{Z}} \frac{1}{1-bz^{-1}}，|z|>b \tag{6-26}$$

$$b^{-n} u[-n-1] \xleftrightarrow{\text{Z}} \frac{-1}{1-b^{-1}z^{-1}}，|z|<\frac{1}{b} \tag{6-27}$$

图6-10所示为b>1和0<b<1时由式（6-26）和式（6-27）对应的零极点图和ROC。当b>1时，右边序列和左边序列的ROC并无交集，因此由式（6-25）表示的序列不存在z变换，尽管其右边开放序列和左边开放序列都有单独的z变换。

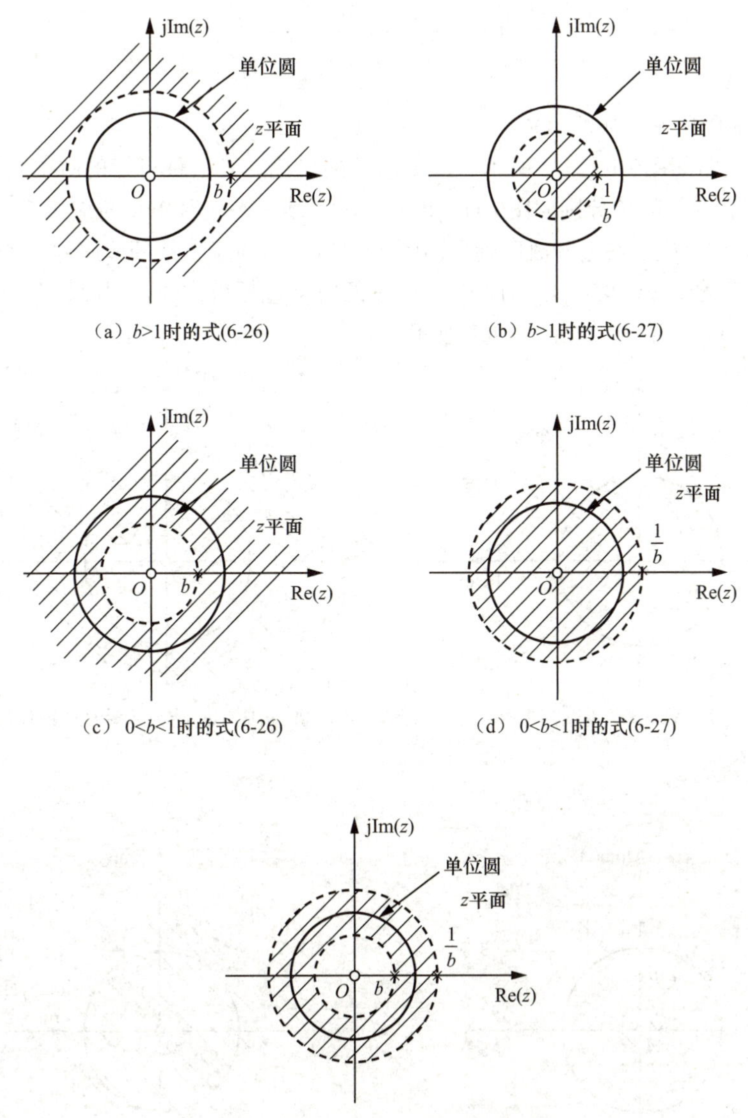

图 6-10　例 6-5 的零极点图和 ROC

当0<b<1时，式（6-26）和式（6-27）的ROC有重叠，因此合成序列的z变换为

$$X(z)=\frac{1}{1-bz^{-1}}-\frac{1}{1-b^{-1}z^{-1}},\ b<|z|<\frac{1}{b} \tag{6-28}$$

或者等效为

$$X(z)=\frac{b^2-1}{b}\frac{z}{(z-b)(z-b^{-1})},\ b<|z|<\frac{1}{b} \tag{6-29}$$

对应的零极点图和ROC如图6-10（e）所示。$b>1$时，式（6-24）$x[n]$的z变换对任何z都不收敛。

例6-6 某序列的z变换为

$$X(z)=\frac{1}{\left(1-\frac{1}{3}z^{-1}\right)(1-2z^{-1})} \tag{6-30}$$

讨论与该$X(z)$有关的所有可能的ROC。

$X(z)$的零极点图如图6-11（a）所示。根据前面的讨论，有三种可能的ROC与这个z变换的代数表示式相联系，这些ROC分别如图6-11（b）～（d）所示。三种ROC对应于不同的序列，其中图6-11（b）的ROC对应于右边开放序列，而图6-11（c）对应于左边开放序列，图6-11（d）则对应于双边序列。三种情况中唯有图6-11（d）所示的ROC包括单位圆，因此只有与图6-11（d）所示ROC对应的序列才具有离散时间傅里叶变换。

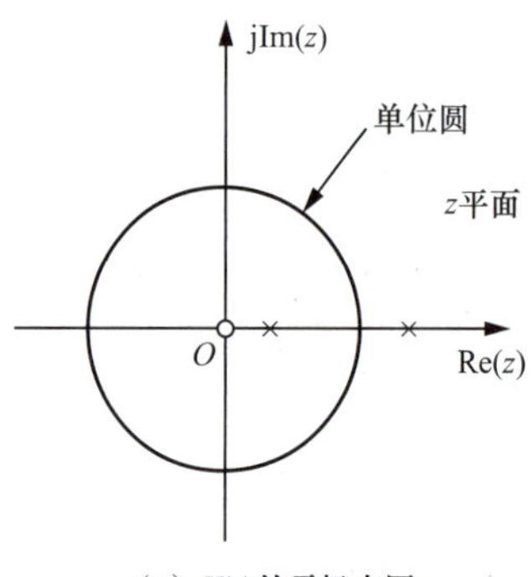

（a）$X(z)$的零极点图

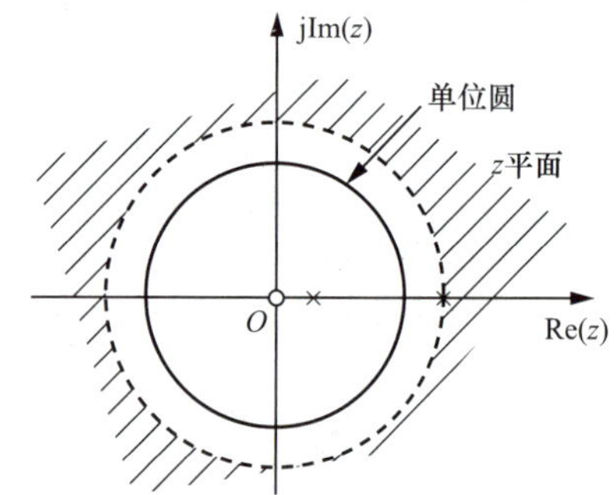

（b）若$x[n]$是右边开放序列时的零极点图和ROC

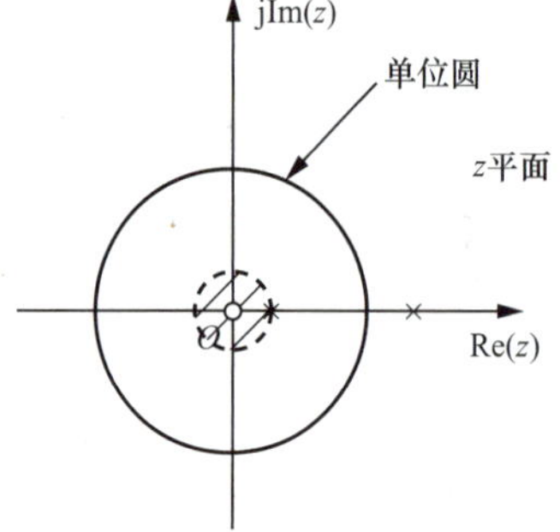

（c）若$x[n]$是左边开放序列时的零极点图和ROC

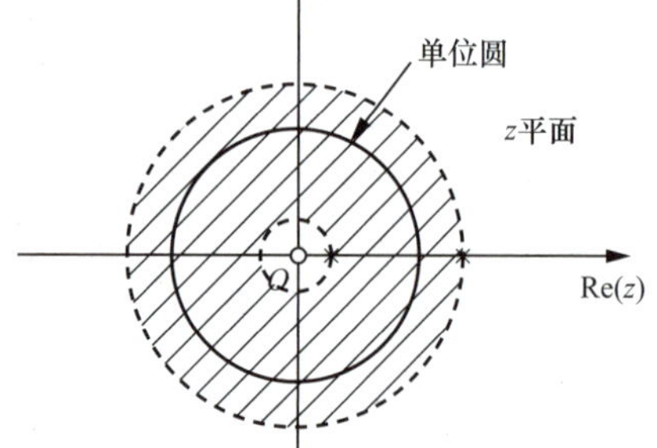

（d）若$x[n]$是双边序列时的零极点图和ROC

图 6-11　与例 6-6 的 z 变换的表示式有关的三种可能的 ROC

表6-1所示为几种常见序列的z变换及其收敛域。

表 6-1　几种常用序列的 z 变换及其收敛域

序列	z变换	收敛域
$\delta[n]$	1	全部z
$u[n]$	$\dfrac{z}{z-1}=\dfrac{1}{1-z^{-1}}$	$\|z\|>1$
$u[-n-1]$	$-\dfrac{z}{z-1}=\dfrac{-1}{1-z^{-1}}$	$\|z\|<1$
$a^n u[n]$	$\dfrac{z}{z-a}=\dfrac{1}{1-az^{-1}}$	$\|z\|>\|a\|$
$a^n u[-n-1]$	$\dfrac{-z}{z-a}=\dfrac{-1}{1-az^{-1}}$	$\|z\|<\|a\|$
$R_N[n]$	$\dfrac{z^N-1}{z^{N-1}(z-1)}=\dfrac{1-z^{-N}}{1-z^{-1}}$	$\|z\|>0$
$nu[n]$	$\dfrac{z}{(z-1)^2}=\dfrac{z^{-1}}{(1-z^{-1})^2}$	$\|z\|>1$
$na^n u[n]$	$\dfrac{az}{(z-a)^2}=\dfrac{az^{-1}}{(1-az^{-1})^2}$	$\|z\|>\|a\|$
$na^n u[-n-1]$	$\dfrac{-az}{(z-a)^2}=\dfrac{-az^{-1}}{(1-az^{-1})^2}$	$\|z\|<\|a\|$
$\mathrm{e}^{-\mathrm{j}n\omega_0}u[n]$	$\dfrac{z}{z-\mathrm{e}^{-\mathrm{j}\omega_0}}=\dfrac{1}{1-\mathrm{e}^{-\mathrm{j}\omega_0}z^{-1}}$	$\|z\|>1$
$\sin(n\omega_0)u[n]$	$\dfrac{z\sin\omega_0}{z^2-2z\cos\omega_0+1}=\dfrac{z^{-1}\sin\omega_0}{1-2z^{-1}\cos\omega_0+z^{-2}}$	$\|z\|>1$
$\cos(n\omega_0)u[n]$	$\dfrac{z^2-z\cos\omega_0}{z^2-2z\cos\omega_0+1}=\dfrac{1-z^{-1}\cos\omega_0}{1-2z^{-1}\cos\omega_0+z^{-2}}$	$\|z\|>1$
$\mathrm{e}^{-an}\sin(n\omega_0)u[n]$	$\dfrac{z^{-1}\mathrm{e}^{-a}\sin\omega_0}{1-2z^{-1}\mathrm{e}^{-a}\cos\omega_0+z^{-2}\mathrm{e}^{-2a}}$	$\|z\|>\mathrm{e}^{-a}$
$\mathrm{e}^{-an}\cos(n\omega_0)u[n]$	$\dfrac{1-z^{-1}\mathrm{e}^{-a}\cos\omega_0}{1-2z^{-1}\mathrm{e}^{-a}\cos\omega_0+z^{-2}\mathrm{e}^{-2a}}$	$\|z\|>\mathrm{e}^{-a}$
$\sin(\omega_0 n+\theta)u[n]$	$\dfrac{z^2\sin\theta+z\sin(\omega_0-\theta)}{z^2-2z\cos\omega_0+1}=\dfrac{\sin\theta+z^{-1}\sin(\omega_0-\theta)}{1-2z^{-1}\cos\omega_0+z^{-2}}$	$\|z\|>1$
$\cos(\omega_0 n+\theta)u[n]$	$\dfrac{z^2\cos\theta-z\sin(\omega_0-\theta)}{z^2-2z\cos\omega_0+1}=\dfrac{\cos\theta-z^{-1}\sin(\omega_0-\theta)}{1-2z^{-1}\cos\omega_0+z^{-2}}$	$\|z\|>1$
$(n+1)a^n u[n]$	$\dfrac{z^2}{(z-a)^2}=\dfrac{1}{(1-az^{-1})^2}$	$\|z\|>\|a\|$
$\dfrac{(n+1)(n+2)}{2!}a^n u[n]$	$\dfrac{z^3}{(z-a)^3}=\dfrac{1}{(1-az^{-1})^3}$	$\|z\|>\|a\|$
$\dfrac{(n+1)(n+2)\cdots(n+m)}{m!}a^n u[n]$	$\dfrac{z^{m+1}}{(z-a)^{m+1}}=\dfrac{1}{(1-az^{-1})^{m+1}}$	$\|z\|>\|a\|$
$na^{n-1}u[n]$	$\dfrac{z}{(z-a)^2}=\dfrac{z^{-1}}{(1-az^{-1})^2}$	$\|z\|>\|a\|$
$\dfrac{n(n-1)\cdots(n-m+1)}{m!}a^{n-m}u[n]$	$\dfrac{z}{(z-a)^{m+1}}=\dfrac{z^{-m}}{(1-az^{-1})^{m+1}}$	$\|z\|>\|a\|$

6.2 逆z变换

已知序列$x[n]$的z变换表达式$X(z)$及其收敛域，求原序列，就称为求逆z变换，表示为$x[n]=Z^{-1}\{X(z)\}$，这实质上是求$X(z)$的幂级数展开式的系数。求逆z变换通常有三种方法：留数法（围线积分法）、部分分式展开法和幂级数展开法。

1. 留数法（围线积分法）

首先，考虑用z变换来表示一个序列的数学关系。z变换可以看作一个由指数加权后的序列的傅里叶变换，根据这种解释就可以得到下述关系。根据式（6-3），有

$$X(r\mathrm{e}^{\mathrm{j}\omega})\xleftrightarrow{\text{DTFT}}x[n]r^{-n} \tag{6-31}$$

其中，r为位于ROC内的$z=r\mathrm{e}^{\mathrm{j}\omega}$的模。对式（6-31）两边进行离散傅里叶反变换，得

$$x[n]r^{-n}=\text{IDTFT}\left\{X(r\mathrm{e}^{\mathrm{j}\omega})\right\} \tag{6-32}$$

或者

$$x[n]=r^{n}\text{IDTFT}\left\{X(r\mathrm{e}^{\mathrm{j}\omega})\right\} \tag{6-33}$$

利用离散傅里叶反变换表示式，可得

$$x[n]=r^{n}\frac{1}{2\pi}\int_{2\pi}X(r\mathrm{e}^{\mathrm{j}\omega})\,\mathrm{e}^{\mathrm{j}\omega n}\mathrm{d}\omega \tag{6-34}$$

或者，将r^n的指数因子移进积分号内，与$\mathrm{e}^{\mathrm{j}\omega n}$项归并成$(r\mathrm{e}^{\mathrm{j}\omega})^n$，则得

$$x[n]=\frac{1}{2\pi}\int_{2\pi}X(r\mathrm{e}^{\mathrm{j}\omega})(r\mathrm{e}^{\mathrm{j}\omega})^{n}\,\mathrm{d}\omega \tag{6-35}$$

这就是说，将z变换沿着ROC内的$z=r\mathrm{e}^{\mathrm{j}\omega}$，$r$固定而$\omega$在一个$2\pi$区间内变化的闭合围线上积分，就能够将$x[n]$恢复出来。现在将积分变量从$\omega$改变为$z$。由于$z=r\mathrm{e}^{\mathrm{j}\omega}$、$r$固定，则可得$\mathrm{d}z=\mathrm{j}r\mathrm{e}^{\mathrm{j}\omega}\mathrm{d}\omega=\mathrm{j}z\mathrm{d}\omega$，或者$\mathrm{d}\omega=(1/\mathrm{j})z^{-1}\mathrm{d}z$。这样，将式（6-35）积分变量换为$z$以后，就对应于以变量$z$在圆$|z|=r$上一周的积分。因此，式（6-35）就可重写为

$$x[n]=\frac{1}{2\pi\mathrm{j}}\oint X(z)z^{n-1}\mathrm{d}z \tag{6-36}$$

其中，$\oint$记为在半径为r、以原点为中心的封闭圆上沿逆时针方向环绕一周的积分；r的值可选为使$X(z)$收敛的任何值，也就是$|z|=r$的积分围线位于ROC内的任何位置。式（6-36）为逆z变换的数学表示式。利用式（6-36）求解要利用复平面的围线积分。

2. 部分分式展开法

比较常用的求逆z变换的方法是部分分式展开法，即对于表达式为有理式的z变换，可以首先对它进行部分分式展开，然后逐项求逆z变换。

例6-7 某z变换$X(z)$为

$$X(z)=\frac{3-\frac{5}{6}z^{-1}}{\left(1-\frac{1}{4}z^{-1}\right)\left(1-\frac{1}{3}z^{-1}\right)},\quad |z|>\frac{1}{3} \tag{6-37}$$

根据式（6-37），该z变换有两个极点，一个为$z=1/3$，另一个为$z=1/4$，而ROC位于最外侧极点的

外部。也即ROC是由所有模大于最大的极点模值的点所组成。由此可知，对应的逆z变换为右边开放序列。$X(z)$可按部分分式方法展开，并以z^{-1}相关的多项式表示为

$$X(z)=\frac{1}{1-\frac{1}{4}z^{-1}}+\frac{2}{1-\frac{1}{3}z^{-1}},|z|>\frac{1}{3} \tag{6-38}$$

可见，$x[n]$为两项之和。为了确定每一项的逆z变换，必须求出每一项对应的ROC。由于$X(z)$的ROC是位于最外侧极点的外部，所以式（6-38）中每一项对应的ROC都必须位于自身极点的外部，也即每一项的ROC由所有模大于相应极点的模值的点所组成。于是

$$x[n]=x_1[n]+x_2[n] \tag{6-39}$$

其中

$$x_1[n]\overset{z}{\longleftrightarrow}\frac{1}{1-\frac{1}{4}z^{-1}},\quad |z|>\frac{1}{4} \tag{6-40}$$

$$x_2[n]\overset{z}{\longleftrightarrow}\frac{2}{1-\frac{1}{3}z^{-1}},\quad |z|>\frac{1}{3} \tag{6-41}$$

则这两个序列的表达式为

$$x_1[n]=\left(\frac{1}{4}\right)^n u[n] \tag{6-42}$$

和

$$x_2[n]=2\left(\frac{1}{3}\right)^n u[n] \tag{6-43}$$

因此可得

$$x[n]=\left(\frac{1}{4}\right)^n u[n]+2\left(\frac{1}{3}\right)^n u[n] \tag{6-44}$$

例6-8 现在考虑和式（6-37）相同的$X(z)$的代数表示式，但$X(z)$的ROC是$1/4<|z|<1/3$。仍然使用式（6-38）的部分分式展开法，但与每一项有关的ROC将改变。因为$X(z)$的ROC是在极点$z=1/4$的外部，那么式（6-38）中对应于这一项的ROC也就在这个极点的外部，并且由模值大于1/4的全部点组成。而因为式（6-38）中$X(z)$的ROC还位于极点$z=1/3$所在单位圆的里部，即，因为在ROC内的点的模值都小于1/3，那么对应于这一项的ROC也必须位于这个极点所在单位圆的内部。这样，式（6-39）中每一分量的z变换对为

$$x_1[n]\overset{z}{\longleftrightarrow}\frac{1}{1-\frac{1}{4}z^{-1}},\quad |z|>\frac{1}{4} \tag{6-45}$$

和

$$x_2[n]\overset{z}{\longleftrightarrow}\frac{2}{1-\frac{1}{3}z^{-1}},\quad |z|<\frac{1}{3} \tag{6-46}$$

信号$x_1[n]$仍旧与式（6-42）相同，而

$$x_2[n]=-2\left(\frac{1}{3}\right)^n u[-n-1] \tag{6-47}$$

因此可得

$$x[n]=\left(\frac{1}{4}\right)^n u[n]-2\left(\frac{1}{3}\right)^n u[-n-1] \tag{6-48}$$

例6-9 假设$X(z)$仍如式（6-37）表示，但ROC是$|z|<1/4$。这时，ROC在极点$z=\frac{1}{4}$所在单位圆内部；也即ROC内的点的模值比极点$z=1/3$或$z=1/4$的模值都小，因此，在式（6-38）的部分分式展开式中的每一项的ROC也必须位于相应极点所在单位圆的内部。结果，$x_1[n]$的z变换对为

$$x_1[n]\overset{Z}{\longleftrightarrow}\frac{1}{1-\frac{1}{4}z^{-1}},\quad |z|<\frac{1}{4} \tag{6-49}$$

对于$x_1[n]$可得

$$x_1[n]=-\left(\frac{1}{4}\right)^n u[-n-1] \tag{6-50}$$

而$x_2[n]$的z变换对仍由式（6-47）给出。则

$$x[n]=-\left(\frac{1}{4}\right)^n u[-n-1]-2\left(\frac{1}{3}\right)^n u[-n-1] \tag{6-51}$$

例6-7到例6-9说明了利用部分分式展开法来确定z变换的基本步骤。这个方法依赖于将z变换表示成一组较简单项的线性组合，而对每一简单项的逆z变换都能直接求得。特别是，假定$X(z)$的部分分式展开式具有如下形式

$$X(z)=\sum_{i=1}^{m}\frac{A_i}{1-a_i z^{-1}} \tag{6-52}$$

$X(z)$的逆z变换就等于式（6-52）中每一项逆z变换之和。若$X(z)$的ROC位于极点$z=a_i$所在圆的外部，那么式（6-52）中相应项的逆z变换为$A_i a_i^n u[n]$，若$X(z)$的ROC位于极点$z=a_i$所在圆的内部，那么对应于这一项的逆z变换就是$-A_i a_i^n u[-n-1]$。

3. 幂级数展开法

确定逆z变换的另一种方法是幂级数展开法。这个方法直接来自z变换的定义式（6-1），因为由定义式可以看到，实际上z变换就是关于z的正幂和负幂的一个幂级数，这个幂级数的系数就是序列$x[n]$的值。仍然通过例子进行说明。

例6-10 一z变换为

$$X(z)=4z^2+2+3z^{-1},\quad 0<|z|<\infty \tag{6-53}$$

根据式（6-1）关于z变换的幂级数定义，凭直观就能确定$X(z)$的逆z变换为

$$x[n]=\begin{cases}4, & n=-2\\ 2, & n=0\\ 3, & n=1\\ 0, & 其他\end{cases}$$

也即

$$x[n]=4\delta[n+2]+2\delta[n]+3\delta[n-1] \tag{6-54}$$

比较式（6-53）和式（6-54）可以看出，不同的z的幂在序列中用作不同的占位符号，也即，若应用如下z变换对

$$\delta[n+n_0]\stackrel{Z}{\longleftrightarrow}z^{n_0} \tag{6-55}$$

就能立即由式（6-53）过渡到式（6-54），反之亦然。

例6-11 考虑一个z变换$X(z)$为

$$X(z)=\frac{1}{1-az^{-1}},\quad |z|>|a| \tag{6-56}$$

可用长除法将式（6-56）展开成幂级数。

$$\begin{array}{r|l} & 1+az^{-1}+a^2z^{-2}+\cdots \\ \hline 1-az^{-1} & 1 \\ & \underline{1-az^{-1}} \\ & \quad az^{-1} \\ & \quad \underline{az^{-1}-a^2z^{-2}} \\ & \qquad a^2z^{-2} \end{array}$$

或者写为

$$\frac{1}{1-az^{-1}}=1+az^{-1}+a^2z^{-2}+\cdots \tag{6-57}$$

因为$|z|>|a|$，即$|az^{-1}|<1$，所以式（6-57）的级数收敛。将式（6-57）与式（6-1）的z变换定义作一比较可见：$n<0$时，$x[n]=0$；$x[0]=1$；$x[1]=a$；$x[2]=a^2$，…，$n>0$时，$x[n]=a^nu[n]$。

如果$X(z)$的ROC是$|z|<|a|$，或者等效为$|az^{-1}|>1$，那么，以式（6-57）对$1/(1-az^{-1})$的幂级数展开式就不收敛。然而，再进行一次长除可以得到一个收敛的幂级数为

$$\begin{array}{r|l} & -a^{-1}z-a^{-2}z^2-\cdots \\ \hline -az^{-1}+1 & \quad 1 \\ & \underline{1-a^{-1}z} \\ & \quad a^{-1}z \end{array}$$

或者

$$\frac{1}{1-az^{-1}}=-a^{-1}z-a^{-2}z^2-\cdots \tag{6-58}$$

在这种情况下，$n\geqslant 0$，$x[n]=0$；$x[-1]=-a^{-1}$；$x[-2]=-a^{-2}$，…，也就是$x[n]=-a^nu[-n-1]$。用幂级数展开法来求逆z变换，对表达式为非有理式的z变换特别有用，现用下面例子来说明。

例6-12 考虑如下z变换

$$X(z)=\log(1+az^{-1}),\quad |z|>|a| \tag{6-59}$$

由于$|z|>|a|$，即$|az^{-1}|<1$，设$v=az^{-1}$，可将式（6-59）展开为泰勒级数

$$\log(1+v)=\sum_{n=1}^{\infty}\frac{(-1)^{n+1}v^n}{n},\quad |v|<1 \tag{6-60}$$

将式（6-60）用于式（6-59）则有

$$X(z)=\sum_{n=1}^{\infty}\frac{(-1)^{n+1}a^n z^{-n}}{n} \tag{6-61}$$

据此，可得

$$x[n]=\begin{cases}(-1)^{n+1}\dfrac{a^n}{n}, & n\geqslant 1\\ 0, & n\leqslant 0\end{cases} \tag{6-62}$$

或等效为

$$x[n]=\frac{-(-a)^n}{n}u[n-1] \tag{6-63}$$

6.3 z变换的性质

与已经讨论过的其他变换一样，z变换也具有许多性质，这些性质是离散信号与系统的研究中很有价值的工具。

6.3.1 线性

若

$$\begin{cases}x_1[n]\xleftrightarrow{Z}X_1(z), & \text{ROC}=R_1\\ x_2[n]\xleftrightarrow{Z}X_2(z), & \text{ROC}=R_2\end{cases} \tag{6-64}$$

则

$$ax_1[n]+bx_2[n]\xleftrightarrow{Z}aX_1(z)+bX_2(z),\quad \text{ROC}=R_1\cap R_2 \tag{6-65}$$

线性组合的ROC至少是R_1和R_2相重合的部分。对于具有有理z变换的序列，如果$aX_1(z)+bX_2(z)$的极点是由$X_1(z)$和$X_2(z)$的全部极点构成(也就是说，没有零极点抵消)，那么收敛域就一定是各个子序列收敛域的重叠部分。如果线性组合中，某些零点的引入抵消掉某些极点，那么收敛域就会增大，例如当$x_1[n]$和$x_2[n]$都是无限长序列，但线性组合以后成为有限长序列时，线性组合后的序列的z变换对应的收敛域就是整个z平面，可能除去原点和/或无限大点。例如，序列$a^n u[n]$和序列$a^n u[n-1]$的z变换收敛域均为$|z|>|a|$，但是二者之差的序列$\left(a^n u[n]-a^n u[n-1]\right)=\delta[n]$的z变换收敛域是整个z平面。

6.3.2 时移性

若

$$x_1[n]\xleftrightarrow{Z}X_1(z),\quad \text{ROC}=R$$

则

$$x[n-n_0] \xleftrightarrow{Z} z^{-n_0}X(z) \quad \text{ROC}=R,\text{（}z=0\text{或}z=\infty\text{可能被除去）} \tag{6-66}$$

由于乘以 z^{-n_0}，因此，若 $n_0>0$，z^{-n_0} 将会在$z=0$处引入极点，而这些极点可以抵消$X(z)$在$z=0$的零点。因此，虽然$z=0$可以不是$X(z)$的一个极点，但却可以是 $z^{-n_0}X(z)$的一个极点。在这种情况下，$z^{-n_0}X(z)$的ROC等于$X(z)$的ROC，但$z=0$要除去。类似地，若$n_0<0$，z^{-n_0} 将在$z=0$引入零点，它可以抵消$X(z)$在$z=0$的极点。这样当$z=0$不是$X(z)$的一个极点时，却可以是 $z^{-n_0}X(z)$的一个零点。在这种情况下，$z=\infty$是 $z^{-n_0}X(z)$的一个极点，因此 $z^{-n_0}X(z)$的ROC与$X(z)$的ROC相同，但$z=\infty$要除去。

6.3.3　z 域尺度变换性

若

$$x[n] \xleftrightarrow{Z} X(z)\text{，ROC}=R$$

则

$$z_0^n x[n] \xleftrightarrow{Z} X\left(\frac{z}{z_0}\right)\text{，ROC}=|z_0|R \tag{6-67}$$

这里$|z_0|R$ 表示域R的一种尺度变换。若z是在$X(z)$的ROC内的一点，那么点$|z_0|z$ 就在$X(z/z_0)$的ROC内。同样，若$X(z)$有一个极点(或零点)为$z=a$，那么$X(z/z_0)$就有一个极点(或零点)在$z=z_0a$。

式（6-67）的一个重要的特例是当$z_0=\mathrm{e}^{\mathrm{j}\omega_0}$时，$|z_0|R=R$，并且

$$\mathrm{e}^{\mathrm{j}\omega_0 n}x[n] \xleftrightarrow{Z} X\left(\mathrm{e}^{-\mathrm{j}\omega_0}z\right) \tag{6-68}$$

式（6-68）的左边相应于乘以复指数序列，而右边可以看作$X(z)$在z平面内发生旋转，也就是说，全部零极点的位置在z平面内旋转ω_0的角度，如图6-12所示。

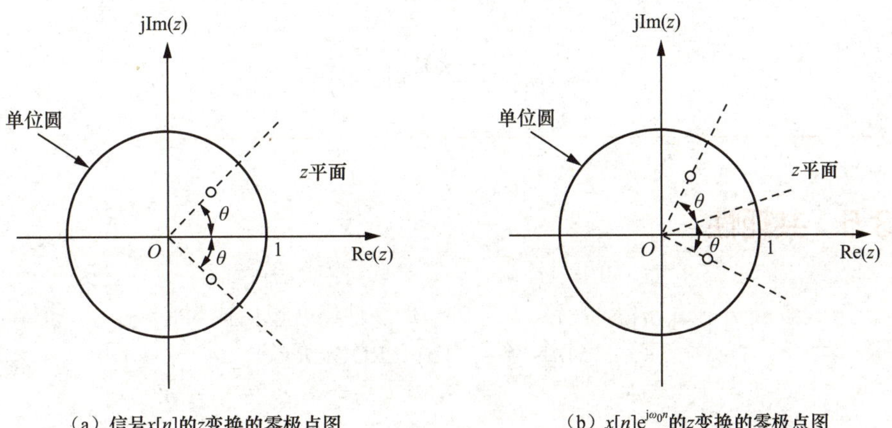

图 6-12　时域乘以复指数序列 $\mathrm{e}^{\mathrm{j}\omega_0 n}$ 后的零极点图

如果$X(z)$中有一个因式 $1-az^{-1}$，那么 $X\left(\mathrm{e}^{-\mathrm{j}\omega_0}z\right)$ 中就有一个因式为 $\left(1-a\mathrm{e}^{\mathrm{j}\omega_0}z^{-1}\right)$，于是$X(z)$的一个极点或零点$z=a$就变成 $X\left(\mathrm{e}^{-\mathrm{j}\omega_0}z\right)$ 中的一个极点或零点$z=a\mathrm{e}^{\mathrm{j}\omega_0}$。这样，$z$变换在单位圆上的特性也将移动一个角度$\omega_0$。另外，在$z_0=r_0\mathrm{e}^{\mathrm{j}\omega_0}$的一般情况下，式（6-67）所代表的极点和零点的位置变化除了有ω_0的角度旋转外，在大小上还会有r_0倍的变化。

6.3.4 z 域微分性

若

$$x[n] \xleftrightarrow{Z} X(z), \quad \text{ROC}=R$$

则

$$nx[n] \xleftrightarrow{Z} z\frac{\mathrm{d}X(z)}{\mathrm{d}z}, \quad \text{ROC}=R \tag{6-69}$$

在式（6-1）等号两边对z进行微分即可证明该性质。作为应用该性质的一个例子，利用它对例6-12考虑的z变换求逆z变换。

例6-13 若$X(z)$为

$$X(z)=\log\left(1+az^{-1}\right), \quad |z|>|a| \tag{6-70}$$

则有

$$nx[n] \xleftrightarrow{Z} z\frac{\mathrm{d}X(z)}{\mathrm{d}z}=\frac{az^{-1}}{1+az^{-1}}, \quad |z|>|a| \tag{6-71}$$

这样，利用微分就把表示式为非有理式的z变换转换为一个有理函数的表示式。根据时移性和线性性质，有

$$a(-a)^{n-1}u[n] \xleftrightarrow{Z} \frac{a}{1+az^{-1}}, \quad |z|>|a| \tag{6-72}$$

将式（6-72）与时移性结合一起，得

$$a(-a)^{n}u[n-1] \xleftrightarrow{Z} \frac{az^{-1}}{1+az^{-1}}, \quad |z|>|a| \tag{6-73}$$

因此有

$$x[n]=\frac{-(-a)^{n}}{n}u[n-1] \tag{6-74}$$

6.3.5 共轭性

若

$$x[n] \xleftrightarrow{Z} X(z), \quad \text{ROC}=R \tag{6-75}$$

则

$$x^{*}[n] \xleftrightarrow{Z} X^{*}\left(z^{*}\right), \quad \text{ROC}=R \tag{6-76}$$

若$x[n]$是实序列，就可以得到

$$X[z]=X^{*}\left(z^{*}\right) \tag{6-77}$$

因此，若$X(z)$有一个极点（或零点）$z=z_0$，那么就一定有一个与z_0共轭成对的极点（或零点）$z=z_0^{*}$。

6.3.6　反褶性

若

$$x[n] \overset{\mathrm{Z}}{\longleftrightarrow} X(z) \quad \mathrm{ROC}=R$$

则

$$x[-n] \overset{\mathrm{Z}}{\longleftrightarrow} X\left(\frac{1}{z}\right), \ \mathrm{ROC}=\frac{1}{R} \tag{6-78}$$

即，若 z_0 在$x[n]$的z变换ROC内，那么$1/z_0$就在$x[-n]$的z变换的ROC内。

6.3.7　初值定理

对于因果序列$x[n]$，即$n<0$时，$x[n]=0$，则有

$$x[0]=\lim_{z\to\infty} X(z) \tag{6-79}$$

证明：由于$x[n]$是因果序列，则有

$$X(z)=\sum_{n=0}^{+\infty} x[n]z^{-n}=x[0]+x[1]z^{-1}+x[2]z^{-2}+\cdots \tag{6-80}$$

故

$$\lim_{z\to\infty} X(z)=x[0] \tag{6-81}$$

根据初值定理，可直接用z变换$X(z)$来求因果序列的初值$x[0]$或利用它来检验所得到的$X(z)$的正确性。

6.3.8　终值定理

设$x[n]$为因果序列，且其z变换$X(z)$的极点处于单位圆$|z|=1$以内（单位圆上最多在$z=1$处可有一阶极点），则

$$\lim_{n\to\infty} x[n]=\lim_{z\to 1}[(z-1)X(z)] \tag{6-82}$$

证明：利用序列的时移性质可得

$$x[n+1]-x[n] \overset{\mathrm{Z}}{\longleftrightarrow} (z-1)X(z)=\sum_{n=-\infty}^{\infty}\{x[n+1]-x[n]\}z^{-n} \tag{6-83}$$

再利用$x[n]$为因果序列，可得

$$(z-1)X(z)=\sum_{n=-1}^{\infty}\{x[n+1]-x[n]\}z^{-n}=\lim_{n\to\infty}\sum_{m=-1}^{n}\{x[m+1]-x[m]\}z^{-m} \tag{6-84}$$

由于已假设$x[n]$为因果序列，且$X(z)$极点在单位圆内最多只有$z=1$处可能存在一阶极点，故在$(z-1)X(z)$中乘因子$(z-1)$将抵消 $z=1$处可能的极点，故$(z-1)X(z)$在$1\leqslant|z|\leqslant\infty$上都收敛，所以可以取$z\to 1$的极限。

$$\begin{aligned}\lim_{z\to 1}[(z-1)X(z)]&=\lim_{n\to\infty}\sum_{m=-1}^{n}\{x[m+1]-x[m]\}=\lim_{n\to\infty}\{x[0]-0+x[1]-\\&x[0]+x[2]-x[1]+\cdots+x[n+1]-x[n]\}=\lim_{n\to\infty}x[n+1]=\lim_{n\to\infty}x[n]\end{aligned} \tag{6-85}$$

由于等式最左端为$X(z)$在z=1处的留数，即

$$\lim_{z\to 1}(z-1)X(z)=\text{Res}[X(z)]_{z=1} \tag{6-86}$$

所以也可将式（6-82）写成

$$x[\infty]=\text{Res}[X(z)]_{z=1} \tag{6-87}$$

终值定理仅适用于因果序列，且$X(z)$的极点必须在单位圆内，最多在z=1处有一阶极点。但是在推导过程中看出，只有当$\lim\limits_{n\to\infty}x[n]$存在时才能应用终值定理。例如若$x[n]=u[n]+a^n u[n],|a|>1$时，$\lim\limits_{n\to\infty}x[n]$是不存在的，但是由于$X(z)=\dfrac{z}{z-1}+\dfrac{z}{z-a}$，故有$\lim\limits_{z\to 1}[(z-1)X(z)]=1\neq\lim\limits_{n\to\infty}x[n]$。故不能用终值定理，这是因为此处的$X(z)$在单位圆外有极点$z=a(|z|=|a|>1)$，不符合终值定理的要求。

6.3.9 因果序列的累加性

设$x[n]$为因果序列，即n<0时，$x[n]$=0，若

$$x[n]\xleftrightarrow{\text{Z}}X(z),\quad |z|>R_{x-}$$

则

$$\sum_{m=0}^{n}x[m]\xleftrightarrow{\text{Z}}\frac{z}{z-1}X(z),\quad |z|>\max[R_{x-},1] \tag{6-88}$$

证明：令$y(n)=\sum\limits_{m=0}^{n}x[m]$，则

$$y[n]=\sum_{m=0}^{n}x[m]\xleftrightarrow{\text{Z}}\sum_{n=0}^{\infty}\left\{\sum_{m=0}^{n}x[m]\right\}z^{-n} \tag{6-89}$$

由于是因果序列的累加性，故有$n\geqslant 0$，如图6-13所示，此求和范围为阴影区，改变求和次序，可得

$$\begin{aligned}\sum_{m=0}^{n}x[m]&\xleftrightarrow{\text{Z}}\sum_{m=0}^{\infty}x[m]\sum_{n=m}^{\infty}z^{-n}=\sum_{m=0}^{\infty}x[m]\frac{z^{-m}}{1-z^{-1}}\\&=\frac{1}{1-z^{-1}}\sum_{m=0}^{\infty}x[m]z^{-m}\\&=\frac{1}{1-z^{-1}}X(z)\\&=\frac{z}{z-1}X(z),\quad |z|>\max[R_{x-},1]\end{aligned} \tag{6-90}$$

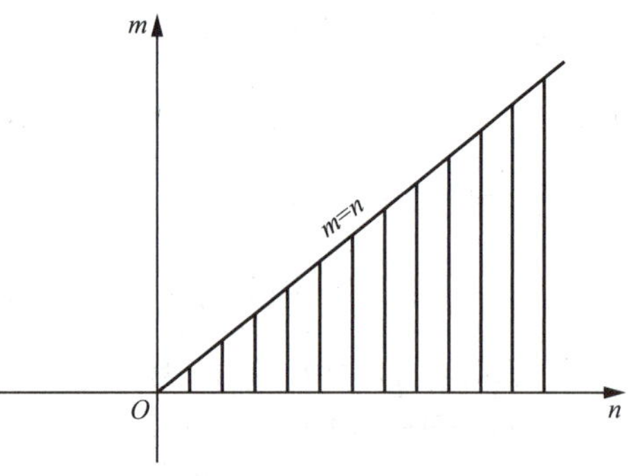

图 6-13　式（6-89）m, n 关系及求和范围

由于第一次求和$\sum\limits_{n=m}^{\infty}z^{-m}$的收敛域为$|z^{-1}|<1$，即$|z|>1$，而$\sum\limits_{m=0}^{\infty}x[m]z^{-m}$的收敛域为$|z|>R_{x-}$，故收敛域为$|z|>1$及$|z|>R_{x-}$的重叠部分$|z|>\max[R_{x-},1]$。

6.3.10　时域卷积定理

若

$$x_1[n] \xleftrightarrow{Z} X_1(z) \quad \text{ROC}=R_1$$

和

$$x_2[n] \xleftrightarrow{Z} X_2(z) \quad \text{ROC}=R_2$$

则

$$x_1[n]*x_2[n] \xleftrightarrow{Z} X_1(z)X_2(z) \quad \text{ROC包括} R_1 \cap R_2 \tag{6-91}$$

$X_1(z)X_2(z)$的ROC包括R_1和R_2的相交部分，如果在乘积时发生零极点相消，则ROC可以扩大。对于z变换，还有一种关于卷积性质的解释。将z变换看成是z^{-1}的级数，其中z^{-n}的系数就是序列值$x[n]$。这样，式（6-91）的时域卷积定理可理解为：当两个多项式或幂级数$X_1(z)$和$X_2(z)$相乘时，代表该乘积的多项式的系数就是在多项式$X_1(z)$和$X_2(z)$中的系数的卷积。

例6-14 有一LTI系统，有

$$y[n]=h[n]*x[n] \tag{6-92}$$

其中

$$h[n]=\delta[n]-\delta[n-1] \tag{6-93}$$

并且

$$\delta[n]-\delta[n-1] \xleftrightarrow{Z} 1-z^{-1} \tag{6-94}$$

其ROC为整个z平面，但不包括原点。同时，式（6-94）的z变换在$x=1$有一个零点，根据式（6-91），若

$$x[n] \xleftrightarrow{Z} X(z) \quad \text{ROC}=R$$

那么

$$y[n] \xleftrightarrow{Z} \left(1-z^{-1}\right)X(z) \tag{6-95}$$

其ROC为R，但可能会除去z=0和/或增加z=1。

6.3.11　z域复卷积定理

若

$$y[n]=x[n]\,h[n] \tag{6-96}$$

且

$$X(z) \xleftrightarrow{Z} x[n], \quad R_{x-}<|z|<R_{x+}$$
$$H(z) \xleftrightarrow{Z} h[n], \quad R_{h-}<|z|<R_{h+}$$

则

$$y[n]=x[n]\,h[n] \xleftrightarrow{Z} Y(z)=\frac{1}{2\pi \mathrm{j}}\oint_c X\left(\frac{z}{v}\right)H(v)v^{-1}\mathrm{d}v,\ R_{x-}R_{h-}<|z|<R_{x+}R_{h+} \tag{6-97}$$

其中c是哑变量（虚拟变量）v平面上、$X\left(\frac{z}{v}\right)$与$H(v)$的公共收敛域内、环绕原点的一条方向为逆时针的单封闭围线，即满足

$$\begin{cases} R_{h-} < |v| < R_{h+} \\ R_{x-} < \left|\frac{z}{v}\right| < R_{x+}, \left[\text{即}\frac{|z|}{R_{x+}} < |v| < \frac{|z|}{R_{x-}}\right] \end{cases} \tag{6-98}$$

将两不等式相乘即得

$$R_{x-}R_{h-} < |z| < R_{x+}R_{h+} \tag{6-99}$$

v平面收敛域为

$$\max\left[R_{h-}, \frac{|z|}{R_{x+}}\right] < |v| < \min\left[R_{h+}, \frac{|z|}{R_{x-}}\right] \tag{6-100}$$

证明：

$$\begin{aligned} Y(z) &= \sum_{n=-\infty}^{\infty} x[n]h[n]z^{-n} \\ &= \sum_{n=-\infty}^{\infty} x[n]\left[\frac{1}{2\pi\text{j}}\oint_c H(v)v^{n-1}\text{d}v\right]z^{-n} \\ &= \frac{1}{2\pi\text{j}}\sum_{n=-\infty}^{\infty} x[n]\left[\oint_c H(v)v^{n}\frac{\text{d}v}{v}\right]z^{-n} \\ &= \frac{1}{2\pi\text{j}}\oint_c \left[H(v)\sum_{n=-\infty}^{\infty} x[n]\left(\frac{z}{v}\right)^{-n}\right]\frac{\text{d}v}{v} \\ &= \frac{1}{2\pi\text{j}}\oint_c H(v)X\left(\frac{z}{v}\right)v^{-1}\text{d}v, \quad R_{x-}R_{h-} < |z| < R_{x+}R_{h+} \end{aligned} \tag{6-101}$$

由推导过程看出$H(v)$的收敛域就是$H(z)$的收敛域，$X\left(\frac{z}{v}\right)$的收敛域（$\frac{z}{v}$的区域）就是$X(z)$的收敛域（$z$的区域），即式（6-98）成立，从而式（6-99）成立，收敛域亦得到证明。

不难证明，由于乘积$x[n]$、$h[n]$的先后次序可以互换，故$X(\cdot)$、$H(\cdot)$的位置可以互换，故式（6-102）同样成立。

$$Y(z) = \frac{1}{2\pi\text{j}}\oint_c X(v)H\left(\frac{z}{v}\right)v^{-1}\text{d}v, \quad R_{x-}R_{h-} < |z| < R_{x+}R_{h+} \tag{6-102}$$

而此时围线c所在收敛域为

$$\max\left[R_{x-}, \frac{|z|}{R_{h+}}\right] < |v| < \min\left[R_{x+}, \frac{|z|}{R_{h-}}\right] \tag{6-103}$$

6.3.12 帕斯瓦尔定理

利用复卷积定理可以得到重要的帕斯瓦尔（Parseval）定理。若

$$\begin{aligned} X(z) &\xleftrightarrow{Z} x[n], \quad R_{x-} < |z| < R_{x+} \\ H(z) &\xleftrightarrow{Z} h[n], \quad R_{h-} < |z| < R_{h+} \end{aligned} \tag{6-104}$$

且 $R_{x-}R_{h-}<1<R_{x+}R_{h+}$

则

$$\sum_{n=-\infty}^{\infty} x[n]h^*[n]=\frac{1}{2\pi \mathrm{j}}\oint_c X(v)H^*\left(\frac{1}{v^*}\right)v^{-1}\mathrm{d}v \tag{6-105}$$

*表示取复共轭，积分闭合围线c应在$X(v)$和$H^*\left(\frac{1}{v^*}\right)$的公共收敛域内，有

$$\max\left[R_{x-},\frac{1}{R_{h+}}\right]<|v|<\min\left[R_{x+},\frac{1}{R_{h-}}\right] \tag{6-106}$$

证明：令

$$y[n]=x[n]h^*[n] \tag{6-107}$$

由于

$$h^*[n]\xleftrightarrow{\mathrm{Z}}H^*(z^*) \tag{6-108}$$

利用复卷积定理可得

$$\begin{aligned}y[n]\xleftrightarrow{\mathrm{Z}}Y(z)&=\sum_{n=-\infty}^{\infty}x[n]h^*[n]z^{-n}\\&=\frac{1}{2\pi \mathrm{j}}\oint_c X(v)H^*\left(\frac{1}{v^*}\right)v^{-1}\mathrm{d}v,\quad R_{x-}R_{h-}<|z|<R_{x+}R_{h+}\end{aligned} \tag{6-109}$$

由于式（6-104）的假设成立，故$|z|=1$在$Y(z)$的收敛域内，也即$Y(z)$在单位圆上收敛，则

$$Y(z)|_{z=1}=\sum_{n=-\infty}^{\infty}x[n]h^*[n]=\frac{1}{2\pi \mathrm{j}}\oint_c X(v)H^*\left(\frac{1}{v^*}\right)v^{-1}\mathrm{d}v \tag{6-110}$$

表6-2所示为z变换的主要性质和定理。

表 6-2　z 变换的主要性质和定理

章节	性质	序列	z变换	收敛域
—	—	$x[n]$	$X(z)$	$R_{x-}<\|z\|<R_{x+}$
		$h[n]$	$H(z)$	$R_{h-}<\|z\|<R_{h+}$
6.3.1	线性	$ax[n]+bh[n]$	$aX(z)+bH(z)$	$\max[R_{x-},R_{h-}]<\|z\|<\min[R_{x+},R_{h+}]$
6.3.2	时移性	$x[n-m]$	$z^{-m}X(z)$	$R_{x-}<\|z\|<R_{x+}$
6.3.3	z域尺度变换性	$z_0^n x[n]$	$X\left(\frac{z}{z_0}\right)$	$\|z_0\|R_{x-}<\|z\|<\|z_0\|R_{x+}$
6.3.4	z域微分性	$nx[n]$	$z\frac{\mathrm{d}X(z)}{\mathrm{d}z}$	—
6.3.5	共轭性	$x^*[n]$	$X^*(z^*)$	$R_{x-}<\|z\|<R_{x+}$
6.3.6	反褶性	$x[-n]$	$X\left(\frac{1}{z}\right)$	$\frac{1}{R_{x+}}<\|z\|<\frac{1}{R_{x-}}$
6.3.7	初值定理	$x[0]=\lim\limits_{z\to\infty}X(z)$		$x(n)$为因果序列，$\|z\|>R_{x-}$
6.3.8	终值定理	$x(\infty)=\lim\limits_{z\to 1}(z-1)X(z)$		$x(n)$为因果序列，$X(z)$的极点落于单位圆内部，最多在$z=1$处有一阶极点
6.3.9	因果序列的累加性	$\sum_{m=0}^{n}x[m]$	$\frac{z}{z-1}X(z)$	$\|z\|>\max[R_{x-},1]$, $x[n]$因果序列
6.3.10	时域卷积定理	$x[n]*h[n]$	$X(z)H(z)$	$\max[R_{x-},R_{h-}]<\|z\|<\min[R_{x+},R_{h+}]$

续表

章节	性质	序列	z变换	收敛域
6.3.11	z域复卷积定理	$x[n]h[n]$	$\frac{1}{2\pi j}\oint X(v)H\left(\frac{z}{v}\right)v^{-1}dv$	$R_{x-}R_{h-}<\|z\|<R_{x+}R_{h+}$ $\max[R_{x-},\|z\|/R_{h+}]<\|v\|<\min[R_{x+},\|z\|/R_{h-}]$
6.3.12	帕斯瓦尔定理	$\sum_{n=-\infty}^{\infty}x[n]h^*[n]=\frac{1}{2\pi j}\oint X(v)H^*\left(\frac{1}{v^*}\right)v^{-1}dv$		$R_{x-}R_{h-}<1<R_{x+}R_{h+}$ $\max[R_{x-},1/R_{h+}]<\|v\|<\min[R_{x+},1/R_{h-}]$

6.4 离散LTI系统的系统函数

在离散LTI系统的分析和表示中，z变换有其特别重要的作用。根据卷积性质$Y(z)=H(z)X(z)$，其中，$X(z)$、$Y(z)$和$H(z)$分别是系统输入、输出和单位脉冲响应的z变换。$H(z)$为系统的系统函数或转移函数。只要单位圆在$H(z)$的ROC内，将$H(z)$在单位圆上求值(即$z=e^{j\omega}$)，$H(z)$就变成系统的频率响应。另外，若一个LTI系统的输入是复指数信号$x[n]=z^n$，那么输出一定是$H(z)z^n$；即z^n是系统的特征函数，其特征值由$H(z)$给出，而$H(z)$为单位脉冲响应的z变换。

6.5 基于系统函数的离散LTI系统性质判断方法

离散LTI系统性质的系统函数判断方法

一个系统的很多性质都能够直接与系统函数的零极点和收敛域的情况相联系，本节考察几个重要的系统性质和一类重要的系统来说明这些关系。

1. 因果性

一个离散因果LTI系统的单位脉冲响应$h[n]$满足$n<0$时，$h[n]=0$，为右边开放序列，所以它的系统函数$H(z)$可以表示为

$$H(z)=\sum_{n=0}^{\infty}h[n]z^{-n} \tag{6-111}$$

这个幂级数中，不包含任何z的正幂次项，其ROC是z平面内某一个圆的外部，且包括无穷大点。反之亦然，一个离散LTI系统当且仅当它的系统函数的ROC是在某一个圆的外部，且包括无穷大点时，该系统为因果的。

如果$H(z)$是有理式，该系统为因果系统的前提是：其ROC位于以原点为圆心过最外侧极点的圆的外部，且无穷大点必须在ROC内，$z\to\infty$时，$H(z)$是有限的。也即当$H(z)$的分子和分母都能表示为z的多项式时，其分子的阶次不会大于分母的阶次，即一个具有有理系统函数$H(z)$的LTI系统当且仅当：（a）ROC位于以原点为圆心、过最外侧极点的圆的外部；（b）若$H(z)$表示成z的多项式之比，其分子的阶次不能大于分母的阶次时，该LTI系统为因果系统。

例6-15 考虑一离散LTI系统，其系统函数是

$$H(z)=\frac{1}{1-\frac{1}{2}z^{-1}}+\frac{1}{1-2z^{-1}},\quad |z|>2 \tag{6-112}$$

因为该系统函数的ROC为以原点为圆心、过最外侧极点的圆的外部，且包含无穷大点，则它的单位脉冲响应是右边开放序列，且为因果序列。再用上述因果性所要求的其他条件来检验。当$H(z)$表示成z的两个多项式之比时，即

$$H(z)=\frac{2-\frac{5}{2}z^{-1}}{\left(1-\frac{1}{2}z^{-1}\right)\left(1-2z^{-1}\right)}=\frac{2z^{2}-\frac{5}{2}z}{z^{2}-\frac{5}{2}z+1} \tag{6-113}$$

$H(z)$的分子分母都是阶次为2，即$H(z)$分子的阶次没有大于分母的阶次。因此可得该系统是因果的。计算出$H(z)$的逆z变换可以证明其因果性。根据式（6-112），使用部分分式展开法，可求得该系统的单位脉冲响应为

$$h[n]=\left[\left(\frac{1}{2}\right)^{n}+2^{n}\right]u[n] \tag{6-114}$$

因为式（6-114）满足$n<0$时，$h[n]=0$，就能证实系统是因果的。

2. 稳定性

一个离散LTI系统具有稳定性等效于它的单位脉冲响应是绝对可和的。在这种情况下，$h[n]$的傅里叶变换收敛，$H(z)$的ROC包括单位圆。所以，可得如下结论：当且仅当它的系统函数$H(z)$的ROC包括单位圆$|z|=1$时，该LTI系统具备稳定性。

例6-16 再次考虑式（6-112）的系统函数，因为其ROC为$|z|>2$，不包括单位圆，所以系统不是稳定的。这点也能从它的单位脉冲响应式（6-114）不是绝对可和的可以看出。然而，如果一个系统其系统函数和式（6-112）有相同的代数表示式，但ROC为$1/2<|z|<2$，那么ROC包括单位圆，这样的系统是非因果的，但是稳定的。在这种情况下，可求得相应的单位脉冲响应是

$$h[n]=\left(\frac{1}{2}\right)^{n}u[n]-2^{n}u[-n-1] \tag{6-115}$$

式（6-115）是绝对可和的。对于第三种可供选择的ROC，为$|z|<1/2$，这时系统既不是因果的（因为ROC不是以原点为圆心、过最外侧极点的圆的外部），也不是稳定的（因为ROC不包括单位圆）。也容易求得相应的单位脉冲响应是

$$h[n]=-\left[\left(\frac{1}{2}\right)^{n}+2^{n}\right]u[-n-1] \tag{6-116}$$

可见，该系统是稳定的但不是因果的，这是完全可能的。然而，如果仅集中在因果系统上，那么系统的稳定性就能很容易由检查极点的位置来验证。对于一个具有有理系统函数的因果系统而言，ROC位于以原点为圆心、过最外侧极点的圆的外部。对于这个包括单位圆的ROC，系统的极点必须全部位于单位圆内，即一个具有有理系统函数的因果LTI系统，当且仅当$H(z)$的极点全部位于单位圆内时，也即全部极点的模均小于1时，系统是稳定的。

6.6 单边 z 变换

单边 z 变换及其性质

前面考虑的z变换一般都称为双边z变换。有另一种形式的z变化，称为单边z变换。单边z变换在分析由线性常系数差分方程描述的、具有初始条件（也即系统不是初始松弛的）的因果系统时特别有用。这一节将讨论单边z变换，并说明它的有关性质和应用。

序列 $x[n]$ 的单边z变换定义为

$$\mathcal{X}(z)=\sum_{n=0}^{\infty}x[n]z^{-n} \tag{6-117}$$

对于一个序列和它的单边z变换采用一种方便的简化符号记为

$$x[n]\leftrightarrow \mathcal{X}(z)=UZ\{x[n]\} \tag{6-118}$$

单边z变换与双边z变换的差别在于，求和仅在 n 的非负值上进行，而不管 $n<0$ 时，$x[n]$ 是否为零。因此，$x[n]$ 的单边z变换可以看作 $x[n]u[n]$ (即 $x[n]$ 乘以单位阶跃序列)的双边z变换。对任何序列，若 $n<0$ 时，本身就为零，那么该序列的单边z变换和双边z变换就是一致的。因为 $x[n]u[n]$ 总是一个右边开放序列，所以$\mathcal{X}(z)$的收敛域总是位于某一个圆的外部。

由于双边z变换和单边z变换之间的紧密联系，因此单边z变换的计算和双边z变换也相差不多，只是要考虑在变换求和中的极限是对 $n\geqslant 0$ 进行的。同理，单边逆z变换的计算也基本上与双边逆z变换相同，只要考虑到对单边z变换而言，其ROC总是位于某一个圆的外部。

例6-17 若 $x[n]$ 为

$$x[n]=a^{n}u[n] \tag{6-119}$$

因为 $n<0$ 时，$x[n]=0$，所以该例的单边z变换和双边z变换相等，为

$$\mathcal{X}(z)=\frac{1}{1-az^{-1}},\quad |z|>|a| \tag{6-120}$$

例6-18 设 $x[n]$ 为

$$x[n]=a^{n+1}u[n+1] \tag{6-121}$$

这种情况下，单边z变换和双边z变换是不相等的，因为 $x[-1]=1\neq 0$。由时移性质，它的双边z变换为

$$X(z)=\frac{z}{1-az^{-1}},\quad |z|>|a| \tag{6-122}$$

而其单边z变换为

$$\mathcal{X}(z)=\sum_{n=0}^{\infty}x[n]z^{-n}=\sum_{n=0}^{\infty}a^{n+1}z^{-n} \tag{6-123}$$

或者为

$$\mathcal{X}(z)=\frac{a}{1-az^{-1}},\quad |z|>|a| \tag{6-124}$$

例6-19 若某单边z变换 $X(z)$ 为

$$X(z)=\frac{3-\frac{5}{6}z^{-1}}{\left(1-\frac{1}{4}z^{-1}\right)\left(1-\frac{1}{3}z^{-1}\right)} \tag{6-125}$$

在例6-7中，讨论过与式（6-125）相同的双边z变换X(z)的逆z变换问题。在单边z变换的情况下，ROC必须位于半径为 $X(z)$ 极点最大模值的以原点为圆心的圆的外部，该例中ROC为 $|z|>1/3$，根据例6-7求单边反变换，得到

$$x[n]=\left(\frac{1}{4}\right)^n u[n]+2\left(\frac{1}{3}\right)^n u[n]\text{，}n\geqslant 0 \tag{6-126}$$

式（6-126）中强调了这样一点，即单边逆z变换所给出的仅为 $n\geqslant 0$ 时，$x[n]$ 的有关情况。

在幂级数展开法中，从z变换的幂级数展开式中的系数来求逆z变换。该方法也能够用于求单边z变换的逆z变换。不过，在单边情况下必须满足一种条件，就是，根据式（6-117）的定义，幂级数展开式中不能包括z的正幂次项。例如，在例6-11中对下面双边z变换

$$X(z)=\frac{1}{1-az^{-1}} \tag{6-127}$$

进行长除可有两种方式，分别对应于X(z)的两种可能的ROC。其中只有一种，也即对应于 $|z|>|a|$ 的ROC，才会有一个无z的正幂次项的幂级数展开式，即

$$\frac{1}{1-az^{-1}}=1+az^{-1}+a^2z^{-2}+\cdots \tag{6-128}$$

而式（6-128）才是式（6-127）的展开代表一个单边z变换的唯一选择。

应该注意，X(z)的幂级数展开式中没有z的正幂次项的要求意味着：不是每一个关于z的函数都能代表单边z变换。特别是，若考虑将z的一个有理函数写成关于z(而不是关于z^{-1}）的多项式之比的话，即

$$X(z)=\frac{p(z)}{q(z)} \tag{6-129}$$

那么，要使式（6-129）为单边z变换(适当地选择ROC为某一个以原点为圆心的圆的外部)，其分子的阶次必须不能大于分母的阶次。

例6-20 继续考虑式（6-122）给出的有理函数，现在将它写成z的多项式之比为

$$X(z)=\frac{z^2}{z-a} \tag{6-130}$$

有两种可能的双边变换的表达式为式（6-130），即它们对应于两种可能的ROC，$|z|<|a|$ 和 $|z|>|a|$。ROC为 $|z|>|a|$ 时逆z变换为右边开放序列，但是，该右边序列不是一个对所有 $n<0$ 都为零的序列，因为它的逆z变换由式（6-121）给出，对于 $n=-1$，并不为零。

更一般地说，若将式（6-129）与一个其ROC是位于半径 $q(z)$ 的根的最大模值、圆心为原点的圆的外部的双边z变换相联系的话，那么其逆z变换肯定是右边序列；然而，要使它对所有 $n<0$ 都为零，就必须满足 $p(z)$ 的阶 $\leqslant$ $q(z)$ 的阶。

6.7 单边z变换的性质

单边z变换有许多重要性质，其中有一些与双边z变换的性质相同，而另有几个则明显不同。任何单边z变换的ROC总是位于某一个圆的外部；譬如，对于一个有理单边z变换的ROC总是位于圆心为原点、过最外层极点的圆的外部。

单边z变换的线性、z域尺度变换、共轭和z域微分等与双边z变换相应的性质都是一样的。至于初值定理和终值定理，本来就是单边z变换的性质，因为它要求$n<0$时，$x[n]=0$。而双边z变换的性质中的反褶性质，很明显在单边z变换情况下不存在对应的性质，而剩下的性质在双边z变换和单边z变换之间存在重要的差异。

首先来考察一下在卷积性质上的差异。若$n<0$时，$x_1[n]=x_2[n]=0$，则有

$$x_1[n]*x_2[n]\xleftrightarrow{Z}X_1(z)X_2(z) \tag{6-131}$$

因为在这个情况下，两信号各自的双边z变换和单边z变换是相同的，所以式（6-131）由双边z变换的卷积性质就能得出。因此，只要考虑的是因果LTI系统（这时，系统函数既是单位脉冲响应的双边z变换，又是它的单边z变换），其输入在 $n<0$ 时为零，那么本章所述的系统分析和系统函数的代数属性都能毫无变化地应用到单边z变换中去。例如，累加或求和性质。若$n<0$时，$x[n]=0$，那么

$$\sum_{k=0}^{n}x[k]=x[n]*u[n]\xleftrightarrow{Z}X(z)U(z)=X(z)\frac{1}{1-z^{-1}} \tag{6-132}$$

例6-21 考虑由下列差分方程描述的因果LTI系统。

$$y[n]+3y[n-1]=x[n] \tag{6-133}$$

结合初始松弛的条件，其系统函数为

$$H(z)=\frac{1}{1+3z^{-1}} \tag{6-134}$$

假定系统的输入是 $x[n]=\alpha u[n]$，这里 α 是某个给定的常数。这时，系统输出 $y[n]$ 的单边（和双边）z变换是

$$Y(z)=H(z)X(z)=\frac{\alpha}{(1+3z^{-1})(1-z^{-1})}=\frac{(3/4)\alpha}{1+3z^{-1}}+\frac{(1/4)\alpha}{1-z^{-1}} \tag{6-135}$$

根据逆z变换，得到

$$y[n]=\alpha\left[\frac{1}{4}+\left(\frac{3}{4}\right)(-3)^n\right]u[n] \tag{6-136}$$

值得注意的是，单边z变换的卷积性质仅仅适用于式（6-131）中信号$x_1[n]$和$x_2[n]$在$n<0$时为零的情况。尽管对双边z变换来说式（6-131）一般都是成立的，即 $x_1[n]*x_2[n]$ 的双边z变换等于

$x_1[n]$和$x_2[n]$双边变换的乘积，但是，如果$x_1[n]$或$x_2[n]$中有一个在$n<0$时不是零，那么$x_1[n]*x_2[n]$的单边变换并不等于$x_1[n]$和$x_2[n]$单边变换的乘积。

单边z变换最重要的应用是用于分析因果系统，特别是由线性常系数差分方程描述的、可能具有非零初始条件的因果系统的分析。为了建立单边z变换的时移性质，考虑下列信号

$$y[n]=x[n-1] \tag{6-137}$$

那么

$$Y(z)=\sum_{n=0}^{\infty}x[n-1]z^{-n}=x[-1]+\sum_{n=1}^{\infty}x[n-1]z^{-n}=x[-1]+\sum_{n=0}^{\infty}x[n]z^{-(n+1)} \tag{6-138}$$

或者

$$Y(z)=x[-1]+z^{-1}\sum_{n=0}^{\infty}x[n]z^{-n} \tag{6-139}$$

这样有

$$Y(z)=x[-1]+z^{-1}X(z) \tag{6-140}$$

重复应用式（6-140），可得

$$w[n]=y[n-1]=x[n-2] \tag{6-141}$$

式（6-141）的单边z变换为

$$W(z)=x[-2]+x[-1]z^{-1}+z^{-2}X(z) \tag{6-142}$$

继续这个迭代过程，就能确定对任意正整数m都成立的$x[n-m]$的单边z变换。

式（6-140）有时称为时延性质，因为式（6-137）中$y[n]$就是延迟了的$x[n]$。单边z变换也有一个时间超前的性质，它将超前了的$x[n]$的变换与$X(z)$联系起来，则有

$$x[n+1]\overset{Z}{\longleftrightarrow}zX(z)-zx[0] \tag{6-143}$$

6.8 离散 LTI 系统的全响应

本节讨论利用z变换求解差分方程，利用z变换求解差分方程即利用z变换的移位性质及线性性质把差分方程转换成代数方程，以便简化求解过程。

表示输入$x[n]$和输出$y[n]$的关系的常系数线性差分方程的一般形式为

$$\sum_{i=0}^{N}a_i y[n-i]=\sum_{m=0}^{M}b_m x[n-m] \tag{6-144}$$

最一般的情况是考虑起始状态$y[r]\neq 0(-N\leqslant r\leqslant -1)$，激励（输入）为单边序列。这时需利用单边$z$变换的定义，将式（6-144）两边取单边$z$变换

$$\sum_{n=0}^{\infty}\sum_{i=0}^{N}a_i y[n-i]z^{-n}=\sum_{n=0}^{\infty}\sum_{m=0}^{M}b_m x[n-m]z^{-n} \tag{6-145}$$

利用z变换的移位性质，可得

$$\sum_{i=0}^{N}a_i z^{-i}\left\{Y^+(z)+\sum_{r=-i}^{-1}y[r]z^{-r}\right\}=\sum_{m=0}^{M}b_m z^{-m}\left\{X^+(z)+\sum_{l=-m}^{-1}x[l]z^{-l}\right\} \tag{6-146}$$

分两种情况讨论：

（1）若输入$x[n]$=0，系统只有初始状态不为零，则式（6-146）的右端为零，这时的输出称为零输入响应（或初始条件响应）$y_{zi}[n]$。此时式（6-146）化简为

$$\sum_{i=0}^{N}a_i z^{-i}\left\{Y^+(z)+\sum_{r=-i}^{-1}y[r]z^{-r}\right\}=0 \tag{6-147}$$

则有

$$Y^+(z)=\frac{-\sum_{i=0}^{N}\left\{a_i z^{-i}\cdot\sum_{r=-i}^{-1}y[r]z^{-r}\right\}}{\sum_{i=0}^{N}a_i z^{-i}} \tag{6-148}$$

于是零输入响应$y_{zi}[n]$为式（6-148）的单边逆z变换，$y_{zi}[n]$是只由初始状态决定的系统输出。

（2）若初始状态$y[r]=0(-N\leqslant r\leqslant -1)$，只有输入序列$x[n]$作用下所得到的输出序列称为零状态响应$y_{zs}[n]$，这时式（6-146）可化成

$$\sum_{i=0}^{N}a_i z^{-i}Y^+(z)=\sum_{m=0}^{M}b_m z^{-m}\left\{X^+(z)+\sum_{l=-m}^{-1}x[l]z^{-l}\right\} \tag{6-149}$$

则有

$$Y^+(z)=\frac{\sum_{m=0}^{M}b_m z^{-m}\left\{X^+(z)+\sum_{l=-m}^{-1}x[l]z^{-l}\right\}}{\sum_{i=0}^{N}a_i z^{-i}} \tag{6-150}$$

取式（6-149）的单边逆z变换，即可求得零状态响应$y_{zs}[n]$

若输入$x[n]$是因果序列，即n<0时，$x[n]$=0，则式（6-150）可化为

$$Y^+(z)=\frac{X^+(z)\sum_{m=0}^{M}b_m z^{-m}}{\sum_{i=0}^{N}a_i z^{-i}}=X(z)\frac{\sum_{m=0}^{M}b_m z^{-m}}{\sum_{i=0}^{N}a_i z^{-i}}=X(z)H(z) \tag{6-151}$$

由于$x[n]$是因果序列，故$X(z)=X^+(z)$，于是$Y^+(z)=Y(z)$，而$H(z)$是零初始状态下的单位脉冲响应的z变换，它完全由系统特性所决定，即系统函数$H(z)$可表示为

$$H(z)=\frac{\sum_{m=0}^{M}b_m z^{-m}}{\sum_{i=0}^{N}a_i z^{-i}} \tag{6-152}$$

于是，当输入为因果序列时，零状态响应$y_{zs}[n]$为式（6-152）的逆z变换，即

$$y_{zs}[n]=Z^{-1}[Y(z)]=Z^{-1}[X(z)H(z)] \tag{6-153}$$

当系统初始状态不等于零时，对任意输入$x[n]$，系统的总输出是由式（6-148）得出的零输入响应$y_{zi}[n]$与式（6-150）得出的零状态响应$y_{zs}[n]$之和，即

$$y[n]=y_{zi}[n]+y_{zs}[n] \tag{6-154}$$

当输入为因果序列时，式（6-154）中的零状态响应$y_{zs}[n]$由式（6-153）得出。

例6-22 若离散时间系统可用以下一阶差分方程表示

$$y[n]-0.5y[n-1]=x[n] \tag{6-155}$$

设输入为$x[n]=0.7u[n]$，初始条件为（1）$y[-1]=1.5$，（2）$y[-1]=0$，求两种初始条件下的输出响应。

解　（1）若$y[-1]=1.5$，可直接写出差分方程等号两边同时进行单边z变换的表达式为

$$Y(z)-0.5z^{-1}Y(z)+0.5y[-1]=X(z) \tag{6-156}$$

故

$$Y(z)=\frac{X(z)-0.5y[-1]}{1-0.5z^{-1}} \tag{6-157}$$

由于$X(z)=Z\{0.7u[n]\}=\dfrac{0.7}{1-z^{-1}}$，$y[-1]=1.5$，代入则有

$$\begin{aligned}Y(z)&=\frac{0.7}{\left(1-0.5z^{-1}\right)\left(1-z^{-1}\right)}-\frac{0.75}{1-0.5z^{-1}}\\&=\frac{0.7z^{2}}{(z-0.5)(z-1)}-\frac{0.75z}{z-0.5}\end{aligned} \tag{6-158}$$

展成部分分式

$$Y(z)=\frac{-0.7z}{z-0.5}+\frac{1.4z}{z-1}-\frac{0.75z}{z-0.5} \tag{6-159}$$

取逆z变换，可得

$$y[n]=\left[-0.7(0.5)^{n}+1.4-0.75(0.5)^{n}\right]u[n]=\left[-1.45(0.5)^{n}+1.4\right]u[n] \tag{6-160}$$

（2）若$y[-1]=0$，则差分方程等号两边同时进行z变换可得

$$Y(z)-0.5z^{-1}Y(z)=X(z) \tag{6-161}$$

故

$$Y(z)=\frac{X(z)}{1-0.5z^{-1}}=\frac{0.7}{\left(1-z^{-1}\right)\left(1-0.5z^{-1}\right)}=\frac{-0.7z}{z-0.5}+\frac{1.4z}{z-1} \tag{6-162}$$

则有

$$y[n]=\left[1.4-0.7(0.5)^{n}\right]u[n] \tag{6-163}$$

本章主要介绍了z变换。首先，给出了z变换的定义，并介绍其收敛域的情况；类似于拉普拉斯变换与连续傅里叶变换的关系，读者需要理解z变换与离散时间傅里叶变换的关系。关于逆z变换要注意，原序列由z变换的代数式和收敛域共同决定。其次，z变换的性质可以参考拉普拉斯变换的性质，但要注意不同之处。离散LTI系统的系统函数用$H(z)$表示，根据它可以分析系统的性质。最后，根据序列的特点，本章还介绍了单边z变换与双边z变换的异同。z变换在信号处理、控制系统和通信系统等领域中具有广泛的应用。

习题

6-1 根据z变换的定义求以下各序列的z变换，并注明其收敛域。

（1）$2^n u[n]$
（2）$\left(\frac{1}{2}\right)^{-n} u[n]$
（3）$\left(\frac{1}{2}\right)^n u[n]+\delta[n]$
（4）$(2)^n u[n]+\left(\frac{1}{3}\right)^n u[n]$
（5）$-\delta[n]+3\delta[n-1]+2\delta[n-2]$
（6）$\left(\frac{1}{5}\right)^n \{u[n]-u[n-5]\}$
（7）$-2^n u[-n-1]$
（8）$-3^{-n} u[-n-1]$
（9）$\left(\frac{1}{3}\right)^{n-1} u[n-1]$
（10）$-\left(\frac{1}{3}\right)^n u[-n]+\left(\frac{1}{3}\right)^n u[n]$

6-2 利用z变换的线性性质求下列序列的z变换，并注明其收敛域。

（1）$x[n]=a^n u[-n]-a^n u[-n-1]$
（2）$x[n]=\left(\frac{1}{2}\right)^n \{u[n]-u[n-6]\}$
（3）$x[n]=u[n-1]-u[n-2]$

6-3 利用z变换的性质求下列序列的z变换，并注明其收敛域。

（1）$x[n]=(n-2)u[n-2]$
（2）$x[n]=(n-2)u[n]$
（3）$x[n]=(-n-2)u[-n]$
（4）$x[n]=|n-2|u[n]$

6-4 已知$x[n]=\left(\frac{1}{4}\right)^n u[n+5]$，求：（1）单边$z$变换；（2）双边$z$变换。

6-5 根据z变换的定义求双边序列$x[n]$的z变换及其收敛域，并画出零极点图。

$$x[n]=\begin{cases}3^n & (n<0)\\ \left(\frac{1}{3}\right)^n & (n\geqslant 0)\end{cases}$$

6-6 求以下序列的z变换，画出零极点图，注明其收敛域。

（1）$x[n]=a^{|n|}$
（2）$x[n]=\left(\frac{1}{2}\right)^n u[n]$
（3）$x[n]=-\left(\frac{1}{2}\right)^n u[-n-1]$
（4）$x[n]=\left(\frac{1}{n}\right), n\geqslant 1$
（5）$x[n]=n\sin(\omega_0 n), n\geqslant 0$（$\omega_0$为常数）
（6）$x[n]=Ar^n\cos(\omega_0 n+\phi)u[n], 0<r<1$
（7）$x[n]=(n^2+n+1)u[n]$
（8）$x[n]=\frac{1}{n!}u[n]$
（9）$x[n]=a^n$
（10）$x[n]=|n||a|^n u[-n]$
（11）$x[n]=0.5^n\{u[n]-u[n-5]\}$
（12）$x[n]=\frac{1}{2}\{u[n]+(-1)^n u[n]\}$

6-7 已知$x_1[n]=a^n u[n]$，$a^n u[n]\stackrel{Z}{\longleftrightarrow}\frac{1}{1-az^{-1}}$，$|z|>a$。

求以下各序列的z变换及其收敛域，并将各结果加以比较得出必要的结论。

（1）$x_2[n]=x_1[-n]=a^{-n}u[-n]$　　（2）$x_3[n]=x_1[-n-1]=x[-n-1]=a^{-n-1}u[-n-1]$

（3）$x_4[n]=x_1[-n+1]=a^{-n+1}u[-n+1]$　　（4）$x_5[n]=x_1[n+1]=a^{n+1}u[n+1]$

（5）$x_6[n]=x_1[n-1]=a^{n-1}u[n-1]$

6-8 求$x[n]=r^n e^{j\omega_0 n}u[n]$的$z$变换，利用这一结果以及$z$变换的有关性质求以下三个序列的$z$变换。

（1）$x[n]=r^n e^{-j\omega_0 n}u[n]$　　（2）$x[n]=r^n\cos(\omega_0 n)u[n]$

（3）$x[n]=r^n\sin(\omega_0 n)u[n]$

6-9 利用卷积定理求如下几种情况下的$y[n]=x[n]*[n]$。

（1）$x[n]=a^n u[n],h[n]=b^n u[-n]$　　（2）$x[n]=a^n u[n],h[n]=\delta[n-2]$

（3）$x[n]=a^n u[n],h[n]=u[n-1]$

6-10 有一信号$y[n]$，它与另两个信号$x_1[n]$和$x_2[n]$的关系是$y[n]=x_1[n+3]*x_2[-n-1]$，其中$x_1[n]=\left(\frac{1}{2}\right)^n u[n]$，$x_2[n]=\left(\frac{1}{3}\right)^n u[n]$，已知$a^n u[n]\xleftrightarrow{z}\frac{1}{1-az^{-1}}$，$|z|>|a|$，利用$z$变换性质求$y[n]$的$z$变换$Y(z)$。

6-11 直接从下列z变换看出它们所对应的序列。

（1）$X(z)=1$，$|z|\leqslant\infty$　　（2）$X(z)=z^3$，$|z|<\infty$

6-12 尝试用长除法、留数法、部分分式展开法求以下$X(z)$的逆z变换。

（1）$X(z)=\frac{1-\frac{1}{2}z^{-1}}{1-\frac{1}{4}z^{-2}},|z|>\frac{1}{2}$　　（2）$X(z)=\frac{1-2z^{-1}}{1-\frac{1}{4}z^{-1}},|z|<\frac{1}{4}$

（3）$X(z)=\frac{z^{-1}-a}{1-az^{-1}},|z|>a$　　（4）$X(z)=\frac{1-\frac{1}{4}z^{-1}}{1-\frac{8}{15}z^{-1}+\frac{1}{15}z^{-2}},\frac{1}{5}<|z|<\frac{1}{3}$

6-13 已知$X(z)=\frac{10z}{(z-1)(z-2)}$，求$X(z)$在以下三种不同收敛域情况下的逆$z$变换。

（1）$|z|>2$　　（2）$|z|<1$　　（3）$1<|z|<2$

6-14 求下列各z变换的逆z变换。

（1）$X_1(z)=-3z+2-4z^{-3},0<|z|<\infty$　　（2）$X_2(z)=-\frac{z^{-1}}{1-\frac{1}{3}z^{-1}},|z|>\frac{1}{3}$

（3）$X_3(z)=-\frac{1}{3}\frac{1}{1-\frac{1}{3}z^{-1}},|z|<\frac{1}{3}$　　（4）$X_4(z)=\frac{z(z-4)}{(z-3)(z-2)},|z|>3$

（5）$X_5(z)=\frac{1}{(1-0.5z^{-1})(1-0.1z^{-1})},|z|>0.5$　　（6）$X_6(z)=\frac{10z^2}{z^2-1},|z|>1$

6-15 画出$X(z)=\frac{-3z^{-1}}{2-5z^{-1}+2z^{-2}}$的零极点图，确定在下列三种收敛域下，哪种情况对应左边开放序列、右边开放序列、双边序列，并求出各对应序列。

（1）$|z|>2$　　（2）$|z|<0.5$　　（3）$0.5<|z|<2$

6-16 请判断下列系统的因果性和稳定性，并说明理由。

（1）$y[n]-0.3y[n-1]-0.1y[n-2]=x[n-1]$

（2）$h[n]=-2^n u[-n-1]+\frac{1}{3}\times 0.5^n u[n]$

（3）$H(z)=\frac{2z+3}{z^2-2.5z+1}, 0.5<|z|<2$（不求逆变换）。

（4）$H(z)=z-2+\frac{1}{2}z^{-1}+\frac{1}{5}z^{-3}, 0<|z|<\infty$（不求逆变换）。

（5）$H(z)=\frac{z(2z^2+1.3z+0.96)}{(z+0.5)(z-0.4)^2}, |z|>0.5$（不求逆变换）。

6-17 对于具有如下系统函数$H(z)$的因果系统，画出零极点图，并判断各系统是否稳定。

（1）$H(z)=\frac{z^2+z}{z^2+0.2z-0.24}$

（2）$H(z)=\frac{z^3}{\left(z-\frac{1}{4}\right)^2(z-1)}$

（3）$H(z)=\frac{z^2-6z-18.5}{z(z+2)(z+2.5)}$

（4）$H(z)=\frac{z+1}{\left(z-\frac{1}{2}\right)\left(z-\frac{1}{3}\right)}$

6-18 利用卷积定理求系统的零状态响应。已知输入和系统脉冲响应如下。

（1）$x[n]=\frac{3}{4}\times 0.1^n u[n], h[n]=\frac{1}{2}\times 0.3^n u[n]$

（2）$x[n]=u[n-1], h[n]=2\times\left(\frac{1}{3}\right)^n u[n]$

（3）$x[n]=a^{n-1}u[n-1], h[n]=b^{n-2}u[n]$

6-19 离散LTI系统的输入$x[n]$和输出$y[n]$的关系为

$$y[n]=x[n]-2x[n-2]+x[n-3]-3x[n-4]$$

试求系统的单位脉冲响应。

6-20 已知描述某LTI系统的差分方程为$y[n]+2y[n-1]+y[n-2]=x[n-1]$。求：（1）系统函数$H(z)$；（2）系统单位脉冲响应$h[n]$。

6-21 在$x[n]=\left(\frac{1}{3}\right)^n u[n]$作用下，某LTI系统的零状态响应为$y_{zs}[n]=3\left[\left(\frac{1}{2}\right)^n-\left(\frac{1}{3}\right)^n\right]u[n]$。求：（1）系统函数$H(z)$；（2）单位脉冲响应$h[n]$。

6-22 请用z变换求解下列差分方程描述的LTI系统响应。

（1）$\begin{cases} y[n]-2.5y[n-1]+y[n-2]=0 \\ y[-1]=-1, y[-2]=1 \end{cases}$

请指出该系统响应的类型属于零输入响应、零状态响应还是全响应。

（2）$\begin{cases} y[n]-0.9y[n-1]=0.05u[n] \\ y[-1]=0 \end{cases}$

请指出该系统响应的类型。

（3）若描述某系统的差分方程为$y[n]-y[n-1]-2y[n-2]=x[n]$。当$x[n]=u[n]$，$y[-1]=-1$，$y[-2]=\frac{1}{2}$时，求系统响应。

（4）已知描述某LTI系统的差分方程为$y[n]-3y[n-1]+2y[n-2]=x[n-1]$。$x[n]=3^n u[n]$，$y[-1]=2$，$y[-2]=3$。求：①零输入响应分量；②零状态响应分量；③全响应。

第 7 章

采样系统分析

在现实生活中，人类日常的所见所闻都是模拟信号，对于复杂一点的数字信息，如“101010010011”等，其含义往往难以理解。但是，随着数字信号处理技术的兴起以及数字通信技术的广泛应用，将模拟信号转换为数字信号进而进行处理已经成为主流。因此，模数转换以及数模转换变得越来越重要。在这两种转换中，采样扮演了一个极为重要的角色，它是理解数字信号与模拟信号的关键技术。

为此，本章将基于信号与系统频域分析方法，对采样过程、采样定理、采样信号的重构等关键技术以及欠采样的混叠现象进行理论分析。通过本章的学习，读者将了解频域分析方法的重要性，并学会从时域与频域对比的角度理解、分析采样定理的内在含义。

7.1 信号采样方法

在数字化设备普及的现代，信号处理与通信过程一般采取图7-1所示的模型。

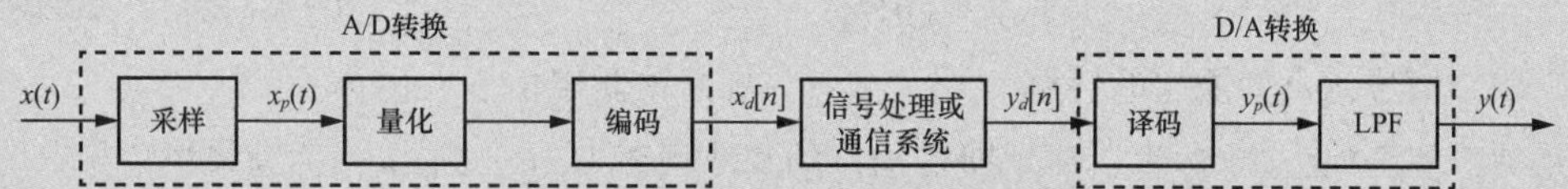

图 7-1　连续信号的离散时间处理模型

通常，需要通过采样、量化以及编码过程，将连续信号 $x(t)$ 转换为离散时间序列 $x_d[n]$，这一过程常称为模数（A/D）转换。然后，可以根据需要进行数字化处理，如基于计算机、数字信号处理器（digital signal processor，DSP）或者电子设计自动化（electronic design automation，EDA）软件等设备进行信号处理，或者利用数字通信系统进行传输（见第8章）。对于输出结果 $x_d[n]$，则需要通过译码以及低通滤波器（low-pass filter，LPF）重构等步骤将之转换为模拟信号 $y(t)$，该过程称为数模（D/A）转换。

以电话通信过程为例，终端电话机或者手机会利用话筒收集用户的语音信号$x(t)$，然后通过采样（8000次/s）、量化、编码（如PCM编码）等步骤，从而获得数字信号。利用通信系统将数字信号传输到接收方后，会通过译码获得具体的采样值（即样本电压值），利用滤波器进行信号的重构，从而获得连续信号$y(t)$。最后，利用扬声器播放，从而使得接收方听到发送方用户的语言信息。

可见，采样的重要性在于它建立了连续信号和离散信号之间的关联，从而使人类可以利用数字化设备处理信号，这也是现代信息社会的基础，具有非常重要的意义。

为保证上述处理过程的一致性，要求连续信号与离散信号之间必须具有一一映射关系。换言之，如果$x_d[n]=y_d[n]$，则该系统需要满足条件：$x(t)=y(t)$。这就为采样过程提出了相应的要求，即采样结果$x_p(t)$应该能无歧义地表征原信号$x(t)$，也即连续信号应该完全可以用该信号在等时间间隔点上的值或样本来表示，并且，反过来，基于这些采样样本，能够恢复出原信号。这就是采样定理的研究内容，即满足何种条件时，上述映射关系成立。

接下来，从以下几个方面开展采样问题分析，包括：（1）如何采样；（2）采样应该遵循的原则，即采样定理；（3）如何从采样结果中恢复原信号，即信号的重构过程等；（4）如果不满足采样定理，即欠采样，会产生什么样的影响。

7.2 信号的采样与重构

信号的采样过程主要有三类：理想采样、自然采样以及平顶采样。

1. 理想采样

理想采样的模型如图7-2所示。

由图7-2可知，采样本质上是一个乘法运算过程，时域表达式为

$$x_p(t)=x(t)p(t) \tag{7-1}$$

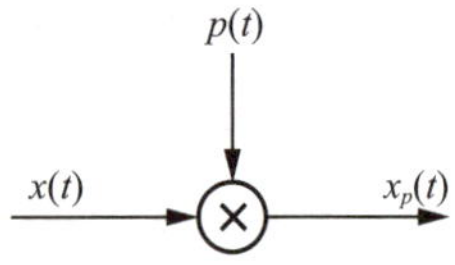

$p(t)$　$x(t)$　$x_p(t)$

图 7-2　理想采样模型

其中，信号$x(t)$为原始的连续信号，$p(t)$为周期冲激串信号，也称为采样函数，其周期为T，称为采样周期。$p(t)$的基波频率为$\omega_s=2\pi/T$，称为采样角频率。

$$p(t)=\sum_{n=-\infty}^{\infty}\delta(t-nT) \tag{7-2}$$

采样输出为

$$x_p(t)=\sum_{n=-\infty}^{\infty}x(nT)\delta(t-nT) \tag{7-3}$$

式（7-3）被称为理想采样，这是因为采样函数$p(t)$为奇异信号，是一种理想化的情况。理想采样的示例如图7-3所示。

在图7-3中，$x(t)$为被采样的连续信号，$p(t)$为理想的周期冲激串信号，两者相乘的结果如图7-3（c）所示。可以发现，$x_p(t)$由一系列冲激信号构成，时间间隔为T；此外，冲激串的高度来自原始的连续信号$x(t)$。例如，第n次采样的结果为$x(nT)\delta(t-nT)$，这意味着采样值为$x(nT)$。请注意一些细微的区别，采样结果$x_p(t)$为函数，$x(nT)$则是采样值。

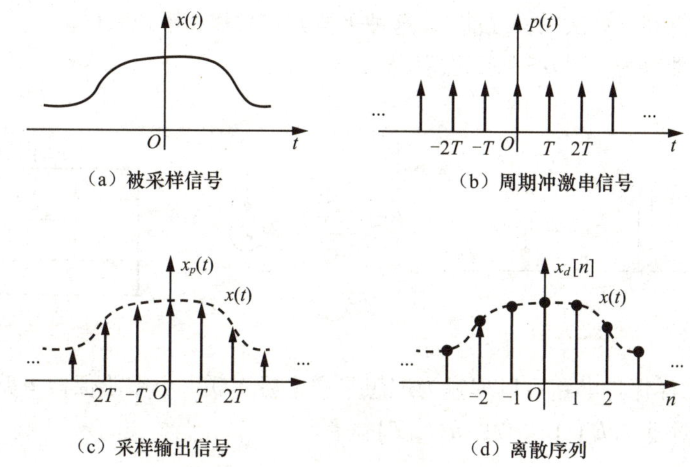

图 7-3　理想采样过程时域分析

此外，采样结果$x_p(t)$也是冲激串信号。它与$p(t)$的区别在于：$p(t)$是周期信号，而$x_p(t)$通常不是周期信号，它在nT时刻的取值为$x(nT)$，除非特殊情况，否则基本不呈现周期性。

通过理想采样过程，可以获得一些离散的采样值。但是，本质上，$x_p(t)$仍然是一个连续的信号，因为其自变量为t，如果进行下标的变换，则可以转换为离散信号$x_d[n]$，$x_d[n]$不再是奇异信号。二者的关联如下。

$$x_d[n]=x_p(nT) \tag{7-4}$$

该转换过程实现了连续信号到离散信号的转换，缩写为C/D。本质上，可以理解为时间上的归一化过程，即相邻样本之间的间隔从时间间隔T变为自变量n的单位间隔。

2. 自然采样

由于理想采样中的采样函数为奇异信号，因此，在实际采样过程中是难以实现的，所以，在自然采样中，采样函数表示为如下形式。

$$p(t)=\sum_{n=-\infty}^{\infty}\left[u(t+\tau-nT)-u(t-\tau-nT)\right] \tag{7-5}$$

其波形如图7-4所示，这是一个低占空比周期方波信号，周期为T，一个周期内的宽度为2 τ。

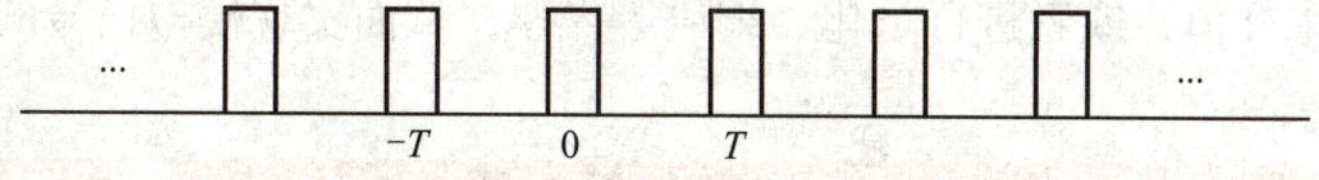

图 7-4　低占空比周期方波

利用式（7-5）进行采样，得到的已采样信号为

$$x_p(t)=\sum_{n=-\infty}^{\infty}x(t)\left[u(t+\tau-nT)-u(t-\tau-nT)\right] \tag{7-6}$$

某时域的自然采样示例如图7-5所示。

自然采样输出很多个小段的曲线，换而言之，每次采样可能包含无穷个采样值，这会对后续的量化与编码过程造成干扰，因此，该采样过程也不是实际使用的采样过程。

3. 平顶采样

在实际的采样过程中，常使用采样保持电路，即每次仅采样一个样本值，并将该样本值保持一段时间（通常保持到下一次采样之前），这种采样方式被称为平顶采样。

平顶采样可以理解为如图7-6所示的模型。

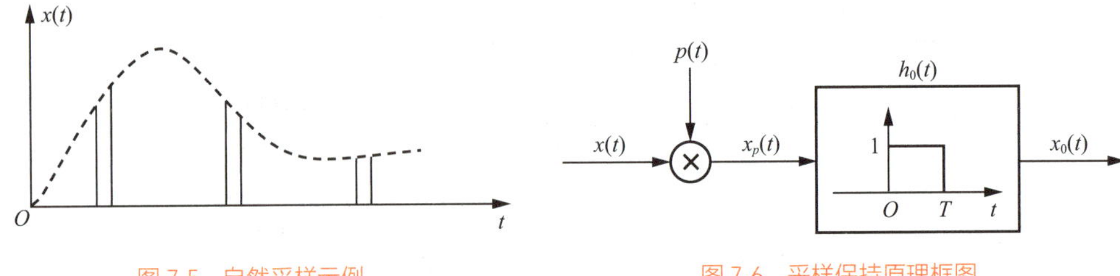

图 7-5 自然采样示例

图 7-6 采样保持原理框图

图7-6表明，采样保持电路可以理解为理想采样之后串联一个零阶保持电路，其中，零阶保持电路的系统冲激响应为 $h_0(t)=u(t)-u(t-T)$。有

$$x_0(t)=x_p(t)*h_0(t) \tag{7-7}$$

平顶采样的效果如图7-7所示。

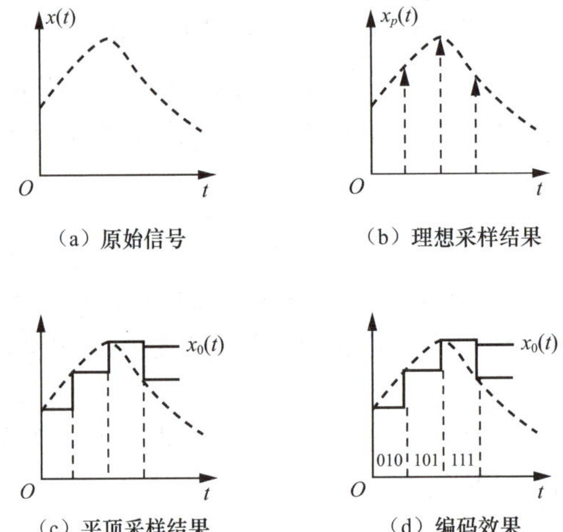

（a）原始信号　（b）理想采样结果

（c）平顶采样结果　（d）编码效果

图 7-7 平顶采样时域分析

平顶采样有如下优点：（1）每次采样一个值；（2）对于每个采样值，会保持T秒，这个保持时间可以用来存储采样值，或者进行量化、编码等操作，从而实现模拟信号的数字化过程。

7.3 低通信号的采样定理

本节将从频域的角度分析采样过程，并进而推导采样定理。

由傅里叶变换可知，周期冲激串 $p(t)$ 的傅里叶变换为

$$P(\mathrm{j}\omega)=\omega_s\sum_{k=-\infty}^{\infty}\delta(\omega-k\omega_s) \tag{7-8}$$

时域相乘，频域卷积，有

$$X_p(\mathrm{j}\omega)=\frac{1}{2\pi}\left[X(\mathrm{j}\omega)*P(\mathrm{j}\omega)\right] \tag{7-9}$$

考虑到 $\omega_s = 2\pi / T$，并将式（7-8）代入式（7-9），有

$$X_p(\mathrm{j}\omega) = \frac{1}{T}\sum_{k=-\infty}^{\infty} X\left(\mathrm{j}(\omega - k\omega_s)\right) \tag{7-10}$$

可以发现，频域特征表现为原信号频谱移位相加，同时，高度变为原来的1/T。一个示例如图7-8所示。

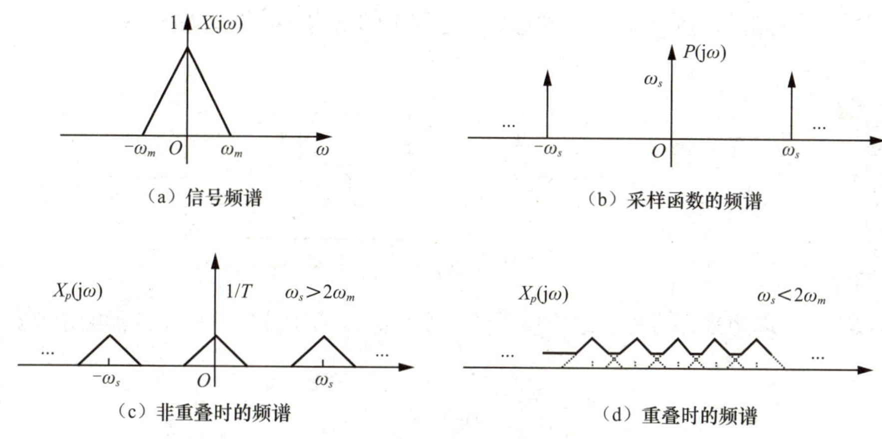

图 7-8　时域采样在频域中的效果

如图7-8所示，假设被采样信号的频谱为图7-8（a）所示的三角形，其带宽为 ω_m，这是一个最大频率为 ω_m 的低通信号。采样函数的频谱 $P(\mathrm{j}\omega)$ 为周期冲激串信号，周期是 ω_s，高度也是 ω_s。由式（7-10）可知，卷积结果表现为 $X(\mathrm{j}\omega)$ 的移位相加，且移位量为 ω_s 的整数倍，因此，其结果可能有以下两种形式。

（1）当 $\omega_s > 2\omega_m$ 时，$X(\mathrm{j}\omega)$ 移位相加且没有发生重叠，如图7-8（c）所示。此时，已采样信号的频谱和图7-8（a）的频谱结构一致，仅高度变为原来的1/T。

（2）当 $\omega_s < 2\omega_m$ 时，$X(\mathrm{j}\omega)$ 移位相加且会发生重叠，如图7-8（d）所示。此时，已采样信号的频谱和原信号的频谱区别较大，这一现象称为混叠现象。

显然，混叠会产生频谱的畸变，导致恢复的时候出现问题，因此，要想从采样信号中重构出原信号，必须避免混叠现象。完整的采样定理如下：

设 $x(t)$ 为带限低通信号，带宽为 ω_m。当 $\omega_s > 2\omega_m$ 时，$x(t)$ 就唯一地由其样本 $x(nT)$ 所确定。

简而言之，采样率必须大于 $2\omega_m$ 才能确保从采样值中正确重构出原始低通信号。通常，称频率 $2\omega_m$ 为奈奎斯特率，而称 ω_m 为奈奎斯特频率。

采样定理是关于采样率的一个判定条件，对于低通信号而言，采样率越大，越容易从样本 $x(nT)$ 中重构出原信号。但是，对于实际的平顶采样而言，采样率越大，则保持时间T越短，即样本值保存、量化以及编码的时间也越短，对相关硬件的性能要求就会相应提高，导致成本增加。此外，采样率越大，得到的样本值也越多，对于存储空间的要求也会越高。因此，在实际的采样过程中，需要协调优化，选择合理的采样率。例如，在语音通信中，考虑到人类语言的频率位于300～3400Hz，因此，奈奎斯特采样率为6800Hz，实际的采样率则是8000Hz，比奈奎斯特率高，但考虑成本因素，也不会高特别多。

7.4 信号的重构

在满足采样定理的条件下，可以通过重构技术从样本中恢复出原信号。下面分三种情况分别开展讨论。

1. 理想采样信号的重构

可以利用一个理想低通滤波器实现理想采样过程中的重构，其模型如图7-9所示。

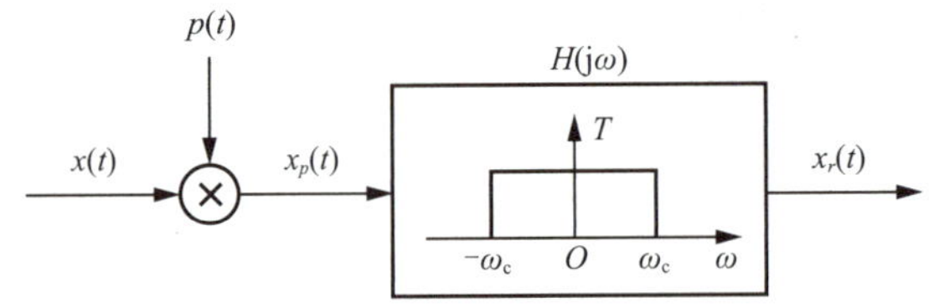

图 7-9 理想采样与重构

如图7-9所示，理想采样过程的重构仅需要一个理想低通滤波器。该滤波器的定义如下。

$$H(\mathrm{j}\omega)=\begin{cases}T,-\omega_{\mathrm{c}}<|\omega|<\omega_{\mathrm{c}}\\0,\text{其他}\end{cases} \tag{7-11}$$

利用式（7-11）所示滤波器进行信号重构的频域分析如图7-10所示。

由于满足采样定理，已采样信号对应频谱$X_p(\mathrm{j}\omega)$的频谱结构没有产生混叠现象，因此，要想重构为原信号，需要满足两个条件：（1）把位于$[-\omega_m,\omega_m]$区间以外的频率成分滤掉；（2）位于$[-\omega_m,\omega_m]$区间的频率成分的幅度增加为原来的T倍。

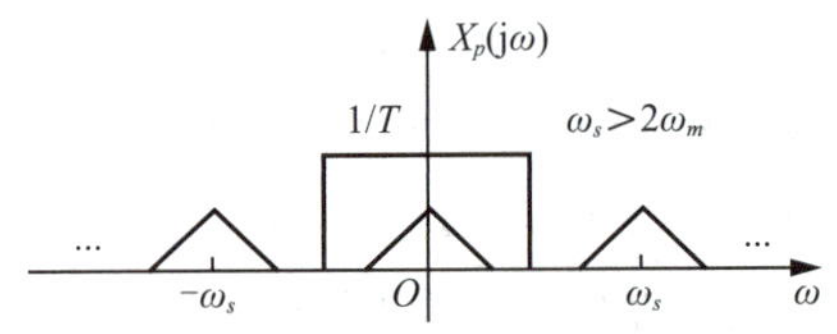

图 7-10 低通信号的重构

当$X_p(\mathrm{j}\omega)$通过式（7-11）定义的理想低通滤波器时，时域卷积，频域相乘。要想满足第一个条件，则该低通滤波器的通带内必须包含完整的$X(\mathrm{j}\omega)$，并且不能包含其他的频率成分，因此，其截止频率需要满足如下条件。

$$\omega_m<\omega_{\mathrm{c}}<\omega_s-\omega_m \tag{7-12}$$

由于截止频率ω_{c}的限制，$X_p(\mathrm{j}\omega)$中仅有$[-\omega_m,\omega_m]$区间的频率成分保留下来，其余频率成分的幅度均会变为0，从而和原始的$X(\mathrm{j}\omega)$一致。此外，该低通滤波器的增益为T，可以将通带范围内频率成分的幅度提高为原来的T倍以抵消采样影响，从而实现信号的无失真重构。

接下来，从时域的角度分析理想采样的重构过程。如图7-10所示，重构过程为已采样信号$x_p(t)$通过一个理想低通滤波器，频域表现为乘法，那么，时域则表现为卷积关系

$$x_r(t)=x_p(t)*h(t) \tag{7-13}$$

其中，

$$h(t)=\frac{T}{\pi t}\sin(\omega_{\mathrm{c}}t) \tag{7-14}$$

$$x_p(t)=\sum_{n=-\infty}^{\infty}x(nT)\delta(t-nT) \tag{7-15}$$

因此，低通滤波器的输出为

$$x_r(t)=\sum_{n=-\infty}^{\infty}x(nT)\frac{T}{\pi}\frac{\sin\left[\omega_c(t-nT)\right]}{(t-nT)} \tag{7-16}$$

示例如图7-11所示。

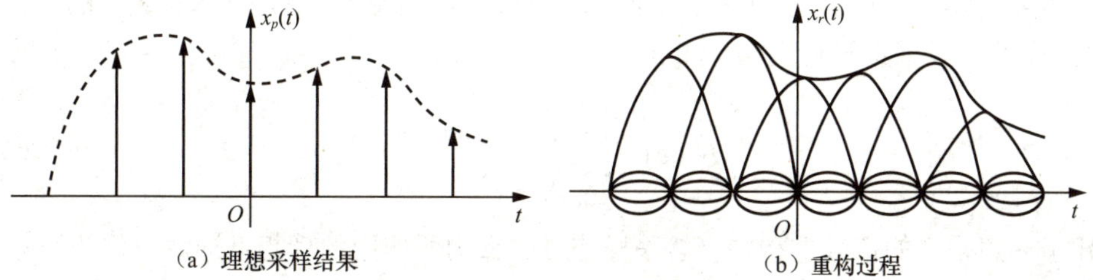

（a）理想采样结果　（b）重构过程

图 7-11　理想采样的重构过程

如图7-11所示，$x_r(t)$ 表现为Sa函数的移位相加特征，这些Sa函数的高度则取决于采样值 $x(nT)$，最后，这些Sa函数相互叠加即可恢复出原信号。这一过程通常也称为带限内插。

2. 自然采样信号的重构

对于自然采样过程，其频域表示如下。

$$X_p(\mathrm{j}\omega)=\frac{1}{2\pi}X(\mathrm{j}\omega)*\left[2\tau\mathrm{Sa}(\omega\tau)\times\omega_s\sum_{k=-\infty}^{\infty}\delta(\omega-k\omega_s)\right] \tag{7-17}$$

化简得

$$X_p(\mathrm{j}\omega)=\frac{2\tau}{T}\sum_{k=-\infty}^{\infty}\left\{\mathrm{Sa}(k\omega_s\tau)X\left[\mathrm{j}(\omega-k\omega_s)\right]\right\} \tag{7-18}$$

自然采样的频域示例如图7-12所示。

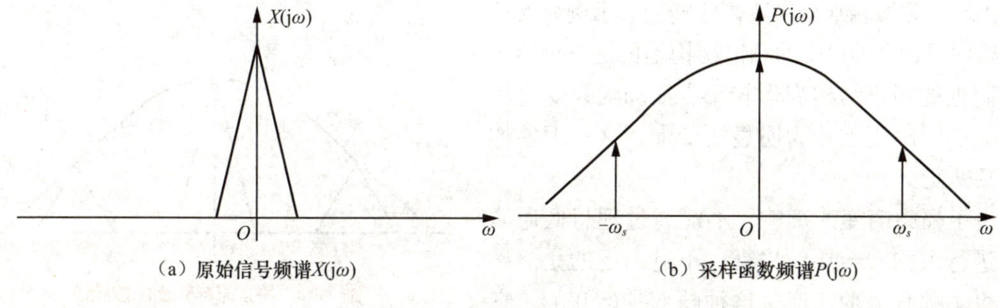

（a）原始信号频谱$X(\mathrm{j}\omega)$　（b）采样函数频谱$P(\mathrm{j}\omega)$

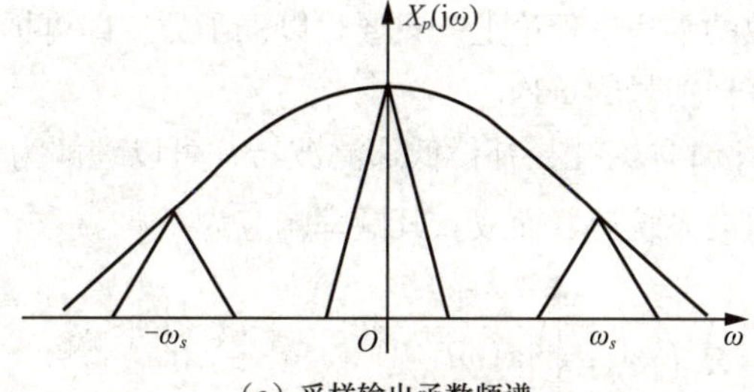

（c）采样输出函数频谱

图 7-12　自然采样频域分析

如图7-12所示，由于频域体现为$X(\mathrm{j}\omega)$与冲激函数的卷积，所以$X_p(\mathrm{j}\omega)$仍然体现为原信号$X(\mathrm{j}\omega)$的移位相加特征，移位量为ω_s的整数倍，这一点与理想采样一致。但是，由于采样信号为方波，频域会出现一个Sa函数的包络，导致$X_p(\mathrm{j}\omega)$中不同频率成分的加权不一致，具体为$\mathrm{Sa}(k\omega_s\tau)$，因此，图7-12（c）中的三角形的高度并不一致。

无论如何，由于频域为卷积关系，因此，频谱没有发生畸变。在满足采样定理的条件下，也可以采用理想低通滤波器进行重构，如下

$$H(\mathrm{j}\omega)=\begin{cases}\dfrac{T}{2\tau},-\omega_\mathrm{c}<|\omega|<\omega_\mathrm{c}\\0,\text{其他}\end{cases} \tag{7-19}$$

相比于理想采样的信号重构，自然采样信号的重构所使用的理想低通滤波器的增益有所变化，截止频率则相同，同样需要满足条件：$\omega_m<\omega_\mathrm{c}<\omega_s-\omega_m$。

3. 平顶采样信号的重构

由于平顶采样过程相当于在理想采样的基础上增加了一个零阶保持电路，因此，信号的频谱结构会产生畸变。

对于平顶采样过程，有

$$x_0(t)=x_p(t)*h_0(t)=x_p(t)*\left[u(t)-u(t-T)\right] \tag{7-20}$$

时域卷积，则频域相乘，有

$$\begin{aligned}X_0(\mathrm{j}\omega)&=X_p(\mathrm{j}\omega)\frac{2}{\omega}\sin\left(\frac{\omega T}{2}\right)\mathrm{e}^{-\mathrm{j}\omega T/2}\\&=X_p(\mathrm{j}\omega)T\mathrm{Sa}\left(\frac{\omega T}{2}\right)\mathrm{e}^{-\mathrm{j}\omega T/2}\end{aligned} \tag{7-21}$$

在满足采样定理的情况下，相当于图7-8（c）乘以一个Sa函数。注意，由于Sa函数不是常数，因此，频域相乘会导致幅频畸变。示例如下。

很明显，图7-13中的频谱结构不再是三角形，直流附近的频谱结构变形较小，而Sa函数变化较快的频段则出现了较为明显的变形。这一现象称为幅频畸变。

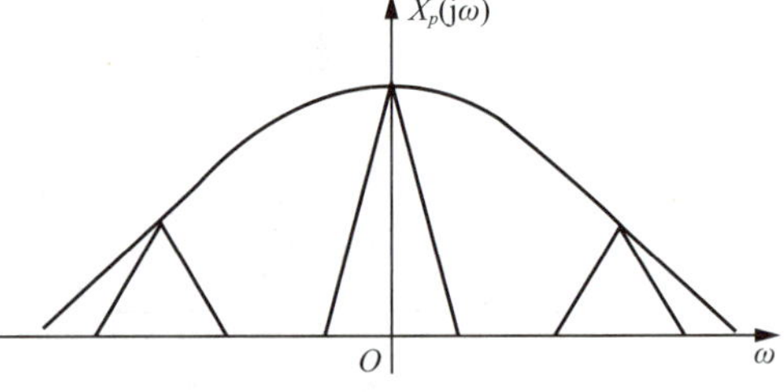

图 7-13 平顶采样输出函数频谱

由于幅频畸变的影响，不能通过理想低通滤波器进行重构，会导致失真。不过幸运的是，尽管发生了幅频畸变，但是这种畸变是已知的，它来自原信号的频谱与Sa函数的乘积。理论上，只要除以Sa函数，即可抵消畸变的影响，因此，可以使用如下方式实现平顶采样信号的重构。

图7-14所示滤波器$H_r(\mathrm{j}\omega)$称为孔径补偿低通滤波器，可以理解为一个理想低通滤波器与一个频率响应为Sa函数的倒数的系统串联而成。其频率响应为

$$H_r(\mathrm{j}\omega)=\begin{cases}\dfrac{1}{\mathrm{Sa}(\omega T/2)}\mathrm{e}^{\mathrm{j}\omega T/2},-\omega_\mathrm{c}<|\omega|<\omega_\mathrm{c}\\0,\text{其他}\end{cases} \tag{7-22}$$

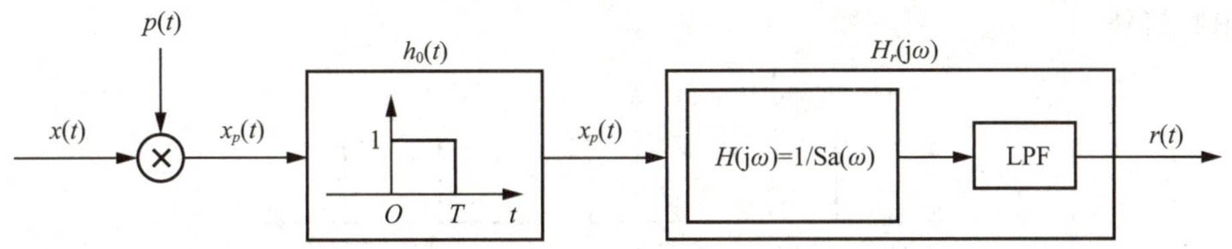

图 7-14 平顶采样以及重构流程

截止频率 ω_c 与前面两种重构的截止频率一致，但增益不再是常数。孔径补偿低通滤波器的频率响应如图7-15所示。

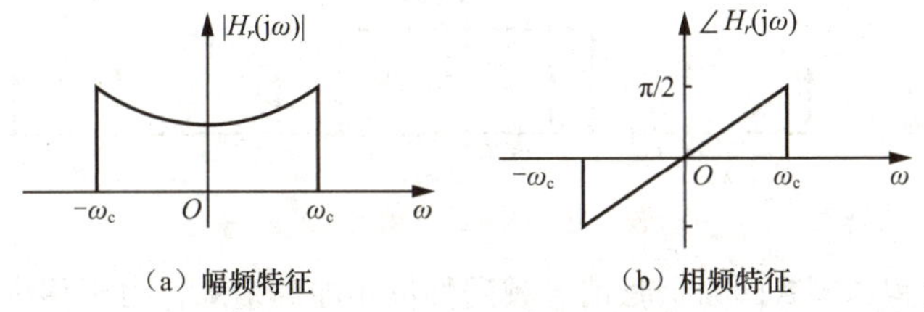

图 7-15 孔径补偿低通滤波器

孔径补偿低通滤波器的本质是使用了一个零阶保持电路的逆系统与前面的零阶保持电路串联，然后再通过理想低通滤波器进行重构。因此，尽管发生了幅频畸变，仍然可以完整地重构出原信号。

如果幅频畸变不可控，或者是随机的，则必然会产生重构失真。同理，如果低通滤波器不理想，也会产生一定程度的重构失真。此外，在采样之后进行量化、编码时，也会不可避免地引入量化噪声，造成重构信号的失真。

7.5 欠采样

当采样频率不满足采样定理时，就称之为欠采样，即 $\omega_s < 2\omega_m$。此时，频谱会出现重叠，该现象称为混叠现象。混叠现象的表现为：

（1）重构出来的信号与原信号不一致；

（2）降频，即重构信号的频率会低于原信号；

（3）可能会出现相位倒置。

下面通过一个简单的例子说明欠采样的表现以及分析方法。假设信号 $x(t)=\cos(\omega_0 t)$，其傅里叶变换为 $X(\mathrm{j}\omega)=\pi\left[\delta(\omega+\omega_0)+\delta(\omega-\omega_0)\right]$，如图7-16所示。

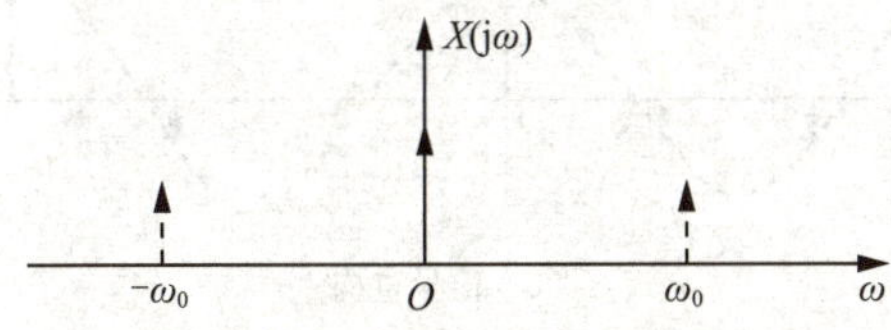

图 7-16 余弦信号 $x(t)=\cos(\omega_0 t)$ 的频谱

为了直观展示相位倒置现象，将左边冲激信号用虚线表示，右边冲激信号用实线表示。如果满足采样定理，即 $\omega_s > 2\omega_0$，则会得到如图7-17所示的采样结果，只需要一个理想低通滤波器即可重构出原信号。

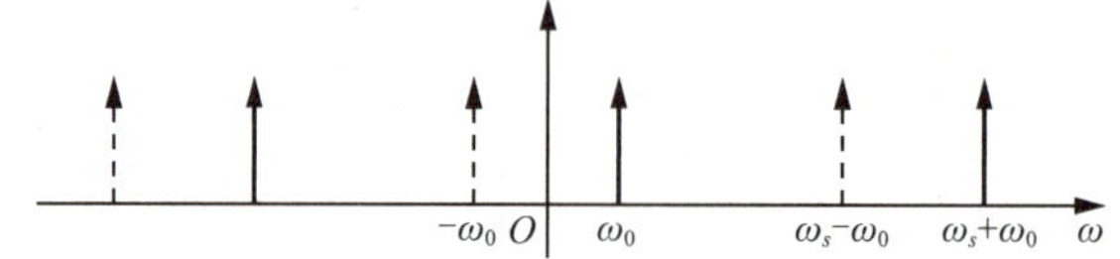

图 7-17　余弦信号理想采样的频域效果

但是，如果采样率不满足采样定理，则可能会得到如图7-18所示的结果。

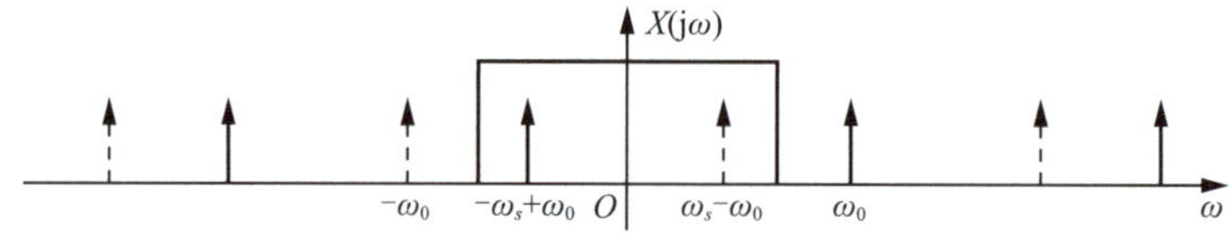

图 7-18　欠采样的频域效果

作为一个采样过程，图7-18为余弦信号频谱移位相加的结果，由于移位量为 ω_s 的整数倍，因此，图7-16中左边冲激信号（虚线）会移动到 $\omega_s-\omega_0$ 位置。由于欠采样中 $\omega_s<2\omega_0$ 的原因，有 $\omega_s-\omega_0<\omega_0$。同理，图7-16中右边冲激信号（实线）会移动到 $-\omega_s+\omega_0$ 位置，同样位于实线方框内。

上述频谱分析表明，在欠采样过程中，产生了新的频率成分 $\omega_s-\omega_0$，并且这个频率低于原信号的频率 ω_0。如果在信号重构过程中使用的低通滤波器的截止频率满足条件 $\omega_s-\omega_0<\omega_c<\omega_0$，那么，重构之后的信号为 $\cos\left[\left(\omega_s-\omega_0\right)t\right]$。这就是欠采样造成的降频。

此外，如图7-18所示，重构信号（实线方框内）的实线冲激和虚线冲激在位置上和图7-16的情况正好相反，发生了颠倒，该现象称为相位倒置。

接下来，可以从时域的角度分析一下该问题。先考虑满足采样定理的情况，假设 $\omega_s=3\omega_0$，则采样以及重构情况如图7-19所示。

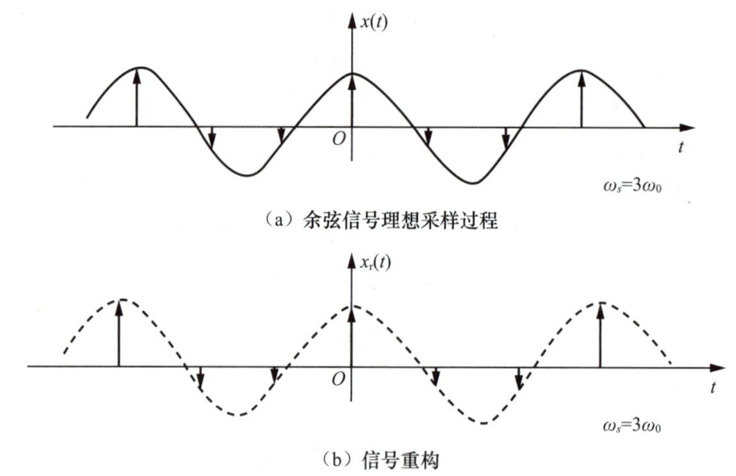

图 7-19　余弦信号理想采样与重构（3 倍采样率）

如图7-19所示，当满足采样率时，通过理想的低通滤波器可以重构出原信号。但是，如果采样率 $\omega_s=1.5\omega_0$，此时，会发生欠采样，时域效果如图7-20所示。

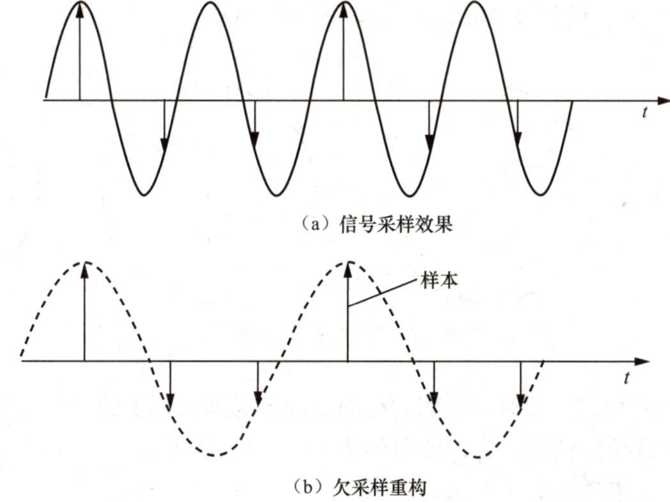

图 7-20　余弦信号欠采样时域效果分析（1.5 倍采样率）

如图7-20所示，重构出现的信号产生了较为明显的降频，其输出为 $\cos(0.5\omega_0 t)$，即输出频率为 $\omega_s - \omega_0$。

下面，讨论一下采样定理的临界条件问题。

采样定理明确要求采样频率大于信号最高频率的2倍，如果恰好等于两倍的话，则属于临界条件，此时，有可能重构出原信号，也有可能不能重构出原信号。例如，对于正弦信号 $x(t)=\sin(\omega_0 t)$，假设 $\omega_s = 2\omega_0$，那么，采样周期为 $T = 2\pi/\omega_s = \pi/\omega_0$，如果采样时刻恰好是0，$\pi/\omega_0$，…，$k\pi/\omega_0$ 等时刻，那么所有的采样值均为0。显然，当这些全零的样本值作为理想低通滤波器的输入进行重构时，所得的输出也是0，无法重构出原始的正弦信号。所以，临界情况不能套用 $\omega_s - \omega_0$ 计算输出信号的频率。

为了更加直观地说明欠采样的效果，可以做一个经典的实验——频闪效应。其原理如图7-21所示。

图 7-21　频闪效应

频闪效应的实验大致如下：首先，将圆盘置于暗室，并配置一个频闪器，当频闪器点亮时，即可观测到圆盘上的径向直线。注意，频闪器点亮的时间非常短，且周期点亮（假设周期为 T_s），因此，可以理解为周期性的采样冲激串。然后，让圆盘匀速顺时针转动，假设旋转一周的时间为 T_0，角频率为 ω_0，这相当于被采样信号。随着频闪器周期性点亮，可以观测到径向直线的变化，此时，人的眼睛相当于一个低通滤波器，从而对观测到的信号进行重构，一些可能的效果如下。

（1）如果 $T_s < T_0/2$，则满足采样定理，此时，可以准确观测到圆盘的旋转效果。如图7-22所示，$T_s = T_0/4$，可以观测到其为顺时针旋转，且频率为 $\omega_s/4$，实现了无失真恢复。

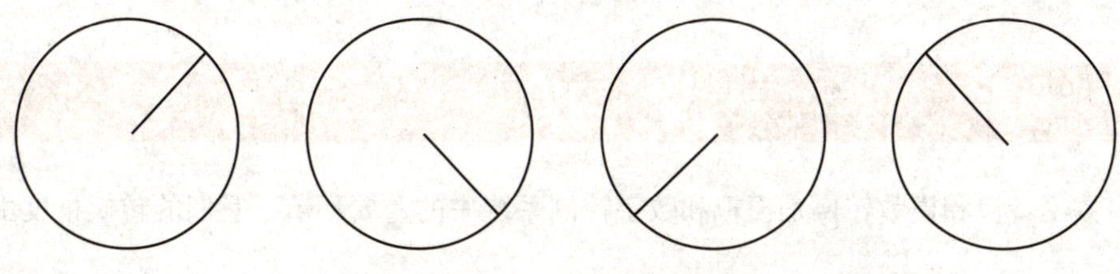

图 7-22　$T_s = T_0/4$ 时的观测效果

（2）如果 $T_s = 3T_0/4$，则观测到的旋转效果如图7-23所示。

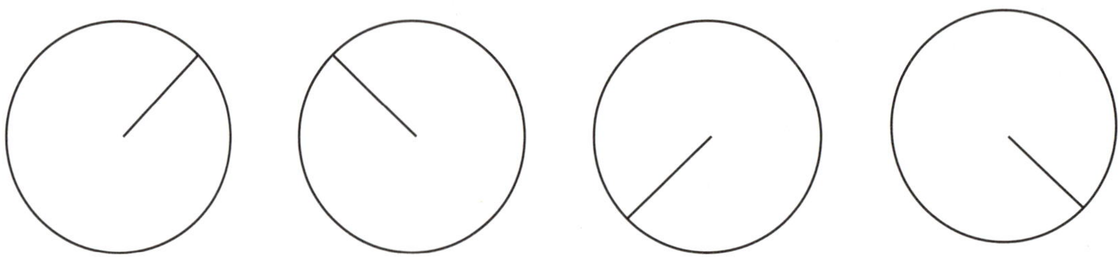

图 7-23　欠采样观测结果

首先，对于观测者而言，此时观测到的径向直线的为逆时针旋转，与实际相反，这就是相位倒置，此外，观测到的周期为4 T_s，即角频率为 $\omega_s/4$，但是，圆盘旋转的实际频率应该为 $3\omega_s/4$，换言之，产生了降频现象。

（3）如果 $T_s = T_0$，那么每次看到的径向直线的位置一致，就好像没有动过一样，相当于恢复出来的信号的频率为0。

（4）如果 $T_s = 5T_0/4$，则圆盘旋转5/4个周期才观测到一次，此时，观测的效果和图7-22一致。可以发现，此时观测到圆盘仍然为顺时针旋转，没有出现相位倒置。但是，观测到的频率为 $\omega_s/4$，而实际频率为 $5\omega_s/4$，即出现了较大幅度的降频。

同理，如果 $T_s = 7T_0/4$，则估测到的效果如图7-23所示，降频和相位倒置又同时出现了。通过分析上述情况可以得出：在欠采样情况下，重构信号的角频率可能是 $\omega_s - \omega_0$，也可能是 $\omega_0 - \omega_s$。更进一步，当采样率进一步下降，重构信号的角频率则可能是 $\omega_0 - k\omega_s$。

频闪效应在现实生活中也常常出现，例如，观测快速行驶中汽车的轮子，有时候会觉得轮子在缓慢地往后转，但是汽车却在快速前进，这就是欠采样，降频和相位倒置同时发生；有时候又感觉轮子在很缓慢地往前转，这也是发生了降频，但是没有出现相位倒置。无论如何，欠采样的降频使得我们可以观测到高频信号，而示波器就是利用了上述欠采样的原理，它可以把想要观测的高频信号混叠到一个更容易显示的低频率上，从而易于观测。

采样是实现模拟信号与数字信号转换的重要步骤，为此，本章简要介绍了模拟信号的数字化处理流程，给出了三类常见的采样方法，并分别从时域以及频域的角度分析了采样过程。从频域看，采样过程其实就是将原信号的频谱左右平移 ω_s 的整数倍，即移位相位；采样信号的重构过程则主要依托于理想低通滤波器，将原信号的频谱滤出来。本章同时推导出了采样定理，给出了采样率的约束条件，即采样率应该是信号最大频率的2倍以上。如果不满足采样定理，则会产生欠采样，此时，频域会发生重叠，即混叠现象。混叠可能会造成幅频畸变，从而不能重构出原信号，此时，会产生降频、相位倒置等现象。但是，欠采样也并非一无是处，示波器就是欠采样应用的例子。

习题

7-1　数模转换和模数转换是模拟和数字控制系统中的重要环节，它们的转换精度由哪些因素决定？

7-2　已知实值信号 $x(t)$，当采样频率 $\omega_s = 10000\pi\text{rad/s}$ 时，$x(t)$ 能用采样得到的样本值唯一确定。试求 $X(\mathrm{j}\omega)$ 在 ω 为何值时保证为零。

7-3　在采样定理中，采样频率必须要超过的频率值称为奈奎斯特率。若信号 $x(t)$ 的奈奎斯特采样频率为 ω_x，试求信号 $s(t) = x(t)x\left(\frac{t}{2}\right)$ 的奈奎斯特采样频率 ω_s。

7-4　一连续信号 $x(t)$ 从一个截止频率为 $\omega_s = 1000\pi\text{rad/s}$ 的理想低通滤波器的输出得到，如果对 $x(t)$ 进行冲激串采样，则下列采样周期中的哪些可能保证 $x(t)$ 在通过一个合适的低通滤波器后能采样得到的样本中无失真重构？

（1）$T = 0.5\times10^{-3}\text{s}$　　（2）$T = 2\times10^{-3}\text{s}$

（3）$T = 1.2\times10^{-3}\text{s}$　　（4）$T = 10^{-4}\text{s}$

7-5　已知信号 $x_1(t)$、$x_2(t)$ 的频带宽度分别为 $\Delta\omega_1$ 和 $\Delta\omega_2$，且 $\Delta\omega_2 > \Delta\omega_1$，试求信号 $y(t) = x_1(t) * x_2(t)$ 的无失真采样间隔（奈奎斯特间隔）T。

7-6　对周期信号 $x(t) = \sum_{k=-9}^{9} a_k \mathrm{e}^{\mathrm{j}k\omega_0 t}$ 进行理想冲激取样，其中 $\omega_0 = 500\text{rad/s}$ 为 $x(t)$ 的基频，$a_k = \left(\frac{1}{2}\right)^{|k|}$ 为傅里叶级数系数，若欲使取样后的频谱不发生混叠，则取样频率 ω_s 应满足什么条件。

7-7　试确定下列各信号的奈奎斯特率。

（1）$x(t) = 1 + \cos(200\pi t) + \sin(400\pi t)$　　（2）$x(t) = \dfrac{\sin(400\pi t)}{\pi t}$

（3）$x(t) = \left(\dfrac{\sin(400\pi t)}{\pi t}\right)^2$　　（4）$x(t) = \dfrac{\sin(400\pi t)}{\pi t}\cos(50t)$

7-8　设信号 $x(t)$ 的奈奎斯特率为 ω_0，试求出下列各信号的奈奎斯特率。

（1）$x(t) + x(t-1)$　　（2）$\dfrac{\mathrm{d}x(t)}{\mathrm{d}t}$

（3）$x^2(t)$　　（4）$x(t)\cos\omega_0 t$

7-9　如习题7-9图（a）所示系统，激励为 $x(t) = \dfrac{\omega_m}{\pi}\mathrm{Sa}(\omega_m t)$，系统 $H_1(\mathrm{j}\omega)$ 的频谱特性如习题7-9图（b）所示，$\delta_T(t) = \sum_{k=-\infty}^{\infty}\delta(t-kT)$。

（1）画出 $x_1(t)$ 的频谱图；

（2）欲从 $x_s(t)$ 中无失真地重构 $x_1(t)$，求最大抽样周期 T；

（3）画出在奈奎斯特采样频率时 $x_s(t)$ 的频谱图；

（4）在奈奎斯特采样频率下，欲使响应信号 $y(t) = x_1(t)$，试问 $H_2(\mathrm{j}\omega)$ 应具有什么样的特性？

（5）若 $H_2(\mathrm{j}\omega)$ 如习题7-9图（c）所示，则应如何调整采样频率才能保证无失真地采样 $x_1(t)$？此时的最低采样频率为？

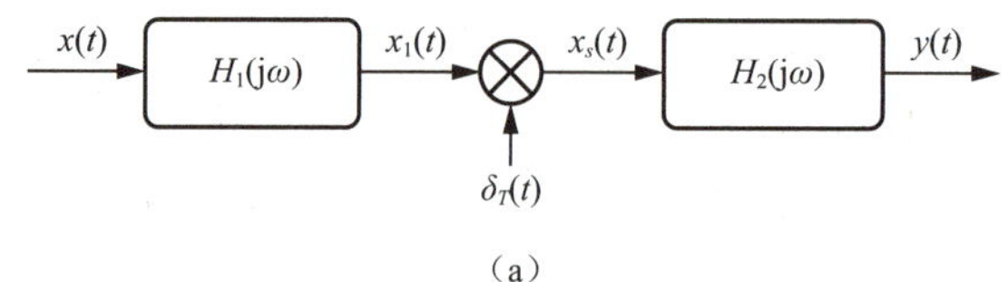

（a）

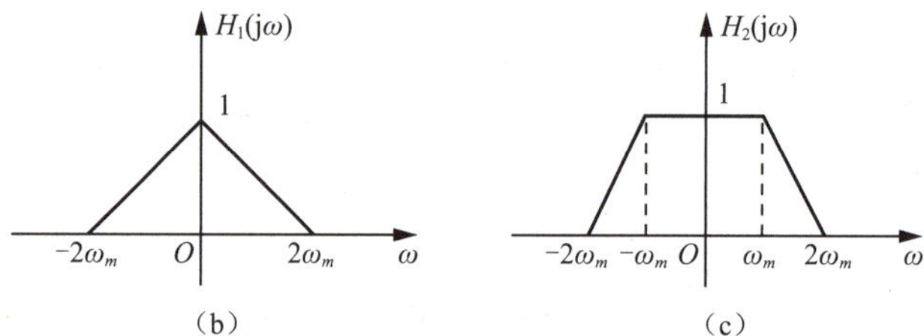

（b）　　　　（c）

习题 7-9 图

7-10 已知一信号 $x(t)$ 的傅里叶变换为 $X(\mathrm{j}\omega)$，对 $x(t)$ 进行冲激串采样后，产生信号 $x_p(t)=\sum_{n=-\infty}^{\infty}x(nT)\delta(t-nT)$，其中 $T=10^{-4}\mathrm{s}$。对于以下所给的关于 $x(t)$ 和（或）$X(\mathrm{j}\omega)$ 的约束条件，试判断采样定理能否保证由 $x_p(t)$ 无失真重构 $x(t)$？

（1）当 $|\omega|>5000\pi\mathrm{rad/s}$ 时，$X(\mathrm{j}\omega)=0$；

（2）当 $|\omega|>15000\pi\mathrm{rad/s}$ 时，$X(\mathrm{j}\omega)=0$；

（3）当 $|\omega|>5000\pi\mathrm{rad/s}$ 时，$\mathrm{Re}\{X(\mathrm{j}\omega)\}=0$；

（4）$x(t)$ 是实信号，且当 $\omega>5000\pi\mathrm{rad/s}$ 时，$X(\mathrm{j}\omega)=0$；

（5）$x(t)$ 是实信号，且当 $\omega<-15000\pi\mathrm{rad/s}$ 时，$X(\mathrm{j}\omega)=0$；

（6）当 $|\omega|>15000\pi\mathrm{rad/s}$ 时，$X(\mathrm{j}\omega)*X(\mathrm{j}\omega)=0$；

（7）当 $\omega>5000\pi\mathrm{rad/s}$ 时，$|X(\mathrm{j}\omega)|=0$。

7-11 如习题7-11图所示的系统中，输入为 $x(t)=\mathrm{Sa}^2(\pi t)$，冲激串信号为 $\delta_T(t)=\sum_{n=-\infty}^{\infty}\delta(t-nT_s)$，滤波器 $H(\mathrm{j}\omega)=0.4[u(\omega+\omega_c)-u(\omega-\omega_c)]$。

（1）如果要从 $x_s(t)$ 信号中无失真重构出 $x(t)$，对 T_s 和 ω_c 有什么要求？

（2）试画出 $T_s=0.4\mathrm{s}$，$\omega_c=\pi\,(\mathrm{rad/s})$时，信号 $x_s(t)$ 和 $y(t)$ 的频谱图。

习题 7-11 图

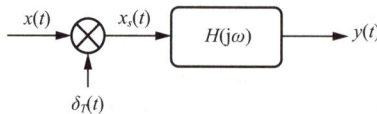

7-12 已知信号 $x(t)$ 的最高角频率为 ω_m，当对 $y_1(t)=x\left(\frac{t}{2}\right)+x\left(\frac{t}{4}\right)$ 进行采样时，求使其频谱不发生混叠时的最大采样间隔 T_1；当对 $y_2(t)=x\left(\frac{t}{2}\right)\cdot x\left(\frac{t}{4}\right)$ 进行采样时，求使其频谱不发生混叠的最大采样间隔 T_2。

7-13　已知频谱包含有0～1000Hz范围内频率分量的连续信号$x(t)$持续时间为1min，现对$x(t)$进行均匀采样以得到离散信号。试求满足采样定理的理想采样的采样点数。

7-14　以奈奎斯特采样频率分别对$x_1(t)=\cos(t)$和$x_2(t)=\sin(t)$进行理想采样，分别得到$y_1(t)$和$y_2(t)$。试问从$y_1(t)$中能否无失真重构$x_1(t)$？从$y_2(t)$中能否无失真重构$x_2(t)$？并给出理由。

7-15　如习题7-15图（a）所示为某抽样系统，其输入$x(t)$为实信号。输入对应的频谱函数$X(\omega)$图像如习题7-15图（b）所示，只在$\omega_1<|\omega|<\omega_2$时为非零值，$\omega_0=\frac{1}{2}(\omega_1+\omega_2)$。

（1）为使信号$x(t)$通过低通滤波器$H_1(\mathrm{j}\omega)$不失真，试求其截止频率ω_c，并画出输出$x_2(t)$的幅度谱$|X_2(\omega)|$的波形；

（2）试确定能从$x_p(t)$中无失真重构$x(t)$的最大采样周期。

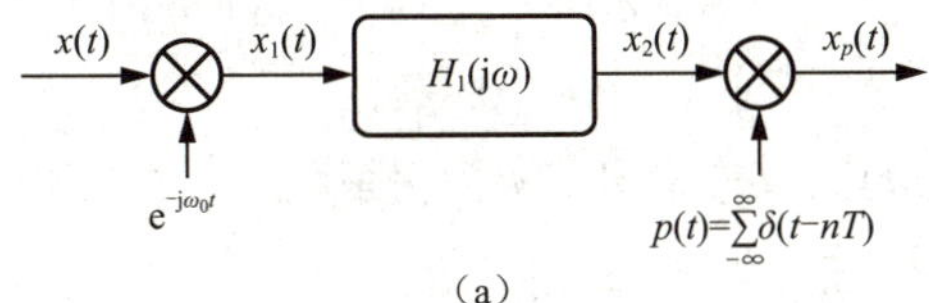

（a）

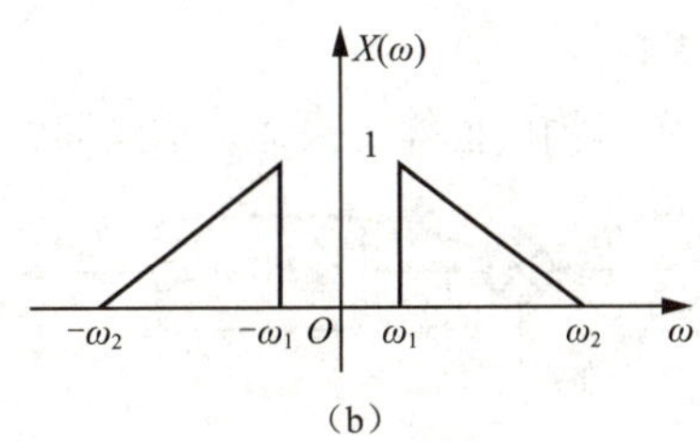

（b）

习题 7-15 图

7-16　有一实值且为奇函数的周期信号$x(t)$，它的傅里叶级数表示为

$$x(t)=\sum_{k=0}^{5}\left(\frac{1}{2}\right)^k\sin(k\pi t)$$

令$\hat{x}(t)$代表用采样周期为$T=0.2\mathrm{s}$的周期冲激串对$x(t)$进行采样的结果，试回答下列问题。

（1）是否会发生混叠现象？

（2）若$\hat{x}(t)$通过一个截止频率为π/T和通带增益为T的理想低通滤波器，求输出信号$g(t)$的傅里叶级数表示。

7-17　若$x(t)=\cos(\omega_m t)$，$\delta_T(t)=\sum\limits_{n=-\infty}^{\infty}\delta(t-nT)$，$T=\frac{2\pi}{\omega_s}$，试分别画出以下情况中$x(t)\delta_T(t)$的波形及其频谱$F[x(t)\delta_T(t)]$。另讨论从$x(t)\delta_T(t)$中能否无失真重构$x(t)$。注意比较（1）和（4）的结果。（建议画波形时保持T不变）。

（1）$\omega_m=\frac{\omega_s}{8}=\frac{\pi}{4T}$　　（2）$\omega_m=\frac{\omega_s}{4}=\frac{\pi}{2T}$

（3）$\omega_m = \dfrac{\omega_s}{2} = \dfrac{\pi}{T}$ （4）$\omega_m = \dfrac{9}{8}\omega_s = \dfrac{9\pi}{4T}$

7-18 试判断下列说法是否正确。

（1）只要采样周期 $T < 2T_0$，信号 $x(t) = u(t+T_0) - u(t-T_0)$ 的冲激串采样就不会发生混叠。

（2）只要采样周期 $T < \pi/\omega_0$，信号 $X(\mathrm{j}\omega) = u(\omega+\omega_0) - u(\omega-\omega_0)$ 的冲激串采样就不会发生混叠。

（3）只要采样周期 $T < 2\pi/\omega_0$，信号 $X(\mathrm{j}\omega) = u(\omega) - u(\omega-\omega_0)$ 的冲激串采样就不会发生混叠。

7-19 如习题7-4图中所示的抽样系统中，$x(t) = A + B\cos\left(\dfrac{2\pi t}{T}\right)$，$p(t) = \sum\limits_{n=-\infty}^{\infty}\delta\left[t - n(T+\varDelta)\right]$，$T \gg \varDelta$，理想低通滤波器的系统函数表达式为

$$H(\mathrm{j}\omega) = \begin{cases} 1, & \text{当} |\omega| < \dfrac{1}{2(T+\varDelta)} \\ 0, & \text{其他} \end{cases}$$

输出端可得到 $y(t) = kx(at)$，其中 $a < 1$，k 为实系数。

（1）试画出 $F\left[p(t)x(t)\right]$ 图形；

（2）为实现上述要求给出 $\varDelta$ 的取值范围；

（3）求 a 和 k 的取值；

（4）此系统在电子测量技术中可构成抽样（采样）示波器，试说明此种示波器的功能特点。

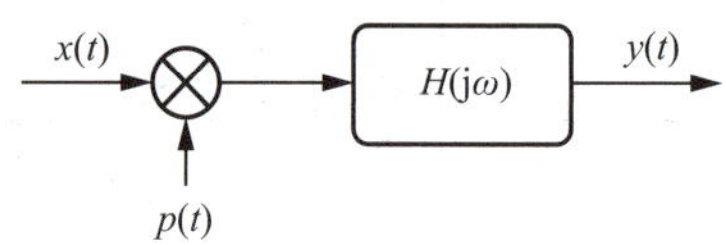

习题 7-19 图

7-20 假设截止频率为 $\pi/2$ 的一个理想离散时间低通滤波器的单位脉冲响应是用于内插的，可以得到一个 2 倍的上采样序列，试求对应于该上采样单位脉冲响应的频率响应。

7-21 一个实值离散信号为 $x[n]$，其傅里叶变换 $X(\mathrm{j}\omega)$ 在 $3\pi/14 \leqslant |\omega| \leqslant \pi$ 时为零，可首先利用上采样 L 倍，然后再下采样 M 倍的方法将 $X(\mathrm{j}\omega)$ 的非零部分占满 $|\omega| < \pi$ 的区域，试求 L 和 M 的取值。

第 8 章 通信系统分析

通信系统是构建信息化社会的基石，大量的设备涉及通信技术的应用，例如手机、无线耳机、校园卡、基站及通信卫星等。当前，各类新型通信技术快速涌现，在传输速度越来越快、容量越来越大的同时，通信系统也变得越来越复杂。但是，不管通信系统如何发展，其仍然离不开信号与系统理论的支撑。

为此，本章将基于信号与系统频域分析方法，对通信过程涉及的基本系统以及调制与解调等通信技术进行理论分析，包括无失真传输、理想低通滤波器、模拟正弦幅度调制以及频分复用等。通过本章的学习，读者将了解频域分析方法在通信系统中的重要性，并学会从频域的角度理解、分析各类新型通信系统的方法。

8.1 无失真传输系统

通信技术既可以分为数字传输技术与模拟传输技术，又可以分为基带传输技术和载波传输技术。例如，两个人面对面说话就是一种典型的模拟传输，传输对象是基带信号（即没有调制的信号），本书其他章节接触的大部分信号均为基带信号。

基带信号易于理解，但也有一个很明显的缺点：传输距离不够远。基带信号在传输过程中的衰减往往比较大，为了适应远距离传输任务，必须进行调制。调制的本质是将信号从低频平移到高频，从而实现更远距离的传输。

需要指出的是，并不是所有的高频信号都适合传输，恰恰相反，适合传输的频段是有限的，而且需要根据具体的信道进行分析。例如，空气中和水中传输的频段是截然不同的，卫星通信、地面基站通信、蓝牙通信以及汽车雷达通信的传输频段也是不一样的；此外，频段的选择还需要满足相关法律法规的要求，如《中华人民共和国无线电频率划分规定》、国际电信联盟《无线电规则》等。在本书中，可以简单地将信道理解为一个系统，然后基于图8-1所示的模型进行分析。

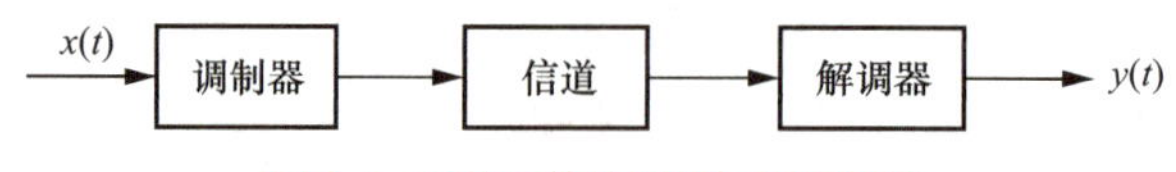

图 8-1 通信系统的调制与解调模型

如图8-1所示，$x(t)$为信源发送的信号，$y(t)$为信宿接收到的信号，它们都是基带信号。而调制器的输出信号则称为已调信号。对于人类来说，已调信号往往是听不见的。例如，人耳能听到的频率集中于20～20000Hz，而实际通信的频带可能在1.92GHz～1.98GHz附近，所以，实际的已调信号是听不到的。因此，在接收端必须有一个对应的解调器，将已调信号转换为基带信号。

通信系统的特点在于强调无失真传输，也就是说，恒等系统才是最理想的通信系统，即$y(t)=x(t)$。如果考虑传输时延以及传输损耗的影响，则理想的无失真传输的通信系统可以表达为$y(t)=kx(t-\tau)$，即具有线性相位的全通系统。可见，无失真传输系统的单位冲激响应为

$$h(t)=k\delta(t-\tau) \tag{8-1}$$

频率响应为

$$H(\mathrm{j}\omega)=k\mathrm{e}^{-\mathrm{j}\omega\tau} \tag{8-2}$$

接下来，分别从幅度谱以及相位谱的角度分析该无失真传输系统。

（1）幅度谱分析

对于无失真传输系统，其幅度谱$|H(\mathrm{j}\omega)|=k$，即频率响应的模是一个常数，与频率无关，如图8-2所示。

（2）相位谱分析

如图8-3所示，对于线性相位系统，输出与输入信号的相位变化如下

$$\angle Y(\mathrm{j}\omega)=\angle X(\mathrm{j}\omega)+\angle H(\mathrm{j}\omega)=\angle X(\mathrm{j}\omega)-\omega\tau \tag{8-3}$$

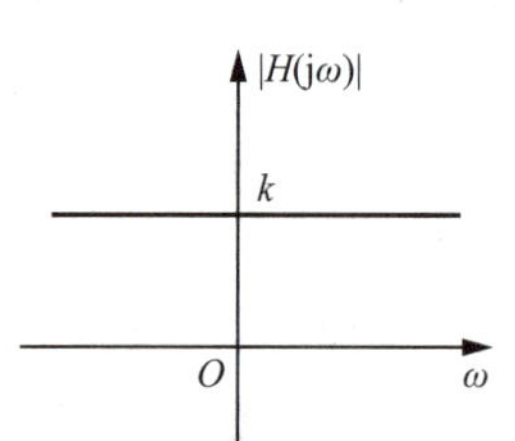

图 8-2 无失真传输系统的幅度谱

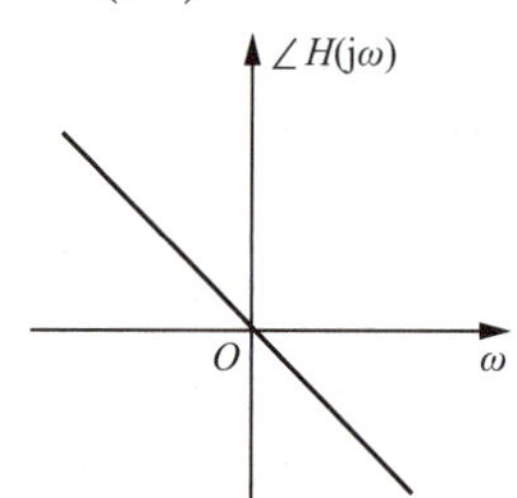

图 8-3 线性相位

例8-1 假设输入信号为$x(t)=\cos(\pi t)+\cos(2\pi t)$，其经过一个线性相位系统$H(\mathrm{j}\omega)=\mathrm{e}^{-\mathrm{j}\omega\tau}$，输出会附加额外的相位$\theta_1=-\pi\tau$，$\theta_2=-2\pi\tau$，此时输出为

$$y(t)=\cos(\pi t+\theta_1)+\cos(2\pi t+\theta_2) \tag{8-4}$$

化简可知，有$y(t)=x(t-\tau)$。

可见，线性相位系统可以保证不同频率成分的延时时间一致，从而保证输入信号与输出信号的时域波形不会发生变形。

如果输入信号受到一个关于ω的非线性相移，那么输入信号中不同频率成分的延时时间就可能不一致，从而得到一个看起来与输入信号不一致的信号。

例8-2 考虑与例8-1相同的输入，假设其通过一个全通系统 $H(\mathrm{j}\omega)=\mathrm{e}^{-\mathrm{j}\pi}$。该系统为输入信号的所有频率分量添加一个额外的相移 $-\pi$，此时的输出为

$$y(t)=\cos(\pi t-\pi)+\cos(2\pi t-\pi) \tag{8-5}$$

即分量 $y_1(t)=\cos(\pi t)$ 会延时1s，而分量 $y_2(t)=\cos(2\pi t)$ 只延时0.5s，这样就会造成时域波形的差异，如图8-4所示。

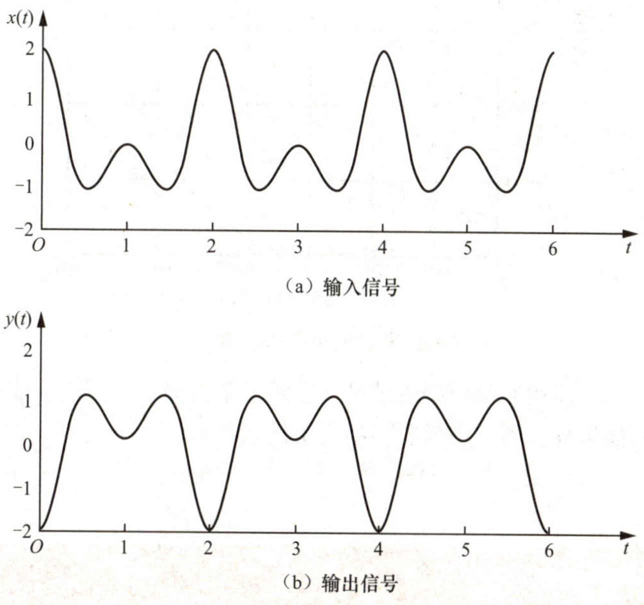

图 8-4　信号通过全通系统

由例8-1与例8-2可以发现，相位与时延具有密切的关联，为此，定义群时延的概念如下。

$$\tau(\omega)=-\frac{\mathrm{d}\left[\angle H(\mathrm{j}\omega)\right]}{\mathrm{d}\omega} \tag{8-6}$$

群时延为系统频率响应相位函数斜率的负值，它代表系统对每个频率的延时时间，单位为s。对于无失真传输系统 $H(\mathrm{j}\omega)=k\mathrm{e}^{-\mathrm{j}\omega\tau}$，其群时延为常数 τ，意味着不管输入什么信号，其输出都会延时 τ 秒。反过来，如果要求传输系统无相位失真，则最理想的情况是构建一个线性相位系统。但是，在实际传输过程中，在整个频率范围内是很难做到线性相位的。例如，图8-5展示了两类长途电话的部分群时延。

显然，图8-5所示的群时延不是常数，因此，如果输入信号的带宽位于[0Hz,3600Hz]区间，那么肯定会造成相位失真，即时域波形发生变形。对于这种情况，一种简单的方法就在于缩小信号的带宽，并调制到群时延为常数的区间。例如，可以将输入信号的带宽调制到[1500Hz,1800Hz]，很明显，该区间群时延较为恒定。反之，如果信号位于[3000Hz,3600Hz]区间，则会产生非常大的变形。这种不同频率被延时了不同时间的现象称为弥散。

总之，无失真传输必须满足两个条件：

（1）幅频特性为常数k，即各分量衰减一致；

（2）群时延为常数或者线性相位，即各分量延时时间一致；

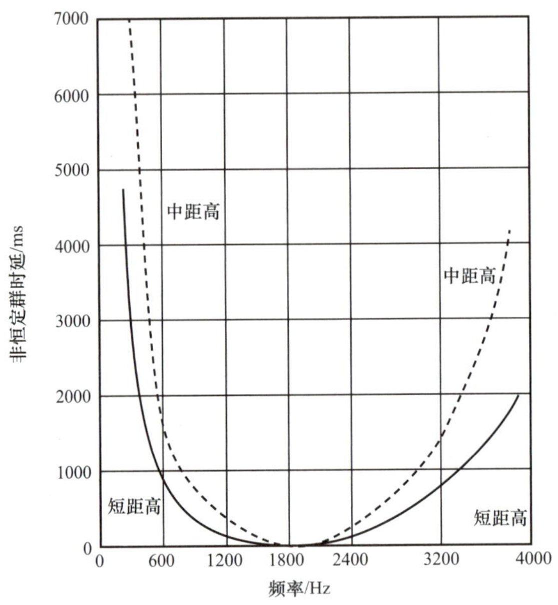

图 8-5 长途电话群时延（部分）

在实际传输中，只要能找到某个频段满足上述两个条件即可，将输入信号调制到该区间，即可实现无失真传输。如果找不到，则需要使用均衡技术。

8.2 理想低通滤波器

滤波器是本书很重要的一个概念，在信号处理、电子电路设计、数字信号处理以及通信等领域广泛应用。通常，滤波器可以分为两类，包括：（1）频率成形滤波器。这是一种可以改变输入信号频谱形状的LTI系统，如微分器，有$|Y(\mathrm{j}\omega)|=|X(\mathrm{j}\omega)||\omega|$，其对于不同频率分量的增益$|\omega|$并不相同；此外，常见的还有音响系统，可以通过有控制地增加或者减少某些频率成分的大小，从而获得更加完美的音质效果等。（2）频率选择性滤波器。即该系统选择性地让某些频带内的频率成分通过，并同时衰减掉其他的频率成分。常见的有低通滤波器（low-pass filter，LPF）、高通滤波器（high-pass filter，HPF）以及带通滤波器（band-pass filter，BPF）等，由于后两者可以由前者转换获得，因此，本节重点介绍低通滤波器。

作为一个LTI系统，理想低通滤波器的频率响应如下。

$$H(\mathrm{j}\omega)=\begin{cases}1, |\omega|\leqslant\omega_{\mathrm{c}};\\ 0, \text{其他。}\end{cases} \tag{8-7}$$

其中，ω_{c}为截止频率，对于输入信号而言，低于ω_{c}的频率成分会无失真地通过该滤波器，而高于ω_{c}的频率成分则会被过滤掉。理想低通滤波器的幅频特性如图8-6所示。

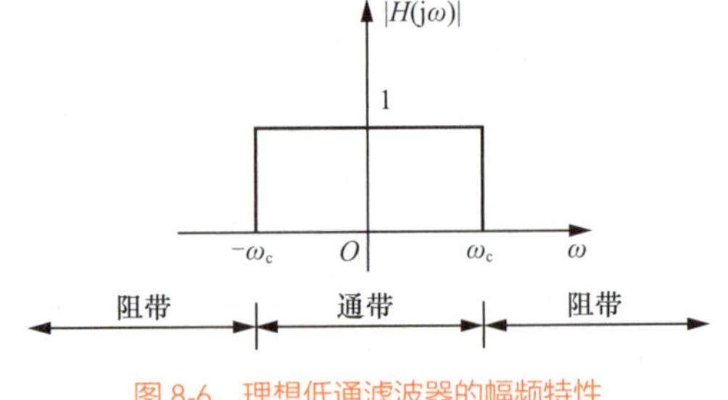

图 8-6 理想低通滤波器的幅频特性

对于频率选择性滤波器而言，可以无失真通过的频带被称为通带，而被完全衰减掉的频率区域则称为阻带。由于图8-6所示系统的通带位于0～ω_c低频段，因此，被称为低通滤波器。如果考虑时延的影响，则理想低通滤波器也可以表达如下。

$$H(\mathrm{j}\omega)=\begin{cases}\mathrm{e}^{-\mathrm{j}\omega\tau},|\omega|\leqslant\omega_c;\\0,\text{其他。}\end{cases} \tag{8-8}$$

此时，该系统的相位特征如图8-7所示。

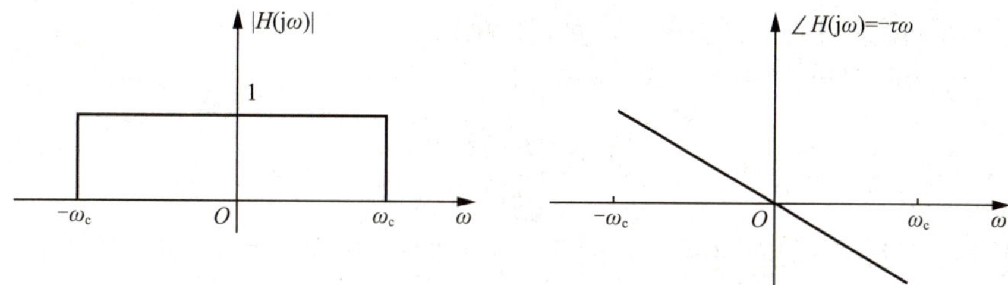

图 8-7　具有线性相位的理想低通滤波器的相位特征

从时域的表现看，相比于图8-6所示系统，图8-7所示系统会额外产生一个τs 的延时，但不会产生相位失真。上述两个系统之所以被称为理想的低通滤波器，还有一个重要特征在于其通带和阻带是紧密挨在一起的，即存在非常陡峭的跳变，基于傅里叶变换的性质，可知对应的单位冲激响应必然会无限延伸，如图8-8所示。

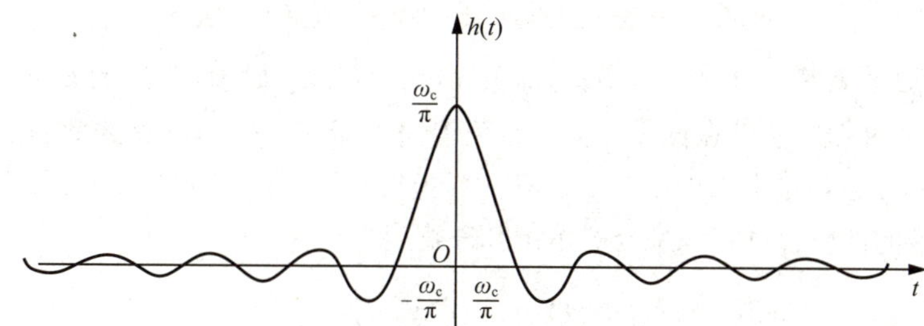

（a）无延迟理想低通滤波器的单位冲激响应

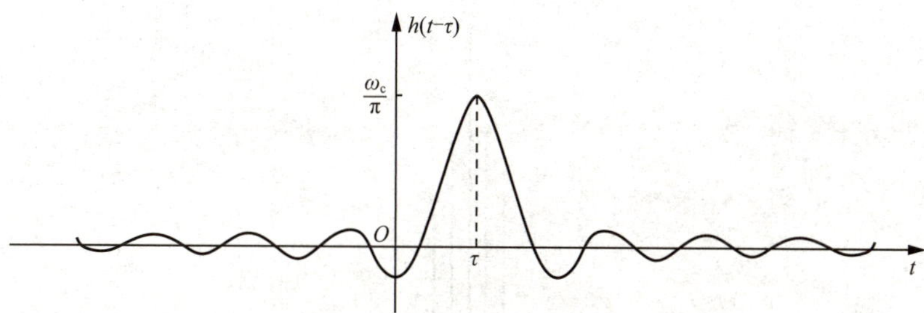

（b）具有线性相位的理想低通滤波器的单位冲激响应

图 8-8　理想低通滤波器的单位冲激响应

$$h(t)=\frac{\sin\omega_c t}{\pi t} \tag{8-9}$$

如图8-8所示，理想低通滤波器的单位冲激响应不是因果函数，因此，该系统不是物理可实现的，这也是其被称为“理想低通滤波器”的原因之一。此外，单位冲激响应$h(t)$的主瓣宽度正比于$1/\omega_c$，意味着通带越宽，则$h(t)$的主瓣宽度越窄。如果通带无限宽（全通系统），则$h(t)$的主瓣宽度将趋近于0，即

$$H(\mathrm{j}\omega)=1\overset{\mathcal{F}^{-1}}{\leftrightarrow}h(t)=\delta(t) \tag{8-10}$$

需要注意的是，如果通带的增益不是1，而是某个常数$k(k\neq1)$，通常也可以视为理想的低通滤波器，因此，只要整体缩小为原来的$1/k$即可。总之，理想低通滤波器的频谱特征应该满足如下要求：（1）通带在低频区间，即$0\sim\omega_c$低频段；（2）通带的增益应该为非零常数，阻带增益为0；（3）通带与阻带之间不存在过渡带，而是直接跳变。

考虑一个离散理想低通滤波器，它的频率响应为

$$H(\mathrm{e}^{\mathrm{j}\omega})=\begin{cases}1,|\omega|\leqslant\omega_c\\0,\omega_c<|\omega|\leqslant\pi\end{cases} \tag{8-11}$$

因为频率响应$H(\mathrm{e}^{\mathrm{j}\omega})$的周期为$2\pi$，因此，式（8-11）仅列出了一个周期内的定义，其对应的幅频特性如图8-9所示。

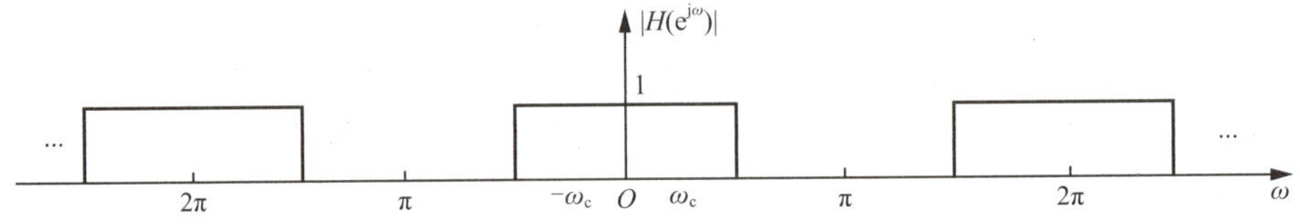

图 8-9　离散理想低通滤波器频率响应的幅频特性

作为一个离散LTI系统，其频率响应以2π为周期，且π的偶数倍附近为通带，π的奇数倍附近为阻带。由图8-9可知，通带在低频区间，且没有过渡带，是一个理想的低通滤波器。如果引入线性相位，则同样会在输出端产生时延，其相频特性在2π周期内和图8-7类似。此外，基于离散时间傅里叶变换的性质，可知该系统的单位脉冲响应为

$$h[n]=\frac{\sin\omega_c n}{\pi n} \tag{8-12}$$

$h[n]$波形如图8-10所示。

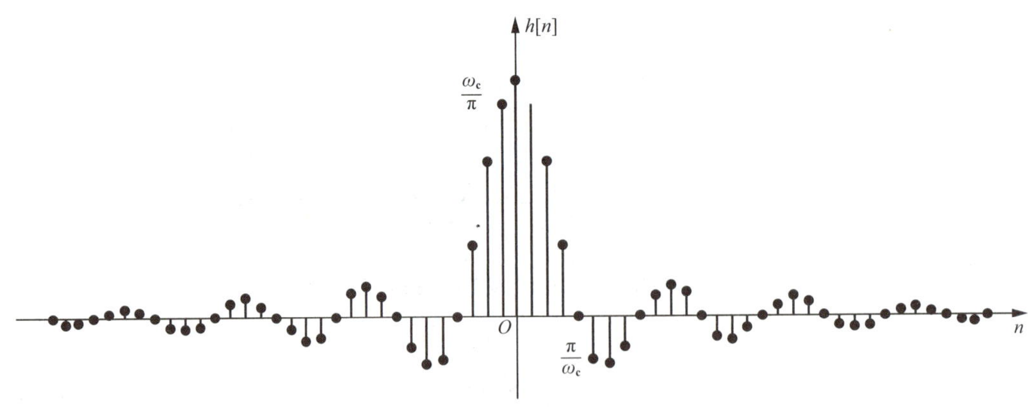

图 8-10　离散理想低通滤波器的单位脉冲响应

可以发现，图8-10的包络线与图8-8（a）所示的Sa函数一致，显示了两者间的关联。其中，图8-10的$\omega_c=\pi/4$，故第一零点为$h[4]$。除了使用单位冲激响应或者单位脉冲响应表达理想低

通滤波器的时域特征之外，也可以使用单位阶跃响应来表达，而且，后者更加直观，使用更加广泛，如图8-11所示。

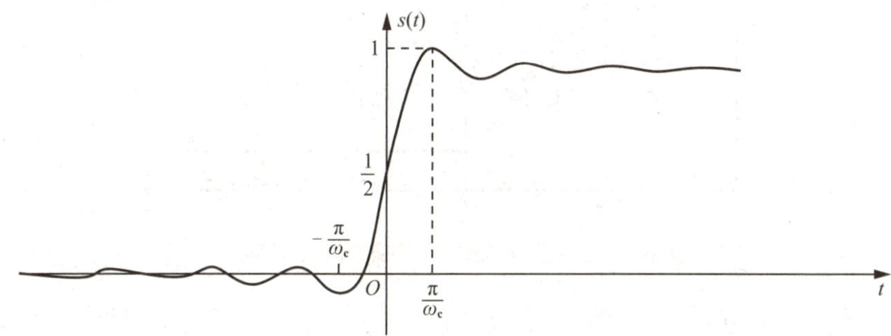

（a）连续理想低通滤波器的单位阶跃响应$s(t)$

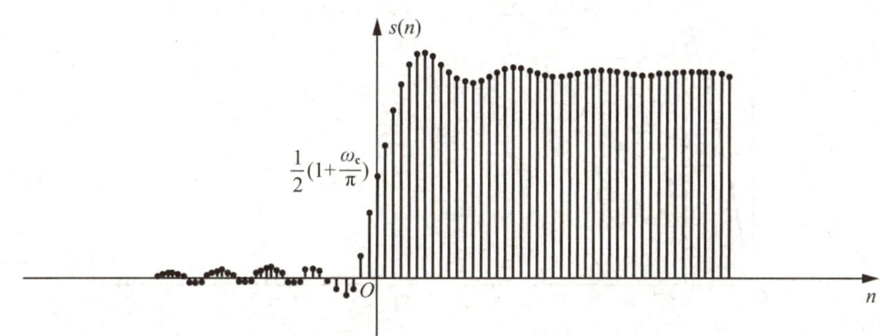

（b）离散理想低通滤波器的单位阶跃响应$s[n]$

图 8-11　理想低通滤波器的单位阶跃响应

可以发现，这些阶跃响应有一个9%的超量，并且呈现出“振铃”的振荡行为，这是因为单位冲激响应$h(t)$在第一零点过后会产生正负振荡，所以造成单位阶跃响应的振荡行为，具体而言，在$\left[-\frac{\pi}{\omega_c},\frac{\pi}{\omega_c}\right]$区间，单位冲激响应为正，$s(t)$显著上升，称为单位阶跃响应的上升时间，显然，上升时间与系统带宽ω_c成反比，这个上升时间也是该滤波器响应时间的一种大致度量。在上升以后，单位阶跃响应的振荡会越来越小，这是因为$h(t)$在$\frac{\pi}{\omega_c}$之后的振荡也越来越小，最后使得单位阶跃响应趋于稳态值1。

要想真正实现一个滤波器，则必须考虑因果性这个限制条件，换言之，需要对理想特性进行因果近似，此时，其频率响应特征中通带和阻带的转换就不能是跳变，而应该有一个过渡带。常见的具有因果性质的低通滤波器的频率响应如图8-12所示。

此时，不管是通带，还是阻带，都会出现一定的增益偏差，如果低于阈值，则视为稳定，或者则会归于过渡带，如图8-12所示，参数δ_1为通带允许的最大偏离程度，即通带起伏（波纹）；参数δ_2则是阻带允许的最大偏离程度，即阻带起伏（波纹）。频率ω_s与ω_p则分别为过渡带的上下边界，称为阻带边缘与通带边缘。

对于具有过渡带、通带波纹以及阻带波纹的非理想低通滤波器，其典型的单位阶跃响应如图8-13所示。

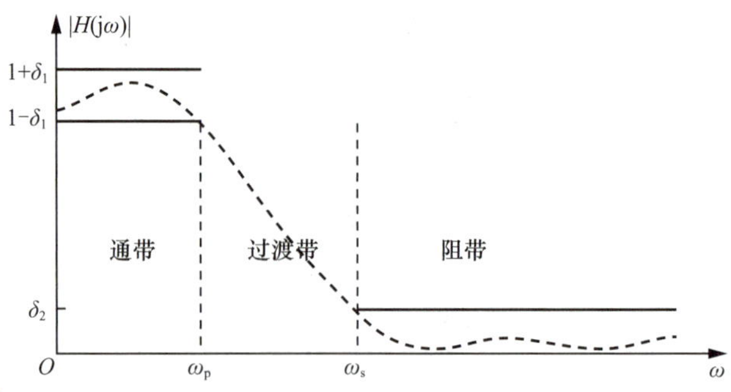

图 8-12　具有因果性质的低通滤波器频率响应

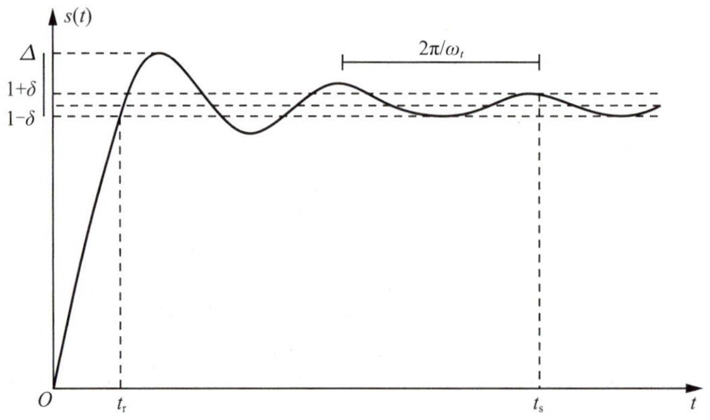

图 8-13　因果低通滤波器的单位阶跃响应

由于该低通滤波器为因果系统，即单位冲激响应为因果函数，因此，单位阶跃响应$s(t)$直接从原点开始上升，在t_r时刻，达到$1-\delta$，因此，称t_r为上升时间，δ则是允许的最大波动范围。注意，由于参数δ的存在，超量Δ的计算不再是单位阶跃响应最大值减去1，而是最大值减去（$1+\delta$）。在t_s时刻以后，单位阶跃响应的波动将低于参数δ，因此，称t_s为建立时间。

通常，在设计一个低通滤波器时，希望建立时间越短越好，过渡带也越窄越好，但是，它们是不能同时满足的，一个简单的例子如图8-14所示。

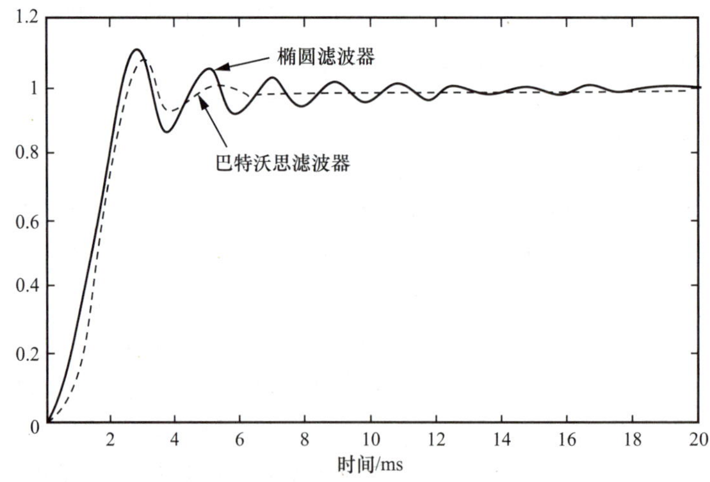

图 8-14　两个截止频率为 500Hz 的低通滤波器

图8-14展示了一个5阶的巴特沃思滤波器以及5阶的椭圆滤波器，可以发现，椭圆滤波器具有更小的过渡带，换言之，其频率响应的单位跳变更加明显。因此，会导致时域波动增加，其单位阶跃响应的建立时间远大于巴特沃思滤波器。可见，较短的过渡带与较小的建立时间是一个相互矛盾的量，需要进行合理取舍。

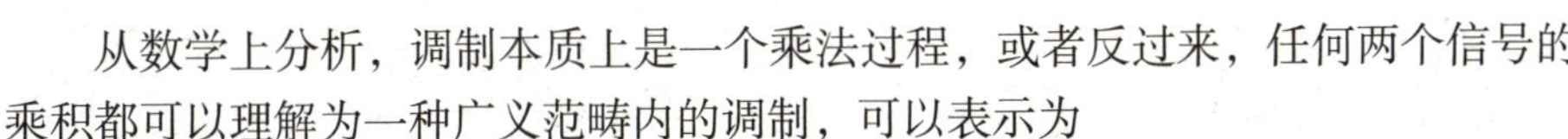

8.3 正弦载波调制与解调

8.3.1 正弦载波调制原理

从数学上分析，调制本质上是一个乘法过程，或者反过来，任何两个信号的乘积都可以理解为一种广义范畴内的调制，可以表示为

$$y(t)=x(t)c(t) \tag{8-13}$$

调制模型如图8-15所示。

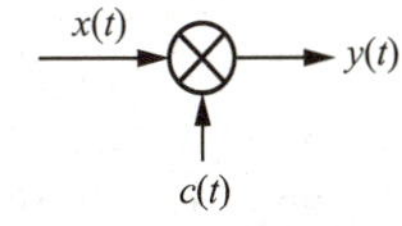

图 8-15 调制模型

图8-15中，$x(t)$称为调制信号（或基带信号），$c(t)$称为载波信号，$y(t)$则是已调信号。不同的载波信号$c(t)$会导致不一样的调制方式，常见的有复指数信号$\mathrm{e}^{\mathrm{j}\omega_c t}$、周期冲激串信号$\delta_T(t)$及余弦信号$\cos(\omega_c t)$。其中，$\mathrm{e}^{\mathrm{j}\omega_c t}$是一个复指数信号，仅具有理论意义。如果使用$\delta_T(t)$作为载波信号，则该模型被称为脉冲调制模型，在第7章中也被称为采样模型；如果使用$\cos(\omega_c t)$作为载波信号，则该模型被称为正弦载波调制模型，这也是通信中广泛使用的调制模型。

虽然$\cos(\omega_c t)$是余弦信号，但是该类调制方式被称为正弦载波调制。从另一个角度理解，正弦和余弦只是差了$\pi/2(\mathrm{rad})$相位（或者1/4周期）而已。

完整的正弦载波调制模型表示为

$$y(t)=x(t)\cos(\omega_c t+\theta_c) \tag{8-14}$$

其中，θ_c为载波信号的相位，为了简化分析，这里假设载波信号相位$\theta_c=0$。接下来，从频域角度分析该调制过程，对等号两边同时进行傅里叶变换，并基于乘法性质，可知

$$\begin{aligned} Y(\mathrm{j}\omega) &= \frac{1}{2\pi}X(\mathrm{j}\omega)*\pi\left[\delta(\omega-\omega_c)+\delta(\omega+\omega_c)\right] \\ &= \frac{1}{2}\left[X(\mathrm{j}\omega-\mathrm{j}\omega_c)+X(\mathrm{j}\omega+\mathrm{j}\omega_c)\right] \end{aligned} \tag{8-15}$$

式（8-15）表明：

（1）$Y(\mathrm{j}\omega)$相当于将$X(\mathrm{j}\omega)$进行左右平移，而平移量则是载波频率ω_c。通过调制过程，信号的频段会从低频移动到ω_c附近。

（2）由于$X(\mathrm{j}\omega)$只是在频率轴上平移，并没有变形（$\omega_c \gg 0$），且幅度会减半，因此，该调制过程也称为幅度调制。

此外，在式（8-14）中，载波信号$\cos(\omega_c t+\theta_c)$才是被调制的，而该信号能够被调制的参数有三个，分别为：幅度、频率、相位。所以，通信领域存在三大基本调制方式：幅度调制（调

幅，AM）、频率调制（调频，FM）以及相位调制（调相，PM）。

下面通过一个示例展示正弦载波幅度调制过程，如图8-16所示。

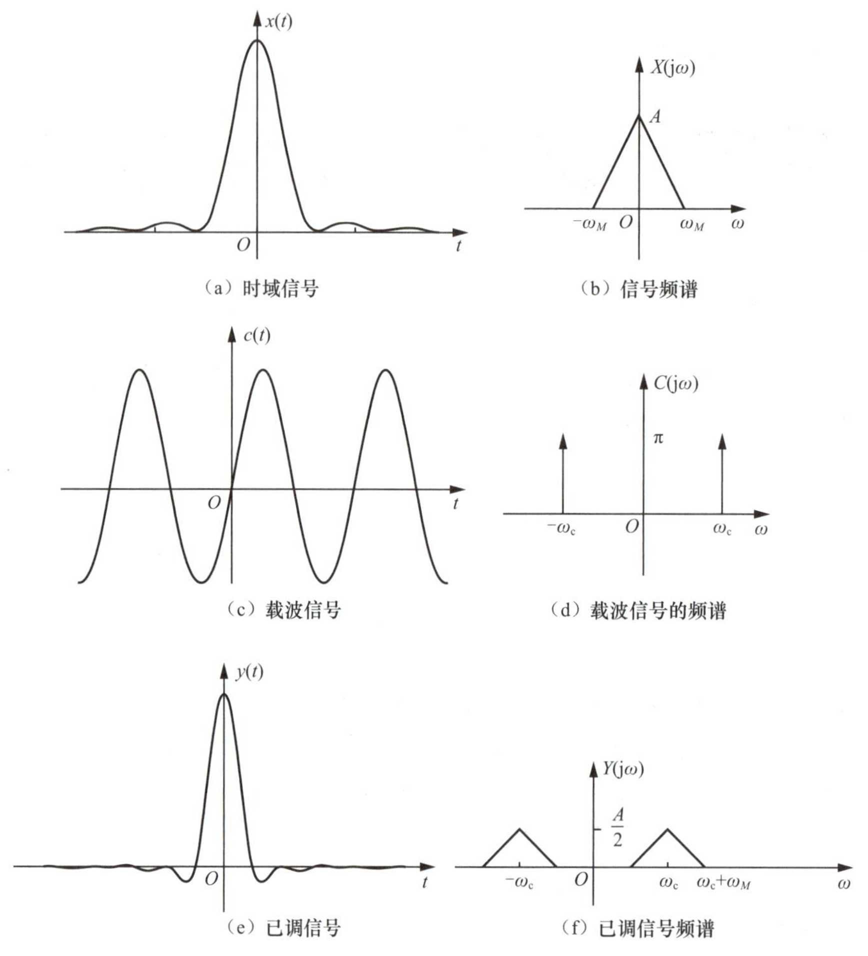

图 8-16 正弦载波幅度调制过程示例

图8-16（a）、图8-16（c）、图8-16（e）为时域波形，图8-16（b）、图8-16（d）、图8-16（f）则是对应的频谱。可以发现，已调信号频谱的中心点从0平移到了 ω_c，实现了频率的迁移。此外，已调信号频谱的幅度从A降为$A/2$，所以称为调幅。从带宽的角度分析，已调信号的带宽为2 ω_M，而原信号的带宽为 ω_M，这意味着正弦载波调制会占用2倍的带宽，这也是它的一个缺点。

8.3.2 正弦载波解调原理

与调制过程相反，解调过程则需要将已调信号从高频迁移回原来的低频频段，其模型如图8-17所示。

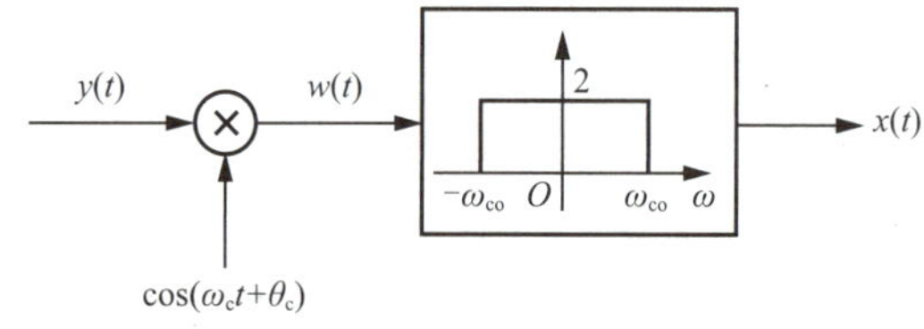

图 8-17 正弦载波调制的解调模型

正弦载波调制的解调系统包含

了两个子系统，分别是乘法器以及一个理想低通滤波器。假设载波信号的相位 $\theta_c=0$，对于已调信号

$$y(t)=x(t)\cos(\omega_c t) \tag{8-16}$$

其通过乘法器以后，有

$$w(t)=y(t)\cos(\omega_c t)=x(t)\cos^2(\omega_c t) \tag{8-17}$$

对余弦的平方进行变换，有

$$\cos^2(\omega_c t)=\frac{1}{2}+\frac{1}{2}\cos(2\omega_c t) \tag{8-18}$$

将式（8-18）代入式（8-17）可得

$$w(t)=\frac{1}{2}x(t)+\frac{1}{2}x(t)\cos(2\omega_c t) \tag{8-19}$$

可见，$w(t)$ 中包含两项，第一项 $\frac{1}{2}x(t)$ 的幅度为原始基带信号的一半，只需要乘以2即可恢复为原信号 $x(t)$；而第2项 $\frac{1}{2}x(t)\cos(2\omega_c t)$ 则可以通过滤波器滤除。这是因为 $x(t)$ 的中心频率在0附近，而 $\frac{1}{2}x(t)\cos(2\omega_c t)$ 的中心频率为 $2\omega_c$，它们在频谱上相距较远，故而可以通过滤波器进行分离。基于频域分析方法，可以更加直观地展示解调过程，如图8-18所示。

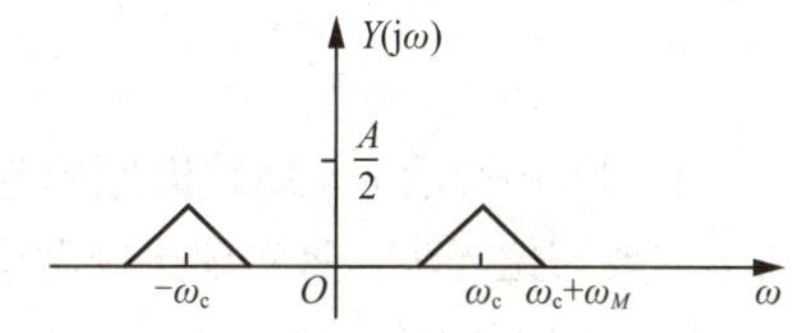

（a）已调信号频谱

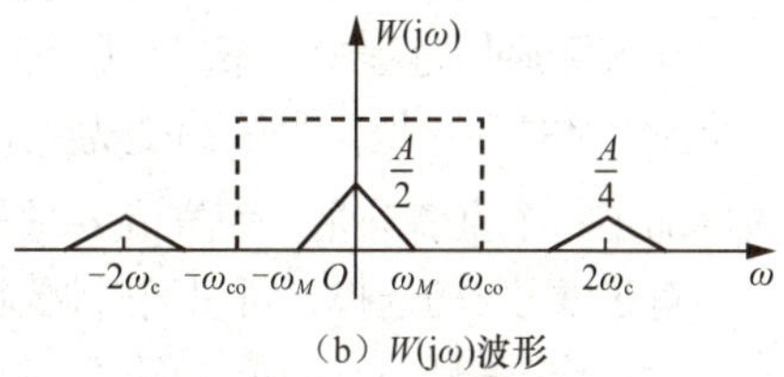

（b）W(jω)波形

图 8.18 正弦载波解调示例

图8.18（b）所示的 $W(j\omega)$ 为信号 $w(t)$ 的傅里叶变换，而 $w(t)$ 来自已调信号 $y(t)$ 与载波信号的乘积，通过式（8-15）已知，一个信号乘以余弦信号之后，在频域有两个特征：幅度减半，并左右平移 ω_c。所以，图8-18（a）所示的两个三角形需要左右平移 ω_c，且幅度从A/2降为A/4，即

$$W(j\omega)=\frac{1}{2}\left[Y(j\omega-j\omega_c)+Y(j\omega+j\omega_c)\right] \tag{8-20}$$

将式（8-15）代入式（8-20），有

$$W(j\omega)=\frac{1}{4}\left[X(j\omega-2j\omega_c)+Y(j\omega+2j\omega_c)\right]+\frac{1}{2}X(j\omega) \tag{8-21}$$

需要注意的是：图8-18（a）中左边的三角形右移 ω_c 和右边的三角形左移 ω_c 以后会重叠，因此，它们在 $[-\omega_M,\omega_M]$ 区间会叠加成一个幅度为A/2的三角形。

与式（8-19）进行对比可以发现，图8-18（b）中间的大三角形为该式中 $1/2x(t)$ 的频谱，两边的两个三角形为后一项 $\frac{1}{2}x(t)\cos(2\omega_c t)$ 的频谱。与图8-16（b）所示原信号的频谱相比，只需要保留虚框中的频谱即可，此时，需要使用一个低通滤波器。该滤波器需要具有以下功能。

（1）滤除高频信号，保留原信号。其截止频率需要满足如下条件。

$$\omega_M<\omega_{co}<2\omega_c-\omega_M \tag{8-22}$$

（2）调幅。由于大三角形的高度为A/2，为原信号高度的一半，因此，低通滤波器的增益需

要设置为2。

满足上述两个条件的低通滤波器即可实现信号的解调。由于上述解调器载波的相位和调制器载波的相位一致，因此，这种解调方式也称为同步解调。

此外，还有非同步解调，主要使用包络检测器解调，其对应的已调信号波形示例如图8-19所示（图8-19中虚线为包络线）。

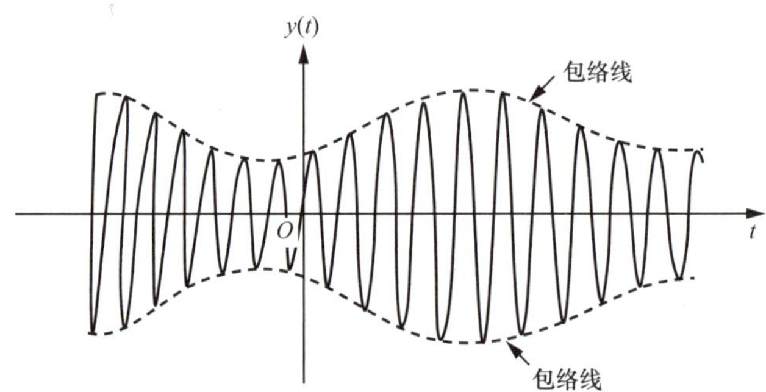

图 8-19　已调信号波形示例

如图8-19所示，包络线即原始基带信号，因此，利用包络检测器即可输出原信号，该类检测器不需要相位同步，且实现比较简单，成本较低，但它也有一些限制：

（1）信号$x(t)$必须大于0；

（2）信号的变化要比载波信号慢很多。

在实际通信过程中，第二个限制条件很容易满足；而对于第一个限制条件，则可以通过加上一个常数A的方式把信号强制变为正，即$x(t)+A>0$。事实上，增加的常数A相当于在传输的时候增加了一个直流分量，而直流分量是不携带任何信息的，且会浪费大量的发射功率。

对于常数A的选择，可以通过调制指数进行衡量。

假设K是信号$x(t)$的最大幅度，则称$m=K/A$为调制指数。通常，为了确保信号为正，会令$m\leqslant 1$；调制指数越大，额外增加的直流成分越少，功率浪费也越少，这有利于传输更多的信息。

包络检测器往往用在公共无线广播领域，主要是接收机成本较低。在卫星通信及手机蜂窝通信中，由于系统对发射机的功率有严格限制，因此，成本更高的同步接收机更加合适。

8.3.3　相位差异对同步解调的影响

在前面两小节中，都假设载波信号的相位为0，如果调制器和解调器的载波相位不一致，则会产生较大的影响，下面来具体分析一下。

假设调制载波和解调载波的相位分别为θ_c和φ_c，则已调信号为

$$y(t)=x(t)\cos(\omega_c t+\theta_c) \tag{8-23}$$

在解调时，首先乘以解调载波，得到

$$w(t)=x(t)\cos(\omega_c t+\theta_c)\cos(\omega_c t+\varphi_c) \tag{8-24}$$

余弦相乘，得到

$$w(t)=\frac{1}{2}x(t)\left[\cos(2\omega_c t+\theta_c+\varphi_c)+\cos(\theta_c-\varphi_c)\right] \tag{8-25}$$

再通过增益为2的低通滤波器，$w(t)$ 中的1/2将被抵消，$\frac{1}{2}x(t)\cos(2\omega_c t+\theta_c+\varphi_c)$ 则被过滤掉，因此，滤波器的输出为

$$x_L(t)=x(t)\cos(\theta_c-\varphi_c) \tag{8-26}$$

显然，有

$$x_L(t)\leqslant x(t) \tag{8-27}$$

如果相位一致，即 $\theta_c=\varphi_c$，则输出 $x_L(t)=x(t)$，否则滤波器的输出会比原信号小。这一点是非常致命的，因为输出信号变小，会引发信噪比的下降，降低通信质量。特别地，如果两个相位相差 $\pi/2$，则输出 $x_L(t)=0$，此时，解调器完全没有信号输出，相当于通信中断。

在实际的通信系统设计中，调制器载波和解调器载波的频率同步较容易实现，但相位同步则相对困难。相位代表时延，当通信的速度越来越快时，周期越来越小，甚至于电子元器件的时延都会造成载波相位的较大抖动，因此，需要仔细针对载波相位进行设计，降低对通信质量的干扰。

8.4 频分复用

在实际的通信过程中，通信系统需要支持很多用户一起通信，这里就涉及复用的概念，早期的复用概念为频分复用（frequency division multiplexing，FDM），并在此基础上产生了频分多址技术（frequency division multiple Access，FDMA），这也是第一代移动通信的核心技术。

频分复用就是不同用户使用不同的频带资源，从而实现用户信号的区分。如果单个用户基带信号的带宽为 ω_M，那么，调制以后的带宽就是2 ω_M。对于通信公司而言，其拥有的带宽是远大于单个用户通信需求2 ω_M 的，这为多人同时通信提供了频带基础。FDM实现的关键就在于不同用户使用不同的载波频率 ω_c，下面通过图8-20展示频分复用的技术原理。

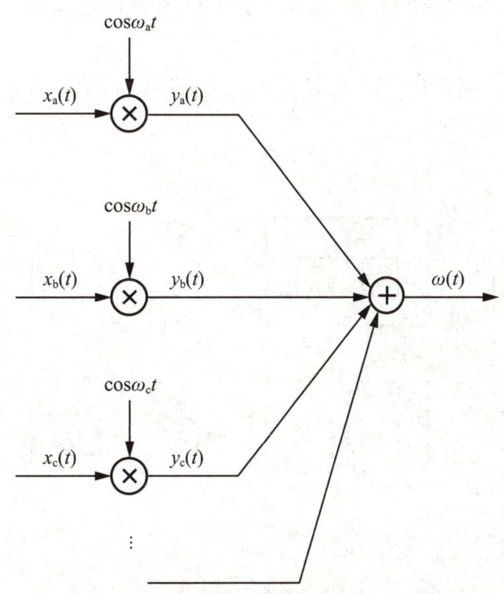

图 8-20　基于正弦载波调制的频分复用

频分复用

输入信号$x_a(t)$，$x_b(t)$以及$x_c(t)$代表不同用户的语音信息，它们使用相同的正弦载波调制技术，却具有不同的载波频率，分别为ω_a，ω_b和ω_c，通信系统会把这些已调信号叠加起来，一起发送出去。

从时域的角度分析，这些已调信号好像混在一起了，但是，从频域的角度，它们是不混叠的，其关键在于载波频率。一个简单的示意如图8-21所示。

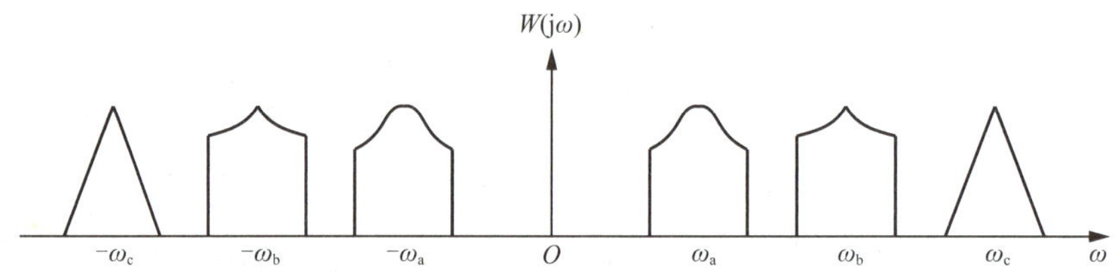

图 8-21 多路复用频域示意

如图8-21所示，任意两个信号的频谱是不重叠的，这是为了保证在接收方可以区分不同用户的信号。在模拟通信系统时代，主要依托带通滤波器进行区分，所以频谱不能重叠。为了确保上述要求，FMD要求相邻的载波频率之间必须保持足够的安全距离。假设ω_a和ω_b是相邻的载波频率，单个信号带宽为$2\omega_M$，那么必须满足如下条件。

$$|\omega_a-\omega_b|>2\omega_M \tag{8-28}$$

理论上，相邻载波之间的距离越远越安全，但这样也会带来巨大的频带资源浪费。此外，距离太近了则可能会造成相互干扰。因为现实中的信号都是时域有限信号，根据第4章的理论，其理论带宽都是无限的，只是由于大部分信号功率集中于某一个区间，所以，才能视为有限带宽ω_M，因此，相邻载波频率间隔会在$2\omega_M$的基础上增加一个缓冲频段以减少干扰。

频分复用是一种独占性的技术，由于频谱不能重叠，因此，在某个用户通话的过程中，其占用的频带资源是不能被别的用户使用的。如果一个基站的频带资源全部被占用，那么，其他用户就无法通信了。简言之，人多拥挤的时候电话就很难打出去，这种现象在模拟通信系统时代较为普遍。

频分复用的解调技术较为简单，只需要在正弦载波解调的基础上增加带通滤波器即可，如图8-22所示。

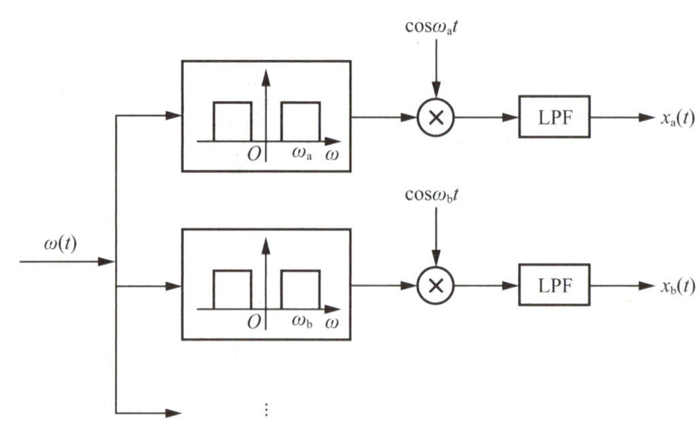

图 8-22 频分复用接收系统

频分复用接收的关键在于从混叠的信号$\omega(t)$中找到所需的信号，即区分不同用户的信号，该过程由带通滤波器完成。如图8-22所示，每个用户的带通滤波器的中心频率取决于对应的载波频率，因此，不同用户带通滤波器的通带频段是不一样的。比如，用户a、b的带通滤波器的通带频段分别为$(\omega_a-\omega_M,\omega_a+\omega_M)$和$(\omega_b-\omega_M,\omega_b+\omega_M)$，满足式（8-28），所以它们不会出现重叠。

习题

8-1　已知某LTI系统的幅频特性和相频特性如习题8-1图所示，下列信号通过系统时是否产生失真？如失真，请说明是哪类失真。

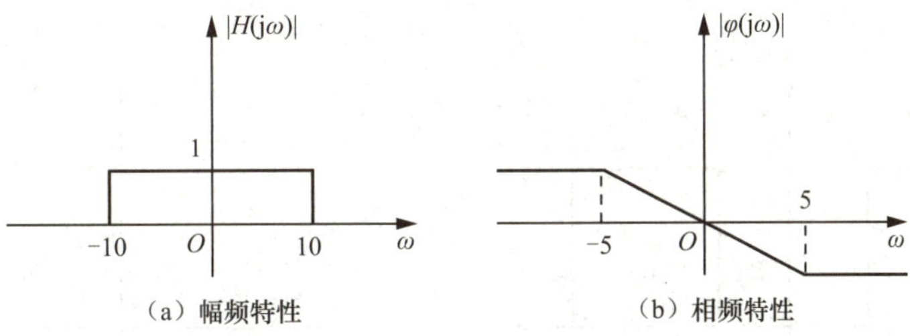

习题 8-1 图

（1）$x(t)=\cos t+\cos 8t$　　（2）$x(t)=\sin 2t+\sin 4t$

（3）$x(t)=\sin 2t\cdot\sin 4t$　　（4）$x(t)=\mathrm{Sa}(2\pi t)$

8-2　若某连续系统的输入信号为$x(t)=u(t-t_0)+\delta(t)$，而经过系统后的输出信号为$y(t)=2u(t-t_0-10)+2\delta(t-10)$，试判断此系统是否为无失真传输系统，说明理由。

8-3　下列频率响应$H(\mathrm{j}\omega)$表征的系统中，信号$x(t)=\dfrac{\sin t}{\pi t}$通过系统时是否产生失真？如失真，请说明是哪类失真。

（1）$H_1(\mathrm{j}\omega)=2\delta(\omega-1)$　　（2）$H_2(\mathrm{j}\omega)=u(\omega+\pi)-u(\omega-\pi)$

（3）$H_3(\mathrm{j}\omega)=2\mathrm{e}^{-\mathrm{j}\arctan(2\omega)}$　　（4）$H_4(\mathrm{j}\omega)=\dfrac{1-\mathrm{j}\omega}{1+\mathrm{j}\omega}$

8-4　已知某信号为$x(t)=\left(\dfrac{\sin 50\pi t}{\pi t}\right)^2$，现用采样频率$f_s=75\text{ Hz}$对$x(t)$进行采样，采样后得到信号$g(t)$，为使其傅里叶变换式$G(\omega)=75X(\omega),|\omega|\leqslant\omega_0$。求$\omega_0$的最大值。

8-5　已知理想低通滤波器的系统函数为

$$H(\mathrm{j}\omega)=\begin{cases}1 & |\omega|\leqslant\dfrac{2\pi}{\tau}\\ 0 & |\omega|>\dfrac{2\pi}{\tau}\end{cases}$$

输入信号的傅里叶变换式为

$$X(\mathrm{j}\omega)=\tau\mathrm{Sa}\left(\frac{\omega\tau}{2}\right)$$

试利用时域卷积定理求响应的时域表示式$r(t)$。

8-6　如习题8-6图所示系统中，$H(\mathrm{j}\omega)$具有理想低通滤波器特性，表达式为

$$H(\mathrm{j}\omega)=\begin{cases}\mathrm{e}^{-\mathrm{j}\omega t_0} & |\omega|\leqslant 1\\ 0 & |\omega|>1\end{cases}$$

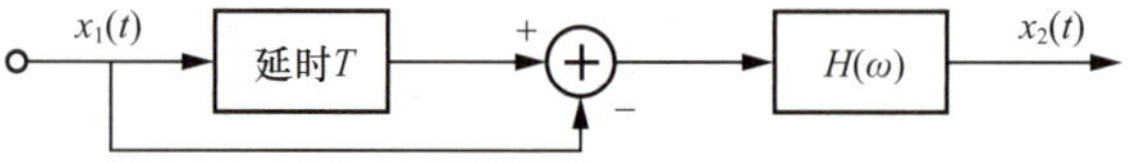

习题 8-6 图

（1）若 $X_1(t)=u(t)$，试写出 $X_2(t)$ 的表达式；

（2）若 $X_1(t)=\dfrac{2\sin\left(\dfrac{t}{2}\right)}{t}$，试写出 $X_2(t)$ 的表达式。

8-7 某个理想带通滤波器的频率特性如习题8-7图所示，试求其单位冲激响应并画出波形，说明此滤波器是否是物理可实现的。

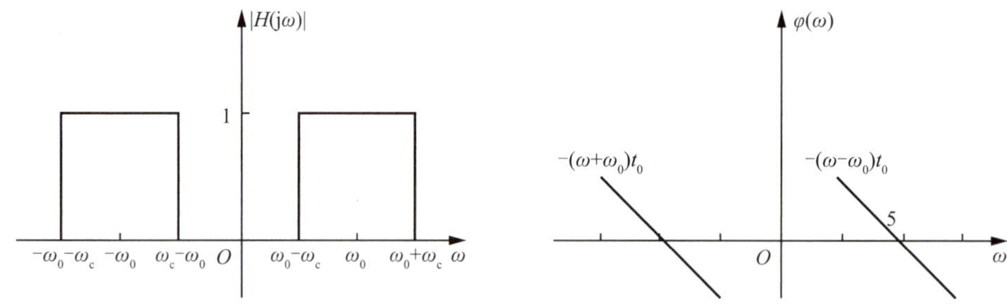

习题 8-7 图

8-8 假设 $x(t)$ 为

$$x(t)=\sin 200\pi t+2\sin 400\pi t$$

而 $g(t)$ 为

$$g(t)=x(t)\sin 400\pi t$$

若乘积 $g(t)(\sin 400\pi t)$ 通过一个截止频率为 $400\pi\mathrm{rad/s}$，通带增益为2的理想低通滤波器，试确定该低通滤波器输出端所得到的信号。

8-9 已知某理想低通滤波器的频率响应为

$$H(\mathrm{j}\omega)=\begin{cases}1-\dfrac{|\omega|}{3} & |\omega|\leqslant 3\\ 0 & |\omega|>3\end{cases}$$

若输入信号 $x(t)=\sum\limits_{n=-\infty}^{\infty}3\mathrm{e}^{\mathrm{j}n\left(t-\frac{\pi}{2}\right)}$，试判断有哪几次谐波可以通过该滤波器。

8-10 某采样系统如习题8-10图所示，输入信号为 $x(t)=10\mathrm{Sa}^2(2t)$，$p(t)$ 为理想周期冲激串信号，采样周期为 T，若想在系统输出端无失真还原输入信号 $x(t)$，试解答以下问题。

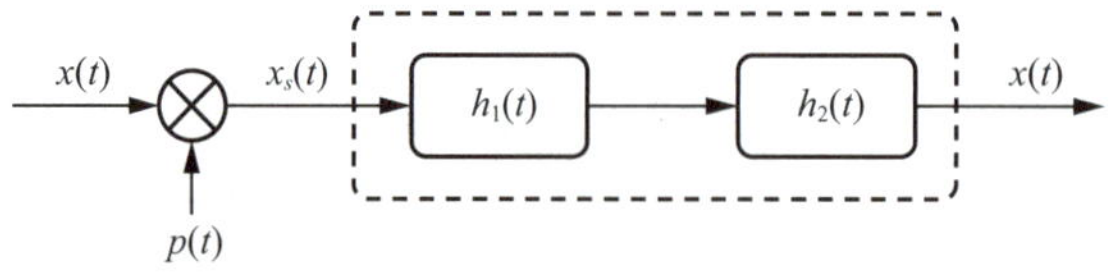

习题 8-10 图

（1）采样信号 $p(t)$ 的最小频率 ω_0；

（2）若虚线框等效为一个理想低通滤波器，则该滤波器的最小截止频率 ω_1 为多少?

（3）在理想低通滤波器采用最小截止频率的条件下，且零阶保持电路的单位冲激响应为 $h_1(t)=\varepsilon(t)-\varepsilon(t-T)$，$T$ 为采样周期，试确定系统2的频率响应函数 $H_2(\mathrm{j}\omega)$。

8-11　已知某抑制载波振幅调制的接收系统和低通滤波器的频率响应如习题8-11图所示，若接收信号 $x(t)=\dfrac{\sin t}{\pi t}\cos(1000t)$，$s(t)=\cos(1000t)$，低通滤波器的相位特性 $\varphi(\omega)=0$。

（1）试画出发送端的调制系统框图；

（2）求其输出信号 $y(t)$；

（3）若接收系统 $s(t)=\sin(1000t)$，则输出信号 $y(t)=$? 说明理由。

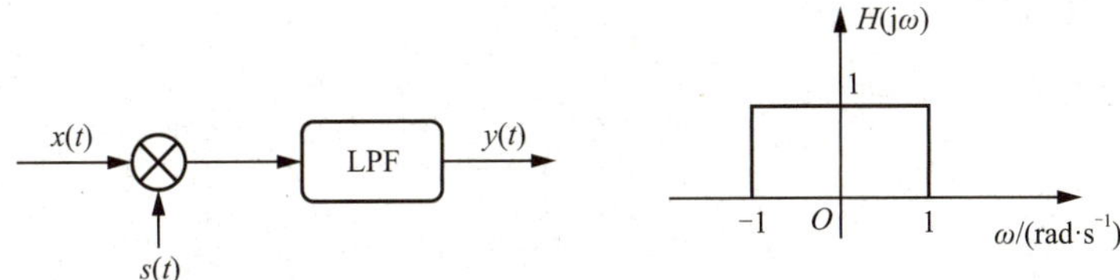

习题 8-11 图

8-12　如习题8-12图所示系统中，已知 $x(t)=\sum\limits_{-\infty}^{\infty}\mathrm{e}^{\mathrm{j}nt}$（$n$为整数），$s(t)=\cos(t)$，系统函数为

$$H(\mathrm{j}\omega)=\begin{cases}1 & |\omega|\leqslant 1.5\\ 0 & |\omega|>1.5\end{cases}$$

试画出A、B、C各点的频谱图。

习题 8-12 图

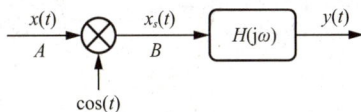

8-13　已知某调制系统，在该系统中的2个输入信号 $x_1(t)$ 和 $x_2(t)$ 分别与载波信号 $\cos(w_c t+a_1)$ 与 $\cos(w_c t+a_2)$ 相乘，然后通过公共信道传输。在接收机中，再将复合信号分别与上述两个载波相乘，再使用低通滤波器滤除不需要的分量完成调制。确定相角 a_1 和 a_2 必须满足的条件，并写出3个 a_1 和 a_2 取值的例子(取值区间 $[-\pi,\pi]$)。

8-14　某连续LTI系统和其 $H_1(\omega)$ 的频率特性如习题8-14图所示，其中 $x(t)=2000\mathrm{Sa}(2000\pi t)$，$\delta_{T_s}(t)=\sum\limits_{n=-\infty}^{\infty}\delta(t-nT_s)$。

（1）试求 $X(\omega)$、$X_1(\omega)$ 和 $X_s(\omega)$；

（2）欲使 $x_s(t)$ 中包含信号 $x_1(t)$ 中的全部信息，求 $\delta_{T_s}(t)$ 的最大抽样间隔 $T_{s\max}$；

（3）当 $\omega_s=2\omega_{\max}$ 时，欲使输出信号 $y(t)=x_1(t)$，试求理想低通滤波器 $H_2(\mathrm{j}\omega)$ 的截止频率 ω_c 和通带的幅值 H_0。

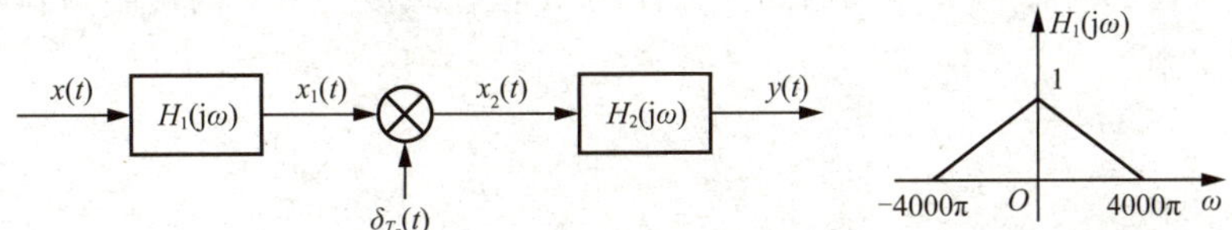

习题 8-14 图

8-15 如习题8-15图所示的系统中，输入信号为$x(t)=\sum_{k=1}^{\infty}\frac{1}{k^2}\cos(5k\pi t)$、$g(t)=\sum_{k=1}^{10}\cos(8k\pi t)$，冲激响应$h(t)=\frac{\sin(11\pi t)}{\pi t}$，试求输出信号$y(t)$。

8-16 已知某通信系统的模型和系统输入信号的频谱如习题8-16图所示，已知$h_1(t)=\frac{\sin 3\pi t}{\pi t}$，$h_2(t)=\frac{4\sin \pi t}{\pi^2 t}$，$c(t)=\cos(3\pi t)$，且设$s(t)\xleftrightarrow{F}S(j\omega)$，$c(t)\xleftrightarrow{F}C(j\omega)$，$d(t)\xleftrightarrow{F}D(j\omega)$，$y(t)\xleftrightarrow{F}Y(j\omega)$。试解答以下问题。

（1）画出信号$S(j\omega)$，$R(j\omega)$，$D(j\omega)$，$Y(j\omega)$的波形；

（2）分析该系统的原理。

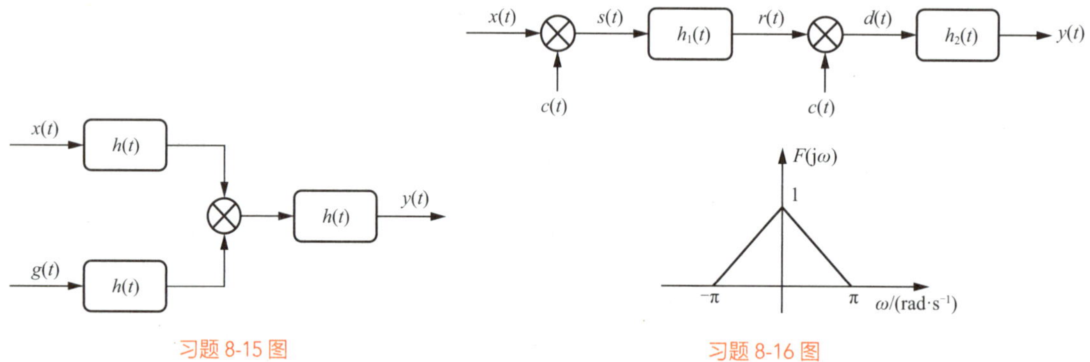

习题 8-15 图　　　　习题 8-16 图

8-17 已知某系统结构如习题8-17图所示，输入信号$x(t)$的最高频率为f_m，采样信号$p(t)=\sum_{n=-\infty}^{\infty}\delta(t-nT_N)$，$T_N=1/f_N$。试解答下列问题。

（1）求输入信号为$x^2(t)$时最低采样频率f_N；

（2）求采样信号的频谱$P(j\omega)$；

（3）若零阶保持电路系统的冲激响应$h_1(t)=\varepsilon(t)-\varepsilon(t-T_N)$，且采样系统的输出$y(t)=x^2(t)$，求零阶保持电路的频谱$H_1(j\omega)$，第2个子系统的频率响应$H_2(j\omega)$。

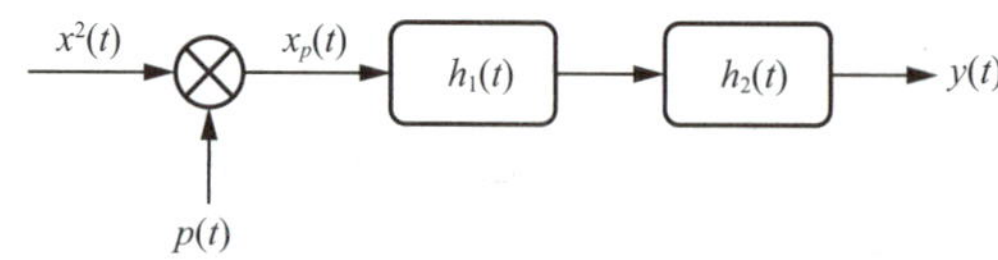

习题 8-17 图

8-18 对于在$-\pi<\omega_0\leqslant\pi$范围内的什么样的$\omega_0$值，载波为$e^{j\omega_0 n}$的幅度调制等效于载波为$\cos\omega_0 n$的幅度调制？